U0653037

高等学校电子信息类系列教材

微机原理与单片机技术

主　编　陈　蕾

副主编　邓　晶

参　编　郑君媛　邹　玮　朱哲辰

西安电子科技大学出版社

内 容 简 介

本书以 MCS-51 单片机为核心，系统地介绍了微型计算机的工作原理，单片机的内部结构与功能、指令系统，汇编语言与 C51 语言程序设计基础，单片机与外部器件的接口技术，以及单片机应用系统开发技术。全书共 13 章，内容包括：微型计算机系统简介，微处理器、内存储器及 I/O 接口简介，MCS-51 单片机的硬件结构，MCS-51 指令系统与汇编语言程序设计，C51 程序设计简介，中断系统，定时器/计数器，串行通信接口，键盘接口技术，显示接口技术，模拟接口技术，基于 MCS-51 单片机的数据采集与传输系统的应用，单片机系统开发软件介绍。

本书具有较强的系统性，条理清晰，内容由浅入深、循序渐进，理论与实践相结合。书中的主要接口技术应用实例有完整的汇编语言和 C 语言源代码。每章后均附有习题，方便学生复习。

本书可作为高等学校自动化、电气工程、电子信息、通信工程、计算机等专业本科生的教材，也可作为从事物联网应用、嵌入式系统设计的工程技术人员的学习参考书。

图书在版编目 (CIP) 数据

微机原理与单片机技术 / 陈蕾主编. -- 西安：西安电子科技大学出版社，2024.8 (2025.7 重印). -- ISBN 978-7-5606-7331-8

Ⅰ. TP368.1

中国国家版本馆 CIP 数据核字第 2024EB0916 号

策　　划　明政珠
责任编辑　孟秋黎
出版发行　西安电子科技大学出版社 (西安市太白南路 2 号)
电　　话　(029) 88202421　88201467　　邮　　编　710071
网　　址　www.xduph.com　　　　　　　电子邮箱　xdupfxb001@163.com
经　　销　新华书店
印刷单位　咸阳华盛印务有限责任公司
版　　次　2024 年 8 月第 1 版　　　2025 年 7 月第 2 次印刷
开　　本　787 毫米×1092 毫米　1/16　　印张 21.5
字　　数　510 千字
定　　价　63.00 元
ISBN 978-7-5606-7331-8
XDUP　7632001-2

如有印装问题可调换

前　言

　　微机和单片机是计算机技术的重要组成部分，在应用上存在很大的差异。微机通常用于完成复杂的计算和数据处理任务，而单片机通常是嵌在另一个设备中以完成控制任务。它们在结构上有很大的联系，单片机是把构成微机的主要功能部件集成在一块芯片上。

　　微机原理与单片机技术及其相关课程是电子信息类专业的重要专业基础课，目前针对该课程编写的教材在实际应用中存在以下一些问题。

　　第一，由于专业课课时压缩，为了面向应用，很多学校把原来的"微机原理与接口"和"单片机原理及应用"两门课合并成一门课，只介绍单片机原理及应用技术，不介绍微机原理相关知识(如微机系统结构、存储器结构与地址译码电路等)，而这些知识对理解单片机工作原理是非常重要的。

　　第二，单片机相关教材中程序设计部分要么只介绍汇编语言，要么只介绍C语言，汇编语言面向底层硬件，C语言更适用于实际开发，从了解硬件结构和更好地应用来说，最好是能够同时理解与掌握这两种语言。

　　第三，很多教材中的应用实例比较传统，而目前市场上有很多新的传感器，单片机在数据采集、物联网等方面有很多新的应用，应对这些应用实例进行更新。

　　鉴于以上三点原因，编者编写了本教材。本教材融合了单片机必需的微机原理基础知识，对比了C语言与汇编语言程序的区别与联系，列举的单片机应用实例求精求新，能更好地贯穿知识点，可满足读者既学习原理又掌握实际应用技术的需求。

　　本教材的主要特色与创新如下。

　　(1) 融入基于单片机的新应用技术。与单片机接口的外围设备如传感器、通信模块等产品在不断推陈出新，本教材紧跟技术发展，介绍了当前市场上常用的功能模块。

　　(2) 微机原理与单片机应用技术相结合。微机原理是单片机课程的先修课程，本教材中介绍了微机总线操作、存储器结构、CPU 与存储器的接口技术等知识，有助于读者更好地理解单片机工作原理。

(3) 汇编语言与 C 语言相结合。单片机有两种编程语言，各有特点，通过对比学习，可以了解它们的区别与联系，有助于读者深入理解单片机原理及应用开发技术。

(4) 理论与实践相结合。本教材在知识点后配有针对性的应用实例，借助单片机仿真软件给出电路设计与程序运行结果，可加深读者对原理的理解与掌握。另外，本教材的实验部分重点突出了实验项目的目的和内容，这样更有利于理论与实践相结合，实现教、学、做一体化。

(5) 将单片机开发软件 Keil μVision 和 Proteus 的使用方法编成一章，读者可以随时查看单片机应用系统的设计、调试与仿真方法。

本教材共 13 章：第 1 章和第 2 章介绍微型计算机系统的结构；第 3 章介绍 MCS-51 单片机的硬件结构；第 4 章介绍 MCS-51 指令系统与汇编语言程序设计；第 5 章介绍 C51 程序设计；第 6 章到第 8 章介绍 MCS-51 单片机的片内 I/O 接口资源；第 9 章到第 11 章介绍单片机与键盘、显示器以及 A/D 转换器、D/A 转换器的接口技术；第 12 章介绍两个基于 MCS-51 单片机的应用系统开发实例；第 13 章介绍单片机系统开发软件 Keil μVisios 和 Proteus 的使用方法。为了突出应用和便于教学，教材中提供了一定的例题和应用实例，每章最后设计了丰富的针对性练习题，部分章还提供了编程与接口应用方面的实验项目。

本教材由陈蕾任主编，邓晶任副主编，郑君媛、邹玮、朱哲辰参与了编写工作。本教材在编写过程中得到了苏州大学陈小平教授、东南大学胡仁杰教授的关心与支持，在此表示衷心的感谢。

由于编者水平有限，书中难免有疏漏和不足之处，恳请读者批评指正。

编者

2024 年 7 月

目　录

第 1 章 微型计算机系统简介

本章教学目标

- 掌握微型计算机系统的组成
- 理解微型计算机系统与单片机的区别与联系
- 了解单片机的发展历程与应用场合
- 理解数制之间的转换关系
- 掌握计算机系统中编码的定义
- 能够利用逻辑运算实现特殊用途
- 掌握逻辑功能部件的工作特点

计算机的应用已深入到社会的各个角落，极大地改变着人们的工作、学习和生活方式，且已成为信息时代的主要标志。本章主要介绍微型计算机系统的组成、微型计算机系统与单片机的区别与联系、单片机的发展历程与应用场合、计算机系统中数制与编码的表达形式、逻辑运算的特殊用途以及逻辑功能部件的特点。

1.1 概　　述

计算机是一种能自动、高速、精确地处理信息的现代化电子设备，是 20 世纪最重要的科技成果之一。微型计算机系统简称"微机系统"，它以微型计算机为核心，由软件系统和硬件系统组成，如图 1-1 所示。

微型计算机系统												
软件系统						硬件系统						
应用软件			系统软件				主机					外部设备
办公软件	计算机辅助设计软件	多媒体软件	…	操作系统	编译程序	数据库管理软件	其他辅助程序软件	CPU		内存储器	I/O接口	系统总线	输入设备	输出设备
								运算器	控制器					

图 1-1　微型计算机系统的组成

1.1.1   微处理器

中央处理器(Central Processing Unit，CPU)是计算机系统的运算和控制核心，由运算器和控制器组成，是信息处理、程序运行的最终执行单元。CPU 自产生以来，在逻辑结构、运行效率及功能外延上取得了巨大发展。伴随着大规模集成电路技术的迅速发展，芯片集成密度越来越高，运算器与控制器可以集成在一个半导体芯片上，这种具有中央处理器功能的大规模集成电路器件被统称为"微处理器"(大家习惯上称为 CPU)。微处理器(Microprocessor Unit，MPU)由算术逻辑单元(Arithmetic Logical Unit，ALU)、累加器和通用寄存器组、程序计数器(也叫指令指针寄存器)、时序和控制逻辑部件、数据与地址锁存器/缓冲器、内部总线组成。需要注意的是，微处理器并不等于微型计算机，仅仅是微型计算机中的中央处理器，能完成取指令、执行指令，以及与外界存储器和逻辑部件交换信息等操作。它可与内存储器和外围接口电路芯片组成微型计算机。

微处理器的性能对微型计算机系统起着举足轻重的作用，微型计算机的很多性能指标都与微处理器性能直接相关。微处理器的主要性能指标包括主频、处理器字长、总线频率、地址总线宽度、数据总线宽度、高速缓冲容量和级数、生产工艺等。

(1) 主频：微处理器的工作频率，反映微处理器工作节奏的快慢。

(2) 处理器字长：反映微处理器一次能够处理的二进制数的位数，如 8 位、16 位、32位、64 位。通常 CPU 内部寄存器的最大位数就是一个字长。字长越长，表示 CPU 单次处理数据的能力越强，进行运算的速度就会变得越快。

(3) 总线频率：CPU 和外界数据传输的速度。由于数据传输最大带宽取决于所有同时传输的数据的宽度和传输频率，即数据带宽 = (总线频率 × 数据位宽) ÷ 8，总线频率越高，即 CPU 与内存之间的数据传输量越大，更能充分发挥出 CPU 的功能。CPU 技术发展很快，运算速度提高很快，而足够高的总线频率可以保障有足够的数据供给 CPU。较低的总线频率将无法传送足够的数据给 CPU，这样就限制了 CPU 性能的发挥，成为系统瓶颈。

1.1.2   微型计算机的组成

微型计算机由微处理器(也称 CPU)、内存储器(RAM、ROM 之统称)、I/O 接口和系统总线(地址总线、数据总线、控制总线之统称)组成，如图 1-2 所示。

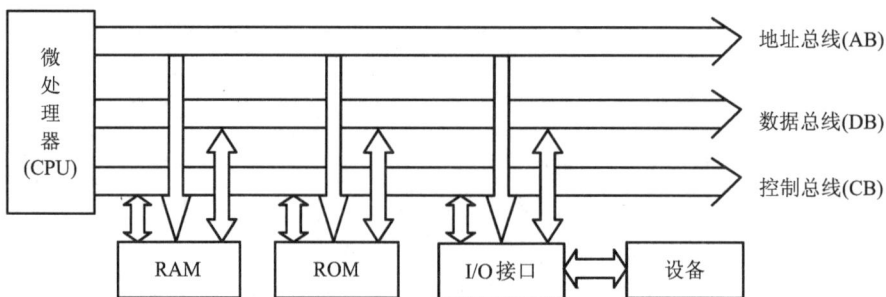

图 1-2   微型计算机的组成

1. 内存储器(Memory)

存储器是具有记忆功能的装置，用来存放程序和数据。存储器可分为主存储器(也称内存储器，简称主存、内存)和辅助存储器(也称外存储器，简称辅存、外存)两类。内存储器用于存放正在运行的程序、可立即运行的程序及相关的数据，外存储器(如磁盘、光盘和磁带)用于长期保存各种程序和数据。内存储器的容量较小，速度较快，价格较高，可以和微处理器直接交换数据。外存储器的容量较大，速度较慢，价格较低，通常只能与内存储器成批交换数据。下面只讨论内存储器。

内存储器可分为随机存取存储器(Random Access Memory，RAM)和只读存储器(Read Only Memory，ROM)两类。"读"是指将程序或数据从存储器中取出，"写"是指将程序或数据存入存储器。RAM 是指在通常情况下既可读又可写的存储器，主要用于暂存正在运行的程序和相关的数据，断电后 RAM 中的内容会丢失。ROM 是指在通常情况下只能读而不能写的存储器。ROM 所存数据，一般是装入整机前事先写好的，整机工作过程中只能读出，而不像 RAM 那样能快速地、方便地加以改写。ROM 所存数据稳定，断电后所存数据也不会改变，其结构较简单，读出较方便，因而常用于存储各种固定程序和数据，如操作系统的核心部分、固定不变的通用子程序及相关数据。ROM 的内容是在特殊条件下写入的。在微型计算机系统中，RAM 一般用作内存储器，ROM 用来存放一些硬件的驱动程序(也就是固件)。在单片机系统中，RAM 用作数据存储器，ROM 用作程序存储器。

计算机存储信息的最小单位是位(bit，又称比特)。存储器中所包含存储单元的数量称为存储容量，存储容量的基本单位是字节(Byte，简写为 B)，8 个二进制位称为 1 个字节。此外，存储容量的单位还有 KB、MB、GB、TB 等，它们之间的换算关系是：1 B = 8 bit，1 KB = 2^{10} B = 1024 B，1 MB = 2^{20} B = 1024 KB，1 GB = 2^{30} B = 1024 MB，1 TB = 2^{40} B = 1024 GB。

2. I/O 接口

I/O 接口是以集成电路(Integrated Circuit，IC)芯片或接口板形式出现的电子电路，由若干专用寄存器和相应的控制逻辑电路构成。它是 CPU 和 I/O 设备之间交换信息的媒介和桥梁。CPU 与外部设备(简称外设)、存储器的连接和数据交换都需要通过接口设备来实现，前者被称为 I/O 接口，而后者则被称为存储器接口。存储器通常在 CPU 的同步控制下工作，其接口电路比较简单；而 I/O 设备种类繁多，相应的接口电路也各不相同，因此，通常所说的接口一般是指 I/O 接口。

3. 系统总线

系统总线(System Bus)是用来传送信息的一组通信线。微型计算机通过系统总线将各部件连接到一起，实现了微型计算机内部各部件间的信息交换。一般情况下，CPU 提供的信号需经过总线形成电路形成系统总线。系统总线按照传递信息的功能来分，有地址总线、数据总线和控制总线。这些总线提供了微处理器(大家习称为 CPU)与存储器、I/O 接口部件的连接线。可以认为，一台微型计算机就是以 CPU 为核心，其他部件全"挂接"在与 CPU 相连接的系统总线上。这种总线结构形式为组成微型计算机提供了方便。人们可以根据自己的需要，将规模不一的内存储器和 I/O 接口接到系统总线上，很容易形成各种规模的微型计算机。

数据总线(Data Bus，DB)用于传送数据信息。数据总线是双向三态形式(双向是指可以两个方向传输，可以由 CPU 输出，也可以送至 CPU；三态是指高电平、低电平和高阻三种状态)的总线，它既可以把 CPU 的数据传送到存储器或 I/O 接口等其他部件，也可以将其他部件的数据传送到 CPU。数据总线的位数是微型计算机的一个重要指标，通常与微处理器的字长相一致。例如，Intel 8086 微处理器字长为 16 位，其数据总线宽度也是 16 位。需要指出的是，数据的含义是广义的，它可以是真正的数据，也可以是指令代码或状态信息，有时甚至是一个控制信息，因此，数据总线上传送的并不一定是真正意义上的数据。

地址总线(Address Bus，AB)是决定将信息送往何处，专门用来传送地址的。由于地址只能从 CPU 传向外部存储器或 I/O 接口，因此地址总线是单向三态的，这与数据总线不同。地址总线的位数决定了 CPU 可直接寻址的内存空间大小，一般来说，若微型计算机系统中地址总线为 n 位，则可寻址空间为 2^n 个地址存储单元。例如，一个 16 位宽度的地址总线可以寻址的内存空间为 $2^{16} = 2^6 \times 2^{10} = 65\ 536 = 64\ K$ 个存储单元，而一个 32 位的地址总线可以寻址的内存空间为 $2^{32} = 2^2 \times 2^{30} = 4\ G$ 个存储单元。

控制总线(Control Bus，CB)用来传送控制信号和时序信号。控制信号中，有的是微处理器送往存储器和 I/O 接口电路的，如读信号、写信号、中断响应信号等；有的是其他部件反馈给 CPU 的，如中断申请信号、复位信号、总线请求信号、设备准备信号等。因此，控制总线的传送方向由具体控制信号而定，控制总线的位数要根据系统的实际控制需要而定。实际上，控制总线的具体情况主要取决于 CPU。

系统总线的技术指标包括带宽(总线数据传输速率)、位宽和工作频率。

系统总线的带宽是指单位时间内总线上传送的数据量，即每秒传送 MB 的最大稳态数据传输率。与总线带宽密切相关的两个因素是总线的位宽和总线的工作频率，它们之间的关系为：

$$总线的带宽 = 总线的工作频率 \times \frac{总线的位宽}{8}$$

系统总线的位宽是指总线能同时传送的二进制数据的位数，或数据总线的位数，如 32 位、64 位等总线宽度。总线的位宽越宽，每秒钟数据传输率越大，总线的带宽越宽。

总线的工作频率以 MHz、GHz 为单位，工作频率越高，总线工作速度越快，总线带宽越宽。

1.1.3　微型计算机的性能指标

微型计算机的性能指标主要有运算速度、主频、字长、内存储器的容量、外存储器的容量、存取周期、外部设备的配置及扩展能力、I/O 的速度、性价比等。

(1) 运算速度。通常所说的运算速度(平均运算速度)是指计算机每秒钟所能执行的指令条数，一般用"百万条指令/秒"(Million Instructions Per Second，MIPS)来描述。

(2) 主频。主频是指 CPU 的时钟频率，以 MHz、GHz 为单位，如 Pentium/133 的主频为 133 MHz，Pentium 4 1.5 G 的主频为 1.5 GHz。一般说来，主频越高，运算速度就越快。

(3) 字长。字长是指计算机运算部件一次能同时处理的二进制数据的位数。字长越长，若用作存储数据，则计算机的运算精度就越高；若用作存储指令，则计算机的处理能力就越强。通常字长是 8 的整数倍，如 8、16、32、64 位等。Intel 486 和 Pentium 4 均属 32 位机，当其他指标相同时，字长越长，计算机处理数据的速度就越快，精度就越高。

(4) 内存储器的容量。内存储器是 CPU 可以直接访问的存储器，需要执行的程序与需要处理的数据就是存放在内存储器中的。内存储器容量的大小反映了计算机即时存储信息的能力。内存储器容量越大，系统功能就越强大，能处理的数据量就越庞大。

(5) 外存储器的容量。外存储器容量通常是指硬盘容量(包括内置硬盘和移动硬盘)。外存储器容量越大，可存储的信息就越多，可安装的应用软件就越丰富。

(6) 存取周期。存储器进行一次“读”或“写”操作所需的时间称为存储器的访问时间(或读写时间)，而连续启动两次独立的“读”或“写”操作(如连续的两次“读”操作)所需的最短时间，称为存取周期。

(7) 外部设备的配置及扩展能力。外部设备的配置及扩展能力主要指计算机系统连接各种外部设备的可能性、灵活性和适应性。

(8) I/O 的速度。主机 I/O 的速度取决于 I/O 总线的设计。这对于慢速设备(如键盘、打印机)关系不大，但对于高速设备则效果十分明显。

(9) 性价比。性价比全称是性能价格比，即性价比=性能/价格。性价比应该建立在对产品性能要求的基础上，应先满足性能需求，再看价格是否合适。

(10) 软件配置。配置能满足应用要求的操作系统和丰富的应用软件。

1.1.4　微型计算机系统与单片机的区别与联系

单片机是单片微型计算机(Single Chip Microcomputer)的简称，又叫微控制器(Micro Controller Unit，MCU)。从广义上讲，单片机是微型计算机的一种，它是集成了组成微型计算机的 CPU、存储器、I/O 接口及其他辅助电路的大规模集成电路芯片，也可以说是集成在一块芯片上的、专门用于检测或控制领域的微型计算机，如图 1-3 所示的 AT89C51 单片机。微处理器是 20 世纪伟大的技术创新之一，由此而衍生的微控制器将微处理器、存储器和 I/O 接口集于一身，为多种应用开创了新局面，并将继续发挥不可替代的作用。

图 1-3　AT89C51 单片机

微型计算机(简称微机)可分为通用微型计算机(简称通用微机)和单片机两大类，主要区别如下。

(1) 单片机是把构成微机的主要功能部件集成在一块芯片上。

(2) 通用微机主要进行科学运算、海量信息处理、优化及辅助设计等。单片机主要嵌在另一个设备中，与专业设备融为一体，形成智能系统，如工业控制系统、智能测量系统、自动化通信系统、专用数字处理系统等。单片机面向控制。

(3) 通用微机中存储器容量大，单片机中存储器容量较小。

(4) 通用微机中程序、数据放在统一的存储器空间；单片机中程序、数据一般分开存放。

(5) 通用微机一般有标准的外(部)设(备)接口，单片机没有。

(6) 编程时，通用微机不需要了解硬件接口，而单片机是对硬件编程，需要了解硬件结构。

1.2 单片机的发展与应用

1.2.1 单片机的发展历程

单片机的发展离不开微处理器的发展，微处理器的发展历程了大致经历了以下几个阶段。

第 1 阶段(1971—1973 年)是 4 位和 8 位低档微处理器时代，通常称为第 1 代。典型产品有：1971 年，Intel 公司推出的 4 位微处理器 Intel 4004；1972 年，Intel 公司推出的 8 位微处理器 Intel 8008。

第 2 阶段(1974—1977 年)是 8 位中高档微处理器时代，通常称为第 2 代。典型产品有：1973 年，Intel 公司推出的 8 位微处理器 8080/8085；1974 年，Motorola 公司推出的 8 位微处理器 M6800；1976 年，Zilog 公司推出的 8 位微处理器 Z80。

第 3 阶段(1978—1984 年)是 16 位微处理器时代，通常称为第 3 代。典型产品有：1978 年，Intel 公司推出的 16 位微处理器 8086；1979 年，Intel 公司推出的 16 位微处理器 8088；1979 年，Zilog 公司推出的 16 位微处理器 Z8000；1979 年，Motorola 公司推出的 16 位微处理器 M68000；1982 年，Intel 公司推出的 16 位微处理器 80286。

第 4 阶段(1985—1992 年)是 32 位微处理器时代，通常称为第 4 代。典型产品有：1985 年，Intel 公司推出的 32 位微处理器 80386；1989 年，Intel 公司推出的 32 位微处理器芯片 80386SX。

第 5 阶段(1993—2005 年)是奔腾(Pentium)系列微处理器时代，通常称为第 5 代。典型产品有：1993 年，Intel 公司推出的 Pentium(奔腾)586 处理器；1995 年，Intel 公司推出的 Pentium Por(高能奔腾)处理器；1997 年，Intel 公司推出的 Pentium MMX(多能奔腾)处理器；2000 年，Intel 公司推出的 Pentium 4 处理器。

第 6 阶段(2005 年至今)是酷睿(Core)系列微处理器时代，通常称为第 6 代。典型产品有：2006 年，Intel 公司推出的新一代基于 Core 微架构的酷睿 2(Core 2 Duo)处理器；2008 年，Intel 公司推出的基于 Nehalem 微架构的酷睿 i7(Core i7) 45 nm 原生四核处理器；2010 年，Intel 公司推出的隶属于第二代智能酷睿家族的第二代 Core i3/i5/i7 处理器。

单片机的产生与发展和微处理器的产生与发展大体同步，自 1971 年美国 Intel 公司首先推出 4 位微处理器以来，单片机经历了由 4 位机到 8 位机，再到 16 位机、32 位机的发展历程。单片机制造商有很多，如美国的英特尔(Intel)、摩托罗拉(Motorola)、德州仪器(TI)、微芯科技(Microchip)，意大利和法国的意法半导体(ST)，荷兰的恩智浦(NXP)，德国的英飞凌(Infineon)等公司。下面以(Intel)公司为例来介绍单片机的发展。

1971—1976 年为单片机发展的初级阶段。1971 年 11 月 Intel 公司首先设计出集成度为 2000 只晶体管/片的 4 位微处理器 Intel 4004，而后又推出了 8 位微处理器 Intel 8008，其他各公司也相继推出了 8 位微处理器。

1976—1980 年为低性能单片机阶段。此阶段以 1976 年 Intel 公司推出的 MCS-48 系列为代表，采用将 8 位 CPU、8 位并行 I/O 接口、RAM 和 ROM 等集成为一块半导体芯片上的单片结构，虽然其寻址范围有限(不大于 4 KB)，也没有串行 I/O，RAM 和 ROM 容量小，中断系统也较简单，但功能可满足一般工业控制和智能化仪器仪表等的需要。

1980—1983 年为高性能单片机阶段。这一阶段推出的高性能 8 位单片机普遍带有串行口，有多级中断处理系统，多个 16 位定时器/计数器，片内 RAM(即内部 RAM)和 ROM 的容量加大，且寻址范围可达 64 KB，个别片内还带有 A/D 转换接口。

1983—1989 年为 16 位单片机阶段。1983 年 Intel 公司推出了高性能的 16 位单片机 MCS-96 系列，由于其采用了最新的制造工艺，使芯片集成度高达 12 万只晶体管/片。

1990 年，Intel 公司推出了 80960 超级 32 位计算机，引起了计算机界的轰动，成为单片机发展史上的又一重要里程碑。同时期，Motorola 公司以及早被收购的 Zilog 公司，也研发了颇具影响力的单片机。

20 世纪 90 年代中期，Intel 公司忙于开发个人电脑的微处理器，没有足够的精力发展自己创造的单片机技术，而由其他半导体公司继续研发 51 系列单片机，单片机在集成度、功能、速度、可靠性、应用领域等全方位向更高水平发展。

1.2.2　单片机的应用场合

单片机具有体积小、功耗低、控制功能强、扩展灵活、微型化和使用方便等优点，广泛应用于仪器仪表、家用电器、医用设备、航空航天、专用设备的智能化管理及过程控制等领域。

(1) 智能化家用电器。各种家用电器普遍采用单片机智能化控制代替传统的电子线路控制，升级换代，提高档次，如洗衣机、空调、电视机、录像机、微波炉、电冰箱、电饭煲以及各种视听设备等。

(2) 办公自动化设备。现代办公室中大量使用的通信设备和办公设备大多数都嵌入了单片机，如打印机、复印机、传真机、绘图机、考勤机、电话以及通用计算机中的键盘译码、磁盘驱动等。

(3) 商业营销设备。在商业营销系统中已广泛使用的电子秤、收款机、条形码阅读器、IC 卡刷卡机、出租车计价器以及仓储安全监测系统、商场保安系统、空气调节系统、冷冻保险系统等都采用了单片机控制。

(4) 工业自动化控制。工业自动化控制是最早采用单片机控制的领域之一，如各种测控系统、过程控制、机电一体化、PLC 等。用单片机可以构成形式多样的控制系统、数据采集系统、通信系统、信号检测系统、无线感知系统、测控系统、机器人等应用控制系统。例如，工厂流水线的智能化管理、电梯智能化控制、各种报警系统以及与计算机联网构成的二级控制系统等。

(5) 智能化仪表。单片机广泛应用于仪器仪表中，如精密的测量设备(电压表、功率计、示波器、分析仪等)，结合不同类型的传感器，可实现诸如电压、电流、功率、频率、湿度、温度、流量、速度、厚度、角度、长度、硬度、元素、压力等物理量的测量。采用单片机控制使得仪器仪表数字化、智能化、微型化,大大提升了仪表的档次,强化了功能,如数据处理和存储、故障诊断、联网集控等。

(6) 网络和通信。现代的单片机普遍具备通信接口,可以很方便地与计算机进行数据通信,为计算机网络和通信设备间的应用提供了极好的物质条件。通信设备基本上都实现了单片机智能控制,从手机、电话机、小型程控交换机、楼宇自动通信呼叫系统、列车无线通信,再到日常工作中随处可见的移动电话、集群移动通信、无线电对讲机等。

(7) 汽车电子产品。单片机在汽车电子中的应用非常广泛,如汽车中的发动机控制器以及基于 CAN 总线的汽车发动机智能电子控制器、GPS 导航系统、ABS 防抱死系统、制动系统、胎压检测等。现代汽车的集中显示系统、动力监测控制系统、自动驾驶系统、通信系统和运行监视器(黑匣子)等都离不开单片机。

(8) 航空航天系统和国防军事、尖端武器等领域。单片机的应用从根本上改变了控制系统传统的设计思想和设计方法,以前采用硬件电路实现的大部分控制功能,正在用单片机通过软件方法来实现。以前自动控制中的 PID 调节,现在可以用单片机实现具有智能化的数字计算控制、模糊控制和自适应控制。这种以软件取代硬件并能提高系统性能的控制技术称为微控制技术。随着单片机应用的推广,微控制技术将不断发展完善。

1.2.3　主流的单片机产品

目前市场上单片机的种类繁多,单片机供应商也有很多,如 Atmel、NXP、ST、Microchip、Infineon、TI、Freescale 等,针对不同的应用领域,可以选择不同性能、型号的单片机。

1. AT89 系列与 AVR 单片机

AT89 系列单片机是 Atmel 公司生产的具有 Flash ROM 的增强型 51 系列单片机,兼容标准 MCS-51 指令系统及 80C51 引脚结构,芯片内集成了通用 8 位 CPU 和 ISP Flash 存储单元,可为许多嵌入式控制应用系统提供高性价比的解决方案。AVR 单片机是指 1997 年由 Atmel 公司研发出的增强型内置 Flash 的精简指令集(Reduced Instruction Set Computer, RISC)高速 8 位单片机。2016 年,随着 Atmel 被 Microchip 收购,AVR 随即成为 Microchip 的主力 8 位单片机产品之一。AVR 单片机可以广泛应用于计算机外部设备、工业实时控制、仪器仪表、通信设备、家用电器等各个领域。

2. PIC 单片机

PIC 系列单片机是美国 Microchip 公司的产品,共分 3 个级别,即基本级、中级、高级,是当前市场份额增长最快的单片机之一;CPU 采用 RISC 结构,分别有 33、35、58 条指令,属精简指令集;同时采用 Harvard 双总线结构,具有运行速度快、工作电压低、功耗低等特点。

3. STC 单片机

STC 单片机是深圳宏晶科技有限公司生产的单时钟/机器周期(1T)的单片机,目前国内市场占有率达 50%以上,STC 单片机采用冯·诺依曼结构,CPU 采用复杂指令集,指令代码完全兼容传统 8051,但比传统 8051 单片机速度快 8~12 倍,是高速、低功耗、超强抗干扰的新一代增强型 51 单片机。

4. 飞思卡尔单片机

飞思卡尔单片机系列包括 8 位单片机、16 位单片机、32 位 ARM Cortex-M 架构的 Kinetis 系列微控制器、基于 ARM Cortex-A 架构的 i.MX 系列微控制器、基于 Power Architecture 技术的 Qorivva 系列微控制器等，为汽车、电子、工业控制和中高端消费电子、医疗设备、多媒体和显示、网络通信等行业提供产品，通过嵌入式处理器和辅助产品，为客户提供复杂多样的半导体和软件集成方案，即飞思卡尔所谓的"平台级产品"。NXP 公司于 2015 年收购了飞思卡尔(Freescale)，自此，NXP 成为世界上第二大 MCU 供货商。

5. MSP43x 单片机

TI 公司生产的 MSP43x 单片机，采用冯·诺依曼架构，通过通用存储器地址总线(MAB)与存储器数据总线(MDB)将 16 位 RISC CPU、多种外(部)设(备)以及高度灵活的时钟系统进行完美结合。

6. Winbond 华邦单片机

华邦公司的 W77、W78 系列 8 位单片机的脚位和指令集与 8051 兼容，但每个指令周期只需要 4 个时钟周期，速度提高了 3 倍。

7. STM32 单片机

"STM32"中，ST 是指意法半导体，M 是 Microelectronics 的缩写，32 表示 32 位，即意法半导体公司开发的 32 位微控制器。

1.3　数制与编码

数制与编码

数制是指进位计数的方式。人们日常生活中使用十进制数，用 0、1、…、9 表示。计算机内部只能用二进制数，即 0 和 1。为了书写和记忆方便，编写程序时，经常用十六进制数，用 0、1、…、9、A、B、C、D、E、F 表示。

在汇编语言程序设计中，十进制数的后缀为 D(可省略)，二进制数的后缀为 B，十六进制数的后缀为 H。例如，十进制数 86，二进制数 10100010B，十六进制数 6AH。

1.3.1　数制转换

1. 二进制数转换成十进制数

二进制数转换成十进制数时，用每位数乘以 2 的相应次方(即每位的权值)，然后相加。几个二进制数的权值如表 1-1 所示。

表 1-1　几个二进制数的权值

D16	D10	D8	D7	D6	D5	D4	D3	D2	D1	D0
2^{16}	2^{10}	2^8	2^7	2^6	2^5	2^4	2^3	2^2	2^1	2^0
65 536	1024	256	128	64	32	16	8	4	2	1

例如：将二进制数 10101101B 转化成十进制数。

$$10101101B = 1 \times 2^7 + 0 \times 2^6 + 1 \times 2^5 + 0 \times 2^4 + 1 \times 2^3 + 1 \times 2^2 + 0 \times 2^1 + 1 \times 2^0$$
$$= 128 + 32 + 8 + 4 + 1$$
$$= 173$$

2. 十进制数转换成二进制数

这里只介绍整数的数据转换。十进制数转换成二进制数时，不断除以 2，把所得的余数，从下往上读取。

例如：将 53 转换成二进制数。

```
2 | 53        余数
2 | 26  ------- 1 ------- 低位
2 | 13  ------- 0
2 | 6   ------- 1
2 | 3   ------- 0
2 | 1   ------- 1
    0   ------- 1 ------- 高位
```

所以，53 = 110101B。若用一个字节(8 位二进制数)表示，则 53 的二进制数为 00110101B。

下面介绍另外一种将十进制数转换成二进制数的方法，先将十进制数写成权值 2^N 的和，然后将权值对应位写 1，其余位写 0，即可得到二进制数。例如，53 可以写成 32 + 16 + 4 + 1，即第 5、4、2、0 位为 1，其余位为 0，如表 1-2 所示。因此，53 的二进制数为 00110101B。

表 1-2　根据权值完成十进制数(53)转换成二进制数

D7	D6	D5	D4	D3	D2	D1	D0
2^7	2^6	2^5	2^4	2^3	2^2	2^1	2^0
128	64	32	16	8	4	2	1
0	0	1	1	0	1	0	1

3. 二进制数转换成十六进制数

十六进制数用 0、1、2、…、9、A、B、C、D、E、F 表示，依次对应十进制数的 0～15。4 位二进制数可以用 1 位十六进制数来表示，一个字节数据由 2 位十六进制数组成。

例如：将二进制数 1111 转换成十六进制数。

(1) 先将 1111B 转换成十进制数，即

$$1111B = 1 \times 2^3 + 1 \times 2^2 + 1 \times 2^1 + 1 \times 2^0$$
$$= 8 + 4 + 2 + 1$$
$$= 15$$

(2) 十进制数 15 可以用 1 位十六进制数 F 表示。所以，1111B = FH。

二进制数、十进制数、十六进制数的关系如表 1-3 所示。记住 8421，对于任意一个 4 位的二进制数，可以很快算出它对应的十进制值，进而写出十六进制数。

表 1-3　4 位二进制数和 1 位十六进制数的关系

4 位二进制数	快速计算方法	十进制数	十六进制数
1111	8 + 4 + 2 + 1	15	F
1110	8+4+2+0	14	E
1101	8+4+0+1	13	D
1100	8+4+0+0	12	C
1011	8+0+2+1	11	B
1010	8+0+2+0	10	A
1001	8+0+0+1	9	9
⋮	⋮	⋮	⋮
1	0+0+0+1	1	1
0	0+0+0+0	0	0

当用十六进制数表示数据时，数据位数就短了，1 个 8 位的二进制数写成十六进制数就只有 2 位，如表 1-4 所示。因此编程时，经常用十六进制数表示数据。

表 1-4　二进制数—十六进制数转换举例

二进制数	11111101	10100101	10011011
十六进制数	FD	A5	9B

4. 十六进制数转换成二进制数

将十六进制数转换为二进制数，只需将每一位的十六进制数转换为相应的 4 位二进制数，然后组合起来即可。

例如：将十六进制数 AE 转换为二进制数。

(1) 先转换 A。A 转换成十进制数为 10，10 = 8 + 2，即 1010。

(2) 接着转换 E。E 转换成十进制数为 14，14 = 8 + 4 + 2，即 1110。

所以，十六进制数 AE 转换为二进制数是 10101110。

1.3.2　十六进制数的加减运算

1. 十六进制数的加法

两个十六进制数相加时，逢 16 进 1。

例如：计算 89H + A8H。

$$\begin{array}{r} 8\ \ 9 \\ +)\ A_{+1}\ 8 \\ \hline 1\ \ 3\ \ 1 \end{array}$$

由于计算机是按固定字长运算的，因此如果预先定义的是字节相加，那么 89H + A8H = 31H，最高位上的进位会被独立的存储。

2. 十六进制数的减法

两个十六进制数相减，若不够减，则向前借 1，借到的值是 16。

例如：计算 27A0H − 382FH。

$$
\begin{array}{ccccc}
_{-1} & 2_{-1} & 7 & A_{-1} & 0 \\
-) & & 3 & 8 & 2 & F \\
\hline
& & E & F & 7 & 1 \\
\end{array}
$$

所以，27A0H − 382FH = EF71H，最高位有借位。

1.3.3　补码

计算机中有符号数有三种表示方法，即原码、反码和补码。三种表示方法中，数据均由符号位和数值位两部分组成。数据的最高位是符号位，0 表示"正数"，1 表示"负数"。原码和反码没有流行起来，是因为在数的运算上对符号位的处理无法用当时已有的机器物理设计来实现，所以现在计算机内负数是用补码表示的。

1. 正数的补码

正整数的补码与原码相同，原码表示有符号数时，最高位为符号位，其余位是数值位。因此正数的补码最高位为 0，其余位为数值位。

例如：求 +9 的补码。

+9 的符号位为 0，数值位为 1001，若用一个字节来表示，数值位为 7 位，即 0001001，则 +9 的补码为 00001001B。注意，因为计算机是按固定字长存储数据的(如一个字节)，而不是任意位数，所以后续写数据时，一般都写成一个字节(8 位)或者一个字(16 位)的形式。

2. 负数的补码

求负数的补码时，先写出数据的原码，然后符号位不变，数值位各位取反，最后整个数加 1。

例如：取字长为 8 位，求 −17 的补码。

原码：10010001　　　　　反码：11101110

补码：11101111(EFH)

例如：取字长为 16 位，求 −17 的补码。

原码：10000000 00010001　　　反码：11111111 11101110

补码：11111111 11101111(FFEFH)

3. 用十六进制数减法求负的补码

例如：取字长为 8 位，求 −5 的补码。

用减法计算 −5 的补码，−5 = 0 − 5 = 100H − 05H = FBH，−5 的补码为 FBH，即11111011B。

$$
\begin{array}{cccc}
1_{-1} & 0_{-1} & 0 \\
-) & & 0 & 5 \\
\hline
& & F & B \\
\end{array}
$$

可以发现，无符号数 FBH(251)与有符号数 −5 在计算机内部存储的值是一样的。

4. 有符号数据的表达范围

一个字节的有符号数，数据的表示范围为 −128～+127，如表 1-5 所示。

表 1-5　字节数据的补码表示

十进制数	原码(二进制)	反码(二进制)	补码(二进制)	补码(十六进制)
127	01111111	01111111	01111111	7F
126	01111110	01111110	01111110	7E
125	01111101	01111101	01111101	7D
□	□	□	□	□
2	00000010	00000010	00000010	02
1	00000001	00000001	00000001	01
0	00000000	00000000	00000000	00
−0	10000000	11111111	00000000	00
−1	10000001	11111110	11111111	FF
−2	10000010	11111101	11111110	FE
□	□	□	□	□
−126	11111110	10000001	10000010	82
−127	11111111	10000000	10000001	81
−128	无	无	10000000	80

一个字(2 个字节)的有符号数的表示范围为 −32 768～+32 767，一个字节的无符号数的表示范围为 0～255，一个字的无符号数的表示范围为 0～65 536。

1.3.4　BCD 码

BCD 码(Binary Coded Decimal，二进制编码的十进制数)有以下两种形式。

1. 压缩(组合)的 BCD 码

用 4 位二进制数表示 1 数位十进制数，一个字节可以表示 2 位十进制数。例如，十进制数 35 的压缩 BCD 码可表示为 00110101B，即 35H。

2. 非压缩(非组合)的 BCD 码

用一个字节表示 1 位十进制数。例如，十进制数 76 的非压缩 BCD 码可表示为 00000111B(即 07H)、00000110B(即 06H)。可见，76 的非压缩 BCD 码要用两个字节来表示。

例如：将一个字节的二进制数 X 转换成非压缩 BCD 码。

(1) 先将 X 除以 100，得到的商就是百位。

假设 X = 01111011B，其对应的十六进制数为 7BH、十进制数为 123。

$$X/100 = 01H(商)\cdots\cdots17H(余数，用 Y 表示)$$

(2) 再将余数除以 10，商是十位，余数是个位。

$$Y/10 = 02H(商) \cdots\cdots\cdots 03H(余数)$$

可见，一个字节的二进制数，其非压缩 BCD 码由 3 个字节来表示。

1.3.5 ASCII 码

ASCII 码(American Standard Code for Information Interchange，美国标准信息交换码)，是对字符的编码，有 7 位码和 8 位码两种形式。本书只介绍 7 位码，如表 1-6 所示。

表 1-6 ASCII 字符编码表

D3 D2 D1 D0	D6　D5　D4							
	000	001	010	011	100	101	110	111
0　0　0　0	NUL	DLE	SP	0	@	P	、	p
0　0　0　1	SOH	DC1	!	1	A	Q	a	q
0　0　1　0	STX	DC2	"	2	B	R	b	r
0　0　1　1	ETX	DC3	#	3	C	S	c	s
0　1　0　0	EOT	DC4	$	4	D	T	d	t
0　1　0　1	ENQ	NAK	%	5	E	U	e	u
0　1　1　0	ACK	SYN	&	6	F	V	f	v
0　1　1　1	BEL	ETB	'	7	G	W	g	w
1　0　0　0	BS	CAN	(	8	H	X	h	x
1　0　0　1	HT	EM	)	9	I	Y	i	y
1　0　1　0	LF	SUB	*	:	J	Z	j	z
1　0　1　1	VT	ESC	+	;	K	[	k	{
1　1　0　0	FF	FS	,	<	L	\	l	|
1　1　0　1	CR	GS	-	=	M	]	m	}
1　1　1　0	SO	RS	•	>	N	↑	n	~
1　1　1　1	SI	US	/	?	O	-	o	DEL

由表 1-6 可知，字符"0"～"9"的 ASCII 码为 30H～39H，若要将 1 位十进制数转换成字符，即 ASCII 码，则需要加上 30H。

例如，对于数字 35H，若它是 ASCII 码，则表示的是字符"5"。对于十进制数 35 来说，其 ASCII 码为 33H、35H。

1.3.6 BCD 码与 ASCII 码的应用

单片机系统中，经常会用到 LCD 液晶显示器，如图 1-4 所示，液晶显示器只接收 ASCII 码。待显示的数据送到液晶显示器时，必须先转换成 BCD 码，然后再转换成 ASCII 码，字符是一个一个显示的。

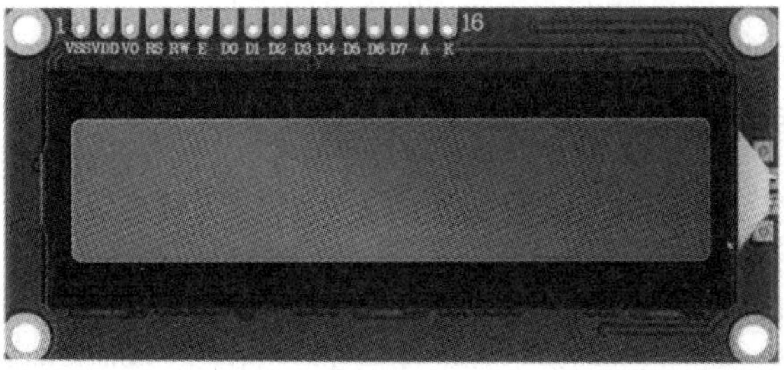

图 1-4　LCD 液晶显示器

例如，在液晶屏上显示 127。127 在计算机内以二进制形式存储，存储的二进制值为 011111111，首先需要把二进制数先转换成 BCD 码(01H、02H、07H)，然后转换成 ASCII 码(31H、32H、37H)，再送至液晶屏，LCD 上才能显示 127。

1.4　逻辑运算与逻辑功能部件简介

数字逻辑与
微机系统简介

1.4.1　逻辑运算及其特殊用途

逻辑运算又称布尔运算。逻辑运算中只有两种可能的数值，即 0 或 1，而没有中间值。在逻辑代数中，有与、或、非三种基本逻辑运算。

"与"运算：$0\&0 = 0$；$0\&1 = 0$；$1\&0 = 0$；$1\&1 = 1$。

"或"运算：$0 + 0 = 0$；$0 + 1 = 1$；$1 + 0 = 1$；$1 + 1 = 1$。

"非"运算：$\overline{0} = 1$；$\overline{1} = 0$。

"异或"运算：$0 \oplus 0 = 0$；$0 \oplus 1 = 1$；$1 \oplus 0 = 1$；$1 \oplus 1 = 0$。

(1) "与"运算可使变量的某一位或几位"清零"。

例如：使字节变量 X 的高四位清零，低四位不变。

假设 $X = 56H$，$X = X\&0FH = 56H\&0FH = 06H$

$$
\begin{array}{r}
0101\quad0110 \\
\&)\quad 0000\quad1111 \\
\hline
0000\quad0110
\end{array}
$$

例如：使字节变量 X 的最高位清零，其余位不变，可通过 X 与 7FH 相"与"实现。

$X = X\&7FH = \times\times\times\times\times\times\times\times B \& 011111111B = 0\times\times\times\times\times\times\times B$

(2) "或"运算可使变量的某一位或几位"置 1"。

例如：使字节变量 X 的低四位为 1，其余位不变，可通过 X 与 0FH 相"或"实现。

假设 $X = 56H$，$X = X + 0FH = 56H + 0FH = 5FH$

$$
\begin{array}{r}
0101\quad0110 \\
+)\quad 0000\quad1111 \\
\hline
0101\quad1111
\end{array}
$$

例如：使字节变量 X 的最高位为 1，其余位不变，可通过 X 与 80H 相"或"实现。

$X = X + 80H = \times\times\times\times\times\times\times\times B + 10000000B = 1\times\times\times\times\times\times\times B$

(3) "异或"运算可使变量的某一位或几位"取反"。

例如：使字节变量 X 的低四位取反，高四位不变。

假设 $X = 56H$，$X = X \oplus 0FH = 56H \oplus FH = 59H$

$$
\begin{array}{r}
0101 \quad 0110 \\
\oplus) \quad 0000 \quad 1111 \\
\hline
0101 \quad 1001
\end{array}
$$

例如：使字节变量 X 的中间两位取反，其余位不变，可通过 X 与 18H 相"异或"实现。

$$X = X \oplus 18H = \times\times\times\times\times\times\times\times B \oplus 00011000B = \times\times\times\overline{\times}\,\overline{\times}\times\times\times B$$

1.4.2　计算机中的逻辑功能部件

计算机中常用逻辑功能部件有触发器、寄存器、锁存器、三态门、译码器、存储器等。

1. 触发器

触发器(trigger)是用于存入和记忆 1 位二进制数的逻辑部件，它有两种稳定状态，一种状态称为"0"状态，另一种状态称为"1"状态。图 1-5 为 D 触发器的逻辑符号，表 1-7 为 D 触发器的功能表。

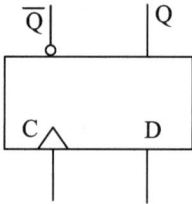

表 1-7　D 触发器的功能表

输入 D	输入 C	输出 Q	输出 $\overline{Q}$
0	时钟上升沿	0	1
1	时钟上升沿	1	0
×	0	last Q	last $\overline{Q}$
×	1	last Q	last $\overline{Q}$

图 1-5　D 触发器的逻辑符号

2. 寄存器

寄存器(register)是用于存放二进制数的部件。一个触发器可存放 1 位二进制数，可称为 1 位寄存器。用 n 个触发器即可构成一个 n 位寄存器，通常 n 的取值为 8、16、32 或 64。8051/8086 系统中有 8 位和 16 位寄存器两种类型，即字节类型的数据寄存器和字类型的数据寄存器。

按照功能的不同，可将寄存器分为基本寄存器和移位寄存器两大类。基本寄存器只能并行送入数据，也只能并行输出，即多位数据同时输入/输出。移位寄存器中的数据可以在移位脉冲作用下，依次逐位右移或左移。

3. 锁存器

锁存器(latch)是在一个控制信号的作用下,能同时寄存多位数据的逻辑部件。锁存就是把信号暂存,以维持某种电平状态。8D 锁存器逻辑图如图 1-6 所示,当锁存控制信号 G 为高电平时,数据 $D_{out1} \sim D_{out8}$ 随着数据 $D_{in1} \sim D_{in8}$ 的变化而变化;当 G 为低电平时,输出数据 $D_{out1} \sim D_{out8}$ 保持不变。

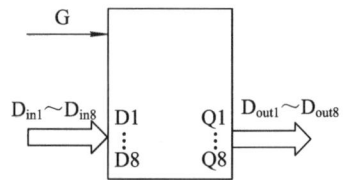

图 1-6　8D 锁存器逻辑图

4. 三态门

三态门(three-state gate)的输出端有 3 种状态，即高电平、低电平、高阻态。当控制端有效时，输出随输入的变化而变化；当控制端无效时，输出高阻状态。图 1-6 为三态门的逻辑符号，表 1-7 为三态门的功能表。使能控制端 E 低电平有效，当 E = 0 时，输出 Z 随着输入 A 的变化而变化；当 E = 1 时，输出端 Z 为高阻态。

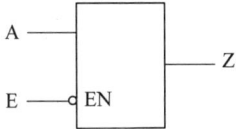

图 1-7 三态门的逻辑符号

表 1-8 三态门的功能表

使能控制端 E	输入 A	输出 Z
0	0	0
0	1	1
1	任意	高阻态

常用的具有三态输出控制的锁存器 74HC573 的引脚和内部结构如图 1-8 所示。其中，LE 为锁存控制端(高电平有效)；$\overline{OE}$ 为三态门的使能控制(输出允许，低电平有效)；D0～D7 为数据输入端；Q0～Q7 为数据输出端。74HC573 的功能表如表 1-9 所示。

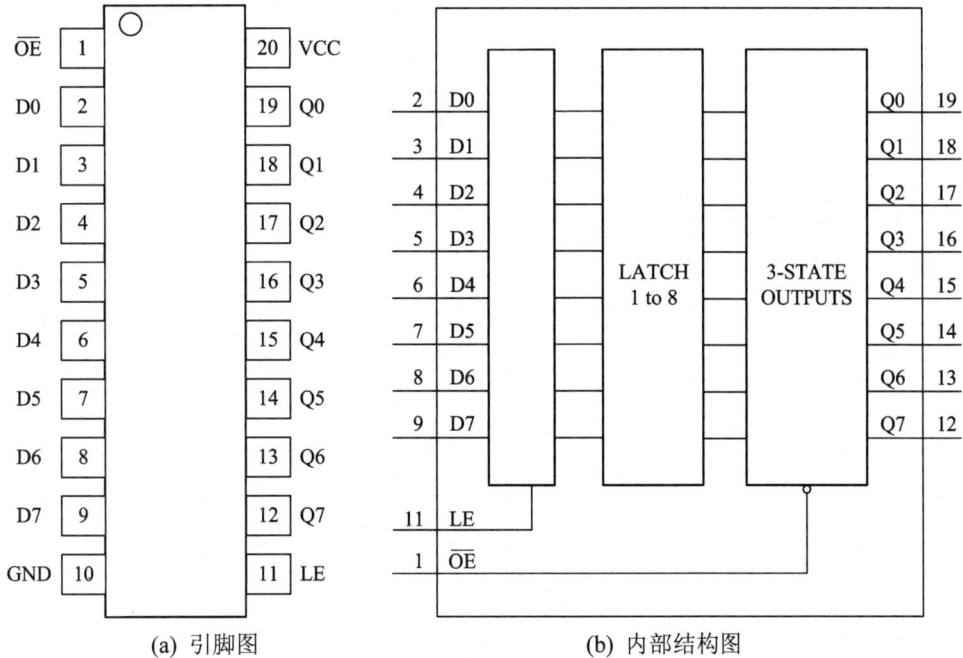

(a) 引脚图   (b) 内部结构图

图 1-8 锁存器 74HC573

表 1-9 74HC573 的功能表

$\overline{OE}$	LE	D7～D0	Q7～Q0
0	1	1	1
0	1	0	0
0	0	任意	保持不变
1	任意	任意	高阻态

5. 译码器

译码器(decoder)是一类多输入多输出的组合逻辑电路器件,可分为变量译码器和显示译码器两类。变量译码器一般是一种将较少输入变为较多输出的器件,常见的有 N 线-2^N 线译码和 8421BCD 码译码两类;显示译码器用于将 BCD 码转换成对应的七段码,一般可分为驱动 LED 和驱动 LCD 两类。图 1-9 为 3-8 译码器 74LS138 的引脚。其中,A、B、C 为数据输入端;E1、E2、E3 为使能端,E1 高电平有效,E2 和 E3 低电平有效;Y0~Y7 为输出端(低电平有效)。74LS138 的功能表如表 1-10 所示。

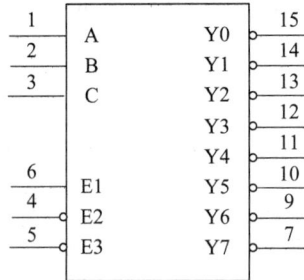

图 1-9　3-8 译码器 74LS138 的引脚

表 1-10　74LS138 的功能表

输　入						输　出							
E1	$\overline{E2}$	$\overline{E3}$	C	B	A	$\overline{Y0}$	$\overline{Y1}$	$\overline{Y2}$	$\overline{Y3}$	$\overline{Y4}$	$\overline{Y5}$	$\overline{Y6}$	$\overline{Y7}$
×	1	×	×	×	×	1	1	1	1	1	1	1	1
×	×	1	×	×	×	1	1	1	1	1	1	1	1
0	×	×	×	×	×	1	1	1	1	1	1	1	1
1	0	0	0	0	0	0	1	1	1	1	1	1	1
1	0	0	0	0	1	1	0	1	1	1	1	1	1
1	0	0	0	1	0	1	1	0	1	1	1	1	1
1	0	0	0	1	1	1	1	1	0	1	1	1	1
1	0	0	1	0	0	1	1	1	1	0	1	1	1
1	0	0	1	0	1	1	1	1	1	1	0	1	1
1	0	0	1	1	0	1	1	1	1	1	1	0	1
1	0	0	1	1	1	1	1	1	1	1	1	1	0

6. 存储器

存储器是用来存储程序和各种数据信息的记忆部件,可分为内存储器和外存储器两大类。和 CPU 直接交换信息的是内存储器。按照存取方式不同,内存储器可分为 RAM 和 ROM。图 1-10 为 RAM 芯片 6116 的引脚和实物,A0~A10 为 11 位地址信号(输入),D0~D7 为数据引脚(输入/输出),$\overline{CE}$ 为片选信号(输入),$\overline{OE}$ 为输出允许信号(输入),$\overline{WE}$ 为写允许信号(输入)。

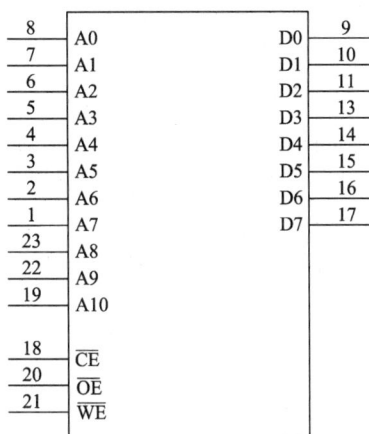

(a) 引脚　　　　　　　　　　　(b) 实物

图 1-10　RAM 芯片 6116

　　存储器由很多寄存器按顺序排放构成，每个寄存器相当于一个存储单元，每个存储单元存放一个字节的数据，每个存储单元有一个编号，即地址，如图 1-11 所示。

地址	内容
0000H	11110000B
0001H	01011101B
⋮	⋮
FFFFH	11010011B

图 1-11　存储单元的地址和内容

本 章 小 结

　　微型计算机(简称微机)由 CPU、内存储器、I/O 接口和系统总线组成。CPU 是微机的核心，具有运算与控制功能，可读取指令并执行；内存储器用来保存数据或者程序；I/O 接口位于 CPU 与外部设备之间，协助完成数据传送的任务；系统总线是信息传输的通道，根据传输信息的不同，其分为地址总线、控制总线、数据总线。以微机为核心，配上软件系统和外部设备，就构成了微机系统。单片机的全称是单片微型计算机，又叫微控制器，是把构成微机的主要功能模块集成在一块芯片上。单片机的发展与微机类似，经历了由 4 位到 8 位，再到 16 位、32 位的发展历程。通用微机与单片机的应用场合不同，通用微机主要面向海量数据处理，而单片机属于专用微型计算机，面向控制。

　　计算机中的数据是以二进制数形式存放在寄存器或者存储单元中的；编写程序时，经常用十进制数或十六进制数，是为了方便阅读与调试；对于同一个数据，表达形式可以不同，但都对应同样一个值。计算机中有符号数是用补码存储的。BCD 码是 1 位十进制数的二进制表示。ASCII 码是用来表示字符的二进制编码，常用于外部设备的输入输出操作中。

逻辑运算中只包含 0 和 1 两个值。用逻辑运算可以实现一些特殊用途，如用与运算使变量的某些位清零，用或运算置 1，用异或运算取反等。触发器是一个记忆单元；寄存器用来保存数据，边沿触发；当锁存控制信号无效时，锁存器的输出保持不变；三态门有三个输出状态，即高电平、低电平和高阻态，可以用来提高总线驱动能力，隔离输入输出信号。译码器可用于代码的转换、终端的数字显示，还用于数据分配、存储器寻址和组合控制信号等。74LS138 译码器工作时，只有一个输出端输出低电平；译码器不工作时，8 个输出端全都输出高电平。存储器由许多存储单元组成，每个存储单元有唯一的编号，即地址，每个地址单元存放一个字节数据。

习　题　一

1-1　微型计算机的核心是(　　)。

A. CPU　　　　　　B. 存储器　　　　　　C. I/O 接口　　　　　　D. 系统总线

1-2　微型计算机系统由_____和_____两部分组成。

1-3　以下说法错误的是(　　)。

A. 单片机将构成微机的主要功能部件集成在一块芯片上

B. 通用微机系统中数据与程序放在统一的存储器空间

C. 单片机面向海量数据处理，微机面向控制

D. 单片机编程需要了解硬件结构

1-4　系统总线不包括(　　)。

A. 地址总线　　　　B. 数据总线　　　　C. 电源线　　　　D. 控制总线

1-5　双向传输的信号线是(　　)。

A. 地址总线　　　　B. 数据总线　　　　C. 状态线　　　　D. 时钟线

1-6　说明微型计算机与单片机的区别。

1-7　说明微型计算机各个组成部分的作用。

1-8　一个字节数据由(　　)位二进制数组成。

A. 1　　　　　　　B. 4　　　　　　　C. 8　　　　　　　D. 16

1-9　十进制数 35 的十六进制数表示为(　　)。

A. 21H　　　　　　B. 25H　　　　　　C. 23H　　　　　　D. 27H

1-10　十进制数 23 的压缩 BCD 码表示为(　　)。

A. 00010111B　　　　　　　　　　B. 00011011B

C. 00100110B　　　　　　　　　　D. 00100011B

1-11　十进制数 23 的非压缩 BCD 码表示为(　　)。

A. 01H, 07H　　B. 00H, 17H　　　　C. 02H, 03H　　　　D. 00H, 23H

1-12　十进制数 "48" 的 ASCII 码表示为(　　)。

A. 04H, 08H　　B. 34H, 38H　　　　C. 00H, 30H　　　　D. 00H, 48H

1-13　完成下列十六进制数的运算，运算结果保留 4 位十六进制数。

(1) 34AFH + 7862H　　　　(2) FFFFH + 0001H

(3) D45AH − A75FH　　　　(4) 1000H − 0003H

1-14　写出下列数据的补码。

(1) +45　　　　　(2) −56　　　　　　(3) −7

1-15　一个字节的有符号数能表达的十进制数最大值是(　　)。

A. +125　　　　　B. +126　　　　　　C. +127　　　　　　D. +128

1-16　一个字节的无符号数能表达的十进制数最大值是(　　)。

A. 254　　　　　B. 255　　　　　　C. 256　　　　　　D. 257

1-17　将下列数据写成 2^n 和的形式。

(1) 14　　　　　(2) 9

(3) 63　　　　　(4) 100

1-18　将下列十进制数转换成二进制数。

(1) 104　　　　　(2) 80

(3) 127　　　　　(4) 16

1-19　将下列二进制数转换成十六进制数。

(1) 10111110B　　(2) 01101000B

(3) 01111100B　　(4) 11011001B

1-20　写出十进制数 78 的非压缩 BCD 码、压缩 BCD 码、ASCII 码形式。

1-21　说明锁存器、三态门的工作特点。

1-22　说明逻辑"与""或""异或"在数据处理上的特殊作用。

1-23　若 X 是一个字节数据,将其高 4 位清零,低 4 位不变,则需要执行的运算是_____。

1-24　若 X 是一个字节数据,将其最低位置 1,其他位不变,则需要执行的运算是_____。

1-25　若 X 是一个字节数据,将其 D6、D5 两位取反,其他位不变,则需要执行的运算是_____。

1-26　当锁存器的控制信号有效时,输出_____,当锁存器的控制信号无效时,输出_____。

1-27　当三态门的控制信号有效时,输出_____,当三态门的控制信号无效时,输出呈_____状态。

1-28　74LS138 有_____个控制输入端,_____个数据输入端,_____个输出端。

1-29　当 74LS138 的控制端 E1、$\overline{E2}$、$\overline{E3}$ 分别为(　　)时,译码器可以译码。

A. 0、0、0　　　B. 0、0、1　　　C. 1、0、0　　　　D. 1、1、1

1-30　当 74LS138 的数据输入端 CBA = 101 时,译码器的输出端_____会是低电平,其他输出端都输出_____。

1-31　存储器中每个存储单元都有唯一编号,这个编号叫作_____。一般来讲,一个存储单元存放_____个字节数据。

第2章　微处理器、内存储器及 I/O 接口简介

8086CPU

本章教学目标

- 掌握微处理器的结构与功能
- 掌握存储器的分类与特点
- 掌握存储器的引脚功能
- 理解存储器地址译码的原理
- 掌握 CPU 与存储器的接口技术
- 掌握 I/O 接口的结构与功能
- 了解 CPU 与 I/O 接口的数据传送方式

微型计算机由 CPU、内存储器、I/O 接口和系统总线组成，其核心是 CPU，又叫微处理器。本章首先介绍基于 8086/8088 的微机结构，8086/8088 微处理器取指令和执行指令的操作过程。其次介绍存储器的分类，以及存储器的地址译码技术。最后，简介 I/O 接口的功能，以及 CPU 与 I/O 接口的数据传送方式。

2.1　8086/8088 微处理器

1978 年 6 月 Intel 公司推出了 8086 微处理器，它采用 HMOS 工艺技术制造，内部包含约 29000 个 3 微米技术的晶体管，标志着第三代微处理器问世。8086 工作时，只要一个 5 V 电源和单相时钟，时钟频率为 5 MHz。8086 有 16 根数据线和 20 根地址线，可寻址的地址空间达 1 MB。在 1 年之后，Intel 公司推出了 8086 的简化版，一种准 16 位微处理器 8088。8088 与 8086 同属于第三代 16 位的微处理器。这两款微处理器的硬件结构没有太大的区别，二者的主要区别是在数据总线宽度，8086 的数据总线宽度为 16 位，而 8088 的数据总线宽度为 8 位。在内部结构上，两款微处理器都有指令队列，8086 的指令队列长度为 6 字节，而 8088 的指令队列长度为 4 字节。IBM 公司 1981 年生产的第一台个人电脑 PC/XT 就是以 8088 芯片作为 CPU，这也标志着 x86 架构和 IBM PC 兼容电脑的产生。

2.1.1　8086/8088 微处理器的功能结构

8086/8088 微处理器包含两大功能部件，即执行单元(Execution Unit，EU)和总线接口单元(Bus Interface Unit，BIU)，如图 2-1 所示。

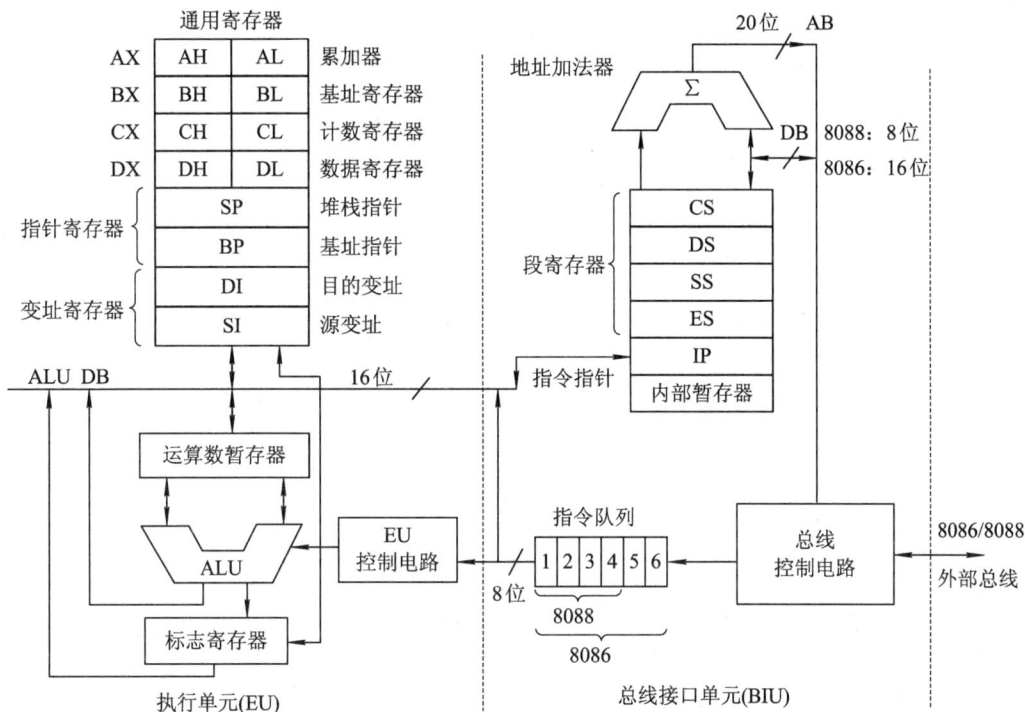

图 2-1　8086/8088 微处理器的功能结构

EU 的主要功能是译码并执行指令，暂存中间运算结果并保留结果特征。EU 包括控制电路、算术逻辑单元 ALU、通用寄存器组(AX、BX、CX、DX)、专用寄存器(堆栈指针寄存器 SP、基址指针寄存器 BP、目的变址寄存器 DI、源变址寄存器 SI)、标志寄存器等部件。寄存器都是 16 位，其中 AX、BX、CX、DX 这四个寄存器还可分成两个 8 位寄存器(AH、AL、BH、BL、CH、CL、DH、DL)使用。专用寄存器可以用来存放偏移地址，能够存放地址的寄存器又叫作指针寄存器。EU 通过控制电路从指令队列中取出指令代码，并对指令进行译码，形成各种操作控制信号，控制 ALU 完成算术或逻辑运算，并将运算结果的特征保存在标志寄存器中，也控制其他各部件完成指令所规定的操作。

BIU 负责 CPU 与存储器、I/O 接口之间的数据传送。具体功能有：从存储器取指令送到指令队列；CPU 执行指令时，到指定的位置取操作数，并将其送至要求的存储单元中。BIU 的主要组成部分包括四个段地址寄存器，即 16 位代码段寄存器 CS、16 位数据段寄存器 DS、16 位附加段寄存器 ES、16 位堆栈段寄存器 SS；16 位指令指针寄存器 IP；20 位的地址加法器；6 字节/4 字节的指令队列缓冲区。当 EU 从指令队列中取走指令后，指令队列出现两个或两个以上的字节空间，且 EU 未向 BIU 申请读/写存储器操作数时，BIU 就顺序地预取后续指令的代码，并放入指令队列缓冲区中。

8086/8088 有 20 位的地址线，可以寻址 1 MB 存储器，CPU 内无论是段地址寄存器还是偏移地址寄存器都是 16 位的，因此存储器分成多个容量为 64 KB 的逻辑段，这样段内的存储单元地址就是 16 位的，可以放在寄存器中。存储单元的逻辑地址表示是"段地址:偏移地址"，段寄存器的值左移 4 位，再加上指针(偏移地址)寄存器的值，就产生 20 位的物理地址，CPU 向 20 位地址总线输出物理地址，来寻址某个存储单元。存储单元中有的存放指令，有的存放数据。指令单元的逻辑地址以 CS 的值为段地址，IP 的值为偏移地址，即 CS:IP。数据单元的逻辑地址是以 DS、ES 或者 SS 为段地址，以 SI、DI、BX 或者 BP 的值按照不同寻址方式形成偏移地址，微型计算机复位之后，CS 的值是 FFFFH，IP 的值是 0000H，所以，微型计算机上电后，CPU 会向地址总线输出 FFFF0H，从该存储单元取得第一条指令。

在 8086/8088 微处理器中，EU 执行指令期间，BIU 可以取指令放在指令队列中。EU 执行指令和 BIU 取指令同时进行，EU 和 BIU 两部分按流水线方式工作。EU 从 BIU 的指令队列中取指令并执行指令，节省了 CPU 访问内存的时间，提高了 CPU 的工作效率。

2.1.2 8086/8088 引脚功能与系统配置

8086/8088 微处理器都是具有 40 条引脚的集成电路芯片，采用双列直插式封装(dual in-line package，DIP)，如图 2-2 所示。

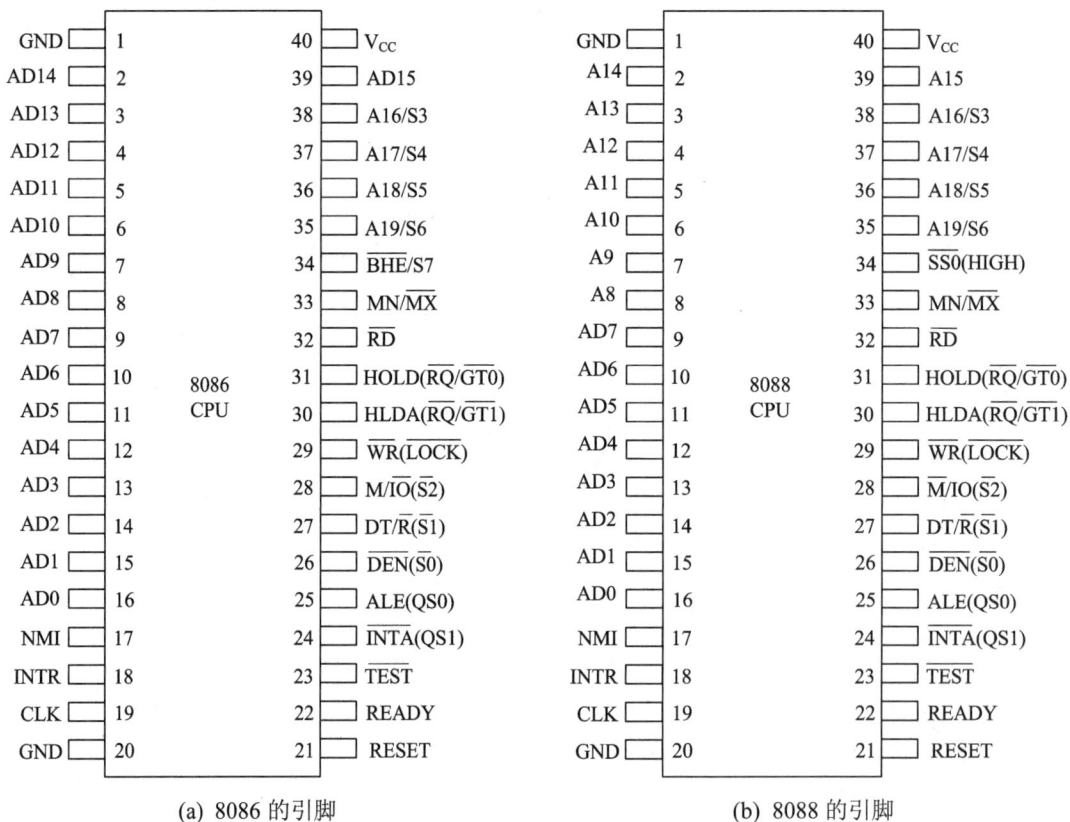

(a) 8086 的引脚   (b) 8088 的引脚

图 2-2 引脚结构

8086/8088 微处理器有两种工作模式，即最小工作模式和最大工作模式，通过 CPU 的第 33 条引脚 MN/$\overline{\text{MX}}$ 来控制。当 MN/$\overline{\text{MX}}$ 接地时，系统工作在最大工作模式下；当 MN/$\overline{\text{MX}}$ = 5 V 时，系统工作在最小工作模式下。最小工作模式系统适用于单微处理器组成的小系统，系统中通常只有一个微处理器，所有的总线控制信号都直接由 8086 微处理器产生，系统中的总线控制逻辑电路被减到最少。当系统处于最大工作模式时，系统中存在两个或两个以上的微处理器，其中有一个主处理器 8086/8088，其他处理器称为协处理器。8086/8088 微处理器的 40 条引脚信号按功能可分为四类，即时钟与电源信号、地址总线、数据总线、控制总线。

1. 时钟与电源信号

CLK：时钟输入信号，它提供了处理器和总线控制器的定时操作。8086 的标准时钟频率为 8 MHz。CPU 在运行中的取指令、译码和执行指令过程都是在时钟脉冲 CLK 的统一控制下一步步进行的。时钟脉冲的周期称为时钟周期，由计算机的时钟频率决定。CPU 与外部交换信息总是通过总线进行的，CPU 完成一次总线操作的时间称为总线周期。每当 CPU 要从存储器或 I/O 接口读/写一个字节，就需要一个总线周期。CPU 执行一条指令所需要的时间称为指令周期，不同指令的指令周期不一样，一个指令周期由一个或若干个总线周期组成。

在 8086/8088 系统中，一个指令周期可以分成若干个总线周期，而一个基本的总线周期通常由 4 个时钟周期 $T_1 \sim T_4$ 组成。指令周期、总线周期和时钟周期之间的关系如图 2-3 所示。若内存储器或 I/O 接口的速度较慢，来不及响应，则需在 T_3 时钟周期之后插入 1 个或几个等待状态 T_W。

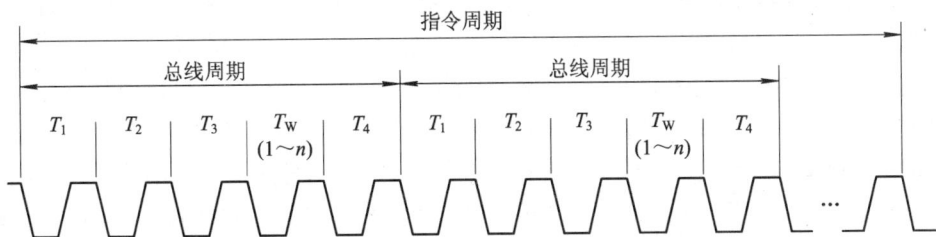

图 2-3 指令周期、总线周期和时钟周期之间的关系

V_{CC}：电源线，+5 V±10%，输入。

GND：接地线。

2. 地址总线

A0～A19：一共有 20 位，其中 8086 低 16 位地址线与数据线分时复用 AD0～AD15(8088 有 8 位)，高 4 位地址线与状态信号复用 A16/S3～A19/S6，地址信号由 CPU 输出。

3. 数据总线

D0～D15(D0～D7)：8086 有 16 位数据线，8088 有 8 位，是双向传输的信号。

4. 控制总线

控制总线是传送控制和状态信息的一组信号线，有存储器或 I/O 端口向 CPU 发出的输入信号，如 READY、INTR、RESET 等状态或请求信号；有 CPU 向存储器或 I/O 端口发出的输出信号，如读、写、中断响应等操作命令。8086 CPU 的控制总线中，一部分与工作模式有关，另一部分与工作模式无关。

1) 与工作模式无关的引脚控制功能

$\overline{\text{BHE}}$/S7 (bus high enable/status)：高 8 位数据总线允许与状态信息复用引脚，三态输出信号。在每个总线周期的 T_1 时钟周期内输出 $\overline{\text{BHE}}$ 信号，低电平有效，表示高 8 位数据线 D8～D15 上的数据有效；在 T_2、T_3 和 T_4 时钟周期输出状态信号 S7。8086 系统中，$\overline{\text{BHE}}$ 作为访问高字节存储体的片选信号，而 A0 作为低字节存储体的片选信号。

$\overline{\text{RD}}$ (read)：读信号，三态输出，低电平有效，表示 CPU 正在读存储器或 I/O 端口的数据。当前是从存储单元读取数据还是从 I/O 端口读取数据，取决于 M/$\overline{\text{IO}}$ 引脚信号：当 M/$\overline{\text{IO}}$ 信号为高电平时，CPU 读取存储器数据；当为低电平时，读取 I/O 端口数据。

$\overline{\text{TEST}}$ (test)：测试信号，输入，低电平有效。当执行 WAIT 指令时，每隔 5 个时钟周期，CPU 对 $\overline{\text{TEST}}$ 信号进行采样。若 $\overline{\text{TEST}}$ 为高电平(无效)，则 CPU 重复执行 WAIT 指令而处于等待状态；若为低电平(有效)，则等待状态结束，转而执行下一条指令。

READY：准备就绪信号，输入，高电平有效，是由存储器或 I/O 端口向 CPU 发出的状态响应信号。当 READY 处于高电平时，表示存储器或 I/O 端口已经准备就绪，可立刻进行一次数据传送，T_4 时钟周期内完成数据传送过程，结束当前总线周期。而当 READY 处于低电平(无效)时，表示存储器或 I/O 端口还没有准备好，这时 CPU 进入等待状态，在 T_3 时钟周期后插入一个或几个等待时钟周期 T_W，直到 READY 转换为高电平时，才进入 T_4 时钟周期，完成数据传送。

RESET：复位信号，输入，高电平有效。当 RESET 信号为高电平时，CPU 将停止正在进行的操作,把标志寄存器 FLAGS,段寄存器 DS、SS、ES 和指令指针 IP 清零,CS 置为 FFFFH,指令队列复位为空状态,为保证对 CPU 的可靠复位,要求 RESET 高电平信号至少保持 4 个时钟周期。当 RESET 转换为低电平时，由于 CS 的值复位为 FFFFH，IP 的值复位为 0000H，因此复位后 CPU 从 FFFF0H 开始执行程序。程序正常运行时，RESET 引脚处于低电平。

NMI(no-mask interrupt)：非屏蔽中断请求，输入。NMI 是边沿触发信号，上升沿有效，不能用软件进行屏蔽，也不受标志寄存器的中断允许标志位 IF 的影响。当此信号出现时，在现行指令结束后立刻中断现行程序的执行，转而执行非屏蔽中断服务程序。

INTR(interrupt request)：可屏蔽中断请求，输入，高电平有效。CPU 在每条指令的最后一个时钟周期采样 INTR 信号。若 INTR 信号为高电平，则表示有中断请求，此时还需根据 CPU 内部中断允许标志 IF 的状态决定是否响应中断：当 IF = 1 时，CPU 响应中断，根据中断类型码转入执行相应的中断服务程序；当 IF = 0 时，CPU 不响应中断，继续执行主程序。若 INTR 信号为低电平，则表示没有中断请求，CPU 继续执行下一条指令。

2) 最小工作模式下的控制信号

最小工作模式下的系统典型配置如图 2-4 所示。其中，时钟发生器 8284A 为 CPU 提供时钟脉冲；3 片 8282 芯片用于锁存 20 位地址信号和 BHE 信号；当系统有较多的存储单元和 I/O 端口时，仅靠 CPU 的数据总线难以提供足够的带负载能力，这时供选用的 2 片数据收发器 8286 用于增加系统数据总线的驱动能力。在最小工作模式下，8086 微处理器的第 24～31 号引脚的功能定义如下。

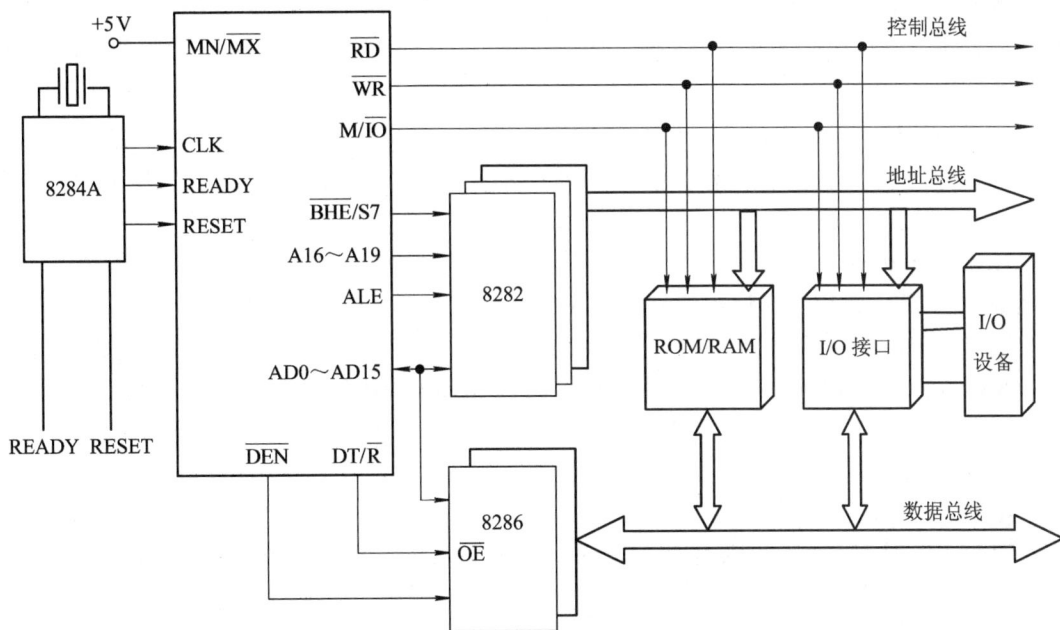

图 2-4　8086 最小工作模式下的配置

$\overline{\text{INTA}}$ (interrupt acknowledge)：中断响应信号，三态输出，低电平有效，用于 CPU 对可屏蔽中断请求信号 INTR 的响应。$\overline{\text{INTA}}$ 信号实际上是位于两个连续总线周期中的两个负脉冲，在每个总线周期的 T_2、T_3 和 T_W 时钟周期，$\overline{\text{INTA}}$ 信号为低电平有效。第一个负脉冲表示 CPU 允许中断源提出的中断请求；第二个负脉冲让中断类型码放入数据总线，CPU 接收到中断类型码，经过计算确定中断服务程序的入口地址，就可转入中断服务程序。

ALE(address latch enable)：地址锁存允许信号，输出，高电平有效。当地址/数据总线分时传送地址信息时，ALE 作为控制信号把地址信号锁存入地址锁存器。在总线周期的 T_1 时钟周期，由 CPU 发出正脉冲，AD0～AD15 和 A16/S3～A19/S6 信号线上出现的是地址信号，在 T_1 时钟周期的下降沿将地址信号锁存入地址锁存器。T_2～T_4 时钟周期内的 ALE 为低电平，AD0～AD15 和 A16/S3～A19/S6 信号线上出现的是数据和状态信号。

$\overline{\text{DEN}}$ (data enable)：数据允许信号，三态输出，低电平有效。在最小工作模式系统中，作为数据总线收发器 8286/8287 的选通信号。当 $\overline{\text{DEN}}$ 为低电平时，允许数据总线收发器接收或发送一个数据；当 $\overline{\text{DEN}}$ 为高电平时，不允许接收或发送数据。在 DMA(Direct Memory Access，直接存储器存取)方式下被浮置为高阻状态。

DT/$\overline{\text{R}}$ (data transmit/receive)：数据发送/接收控制信号，三态输出，最小工作模式系统中用来控制数据总线收发器 8286/8287 数据传送的方向。当 DT/$\overline{\text{R}}$ 为高电平时，CPU 发送数据；当 DT/$\overline{\text{R}}$ 为低电平时，CPU 接收数据。在 DMA 方式下 DT/$\overline{\text{R}}$ 被浮置为高阻状态。

M/$\overline{\text{IO}}$ (memory/IO)：存储器或 I/O 接口访问控制信号，三态输出。当 M/$\overline{\text{IO}}$ 为高电平时，CPU 访问存储器；当 M/$\overline{\text{IO}}$ 为低电平时，CPU 访问 I/O 接口。在 DMA 方式下 M/$\overline{\text{IO}}$ 被浮置为高阻状态。

$\overline{\text{WR}}$ (write)：写信号，三态输出，低电平有效，用于 CPU 向存储器或 I/O 接口写入数据。由 M/$\overline{\text{IO}}$ 信号的状态决定是写入存储器还是 I/O 接口：当 M/$\overline{\text{IO}}$ 信号为高电平时，CPU 对存储器进行写操作；当为低电平时，对 I/O 接口进行写操作。在 DMA 方式下 $\overline{\text{WR}}$ 被浮置为高阻态。

HLDA(hold acknowledge)：保持响应信号，输出，高电平有效。当 HLDA 有效时，表示 CPU 对其他主部件的总线请求作出响应，同时，所有与三态门相接的 CPU 引脚呈现高阻态，从而让出总线。

HOLD(hold request)：保持请求信号，输入，高电平有效，在最小工作模式系统中作为其他部件向 CPU 发出总线请求信号的输入端。当系统中 CPU 之外的另一个主模块要求占用总线时，通过此引脚向 CPU 发出一个高电平的请求信号。这时，如果 CPU 允许让出总线，就在当前总线周期完成时，于 T_4 时钟周期从 HLDA 引脚发出一个响应信号，对刚才的 HOLD 请求作出响应。同时，CPU 使地址/数据总线和控制/状态线处于浮空状态。总线请求部件收到 HLDA 信号后，就获得了总线控制权，在此后一段时间，HOLD 和 HLDA 都保持高电平。在总线占用部件用完总线之后，会把 HOLD 信号变为低电平，表示放弃对总线的占有。8086 微处理器收到低电平的 HOLD 信号后，也将 HLDA 变为低电平，这样 CPU 又获得了对总线的占有权。

3) 最大工作模式下的控制信号

在最大工作模式系统中，一般包含两个或多个处理器，为解决主处理器和协处理器之间的协调工作问题和对总线的共享问题，系统中增加了总线控制器 8288。最大工作模式下的系统典型配置如图 2-5 所示。

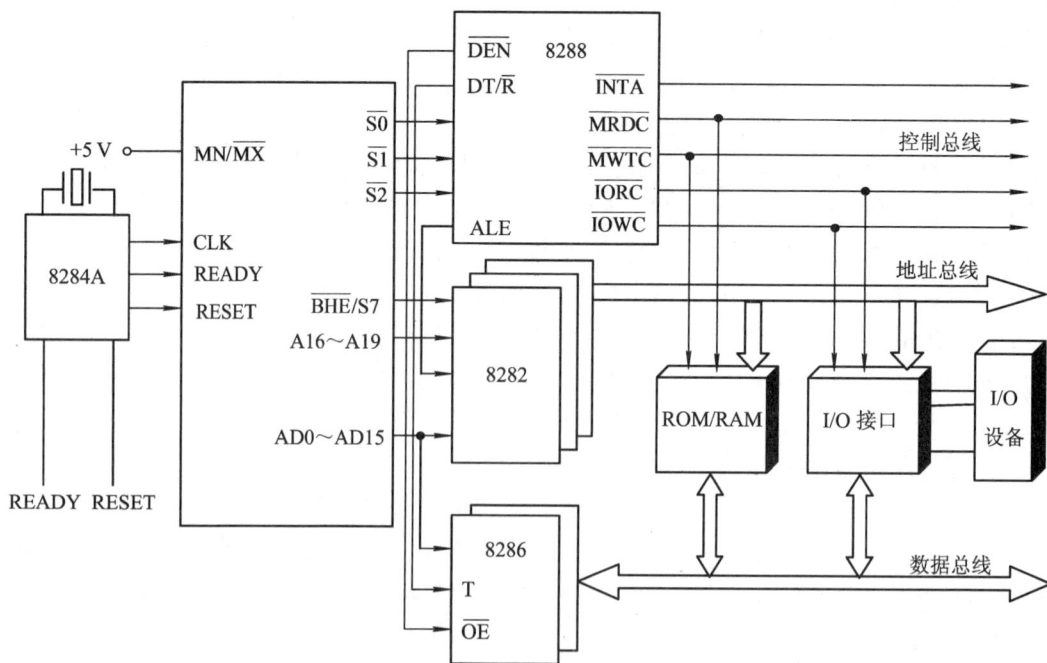

图 2-5   8086 最大工作模式下的配置

从图 2-5 中可看出，在最大工作模式下 8288 总线控制器对 CPU 发出的状态信号 $\overline{\text{S2}}$、

$\overline{S1}$、$\overline{S0}$ 进行变换和组合，以得到对存储器和 I/O 端口读写的控制信号，以及对地址锁存器 8282 和对总线收发器 8286 的控制信号。因此，在最大工作模式下，8086 微处理器的第 24～31 号引脚的功能被重新定义，具体如下。

QS1 和 QS0(instruction queue status)：指令队列状态信号，输出，高电平有效。QS1 和 QS0 的不同编码状态反映了 CPU 内部当前的指令队列状态，以便外部协处理器对 CPU 内部指令队列进行跟踪。

$\overline{S2}$、$\overline{S1}$ 和 $\overline{S0}$(bus cycle status)：总线周期状态信号，三态输出，低电平有效。这三条引脚状态信号的不同组合表示 CPU 总线周期的不同操作类型，如表 2-1 所示。$\overline{S2}$、$\overline{S1}$ 和 $\overline{S0}$ 连接到总线控制器 8288，使 8288 产生访问存储器或 I/O 端口的控制信号或中断响应信号。

表 2-1 $\overline{S2}$、$\overline{S1}$、$\overline{S0}$ 操作功能表

$\overline{S2}$	$\overline{S1}$	$\overline{S0}$	操作类型
0	0	0	发出中断响应信号
0	0	1	读 I/O 端口
0	1	0	写 I/O 端口
0	1	1	暂停
1	0	0	取指令
1	0	1	读存储单元
1	1	0	写存储单元
1	1	1	无效

$\overline{LOCK}$：总线优先权锁定信号，三态输出，低电平有效。该信号用于封锁微型计算机系统其他逻辑部件对总线的控制权。当 $\overline{LOCK}$ 为低电平时，只有 8086 微处理器才能有总线的控制权，不允许任何其他逻辑部件占用总线。$\overline{LOCK}$ 信号由程序设置，若在指令前加上 LOCK 前缀，则在执行这条指令期间 $\overline{LOCK}$ 都保持低电平有效。

$\overline{RQ}/\overline{GT0}$ 和 $\overline{RQ}/\overline{GT1}$(request/grant)：总线请求/允许控制信号，三态双向输入/输出，低电平有效。当引脚的有效信号为输入时，表示最大工作模式系统中的其他逻辑部件请求使用总线；当信号为输出时，表示 CPU 对总线请求的响应，总线请求和允许响应信号用同一根控制线双向传送。两条控制线可以同时连接两个系统外部逻辑部件，系统内部保证 $\overline{RQ}/\overline{GT0}$ 的优先级别高于 $\overline{RQ}/\overline{GT1}$。

2.1.3 取指令与执行指令的操作过程

指令是要求 CPU 执行某种操作的命令。程序是为了完成某项工作，将一系列指令有序地组合。一条计算机指令由操作码和操作数两部分组成。操作码决定要完成的操作，操作数指参加操作的数据。而 CPU 执行一条指令一般分为取指令和执行指令两个阶段。首先根据指令指针的值从相应存储单元中取出指令，每取一字节指令，指令指针的值会自动加 1，然后对指令进行译码，以明确该指令执行何种操作，再获取操作数，按操作码指明的操作类型对获取的操作数进行操作。

2.2 内 存 储 器

半导体存储器是能存储大量二值信息的半导体器件，用来存放程序和数据，分为内存储器和外存储器两类。本节主要介绍内存储器。下面是与存储器有关的一些概念。

(1) 存储字：n 位二进制数作为一个整体存入或取出。

(2) 存储单元：存放一个存储字的单元。通常一个存储单元存放一个 8 位二进制数。

(3) 存储单元地址：存储单元的编号。

(4) 编址：一般存储单元按字节编址，计算机系统中存储器的地址范围与地址译码电路有关。

(5) 寻址：CPU 通过地址寻找数据，从地址所对应的存储单元中存/取数据。

2.2.1　存储器的分类

构成存储器的存储介质主要采用半导体器件和磁性材料。存储器中最小的存储单位就是一个双稳态半导体电路或一个 CMOS 晶体管或磁性材料构成的存储元，它可存储一个二进制代码。若干个存储元组成一个存储单元，许多存储单元组成一个存储器。根据存储材料的性能及使用方法的不同，存储器有以下几种不同的分类方法。

1. 按存储介质分类

半导体存储器：由半导体器件组成的存储器。

磁表面存储器：用磁性材料做成的存储器。

2. 按存储方式分类

随机存储器：任何存储单元的内容都能被随机存取，且存取时间和存储单元的物理位置无关。

顺序存储器：只能按某种顺序来存取，存取时间与存储单元的物理位置有关。

3. 按存储器的读写功能分类

只读存储器(ROM)：存储的内容是固定不变的，只能读出而不能写入的半导体存储器。

随机存取存储器(RAM)：既能读出又能写入的半导体存储器。

4. 按信息的可保存性分类

非永久记忆(易失性)的存储器：断电后信息即消失的存储器。

永久记忆性(非易失性)存储器：断电后仍能保存信息的存储器。

5. 按在计算机系统中的作用分类

主存储器(内存储器)：用于存放活动的程序和数据，其速度快、容量较小、每位价位高。

辅助存储器(外存储器)：主要用于存放当前不活跃的程序和数据，其速度慢、容量大、每位价位低。

缓冲存储器：主要在两个不同工作速度的部件间起缓冲作用。

计算机采用多级存储器体系结构，解决了对存储器要求容量大、速度快、成本低三者之间的矛盾。高速缓冲存储器(Cache)存在于内存储器与 CPU 之间，存取速度接近于 CPU 的速度，但存储容量小；内存储器存放计算机运行期间的大量程序和数据，存取速度较快，存储容量不大；外存储器存放系统程序和大型数据文件及数据库，存储容量大，成本低。

2.2.2　内存储器的技术指标

内存储器主要有以下技术指标。

(1) 存储容量：在一个存储器中可以容纳的存储单元总数，即存储空间的大小。

(2) 存取时间：信息写入存储器的操作称为"写"操作，从存储器取出信息的操作称为"读"操作，读写操作统称为"访问"操作。存取时间是指从启动一次存取操作到完成该操作所经历的时间。

(3) 存储周期：指连续启动两次独立的存储器操作(如连续两次读操作)所需间隔的最小时间。通常，存储周期略大于存取时间。

(4) 存储器带宽：单位时间内存储器所存取的信息量，是体现数据传输速率的技术指标，单位是位/秒(bits per second，b/s)，或字节/秒(Bytes per second，B/s)。

2.2.3　随机存取存储器(RAM)

所谓"随机存取"，是指存储单元的内容可按需随意取出或存入，且存取数据所需时间与存储单元的位置无关。相对地，读取或写入顺序访问(Sequential Access)存储设备(如磁带)中的信息时，其所需时间与位置有关。RAM 在断电时将丢失其存储内容，故主要用于存储短时间使用的程序或数据，单片机系统中，RAM 用作数据存储器。按照存储信息的原理不同，RAM 又分为静态随机存取存储器(Static Random Access Memory，SRAM)和动态随机存取存储器(Dynamic Random Access Memory，DRAM)。

1. 静态随机存取存储器(SRAM)

1) 存储原理

利用 MOS 管构成的双稳态触发器作为基本存储电路，触发器的两个稳态分别表示存储内容为 0 和 1。六管 SRAM 基本存储电路如图 2-6 所示，对外有四条引线：X 地址译码线，也称 X(行)选择线，T_5、T_6 为行选门控管；Y 地址译码线，也称 Y(列)选择线，T_7、T_8 为列选门控管，只有当外部的地址选通信号(X 线和 Y 线)有效时，才选中此存储电路；两条数据输入/输出线 I/O 和 $\overline{I/O}$。图 2-6 中，T_1、T_2 为控制管，T_3、T_4 为负载管。该电路具有两个不同的稳定状态：若 T_1 截止，则 A = "1"(高电平)，它使 T_2 开启，于是 B = "0"(低电平)，而 B = "0" 又保证了 T_1 截止。所以，这种状态是稳定的。同样，T_1 导通、T_2 截止的状态也是互相保证而稳定的。因此，可以用这两种不同状态分别表示

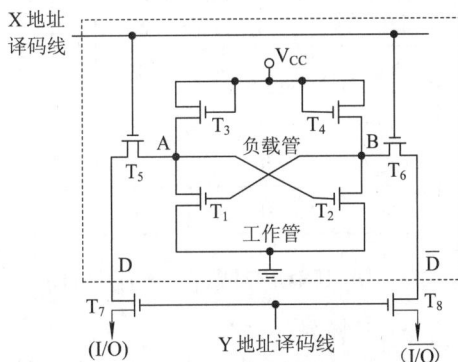

图 2-6　SRAM 基本存储电路

"1"或"0"。在写操作时，通过地址译码线选中基本存储器电路，T_5 和 T_6 导通，写入信息由 I/O 线和 $\overline{I/O}$ 线进入。在读操作时，由地址译码线选中基本存储器元，T_5 和 T_6 导通，T_1 的状态被送到 I/O 线上，而 T_2 的状态被送到 $\overline{I/O}$ 线上，于是读出原来存储的信息。

2) 优缺点

SRAM 的优点是速度快、外围电路简单、不需要刷新，常用作 Cache。

SRAM 的缺点是基本存储电路中的元件多、集成度低(存储容量小)、运行功耗大。

3) 典型的 SRAM 芯片

典型的 SRAM 集成芯片有 6116(2 K × 8 位，2 KB)、6264(8 K × 8 位)、62 256(32 K × 8 位)、2114(1 K × 4 位)。图 2-7 为 SRAM 芯片 6264 的引脚。6264 芯片共有 28 个引脚，有 13 根地址线 A0～A12 和 8 根数据线 D0～D7，其功能表如表 2-2 所示。图 2-8 为 SRAM 芯片 2114 的引脚。2114 芯片共有 18 个引脚，有 10 根地址线 A0～A9 和 4 根数据线 I/O1～I/O4，表 2-3 给出了 2114 的功能表。

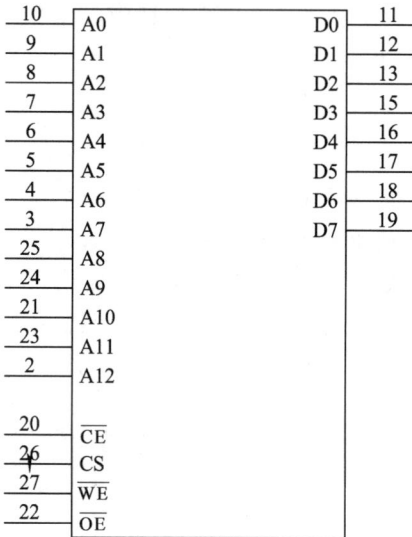

图 2-7　SRAM 芯片 6264 的引脚

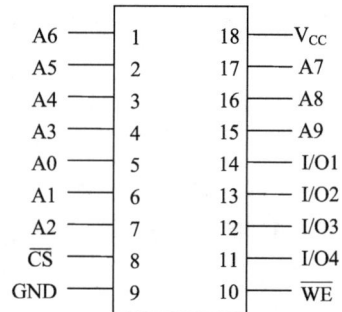

图 2-8　SRAM 芯片 2114 的引脚

表 2-2　6264 的功能表

工作方式	$\overline{CE}$　CS	$\overline{WE}$	$\overline{OE}$	D7～D0
未选中	1　×	×	×	高阻
未选中	×　0	×	×	高阻
写入	0　1	0	1	输入
读出	0　1	1	0	输出

表 2-3　2114 的功能表

工作方式	$\overline{CS}$	$\overline{WE}$	I/O4～I/O1
未选中	1	×	高阻
写入	0	0	输入
读出	0	1	输出

2. 动态随机存取存储器(DRAM)

1) 存储原理

利用 MOS 管栅极电容存储电荷的原理可存储信息，如图 2-9 所示。写入时，字选择线(地址选择线)为"1"，T_1 管导通，写入信号由位线(数据线)存入电容 C 中；读出时，字选择线为"1"，存储在电容 C 上的电荷通过 T_1 输出到数据线上，通过读出放大器即可得到存储信息。为了节省面积，这种单管存储电路的电容不可能做得很大，一般都比数据线上的分布电容 C_D 小。因此，每次读出后，存储内容就被破坏，要保存原先的信息必须采取恢复措施。

刷新(再生)：为及时补充漏掉的电荷以避免存储的信息丢失，必须定时给漏极电容补充电荷。

刷新时间：定期进行刷新操作的时间。该时间必须小于漏极电容自然保持信息的时间(小于 2 ms)。

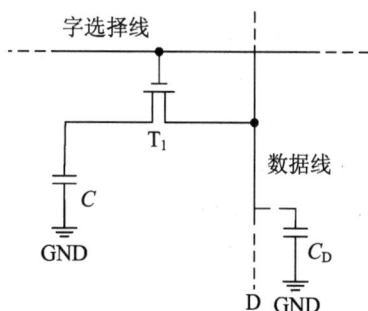

图 2-9　DRAM 基本存储电路

2) 优缺点

DRAM 的优点是集成度远高于 SRAM，功耗低，价格低。DRAM 的缺点是因需刷新而使外围电路复杂，刷新也使存取速度较 SRAM 慢。尽管如此，由于 DRAM 存储单元的结构简单，所用元件少，集成度高，功耗低，所以目前已成为大容量 RAM 的主流产品。在计算机中，DRAM 常用作内存储器。

3) 典型的 DRAM 芯片

典型的 DRAM 芯片 Intel 2164A 的引脚结构如图 2-10 所示。Intel 2164A 的容量为 64 K × 1 位，即每个单元只存放 1 位数据；8 条地址线 A0～A7 采用分时复用的方法分两次传送 16 位地址；数据输入线 D_{in} 和数据输出线 D_{out} 分离，在内部分别有各自的缓冲锁存器，使用时，这两个引脚常连接在一起。

A0～A7：地址信号的输入引脚，用于分时接收 CPU 送来的 8 位行、列地址。

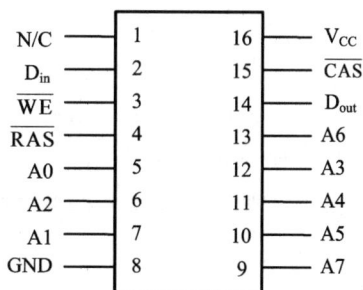

图 2-10　DRAM 芯片 Intel 2164 A 的引脚

$\overline{RAS}$：行地址选通信号输入引脚，低电平有效，兼作芯片选择信号。当 $\overline{RAS}$ 为低电平时，表明芯片当前接收的是行地址。

$\overline{CAS}$：列地址选通信号输入引脚，低电平有效。当 $\overline{CAS}$ 为低电平时，表明当前接收的是列地址。

$\overline{WE}$：写允许控制信号输入引脚，当其为低电平时，执行写操作；否则，执行读操作。

D_{in}：数据输入引脚。

D_{out}：数据输出引脚。

V_{CC}：+5 V 电源引脚。

GND：接地引脚。

N/C：未用引脚。

2.2.4　只读存储器(ROM)

ROM 所存数据一般是装入整机前事先写好的，整机工作过程中只能读出，而不像 RAM 能快速方便地加以改写。ROM 所存数据稳定，断电后所存数据也不会改变，其结构较简单，读出较方便，因而常用于存储各种固定程序和数据。例如，早期的个人电脑(如 Apple II 或

IBM PC XT/AT)的开机程序或其他各种微电脑系统中的固件(firmware)。除少数种类的ROM(如字符发生器)可以通用之外,不同用户所需 ROM 的内容不同。为便于使用和大批量生产,进一步发展了掩膜只读存储器、可编程只读存储器(Programmable Read Only Memory,PROM)、可擦可编程只读存储器(Erasable Programmable Read Only Memory,EPROM)和电可擦可编程只读存储器(Electrically Erasable Programmable Read Only Memory,EEPROM)。

1. 掩膜只读存储器

掩膜只读存储器中储存的信息是在芯片制造过程中就固化好了的,用户只能选用而无法修改原存信息,故又称为固定只读存储器。通常,用户可将自己设计好的程序(信息)交给 IC 生产商,生产商在芯片制造过程中将用户程序代码固化(掩膜)在 IC 的 ROM 中,用户在使用过程只能读出不能写入。生产商要根据用户程序(信息)制作专用的掩膜模具,该模具成本较高,故掩膜只读存储器适用于大批量生产的产品。

2. 可编程只读存储器 PROM

PROM 是指芯片出厂时初始信息为全1或全0的只读存储器,其基本存储电路如图 2-11 所示。芯片出厂时,开关管与数据线之间以熔丝相连,用户可根据自己的需要,用电或光照的方法写入所需要的信息(熔断或保留熔丝以区分 1 和 0)。但一经写入,就只能读出,不能再更改(熔断后不能再连通)。因此,用户使用 PROM 只能进行一次编程写入。

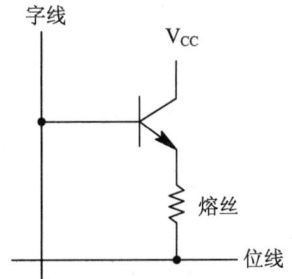

图 2-11　PROM 基本存储电路

3. 可擦可编程只读存储器 EPROM

EPROM 是可以反复(通常多于 100 次)擦除原来的内容,更新写入新信息的只读存储器。用紫外光可以擦除 EPROM 中全部信息,擦除时间约几分钟,然后用专用编程器进行编程写入。EPROM 成本较高,可靠性不如掩膜只读存储器和 PROM,但由于它能多次改写,使用灵活,所以常用于产品研制开发阶段。EPROM 的信息读出时间约为几百纳秒。

Intel 27128 是一种很常用的 $16\,K \times 8$ 位 EPROM,有 28 个引脚,如图 2-12 所示,其功能表如表 2-4 所示。其中,有 14 根地址线 A0～A13,8 根数据线 D0～D7,片选线 $\overline{CE}$,输出允许线 $\overline{OE}$,编程控制线 $\overline{PGM}$,工作电源 V_{CC},编程电源 V_{PP}。

表 2-4　27128 的功能表

工作方式	$\overline{CE}$	$\overline{OE}$	$\overline{PGM}$	A9	V_{PP}	V_{CC}	输出
读	0	0	1	×	+5 V	+5 V	D_{out}
输出禁止	0	1	1	×	+5 V	+5 V	高阻
待用	1	×	×	×	+5 V	+5 V	高阻
编程禁止	1	×	×	×	+21 V	+5 V	高阻
编程	0	1	0	×	+21 V	+5 V	D_{in}
校验	0	0	1	×	+21 V	+5 V	D_{out}
Intel 标识符	0	0	1	1	+5 V	+5 V	编码

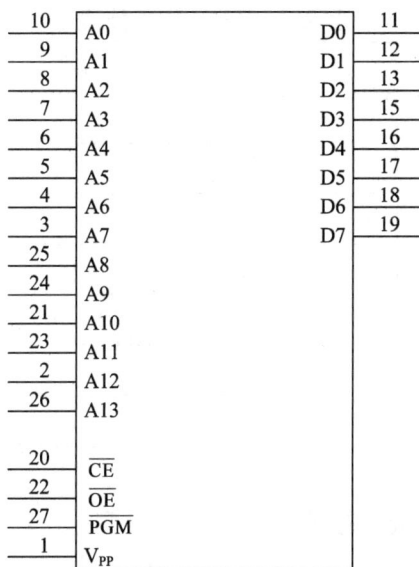

图 2-12　EPROM 芯片 27128 引脚

4. 电可擦可编程只读存储器 EEPROM

EEPROM(也称为 E^2PROM)的主要特点是能在应用系统中进行在线读写，且在断电情况下保存的数据信息不丢失。EEPROM 的擦除不需紫外光的照射，写入时也不需要专门的编程设备。

采用 +5 V 电擦除的 EEPROM 通常不需要设置单独的擦除操作，可在写入的过程中自动擦除。EEPROM 的另外一个优点是擦除时可以按字节分别进行(不像 EPROM 擦除时需把整个芯片的内容通过紫外光照射全变为 1)，因而使用上比 EPROM 方便。

Intel 2816 是典型的 EEPROM，容量为 2 KB，数据读出时间为 200～250 ns，擦除和写入(同时进行)时间为 10 ms，读工作电压和写(擦)工作电压均为 5 V，故不需要专门的编程器，且可实现在线读写。2816 的引脚结构如图 2-13 所示，2816 有 11 根地址线 A0～A10，8 根数据输入/输出线 I/O0～I/O7，片选线 $\overline{CE}$，输出允许线 $\overline{OE}$，写允许线 $\overline{WE}$，工作电源 V_{CC}。

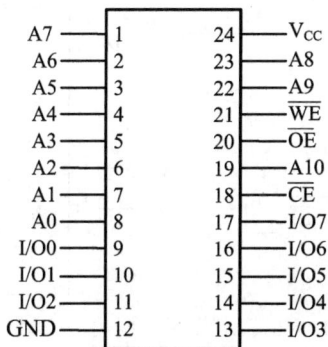

图 2-13　EEPROM 芯片 2816 引脚

表 2-5　2816 的功能表

工作方式	$\overline{CE}$	$\overline{OE}$	$\overline{WE}$
读	0	0	1
维持	1	×	×
字节擦除	0	1	0
字节写入	0	1	0
全片擦除	0	+10～+15 V	0
不操作	0	1	1
E/W 禁止	1	1	0

2.2.5　存储器与 CPU 的接口技术

一片存储器芯片一般有以下几个信号。

A0～A(N–1)：地址输入线，与存储器容量有关。若有 N 位地址，则存储器容量为 2^N。

D0～D(N–1)：数据输入/输出线，每个存储单元所存放数据的位数。

$\overline{CS}$(或 $\overline{CE}$)：片选信号，输入信号，芯片选择，低电平有效。

$\overline{WE}$：写允许信号，低电平有效，当该信号有效时，数据写入存储器。

$\overline{OE}$：读(输出)允许信号，低电平有效，当该信号有效时，数据从存储器输出。

存储器与 CPU 接口就是上述信号与 CPU 的连接问题。存储器与 CPU 地址线的连接方式决定了存储器的地址范围。图 2-14 为 EPROM 芯片 2716 与系统总线的连接示意图。2716 的地址线 A0～A10 连到地址总线的 A0～A10，片选信号 $\overline{CS}$ 是高位地址 A11～A19 经过与非门之后产生的，$\overline{RD}$ 是 CPU 的读控制信号，当 A11～A19 输出全为 1，并且 $\overline{RD}$ 输出 0 时，2716 存储器的片选为低电平，片选信号有效。低位地址 A0～A10 中的每一位都可以是 0 或 1，那么该存储器芯片的地址范围为 FF800H～FFFFFH，如图 2-15 所示。

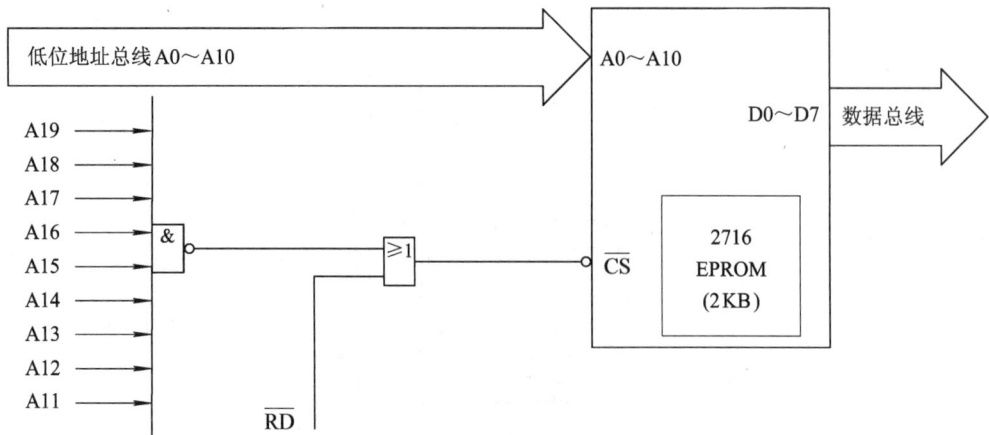

图 2-14　EPROM 芯片 2716 与系统总线的连接示意图

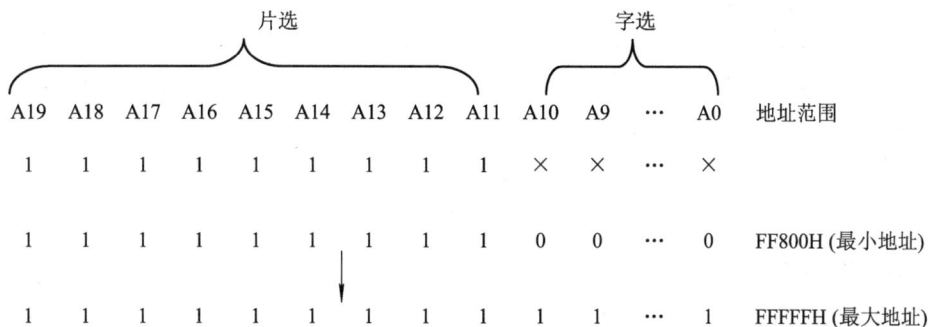

图 2-15　片选与字选地址形成存储器芯片的地址范围

片选信号 $\overline{CS}$ 的连接方式通常通过不同地址译码电路实现，译码电路包括译码器、门电路、线译码等。根据 CPU 高位地址总线的译码方法不同，片选译码方法有三种，分别为全译码法、部分译码法和线译码法。

1. 全译码法

全译码法将 CPU 的低位地址总线直接连接至芯片的地址线用于字选，余下的高位地址总线全部译码，译码输出作为各芯片的片选信号。

4 个存储器芯片(16 KB)与系统总线的连接电路如图 2-16 所示。存储器芯片上有 14 位的地址引脚 A0～A13，8 位的数据引脚 D0～D7，片选信号 $\overline{CS}$ 接 6∶64 译码器的输出端。芯片 1 的片选接 $\overline{Y4}$、芯片 2 的片选接 $\overline{Y5}$、芯片 3 的片选接 $\overline{Y5}$、芯片 4 的片选接 $\overline{Y7}$，那么芯片 1 的地址范围为 10000H～13FFFH，如图 2-17 所示。芯片 2、芯片 3、芯片 4 的地址范围分别为 14000H～17FFFH、18000H～1BFFFH、1C000H～1FFFFH。可见，采用全译码方式，每个存储器芯片有唯一的地址范围。

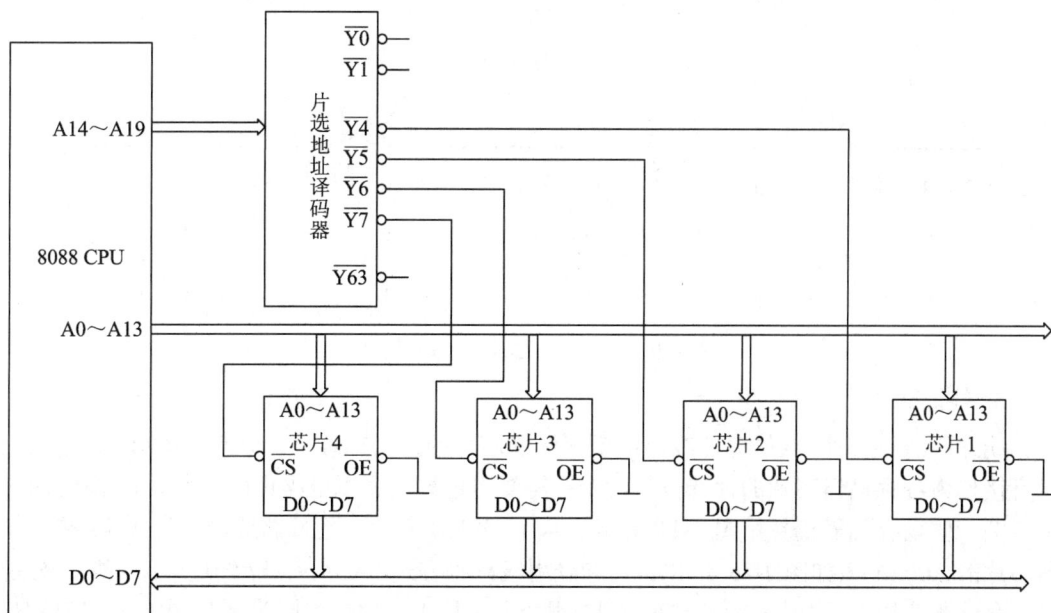

图 2-16　全译码示意图

	片选						字选													
地址	A19	A18	A17	A16	A15	A14	A13	A12	A11	A10	A9	A8	A7	A6	A5	A4	A3	A2	A1	A0
最小	0	0	0	1	0	0	0	0	0	0	0	0	0	0	0	0	0	0	0	0
									...											
最大	0	0	0	1	0	0	1	1	1	1	1	1	1	1	1	1	1	1	1	1

图 2-17　全译码芯片 1 的地址范围

2. 部分译码法

部分译码法将 CPU 的低位地址总线直接连接至芯片的地址线用于字选,对余下的 CPU 高位地址总线中的一部分地址信号进行译码,以产生各存储芯片的片选信号。

图 2-18 为部分译码示意图。假设存储器仍然用图 2-16 所示的 4 个 16 KB 芯片,地址总线的 A0~A13 接存储器芯片的 A0~A13(如图 2-16 所示),地址总线的 A15 和 A14 接 2∶4 译码器的输入端,2∶4 译码器的输出端接存储器的片选,那么高 4 位地址为任意值××××,芯片 1 的地址范围为×0000H~×3FFFH,如图 2-19 所示。可见,采用部分译码方式,由于高位地址可以为任意值,因此每个存储器芯片有多个地址范围。

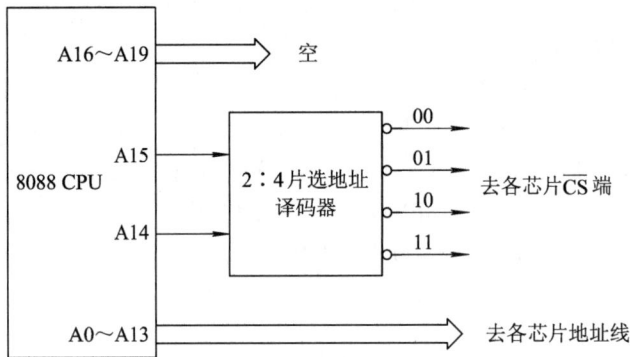

图 2-18　部分译码示意图

	片选						字选													
地址	A19	A18	A17	A16	A15	A14	A13	A12	A11	A10	A9	A8	A7	A6	A5	A4	A3	A2	A1	A0
最小	×	×	×	×	0	0	0	0	0	0	0	0	0	0	0	0	0	0	0	0
									...											
最大	×	×	×	×	0	0	1	1	1	1	1	1	1	1	1	1	1	1	1	1

图 2-19　部分译码芯片 1 的地址范围

3. 线译码法

线译码法将 CPU 低位地址线连接至存储器芯片的片内地址外,余下的 CPU 高位地址线直接作为各存储器芯片的片选信号,而不需要通过译码逻辑电路译码。图 2-18 为线译码示意图。假设存储器仍然用图 2-16 所示的 4 个 16 KB 芯片,地址总线的 A0~A13 接存储器芯片的 A0~A13(如图 2-16 所示)。片选采用线译码方式,A14~A17 经过非门之后,分别接到存储器芯片 1~芯片 4 的片选信号上,那么,芯片 1 的地址范围为×4000H~×7FFFH,如图 2-21 所示。

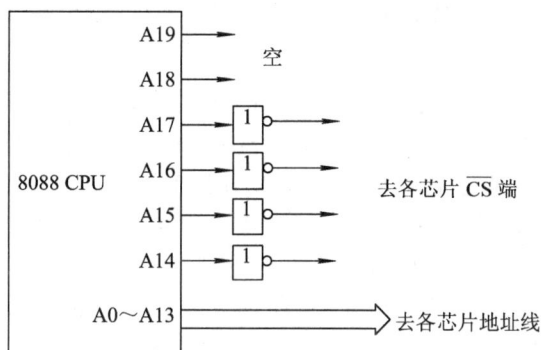

图 2-20 线译码示意图

图 2-21 线译码芯片 1 的地址范围

2.3 I/O 接 口

由于计算机系统中外设种类繁多，CPU 在与 I/O 设备进行数据交换时存在以下一些问题。

I/O 接口简介

(1) 速度不匹配。I/O 设备的工作速度要比 CPU 慢很多，而且由于种类的不同，它们之间的速度差异也很大，如硬盘的传输速度比打印机快很多。

(2) 时序不匹配。每个 I/O 设备都有定时控制电路，以不同的速度传输数据，无法与 CPU 的时序取得统一。

(3) 信息格式不匹配。不同的 I/O 设备存储和处理信息的格式不同，如可以分为串行和并行两种，也可以分为二进制格式、ACSII 编码、BCD 编码等。

(4) 信息类型不匹配。不同 I/O 设备采用的信号类型不同，有些是数字信号，有些是模拟信号，因此所采用的处理方式也不同。

基于以上原因，CPU 与外设之间的数据交换必须通过接口来完成。I/O 接口是处于主机与外设之间，用来协助完成数据传送和传送控制任务的一部分电路。绝大部分 I/O 接口电路都是可编程的，即它们的工作方式可由程序控制。

2.3.1 I/O 接口的分类和功能

1. I/O 接口的分类

按外设和接口之间的数据传送方式，I/O 接口分为并行接口和串行接口。并行接口一次传输一个字节或一个字的全部位，串行接口一次传送一位。CPU 和接口的数据总是并行传输的。

按主机访问 I/O 接口的控制方式，I/O 接口分为程序查询接口、中断接口和 DMA 接口等。按功能选择的灵活性，I/O 接口分为可编程接口和不可编程接口。

按照电路和设备的复杂程度，I/O 接口主要分为 I/O 接口芯片和 I/O 接口控制卡。I/O 接口芯片大都是通过 CPU 输入不同的命令和参数，并控制相关的 I/O 电路和简单的外设作相应的操作。常见的 I/O 接口芯片如定时器/计数器、中断控制器、DMA 控制器、并行接口、串行接口等。I/O 接口控制卡是由若干个集成电路按一定的逻辑组成的部件，或者直接与 CPU 同在主板上，或是一个插件插在系统总线插槽上。

2. I/O 接口的功能

I/O 接口负责实现 CPU 与外设之间的数据交换，CPU 通过系统总线把 I/O 电路和外设联系在一起，I/O 接口通常有以下功能。

(1) 设置数据的寄存、缓冲逻辑，以适应 CPU 与外设之间的速度差异，接口通常由寄存器或 RAM 芯片组成，如果芯片内存足够大还可以实现批量数据的传输。

(2) 能够进行信息格式的转换，如串行和并行的转换。

(3) 能够协调 CPU 和外设在信息的类型和电平上的差异，如电平转换驱动器、数/模或模/数转换器等。

(4) 协调时序差异。

(5) 地址译码和设备选择功能。

(6) 设置中断和 DMA 控制逻辑，以保证在中断和 DMA 允许的情况下产生中断和 DMA 请求信号，并在接收到中断和 DMA 应答之后完成中断处理和 DMA 传输。

2.3.2　I/O 接口的典型结构

I/O 接口是位于 CPU 与外设之间、实现两者数据交换的控制电路，其典型结构如图 2-22 所示。

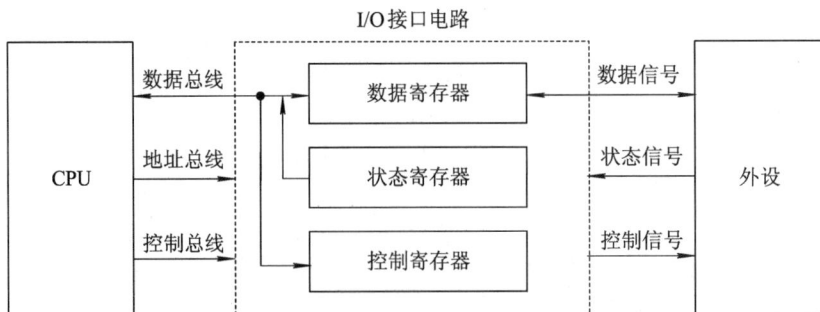

图 2-22　I/O 接口的典型结构

1. 内部寄存器结构

I/O 接口电路内部有以下三类可编程的寄存器(或称为端口)。

(1) 数据寄存器：保存 CPU 与外设之间交换的数据。

(2) 状态寄存器：保存外设或其接口电路当前的工作状态信息。

(3) 控制寄存器：保存处理器控制接口电路和外设操作的有关信息。

CPU 通过执行读/写端口的指令，实现对外设的控制。

2. 外部特性

I/O 接口电路的外部特性由其引出信号来体现。

(1) 面向 CPU 一侧的信号(与 CPU 的连接)：类似 CPU 总线或系统总线。

(2) 面向外设一侧的信号(与外设连接)：与外设有关，但可以笼统地分为数据信号、状态信号和控制信号。

2.3.3　I/O 端口的编址

像存储单元有地址一样，每个 I/O 端口也有地址。在这里，I/O 端口的编址是指计算机系统的地址空间分配，编排存储器地址和 I/O 端口地址，共有以下两种方式。

1. I/O 端口与存储器地址独立编址

独立编址是将 I/O 端口单独编排地址，独立于存储器地址。这样微机系统就有两种地址空间：一个是 I/O 地址空间，用于访问外设，通常较小；另一个是存储器地址空间，用于读写内存储器，一般很大。独立编址的一个缺点是，指令系统中要有专门的输入/输出指令，用来实现 I/O 端口与微处理器之间的数据传送，使程序设计的灵活性差。

2. I/O 端口与存储器地址统一编址(存储器映像方式)

统一编址是将 I/O 端口与存储器地址统一编排，共享一个地址空间。这种编址方式的优点是指令系统简单，所有访问存储器的指令都能应用于 I/O 端口的访问，因而程序设计更加灵活。其不足之处是，I/O 端口占用了存储器的一部分地址空间，使可用的存储器空间减少。

2.3.4　CPU 与 I/O 接口的数据传送方式

由于 CPU 与外设之间速度的不匹配，因此 I/O 端口不能像存储器那样无条件的访问 CPU。CPU 通过接口对外设进行控制的方式有以下几种。

1. 无条件传送方式

无条件传送方式也叫作延时方式，硬件上不需要设计与外设的握手信号，软件上不需要判别外设数据是否准备好，或外设是否处于忙状态。在确知外设工作速度的情况下，执行输入/输出指令之前，插入一段延时程序即可。

2. 程序查询方式

在程序查询方式下，CPU 通过 I/O 指令询问指定外设当前的状态，若外设准备就绪，则进行数据的输入或输出，否则 CPU 等待，循环查询。这种方式的优点是结构简单，只需要少量的硬件电路即可，缺点是由于 CPU 的速度远远高于外设，因此 CPU 通常处于等待状态，工作效率很低。

3. 中断处理方式

在中断处理方式下，CPU 不再被动等待，而是可以执行其他程序，一旦外设为数据交换准备就绪，可以向 CPU 提出服务请求，CPU 如果响应该请求，便暂时停止当前程序的执行，转去执行与该请求对应的服务程序，完成后，再继续执行原来被中断的程序。

中断处理方式的优点是显而易见的，它不但为 CPU 省去了查询外设状态和等待外设就绪所花费的时间，提高了 CPU 的工作效率，还满足了外设的实时要求。但需要为每个 I/O 设备分配一个中断请求号和相应的中断服务程序，此外还需要一个中断控制器(I/O 接口芯片)管理 I/O 设备提出的中断请求，如设置中断屏蔽、中断请求优先级等。

此外，中断处理方式的缺点是每传送一个字符都要进行中断，启动中断控制器，还要保留和恢复现场以便能继续原程序的执行，花费的工作量很大，若需要交换大量数据，则系统的性能会很低。

4. 直接存储器存取(Direct Memory Access，DMA)方式

DMA 方式最明显的一个特点是，它不是用软件而是采用专门的 DMA 控制器，来控制完成内存与外设之间高速的数据传送，数据传送期间 CPU 不参与，大大提高了 CPU 的工作效率。

在进行 DMA 数据传送之前，需要对 DMA 控制器进行简单的初始化编程，当外设向 DMA 控制器发出传送请求时，DMA 控制器会向 CPU 申请总线控制权，若 CPU 允许，则将控制权交出。因此，在数据交换时，总线控制权由 DMA 控制器掌握，在传输结束后，DMA 控制器将总线控制权交还给 CPU。

5. I/O 通道方式

DMA 控制器的出现已经减轻了 CPU 对数据输入、输出的控制，使得 CPU 的效率显著提高，但 CPU 每发出一条 I/O 指令，也只能去读写一个连续的数据块，而当我们需要一次去读多个数据块且将它们分别传送到不同的内存区域，或者相反时，必须由 CPU 分别发出多条 I/O 指令及进行多次中断处理才能完成。即有大量的 I/O 请求，CPU 的干预还是会很多，而通道的出现则进一步提高了 CPU 的效率。

I/O 通道方式是 DMA 方式的发展，也是一种由硬件执行 I/O 交换的方式，只不过 I/O 通道是一个完全独立的 I/O 处理器，专门用于 I/O 操作，有独立执行的通道命令，组织外设和内存进行数据传输，按 I/O 指令要求启动外设，向 CPU 报告中断等。

本 章 小 结

Intel 的 x86 系列微处理器应用于所有的 IBM PC 及其兼容机中。8088 被 IBM 用于第一台个人电脑中，它革命性地改变了 20 世纪 80 年代的计算机工业。

8086/8088 有 20 位地址线，因此可以寻址 1 MB 存储器空间，但是其内部寄存器是 16 位的，为此存储器分成多个容量为 64 KB 的逻辑段，这样段内的存储单元地址就是 16 位的，可以存在寄存器中，编程时存储单元采用逻辑地址。

8086/8088 有两种工作模式，即最大工作模式和最小工作模式。两种工作模式下引脚信号的定义有些不同。8086 与存储器、I/O 接口之间通过系统总线相连。在最小工作模式下，需要配置地址锁存器 8282 和数据收发器 8286(可选)，来构造出三条总线。而最大工作模式

下的配置比最小工作模式要多一块总线控制器 8288，其作用是辅助 CPU 提供必不可少的总线控制信号。

按照存储原理的不同，存储器可分为 RAM 和 ROM。RAM 是易失性随机存取存储器，断电后信息会丢失。ROM 是只读存储器，断电后信息不丢失，存取速度低(较 RAM 而言)，且不能改写。掩膜只读存储器由于不能改写信息，不能升级，现已很少使用。EPROM、EEPROM、Flash 性能同 ROM，但可改写，一般读比写快，写需要比读高的电压，但 Flash 可以在相同电压下读写，且容量大、成本低。在计算机系统里，RAM 一般用作内存，ROM 用来存放硬件的驱动程序，也就是固件。

存储器芯片上主要有地址、数据、读/写控制和片选等信号。存储器片选信号的连线方法有全译码、部分译码、线译码三种。当存储器芯片与 CPU 接口时，需考虑地址空间分配的问题，即地址译码。

I/O 接口是处于主机与外设之间，用来协助完成数据传送和传送控制任务的一部分电路。CPU 通过控制 I/O 接口来控制外设。根据存储信息的不同，可编程 I/O 接口内部通常有三种类型的端口(寄存器)，即数据端口、状态端口和控制端口。由于外设速度较慢，因此 CPU 与外设之间进行数据传送时需采用一些特殊方式，如无条件传送方式、程序查询方式、中断处理方式和 DMA 方式等，这些方式有的是通过编程实现，有的是需要软、硬件结合来完成。

习　题　二

2-1　8086/8088 CPU 的字长是(　　)位。

A. 4　　　　　　B. 8　　　　　　C. 16　　　　　　D. 32

2-2　8086 内部有两个功能部件，它们是(　　)。

A. ALU 和 EU　　B. ALU 和 BIU　　C. EU 和 BIU　　D. CU 和 ALU

2-3　8086 中用于存放指令地址的寄存器是(　　)。

A. DS:BX　　　　B. CS:IP　　　　C. DS:SI　　　　D. ES:DI

2-4　8086 有(　　)位地址线。

A. 8　　　　　　B. 16　　　　　　C. 20　　　　　　D. 24

2-5　8088 有(　　)位数据线。

A. 8　　　　　　B. 16　　　　　　C. 24　　　　　　D. 32

2-6　为了分开地址信号和数据信号，8086 需要外接(　　)。

A. 8284　　　　B. 8286　　　　C. 8282　　　　D. 8288

2-7　当 CPU 从存储器读数据时，$\overline{RD}$ 和 $\overline{WR}$ 的状态分别是(　　)。

A. 0、0　　　　B. 0、1　　　　C. 1、0　　　　D. 1、1

2-8　基于 8088 的微机系统，内存的最大容量是(　　)。

A. 1 KB　　　　B. 1 MB　　　　C. 1 GB　　　　D. 1 TB

2-9　8086 内部寄存器(　　)。

A. 只有 8 位的　　　　　　　　　B. 只有 16 位的

C. 有 8 位、16 位两种类型   D. 有 8 位、16 位、32 位三种

2-10   8086 系统中存储器的地址范围是(   )。

A. 0000～FFFH   B. 000～FFFFH

C. 00000～FFFFFH   D. 000000～FFFFFFH

2-11   存储器的功能是存储_____和_____。

2-12   与外存储器相比，内存储器具有的特点是存储容量_____，工作速度_____。

2-13   存储器的主要指标有_____、_____和_____。

2-14   RAM 的访问速度与_____无关。

2-15   存储器中用_____来区分不同的存储单元。

2-16   从读写功能上看，半导体存储器分为_____和_____。

2-17   RAM 分为_____和_____。

2-18   RAM 被称为"易失性存储器"是因为_____。

2-19   DRAM 必须刷新的原因是_____。

2-20   静态存储单元是由晶体管构成的_____，保证记忆单元始终处于稳定状态。

2-21   内存储器容量与(   )总线的根数有关。

A. 数据   B. 地址   C. 控制

2-22   编程前，需要用紫外线擦除原来信息的只读存储器是(   )。

A. ROM   B. PROM   C. EPROM   D. EEPROM

2-23   若某 CPU 有 15 根地址线，其寻址空间是_____字节，地址从 0000H 到_____。

2-24   一个容量为 4 KB 的 SRAM 芯片，有_____根数据引脚，_____根地址引脚，另外还有_____和_____控制信号，以及片选信号。

2-25   I/O 设备一般不直接与 CPU 交换信息，而是通过_____来进行信息交换。

2-26   根据存储信息的不同，I/O 接口中的端口分为_____、_____和_____。

2-27   I/O 端口的编址方式有_____和_____两种。

2-28   说明流水线技术的特点。

2-29   说明指令指针的作用。

2-30   说明 8088 最小工作模式下的系统配置。

2-31   说明存储器的分类和特点。

2-32   说明 I/O 接口的作用。

2-33   CPU 与 I/O 接口的数据传送方式分别有什么特点？

2-34   写出图 2-16 中芯片 2 和芯片 3 的地址范围。

第 3 章　MCS-51 单片机的硬件结构

本章教学目标

- 掌握 MCS-51 的内部结构
- 掌握 MCS-51 存储器地址空间的分配
- 掌握 4 个并行 I/O 端口的内部结构及应用特点
- 掌握存储器的扩展技术
- 掌握并行 I/O 端口的扩展技术
- 了解 I/O 接口的地址分配
- 掌握单片机最小系统的组成
- 了解读写操作时序
- 了解单片机的低功耗工作方式

单片机概述和 CPU

　　MCS-51 是由美国 Intel 公司生产的一系列单片机的总称，这一系列单片机包括多种型号，如 8031/8032、8051/8052、8751/8752 等，其中 8051 是最典型的产品，最高频率 12 MHz，字长 8 位，人们习惯于用 51 单片机来称呼 MCS-51 系列单片机。近年来，许多半导体厂商以 8051 为内核，将许多测控系统中的接口技术、可靠性技术、先进的存储器技术和工艺技术集成到单片机中，以满足不同的需求。其中，Atmel 公司生产的 AT89S51、宏晶公司生产的 STC89C51RC 系列单片机在我国非常流行，是新一代增强型 MCS- 51 单片机。

3.1　MCS-51 单片机的组成

3.1.1　内部功能结构

　　一块 MCS-51 单片机芯片中集成了 CPU、ROM、RAM、定时器/计数器和多种功能 I/O 端口等一台计算机所需要的基本功能部件。图 3-1 为 8051 单片机的基本结构框图。

　　MCS-51 单片机内部包含下列几个部件：一个 8 位 CPU；一个片内振荡器及定时电路；4 KB 程序存储器；128 B 数据存储器；2 个 16 位定时器/计数器；一个可编程全双工串行口；4 个 8 位可编程并行 I/O 端口；5 个中断源、两个优先级嵌套中断系统；64 KB 外部数据存储器和 64 KB 程序存储器扩展控制电路。以上各部件通过内部总线连接。另外，除了 8 位

CPU 外，MCS-51 单片机内部还具备一个位处理器，它实际上是一个完整的 1 位字长的计算机。该位处理器包含完整的 1 位 CPU、位 RAM、位寻址寄存器、I/O 端口控制和指令集。严格意义上说，MCS-51 单片机是由 8 位 CPU 和 1 位 CPU 构成的双 CPU 单片机。

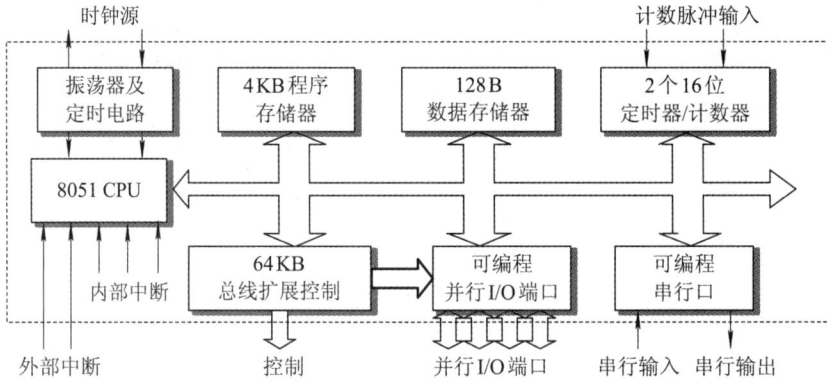

图 3-1　8051 单片机的基本结构框图

3.1.2　引脚功能

MCS-51 单片机的封装主要有两种形式：一种是塑料双列直插式封装(Plastic Dual In-line Package，PDIP)，40 个引脚；另一种是带引线的塑料芯片载体(Plastic Leaded Chip Carrier，PLCC)，是正方形封装形式，有 44 个引脚，其中 4 个 NC 为空引脚。HMOS 工艺的 8051 单片机采用塑料双列直插式封装，CHMOS 工艺的 80C51 单片机除采用塑料双列直插式封装外，还采用塑料芯片载体封装形式。MCS-51 单片机实物及引脚排列如图 3-2 所示。

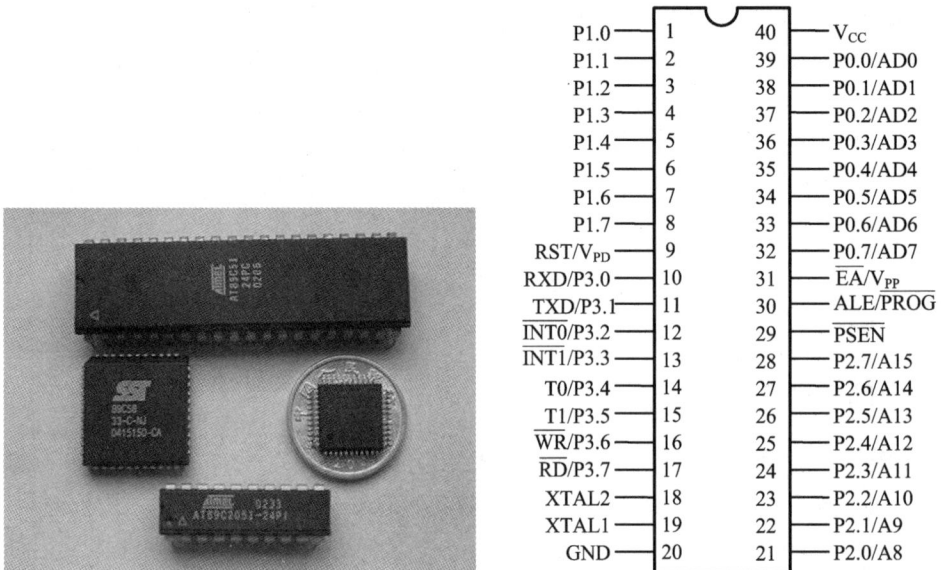

(a) MCS-51 单片机实物　　　　(b) 80C51 单片机双列直插式封装引脚排列

图 3-2　MCS-51 单片机实物及引脚排列

下面以 MCS-51 单片机双列直插式封装为例，介绍其引脚功能。

1. 多功能 I/O 端口引脚

P0 端口(第 32～39 脚)：双向信号，多功能端口。它是 8 位漏极开路的双向 I/O 端口；在扩展外部总线时，分时作为低 8 位地址总线和 8 位双向数据总线。P0 端口可驱动 8 个 LSTTL 负载。P0 端口漏极开路，即高阻状态，适用于输入/输出，可独立输入/输出低电平和高阻状态，若需要输出高电平，则需使用外部上拉电阻。

P1 端口(第 1～8 脚)：双向信号，具有内部上拉电路的 8 位准双向 I/O 端口，可驱动 4 个 LSTTL 负载。

P2 端口(第 21～28 脚)：双向信号，多功能端口，具有内部上拉电路的 8 位准双向 I/O 端口；在扩展外部总线时，用作高 8 位地址总线，可驱动 4 个 LSTTL 负载。

P3 端口(第 10～17 脚)：双向信号，多功能端口，具有内部上拉电路的 8 位准双向 I/O 端口。该端口的每一位都可作为其他功能模块的输入/输出及控制引脚使用，具体定义如表 3-1 所示。

表 3-1　P3 口各引脚的第二功能

P3 口引脚	第　二　功　能
P3.0	RXD，串行通信数据接收端
P3.1	TXD，串行通信数据发送端
P3.2	$\overline{\text{INT0}}$，外部中断 0 请求信号，低电平或下降沿有效
P3.3	$\overline{\text{INT1}}$，外部中断 1 请求信号，低电平或下降沿有效
P3.4	T0，定时器/计数器 0 外部计数信号输入端
P3.5	T1，定时器/计数器 1 外部计数信号输入端
P3.6	$\overline{\text{WR}}$，外部数据存储器写选通信号，低电平有效
P3.7	$\overline{\text{RD}}$，外部数据存储器读选通信号，低电平有效

2. 控制信号引脚

RST/V_{PD}(第 9 脚)：输入信号。RST 为复位信号输入端，单片机正常工作时 RST 引脚应保持低电平。在 RST 引脚上输入两个机器周期(24 个时钟周期)以上的高电平时，单片机将进入并保持复位状态，直到 RST 信号重回低电平。V_{PD} 为内部 RAM 的备用电源输入端。如果主电源 V_{CC} 发生断电或电压降到一定值，可通过 V_{PD} 为单片机内部 RAM 提供电源，以保证内部 RAM 中的信息不丢失。

$\overline{\text{PSEN}}$ (第 29 脚)：输出信号，外部程序存储器(ROM)的读选通信号。当访问外部 ROM 时，$\overline{\text{PSEN}}$ 输出负脉冲作为外部 ROM 的选通信号；在 CPU 访问外部 RAM 或片内 ROM 时，不会产生有效的 $\overline{\text{PSEN}}$ 信号。

ALE/$\overline{\text{PROG}}$ (第 30 脚)：ALE 为地址锁存允许输出信号。在访问外部存储器时，ALE 用来锁存 P0 端口输出的低 8 位地址信号。在不访问外部存储器时，ALE 以 1/6 时钟振荡频率的固定速率输出，可作为时钟输出。$\overline{\text{PROG}}$ 是 EPROM 编程时的脉冲输入端。

$\overline{\text{EA}}$ /V_{PP}(第 31 脚)：输入信号，访问外部程序存储器的控制信号。$\overline{\text{EA}}$ 接低电平，单片机从外部程序存储器取指令。$\overline{\text{EA}}$ 接 5 V，单片机首先访问内部程序存储器，当访问地址超过内部程序存储器范围时，自动访问外部程序存储器。V_{PP}用于外部编程器对内部程序存储器编程时输入编程电压。

3. 外接晶振引脚 XTAL1 和 XTAL2

XTAL1(第 19 脚)：单片机内部晶体振荡电路的反相器的输入端。

XTAL2(第 18 脚)：单片机内部晶体振荡电路的反相器的输出端。

4. 电源引脚 V_{CC} 和 GND

V_{CC}(第 40 脚)：目前有多种供电电压以及一些宽电压范围的单片机，最常用的供电电压为 +5 V。

GND(第 20 脚)：接地端。

3.1.3 MCS-51 单片机的类型

MCS-51 系列单片机已有十多个产品型号，其主要性能如表 3-2 所示。表 3-2 中列出的单片机在性能上略有差异，其中 8051、8751、8031、80C51、87C51、80C31 为 51 系列，而 8052、8752、8032 则为 52 系列，它是 MCS-51 系列单片机中的增强型子系列，其性能要高于 51 系列。型号中带"C"表示所用工艺为 CMOS，故具有低功耗的特点，如 8051 的功耗约为 630 mW，而 80C51 的功耗只有 120 mW。此外，8751、87C51 和 8752、87C52 还具有两级程序保密系统。

表 3-2 MCS-51 系列单片机主要性能

型号	片内 ROM		内部 RAM/B	片外 ROM 寻址范围/KB	外部 RAM 寻址范围/KB	计数器	中断源	I/O 端口	
	掩膜 ROM/KB	EPROM/KB						并行端口	串行口
8051	4	—	128	64	64	2×16(位)	5	4×8(位)	1
8751	—	4	128	64	64	2×16(位)	5	4×8(位)	1
8031	—	—	128	64	64	2×16(位)	5	4×8(位)	1
80C51	4	—	128	64	64	2×16(位)	5	4×8(位)	1
87C51	—	4	128	64	64	2×16(位)	5	4×8(位)	1
80C31	—	—	128	64	64	2×16(位)	5	4×8(位)	1
8052	8	—	256	64	64	3×16(位)	6	4×8(位)	1
8752	—	8	256	64	64	3×16(位)	6	4×8(位)	1
8032	—	—	256	64	64	3×16(位)	6	4×8(位)	1

3.2 MCS-51 单片机的微处理器

微处理器是单片机的核心部件，它由运算器和控制器等部件组成。微处理器能完成取指令、执行指令，以及与外界存储器和逻辑部件交换信息等操作。

3.2.1　运算器

运算器用于实现算术和逻辑运算，主要包括 ALU(算术逻辑单元)、累加器(ACC)、寄存器 B、布尔处理器、PSW(程序状态字)、2 个 8 位暂存器。

(1) ALU：可对 4 位(半字节)、8 位(单字节)和 16 位(双字节)数据进行操作，数据来自 2 个暂存器。

(2) 累加器：最繁忙的 8 位特殊功能寄存器，用 A 表示，累加器 A 是运算、处理时的暂存寄存器，用于提供操作数和存放运算结果。由于相当多的运算都要通过累加器，因此这种形式客观上影响了指令的执行效率。

(3) 寄存器 B：8 位寄存器，作为乘除运算时的辅助寄存器，存放另一个操作数，并存放一部分结果。在不进行乘、除法运算的其他情况下，寄存器 B 可用作一般的寄存器或中间结果暂存器。

(4) 布尔处理器：完成位操作，即可以对单独的一位进行置 1、清零、取反，以及逻辑与、或和位判断转移等操作，特别适合面向测控领域的应用。

(5) PSW：8 位程序状态字寄存器，用于存放指令执行后的状态信息，供程序查询和判别。PSW 各位的定义如下：

D7	D6	D5	D4	D3	D2	D1	D0
Cy	AC	F0	RS1	RS0	OV	—	P

① Cy：进位标志位。当指令运算结果的最高位产生进位或借位时置位(Cy = 1)，否则复位(Cy = 0)。除此之外，Cy 还在布尔处理器中作为位累加器使用，用"C"表示。

② AC：辅助进位标志位，又称半字节进位标志位。在进行加法或减法运算中，当一个字节的低 4 位数向高 4 位数有进位或借位时，AC 将被硬件置位，否则就被清零。AC 常被用于 BCD 码运算时的十进制调整。

③ F0：用户自定义标志位。可由用户通过程序对其置位或复位，具体含义也由用户定义。

④ RS1、RS0：工作寄存器组选择控制位，可由软件置位或清零，共四种组合，每种组合对应一个工作寄存器组。8051 的工作寄存器有 4 组，只有被 RS0、RS1 组合选中的那一组，才能作为当前工作寄存器组参与指令操作。在此期间，其余 3 组不可使用，除非重新改变 RS0、RS1 的值。

⑤ OV：溢出标志位。

执行带符号数加减运算，OV = 1 表示加减运算的结果超出了目的寄存器 A 所能表示的带符号数的范围(−128～+127)。

执行无符号数乘法指令 MUL AB，当 A×B 的结果超过 255 时，OV = 1，否则 OV = 0。由于乘法运算的积的高 8 位放在 B 内，低 8 位放在 A 内，因此，当 OV = 0 时，只要从 A 中取得乘积即可，否则要从 BA 寄存器对中取得乘积。

执行除法指令 DIV AB，当除数为 0 时，OV = 1，否则 OV = 0。

⑥ P：奇偶标志位。该位在每个指令周期期间都由硬件来置位或清零，以表示累加器 A 中 1 的位数的奇偶性，若 A 中 1 的位数为奇数，则 P 置位，否则清零。因此，该位是针对累加器 A 中 1 的个数的偶校验。该标志位可用来生成串行通信中的奇偶校验位。

3.2.2　控制器

控制器主要包括程序计数器(Program Counter，PC)、程序地址寄存器、指令寄存器、指令译码器、时序控制逻辑电路、条件转移逻辑电路。

PC：用于存放下一条将要从程序存储器中读取的指令的地址。PC 由两个 8 位的计数器(PCH、PCL)组成，16 位寄存器可容纳的最大数值为 FFFFH(即 65535)，因此，MCS-51 可寻址 64 KB 的程序存储器。单机片复位后，PC 的值为 0000H，每取 1 字节指令，PC 会自动加 1，改变 PC 的值，就可改变程序执行的顺序。程序计数器 PC 是不能在用户编程时被当作通用寄存器直接使用的，因为它没有地址。

程序地址寄存器：用于保存当前 CPU 访问的内存单元的地址。

指令寄存器：用来存放从程序存储器中读出的指令代码的专用寄存器。

指令译码器：指令代码由指令寄存器送到指令译码器，由指令译码器对该指令代码进行识别和译码，将译码结果通过时序控制逻辑电路发出对应的定时、控制信号，控制指令的操作执行。

时序控制逻辑电路：MCS-51 片内有振荡器，通过单片机的 XTAL1、XTAL2 连接片外的石英晶体及两个频率微调电容，产生单片机工作所需的基本时钟(节拍)。

3.3　MCS-51 单片机的存储器

单片机的存储器

存储器是组成计算机的三大主要部件之一。存储器的功能是存储信息，包括程序和数据，存储这两种信息的存储器分别被称为程序存储器和数据存储器。微型计算机存储系统的结构有以下两种类型。

(1) 冯·诺依曼结构：程序存储器和数据存储器在一个存储地址区间统一编址。

(2) 哈佛结构：程序存储器和数据存储器在不同的存储空间各自独立编址。

MCS-51 采用的是哈佛结构，它的存储系统分为多个存储空间，结构较为复杂。从物理结构分析，MCS-51 有 4 个存储器空间，即片内程序存储器、片外程序存储器、片内数据存储器和片外数据存储器。从存储器的逻辑地址空间分析，MCS-51 有 3 个存储器空间，即片内外统一的 64 KB 的程序存储器地址空间，128 B(对 51 子系列)或 256 B(对 52 子系列)的内部数据存储器地址空间，以及 64 KB 的外部数据存储器地址空间。MCS-51 存储系统的特点是：程序存储器和数据存储器分开，有各自的寻址系统、控制信号和特定的功能。程序存储器和数据存储器、内部存储器和外部存储器、字节地址和位地址的编址都从零开始，因此在编址上有重叠，CPU 通过不同的指令形式及控制信号来区分寻址的存储空间。工作寄存器、I/O 端口和内部 RAM 统一编址。位寻址空间为 256 位。

MCS-51 单片机具有 5 个存储器编址空间，分别是片内、外程序存储器空间；片内 128 字节(MCS-51)或 256 字节(MCS-52)的数据存储器空间，称为内部 RAM；片外 64 KB 的数据存储器空间，又称外部 RAM；特殊功能寄存器空间，又称 SFR 空间；位寻址空间。MCS-51 的存储器地址空间结构如图 3-3 所示。

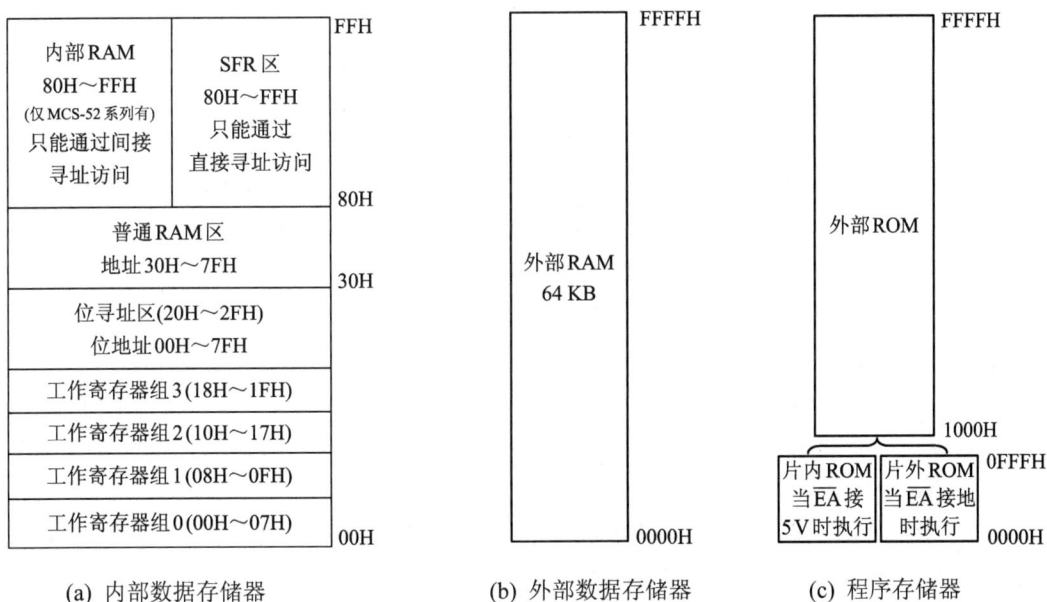

图 3-3　MCS-51 的存储器地址空间结构

3.3.1　程序存储器

　　程序存储器用于存放程序、常数及表格。MCS-51 的程序存储器由片内和片外两部分组成。片内 ROM 和片外 ROM 是统一编址的，编址范围是 0000H～0FFFFH，共 64 KB，由 $\overline{EA}$(external access，外部程序存储器访问控制)信号来选择，当 $\overline{EA}=1$ 时选择访问片内程序存储器。当 PC 的值在片内程序存储器编址范围之内时，CPU 访问片内程序存储器；而当 PC 的值大于片内程序存储器编址范围时，CPU 自动生成有效的 $\overline{PSEN}$ 信号，访问片外程序存储器。当 $\overline{EA}=0$ 时，选择访问片外程序存储器。此时不管 PC 值的大小或有无片内程序存储器，CPU 总是访问片外程序存储器。

　　使用程序存储器时要注意以下两点。

　　(1) 上电复位时，PC = 0000H。

　　(2) 有 6 组保留单元具有特殊功能，如表 3-3 所示。

表 3-3　程序存储器的预留单元

入口地址	预留目的	存储单元范围
0000H	复位后初始化引导程序	0000H～0002H
0003H	外部中断 0 服务程序	0003H～000AH
000BH	定时器/计数器 0 溢出中断服务程序	000BH～0012H
0013H	外部中断 1 服务程序	0013H～001AH
001BH	定时器/计数器 1 溢出中断服务程序	001BH～0022H
0023H	串行口中断服务程序	0023H～002AH
002BH	定时器/计数器 2 溢出中断服务程序	002BH～0032H

3.3.2 数据存储器

1. 内部数据存储器

MCS-51 的内部数据存储器具有的特点：MCS-51 单片机内部有 128 字节的数据存储器 (RAM)，MCS-52 单片机内部有 256 字节的数据存储器(RAM)。内部 RAM 可以用作数据缓冲器、堆栈、工作寄存器组和软件标志位等，CPU 对内部 RAM 有丰富的操作指令，内部 RAM 地址范围为 00H～7FH(MCS-51)或 00H～0FFH(MCS-52)。

1) 工作寄存器组

MCS-51 单片机内部有 4 个工作寄存器组，每组 8 个工作寄存器，记为 R0～R7。工作寄存器组包含在内部数据存储器中，占用地址为 00H～1FH 共 32 字节的内部 RAM 单元。工作寄存器可以直接和累加器 A 以及内部 RAM 之间进行数据传送、算术/逻辑运算等操作，也可以在寄存器间接寻址时提供地址。

用户可以通过改变程序状态字 PSW 的中间两位 RS1、RS0，来任选一个工作寄存器组，RS1、RS0 和工作寄存器组的对应关系如表 3-4 所示。单片机复位时，RS1、RS0 = 0、0。

表 3-4 工作寄存器组的选择

RS1	RS0	当前工作寄存器组	R0～R7 占用的内部 RAM 单元地址
0	0	工作寄存器组 0	00H～07H
0	1	工作寄存器组 1	08H～0FH
1	0	工作寄存器组 2	10H～17H
1	1	工作寄存器组 3	18H～1FH

2) 位寻址空间

MCS-51 单片机内部 RAM 的 20H～2FH 共 16 字节的 RAM 单元除了可以字节寻址外，还具有位寻址功能。对字节内部的每一位都独立编址且每一位都可以独立置位、复位的存储空间，称为位寻址空间。16 字节共 128 位的位地址为 00H～7FH，CPU 能直接寻址并置位或复位这些位。字节地址、位地址的对应关系及地址分配如表 3-5 所示。

3) 堆栈和数据区

堆栈是按"先进后出，后进先出"原则存取数据的特殊存储区域。其功能是暂存数据或地址，当有中断时，堆栈用于保护程序的断点地址，以便中断返回时程序继续执行。

MCS-51 单片机的堆栈可以设在内部 RAM 的任意区域内，但是要避开单片机的工作寄存器组和程序的变量区，一般在内部 RAM 的 30H～7FH 单元中开辟堆栈。堆栈区的数据读写与普通数据缓冲区一样，以字节为单位进行操作。

栈顶的位置由堆栈指针 SP 指出，堆栈指针 SP 为 8 位寄存器，存放栈顶单元的地址。堆栈操作指令有两条，即 PUSH(数据入栈)和 POP(数据出栈)。每执行一次入栈操作 SP 自动加 1，每执行一次出栈操作自动减 1。堆栈大小由用户决定，SP 内容一经确定，则堆栈大小也就确定了。系统复位后，SP 的值为 07H，一般会重新设置成 50H 或 60H。

表 3-5　位 地 址 表

字节地址(H)	位地址(H)							
	D7	D6	D5	D4	D3	D2	D1	D0
2F	7F	7E	7D	7C	7B	7A	79	78
2E	77	76	75	74	73	72	71	70
2D	6F	6E	6D	6C	6B	6A	69	68
2C	67	66	65	64	63	62	61	60
2B	5F	5E	5D	5C	5B	5A	59	58
2A	57	56	55	54	53	52	51	50
29	4F	4E	4D	4C	4B	4A	49	48
28	47	46	45	44	43	42	41	40
27	3F	3E	3D	3C	3B	3A	39	38
26	37	36	35	34	33	32	31	30
25	2F	2E	2D	2C	2B	2A	29	28
24	27	26	25	24	23	22	21	20
23	1F	1E	1D	1C	1B	1A	19	18
22	17	16	15	14	13	12	11	10
21	0F	0E	0D	0C	0B	0A	09	08
20	07	06	05	04	03	02	01	00

2. 特殊功能寄存器

MCS-51 单片机内除程序计数器(PC)和 4 组工作寄存器(R0～R7)外，其他寄存器，如 I/O 端口数据锁存器、定时器/计数器、状态寄存器、串行口数据缓冲器和各种控制寄存器都是以特殊功能寄存器的形式出现的。

8051 单片机共有 21 个特殊功能寄存器，它们离散地分布在 80H～FFH 的地址空间内。程序可以通过直接寻址的方式访问特殊功能寄存器，也可以对特殊功能寄存器进行算术及逻辑运算。MCS-51 及 MCS-52 系列单片机特殊功能寄存器的符号及字节地址如表 3-6 所示。

表 3-6　特殊功能寄存器

标识符	名　　称	字节地址
*ACC	累加器	E0H
*B	B 寄存器	F0H
*PSW	程序状态字	D0H
SP	堆栈指针	81H
DPTR	数据指针寄存器(分为 DPH、DPL 两个 8 位的特殊功能寄存器)	83H、82H
*P0	P0 端口数据锁存器	80H
*P1	P1 端口数据锁存器	90H
*P2	P2 端口数据锁存器	A0H
*P3	P3 端口数据锁存器	B0H

续表

标识符	名　　称	字节地址
* IP	中断优先级控制寄存器	B8H
* IE	中断允许控制寄存器	A8H
TMOD	定时器/计数器方式控制寄存器	89H
+* T2CON	定时器/计数器 2 的控制寄存器(仅 MCS-52 系列有)	C8H
* TCON	定时器/计数器 0、1 的控制寄存器	88H
TH0	定时器/计数器 0 (高字节) 计数器	8CH
TL0	定时器/计数器 0 (低字节) 计数器	8AH
TH1	定时器/计数器 1 (高字节) 计数器	8DH
TL1	定时器/计数器 1 (低字节) 计数器	8BH
+TH2	定时器/计数器 2(高字节)计数器(仅 MCS-52 系列有)	CDH
+TL2	定时器/计数器 2(低字节)计数器(仅 MCS-52 系列有)	CCH
+RCAP2H	定时器/计数器 2 捕获寄存器(高字节)计数器(仅 MCS-52 系列有)	CBH
+RCAP2L	定时器/计数器 2 捕获寄存器(低字节)计数器(仅 MCS-52 系列有)	CAH
* SCON	串行口控制寄存器	98H
SBUF	串行口数据缓冲寄存器	99H
PCON	节电控制寄存器	97H

注：带 * 号的特殊功能寄存器可以位寻址，带 + 号的特殊功能寄存器仅 MCS-52 系列有。

表 3-6 中，地址能被 8 整除的特殊功能寄存器是可以位寻址的，表 3-7 为特殊功能寄存器的位地址表。

表 3-7　特殊功能寄存器的位地址表

位　地　址								字节地址	标识符
P0.7	P0.6	P0.5	P0.4	P0.3	P0.2	P0.1	P0.0	80	P0
87	86	85	84	83	82	81	80		
								81	SP
								82	DPL
								83	DPH
								87	PCON
TF1	TR1	TF0	TR0	IE1	IT1	IE0	IT0	88	TCON
8F	8E	8D	8C	8B	8A	89	88		
								89	TMOD
								8A	TL0
								8B	TL1
								8C	TH0
								8D	TH1

位　地　址								字节地址	标识符
P1.7	P1.6	P1.5	P1.4	P1.3	P1.2	P1.1	P1.0	90	P1
97	96	95	94	93	92	91	90		
SM0	SM1	SM2	REN	TB8	RB8	TI	RI	98	SCON
9F	9E	9D	9C	9B	9A	99	98		
								99	SBUF
P2.7	P2.6	P2.5	P2.4	P2.3	P2.2	P2.1	P2.0	A0	P2
A7	A6	A5	A4	A3	A2	A1	A0		
EA	—	ET2	ES	ET1	EX1	ET0	EX0	A8	IE
AF	—	AD	AC	AB	AA	A9	A8		
P3.7	P3.6	P3.5	P3.4	P3.3	P3.2	P3.1	P3.0	B0	P3
B7	B6	B5	B4	B3	B2	B1	B0		
—	—	PT2	PS	PT1	PX1	PT0	PX0	B8	IP
—	—	BD	BC	BB	BA	B9	B8		
Cy	AC	F0	RS1	RS0	OV	—	P	D0	PSW
D7	D6	D5	D4	D3	D2	D1	D0		
ACC.7	ACC.6	ACC.5	ACC.4	ACC.3	ACC.2	ACC.1	ACC.0	E0	ACC
E7	E6	E5	E4	E3	E2	E1	E0		
B.7	B.6	B.5	B.4	B.3	B.2	B.1	B.0	F0	B
F7	F6	F5	F4	F3	F2	F1	F0		

3. 外部数据存储器

外部数据存储器是在单片机外部存放数据的区域，外部数据存储器地址空间为 64 KB，采用 R0、R1 或 DPTR 寄存器间接寻址方式访问。当采用 R0、R1 间接寻址时，只能访问 00H～FFH 的低 256 字节；当采用 DPTR 间接寻址时，可访问整个 64 KB 空间。

外部数据存储器一般用来存放相对来讲使用不太频繁的数据，其中的数据不能直接处理，进行处理前，必须先把数据从外部数据存储器送到单片机内部的累加器 A。

3.4　MCS-51 单片机的并行 I/O 端口

I/O 端口

MCS-51 单片机共有 4 个 8 位双向并行 I/O 端口，分别命名为 P0～P3。4 个端口共 32 个引脚，每一位引脚均由各自的锁存器、输入缓冲器和输出驱动器组成。当其作为输出线时，数据可以锁存，当作为输入时可以缓冲。

3.4.1　P0 口的结构与功能

P0 端口的 8 个引脚分别为 P0.0～P0.7。P0 口是多功能端口，其功能有：作为双向的、可位寻址的 8 位 I/O 端口，既可按字节进行 8 位的数据输入/输出，又可按位单独进行输入/输出操作；利用单片机扩展系统总线时，可分时提供低 8 位地址总线及数据总线。P0 端口的一位 P0.X(X = 0，1，…，7)结构如图 3-4 所示。

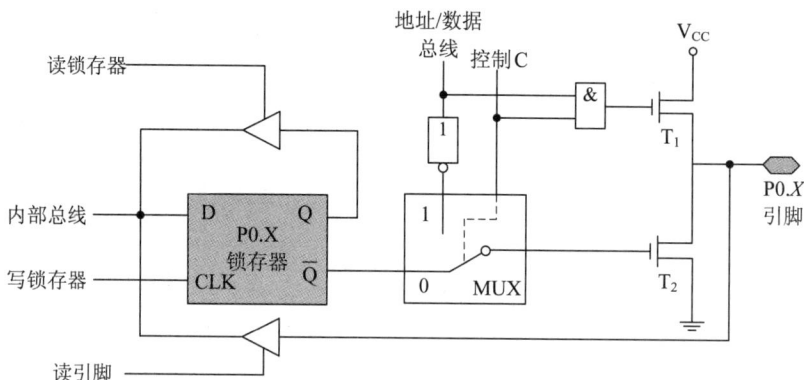

图 3-4　P0 口的位结构

P0 口的每一位都包含一个输出锁存器、两个三态缓冲器、一个输出驱动电路和一个输出控制电路。输出驱动电路由 2 只场效应管组成，其工作状态受输出控制电路的控制。输出控制电路由 1 个与门、1 个反相器和模拟开关 MUX 组成。

无外扩存储器时，P0 可作为 I/O 端口使用。CPU 执行传送或改写位内容的指令时，硬件使控制信号为低电平，模拟开关接通输出锁存器的 $\overline{Q}$ 端。由于控制信号送入与门的一个输入端，所以与门输出为 0，这样输出级中的 T_1 处于截止状态，从而使 T_2 处于漏极开路状态，因此 P0 口的输出级是漏极开路的电路。此时，需外接上拉电阻。

(1) P0 口用作输出口。当 CPU 执行向端口输出数据的指令时，写脉冲加在锁存器的 CL 上，输出的数据经过锁存器的 D 端，反相输出在 $\overline{Q}$ 端，然后加到 T_2 上。当数据为 1 时，T_2 导通，P0.X 输出为 0；当数据为 0 时，T_2 截止，P0.X 的数据经外接的上拉电阻拉高，输出为 1。

(2) 当 P0 口用作输入口时，读引脚的指令将三态缓冲器(读引脚控制)打开，端口引脚上的数据经过该缓冲器输入内部数据总线。

在读引脚时，由于 T_2 也接在引脚上，若 T_2 导通，则会把引脚上的高电平拉成低电平，从而产生误读。因此，为保证引脚上的信号能正确读入，在读入操作前应首先向锁存器写 1，从而使 $\overline{Q}$ 为 0，使 T_2 截止。单片机复位后，锁存器会自动被置 1。

(3) 并行 I/O 端口的读-修改-写操作。单片机对端口的读写操作有两种不同的形式，即对端口锁存器的读写操作和对引脚的读操作。当 CPU 发出写锁存器信号时，将来自内部总线的数据写入锁存器。当 CPU 发出读锁存器信号时，锁存器的输出 Q 被送到内部总线上。当 CPU 发出读引脚信号时，端口引脚上的电平信号被传送到内部总线上。MCS-51 指令系统中有些指令在执行时，需要先读入锁存器(Q 端)的值，经过运算，然后把运算结果重新写入锁存器，这类指令称为读-修改-写指令。通常这类指令的目的操作数为一个端口或端口的某一位。例如，下列指令在执行过程中都是先读入端口锁存器的值，而不是读引脚的电平：

ANL P0, A	；P0 口的值与累加器 A 的值相"与"，结果送 P0 口
ORL P3, A	；P3 口的值与累加器 A 的值相"或"，结果送 P2 口
CPL P1.0	；P1 口的 D0 位取反
INC P2	；P2 口的值加 1

(4) 当 P0 口用作数据/地址总线时，芯片外部要接锁存器。

当 P0 口先送出低 8 位地址再送出数据时，控制端为 1，MUX 开关打到上方，地址/数据位驱动 T_1，其反相驱动 T_2。当地址/数据位为"1"时，T_1 导通，T_2 截止，P0.X 输出为"1"；当地址/数据位为"0"时，T_1 截止，T_2 导通，P0.X 输出为"0"。

当 P0 口先送出低 8 位地址再输入数据时，送出地址与前面相同，但读入数据时，打开读引脚控制的缓冲器，引脚数据经缓冲器进入内部数据总线。

一般情况下，如果 P0 口已作为地址/数据复用口，就不再用作通用 I/O 口使用。具有高电平、低电平和高阻抗三种状态的 I/O 端口称为双向 I/O 端口。当 P0 口作地址/数据总线复用口时，相当于一个真正的双向 I/O 端口；当用作通用 I/O 端口时，由于引脚上需要外接上拉电阻，端口不存在高阻(悬空)状态，此时 P0 口只是一个准双向口。P0 口能驱动 8 个 TTL 负载。

3.4.2 P1 口的结构与功能

P1 口是一个准双向口，只作通用输入/输出口使用。除了无多路开关 MUX 之外，其输出驱动部分也与 P0 口不同，P1 口内部取消了上拉的场效应管，而以一个上拉电阻代替。P1 口的位结构如图 3-5 所示，其组成部分有：一个数据输出锁存器，用于输出数据的锁存；两个三态输入缓冲器，用于读锁存器和读引脚；数据输出驱动电路，由场效应管 T 和片内上拉电阻 R 组成。

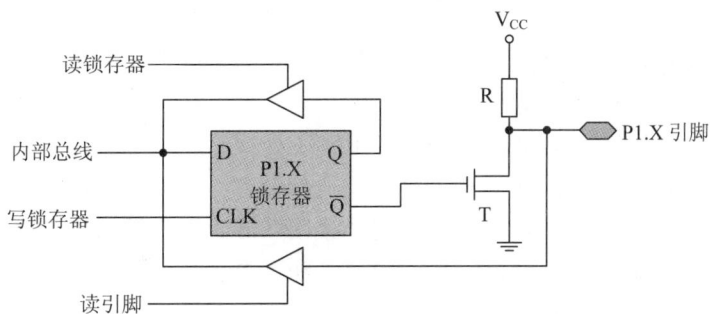

图 3-5 P1 口的位结构

P1 口内部下拉场效应管仍存在，因此 P1 在作为输入口时，仍需先向端口数据锁存器输出 1，使输出驱动 T 截止，保证数据读入的正确性。P1 口由于有内部上拉电阻，没有高阻抗输入状态，因此为准双向口。当 P1 作为输出口时，不需要在片外接上拉电阻。P1 口能驱动 4 个 TTL 负载。

在 MCS-52 系列单片机中，P1.0 和 P1.1 具有第二功能，分别是作为定时器/计数器 2 的外部输入端和定时器/计数器 2 的外部控制输入，分别以 T2 和 T2EX 表示。MCS-51 系列单片机无此功能。

3.4.3　P2 口的结构与功能

P2 口的位结构比 P1 口多了一个多路开关 MUX，如图 3-6 所示。P2 口的位电路组成部分有：一个数据输出锁存器，用于输出数据的锁存；两个三态输入缓冲器，一个用于读锁存器，另一个用于读引脚；一个多路开关 MUX，其中一个输入来自锁存器的 Q 端，另一个输入来自内部地址的高 8 位；数据输出驱动电路，由非门、场效应管 T 和片内上拉电阻组成。P2 口可作为地址总线高 8 位，也可作为通用 I/O 端口。

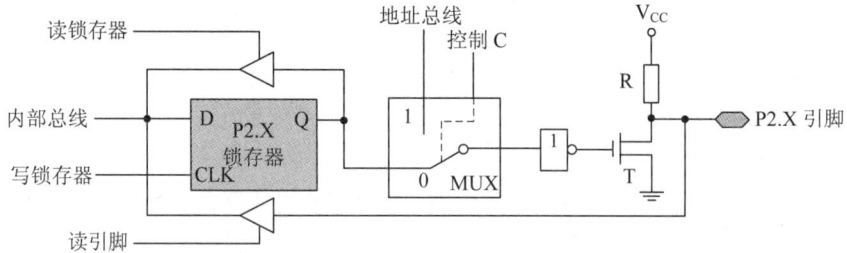

图 3-6　P2 口的位结构

当 P2 口作为通用 I/O 端口使用时，多路开关 MUX 倒向 P2.X 锁存器的 Q 端，此时 P2 口的功能和使用方法类似于 P1 口。P2 口能驱动 4 个 TTL 负载。

系统复位时，端口锁存器自动置 1，输出的下拉驱动器 T 截止，P2 口可直接作为输入口使用。

P2 口在系统扩展外围总线时输出高 8 位地址，与 P0 口输出的低 8 位地址一起构成 16 位的地址总线，可以寻址 64 KB 地址空间。P2 口输出高 8 位地址时，硬件电路自动设置"控制"线使多路开关 MUX 倒向"地址"端，使输出的高 8 位地址输出到 P2.X 引脚。当 P2 口作为高 8 位地址输出口时，其输出锁存器原锁存的内容保持不变。

3.4.4　P3 口的结构与功能

P3 口除了作为准双向 I/O 端口以外，各引脚还具有另外一项功能，即第二功能。P3 口的位结构如图 3-7 所示。P3 口的位电路结构组成部分有：一个数据输出锁存器，用于输出数据的锁存；三个三态输入缓冲器，分别用于读锁存器、读引脚和第二功能数据的缓冲输入；数据输出驱动电路，由与非门、场效应管 T 和片内上拉电阻组成。

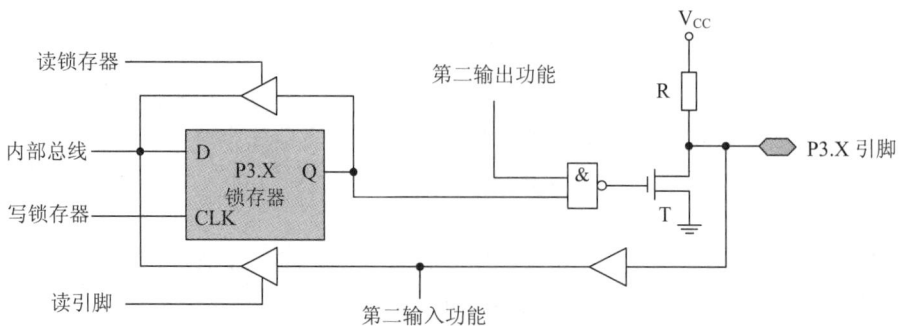

图 3-7　P3 口的位结构

当 P3 口使用第一功能(通用 I/O 端口)输出数据时,"第二输出功能"信号应保持高电平,使与非门开锁,此时端口数据锁存器的输出端 Q 可以控制 P3.X 引脚上的输出电平。P3 口能驱动 4 个 TTL 负载。

当 P3 口使用第二输出功能时,P3 口对应位的数据锁存器应置 1,使与非门开锁,此时"第二输出功能"输出的信号可控制 P3.X 引脚上的输出电平。

当 P3 口作为输入端口时,无论输入的是第一功能还是第二功能的信号,相应位的输出锁存器和"第二输出功能"信号都应保持为 1,使下拉驱动器 T 截止;输入部分有两个缓冲器,第二功能专用信息的输入取自和 P3.X 引脚直接相连的缓冲器,而通用 I/O 端口的输入信息则取自由"读引脚"信号控制的三态缓冲器的输入,经内部总线送至 CPU。

P3 口作为第二功能的输出/输入或作为通用输入时,均需将相应的锁存器置 1。实际应用中,由于复位后 P3 口锁存器自动置 1,已满足第二功能运作条件,所以可以直接进行第二功能操作。

3.5　并行 I/O 端口的直接输入/输出

P0～P3 口内部均有锁存器和缓冲器,可以锁存输出的数据,也能对输入数据进行缓冲。P0～P3 口可以直接连接简单的外设,如 LED 发光管、开关、按键等。图 3-8 为 I/O 端口的直接输入/输出连接电路,P3 作为输入端口接开关,P1 口作为输出端口接 LED。当 K1 闭合时,P3.0 为 0;当 K1 断开时,P3.0 为 1。当 P1 口的某位输出 0 时,所连接的 LED 点亮;当输出 1 时,LED 熄灭。

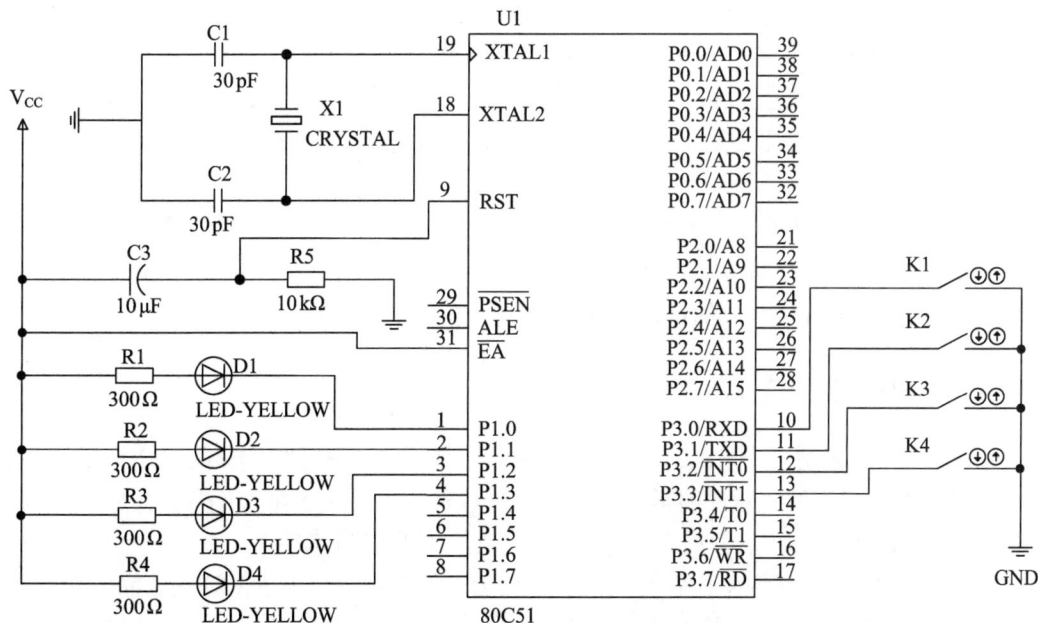

图 3-8　I/O 端口的直接输入/输出连接电路

执行如下指令序列，可将开关的状态用发光二极管显示出来：

```
MOV   A, P3        ; 开关的状态读到累加器 A
MOV   P1, A        ; 累加器 A 的内容送到 P1 口
```

3.6 MCS-51 单片机的片外总线结构

MCS-51 单片机的片外总线结构如图 3-9 所示。单片机的总线分为地址总线、数据总线和控制总线。

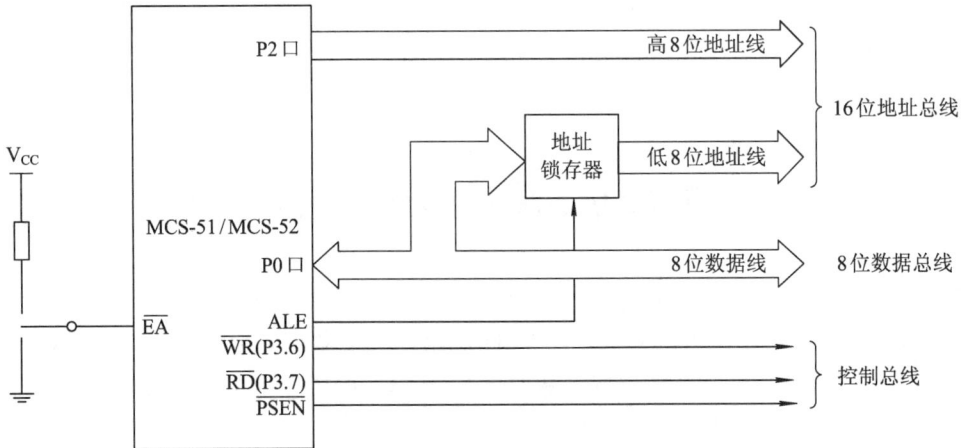

图 3-9 MCS-51 单片机的片外总线结构

地址总线：地址总线宽度为 16 位。P0 口作为地址总线低 8 位(A0～A7)、P2 口作为地址总线的高 8 位(A8～A15)，地址信号是由 CPU 发出的，是单向的。P0 口外接锁存器，可以将数据信号与地址信号分开。

数据总线：数据总线宽度为 8 位，由 P0 口提供，用于传送数据和指令，数据总线是双向的。

控制总线：包括外部数据存储器读选通信号 $\overline{RD}$ (P3.7)、外部数据存储器写选通信号 $\overline{WR}$ (P3.6)、外部程序存储器读选通信号 $\overline{PSEN}$ 和 ALE 等信号。单片机通过 ALE 信号控制地址锁存器实现单片机 P0 口的地址总线/数据总线的分时复用。

3.6.1 程序存储器的扩展

MCS-51 单片机型号中，8031 芯片内无 ROM，必须扩展外部 ROM；8051 芯片内虽有 4 KB 掩膜 ROM，但写入程序时需由生产商一次性输入，使用起来很不方便；89C51 芯片内有 4 KB 的 EEPROM，若片内 ROM 不够用，则需扩展片外 ROM。

图 3-10 为 8031 外扩 8 KB 程序存储器的连接电路。其中，2764 是 8 KB × 8 位的 EPROM 芯片，有 13 根地址线、8 根数据线，以及片选信号 $\overline{CE}$、输出允许 $\overline{OE}$、编程脉冲 $\overline{PGM}$ 等控制信号。

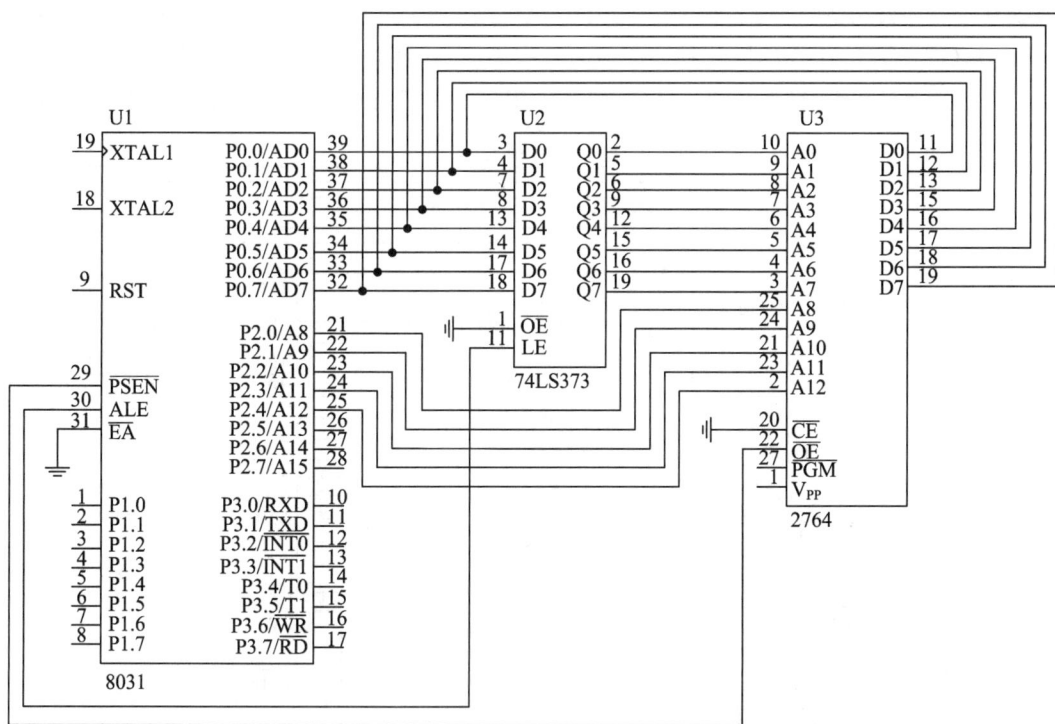

图 3-10　8031 外扩 8 KB 程序存储器的连接电路

地址线的连接：74LS373 是带三态输出的 8 位锁存器，三态控制端 $\overline{\text{OE}}$ 接地，LE 端与 8031 的 ALE 连接，每当 ALE 下降沿时，74LS373 锁存低 8 位地址信号。

2764 的 13 根地址线的高 5 位与 8031 的 P2.0～P2.4 连接，低 8 位连接锁存器的输出。当 8031 输出 13 位地址信息时，可选中 2764 片内 8 KB 存储器中的一个单元。

数据线的连接：存储器的 8 位数据线 D0～D7 接 P0 口(P0.0～P0.7)，各位对应相连即可。

控制线的连接：外部程序存储器读选通信号 $\overline{\text{PSEN}}$ 接 2764 的读信号 $\overline{\text{OE}}$。2764 的引脚 $\overline{\text{CE}}$ 为片选信号输入端，低电平有效，表示选中该 2764 芯片。该片选信号决定了 2764 芯片的 8 KB 存储器在整个 8031 扩展程序存储器 64 KB 空间中的位置。由于本系统中只有一片 2764，现将 $\overline{\text{CE}}$ 接地，表示一直有效。根据上述电路接法，2764 占有的扩展程序存储器空间为 0000H～1FFFH 地址空间。

当采用 8031、8032 时，单片机内/外程序存储器选择信号 $\overline{\text{EA}}$ 应接地。

3.6.2　数据存储器的扩展

MCS-51 单片机内部有 128 字节的数据存储器，它们可以作为工作寄存器、软件标志、堆栈和普通的数据缓冲区，内部 RAM 有丰富的操作指令，因此内部 RAM 是十分有用的资源。但是在如数据采集处理的应用系统中，内部 RAM 的容量往往不够，需要外部扩展数据存储器。

图 3-11 为 89C51 外扩 2 KB 数据存储器的连接电路。6116 是 2 KB 的 SRAM 芯片，有 11 位地址线、8 位数据线，以及输出允许 $\overline{\text{OE}}$、写允许 $\overline{\text{WE}}$、片选 $\overline{\text{CE}}$ 控制信号。电路连接

时，6116 的 8 位数据线直接连到 P0 口；6116 地址线的低 8 位 A0～A7 接到锁存器 74LS373 的输出端 Q0～Q7，6116 地址线的高 3 位 A8～A10 直接连到 P2.0～P2.2。6116 的输出允许信号 $\overline{OE}$ 接 $\overline{RD}$ (P3.7)，写允许信号 $\overline{WE}$ 接 $\overline{WR}$ (P3.6)，片选信号 $\overline{CE}$ 接 P2.7。由于单片机选用的是 89C51，其片内有程序存储器，因此 $\overline{EA}$ 接 +5 V。

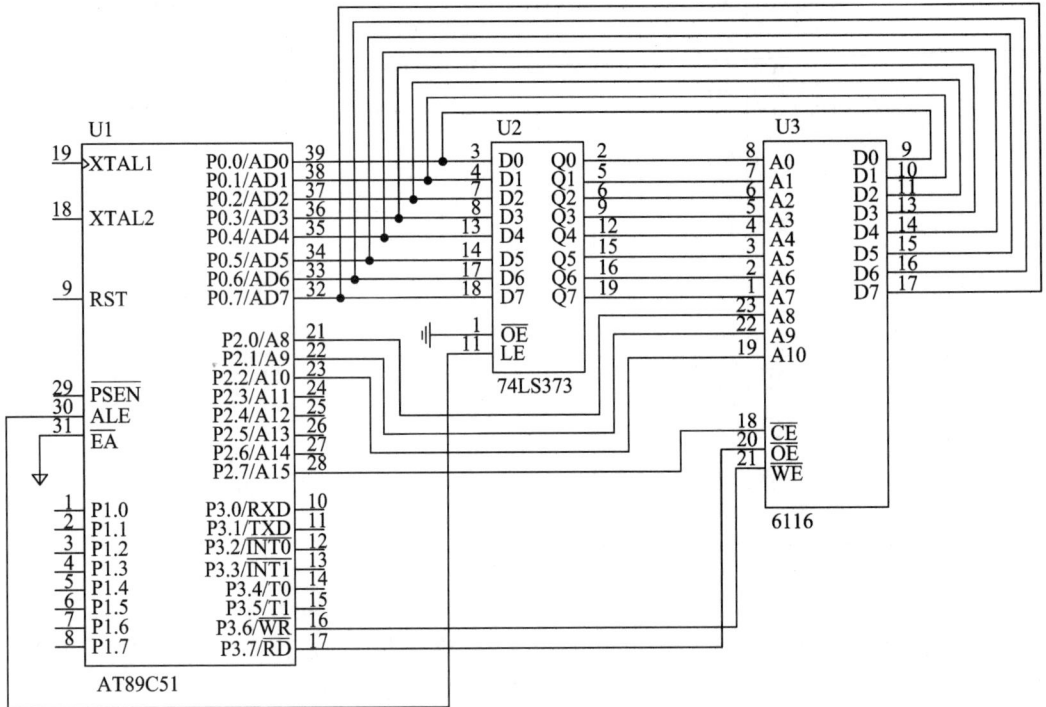

图 3-11　89C51 外扩 2 KB 数据存储器的连接电路

当单片机扩展多个外部存储器芯片时，为不同的存储器芯片分配不同的地址空间需进行两方面的寻址：片选，选择并确定被寻址的器件(芯片)；字选，在片选信号有效的情况下，寻址该器件(芯片)内部的某个存储单元或 I/O 端口。利用译码器译码，单片机扩展 4 片 1 KB 存储器的地址线、数据线的连接电路如图 3-12 所示，4 片存储器的地址空间如表 3-8 所示。

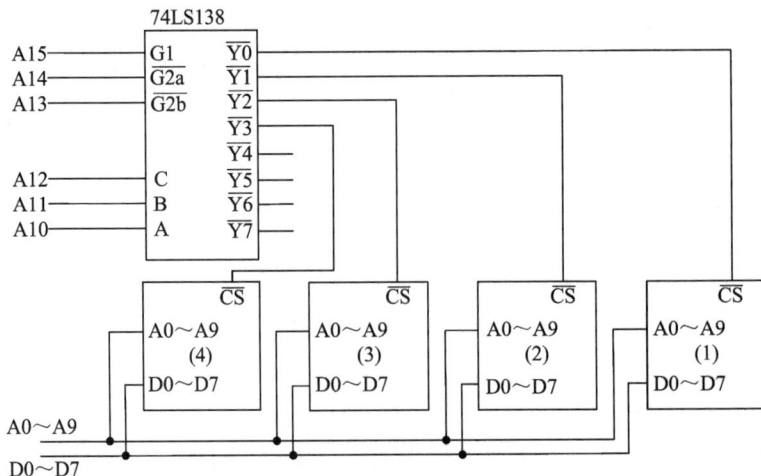

图 3-12　译码器译码电路

表 3-8　4 片存储器的地址空间

A15	A14	A13	A12	A11	A10	A9~A0	有效输出	芯片选择	有效地址范围
G1	$\overline{G2a}$	$\overline{G2b}$	C	B	A				
1	0	0	0	0	0	任意	$\overline{Y0}$	芯片(1)	8000H~83FFH
			0	0	1		$\overline{Y1}$	芯片(2)	8400H~87FFH
			0	1	0		$\overline{Y2}$	芯片(3)	8800H~8BFFH
			0	1	1		$\overline{Y3}$	芯片(4)	8C00H~8FFFH

3.6.3　简单 I/O 端口的扩展

当 P0 口、P2 口作为地址总线、数据总线使用时，P3 口的部分信号就作为控制信号，能用作 I/O 端口的只有 P1 口。实际应用中，若 I/O 端口不够用，可以像单片机扩展外部存储器那样，扩展 I/O 端口。

1. MCS-51 系统中 I/O 端口的地址分配

地址空间的分配，是指在 16 位地址线所决定的 64 KB 可寻址范围内，给外部扩展的可寻址的器件划分有效地址空间范围的过程。I/O 端口的编址技术有两种，即独立编址和统一编址。

MCS-51 不像通用微型计算机系统那样将外部存储器和 I/O 端口分别独立编址，而是将外部 RAM 和扩展的 I/O 端口统一编址，如图 3-13 所示。也就是说外部 I/O 端口与外部 RAM 合用单片机外部数据存储器 64 KB 的地址空间。

统一编址的优点是编程方便。所有用于访问外部 RAM 的指令都可应用于 I/O 端口操作。由于 CPU 中不用专设 I/O 指令和时序，简化 CPU 本身的控制逻辑。缺点是：I/O 端口地址占用了一部分存储器地址空间；程序较难区分是对 I/O 端口操作还是对存储器操作，程序可读性差。

图 3-13　外部 RAM 与扩展的
I/O 端口统一编址

图 3-13 所示的地址分配中，64 KB 的前 32 KB 作为外部 RAM 使用，后 32 KB 作为外部 I/O 端口使用。在实际使用中要正确地使用译码器，使之能准确地选择到所需的地址单元。

MCS-51 对扩展 I/O 端口的访问与外部 RAM 一样，均采用 MOVX 类指令。

2. 利用锁存器扩展输出口

在 MCS-51 系统中，都是通过 P0 口扩展 I/O 端口，由于 P0 口地址/数据信号分时使用，故扩展输出口时，接口电路应具有锁存功能。在扩展输入口时，根据输入数据是常态还是暂态，要求接口电路应具有三态缓冲或锁存选通。数据的输入/输出由单片机的读/写信号控制。简单 I/O 的扩展常用 TTL/CMOS 锁存器/缓冲器芯片，如 74LS377、74LS374、74LS373、

74LS273、74LS244、74LS245 等。

74LS377 是带有输入允许控制的 8D 触发器,具有锁存功能,采用双列直插式 20 引脚封装。它有 8 位输入端口、8 位输出端口、1 个时钟输入端 CLK 和 1 个允许控制端 $\overline{G}$,其功能表如表 3-9 所示。当 $\overline{G}$ 端为低电平时,只要在 CLK 端输入一个正跳变,D0～D7 将被锁存到 Q0～Q7 端输出,在其他情况下 Q0～Q7 端的输出保持不变。利用 74LS377 与 8031 接口构成一个 8 位并行输出口电路如图 3-14 所示。若将未使用到的地址线都置 1,则 74LS377 的地址为 7FFFH;若 CLK 与 P2.0 相连,则相应地址为 FEFFH。若单片机要从 74LS377 输出数据,则可以执行如下指令:

```
MOV    DPTR,#7FFFH
MOVX   @DPTR,A
```

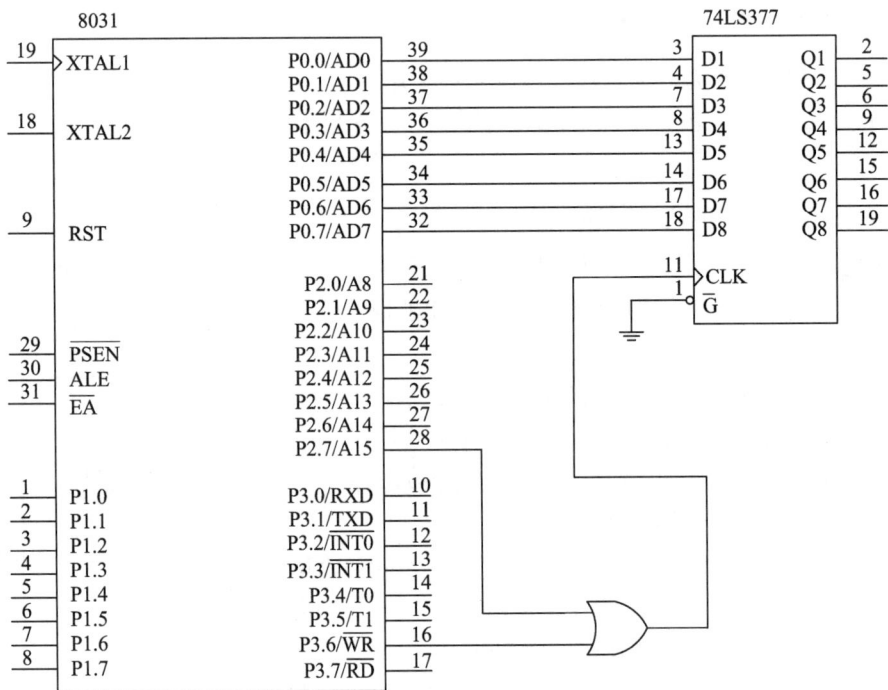

图 3-14　单片机扩展简单输出口的电路

表 3-9　74LS377 功能表

输入 D	控制 $\overline{G}$	时钟 CLK	输出 Q
×	1	×	保持不变
0	0	↑	0
1	0	↑	1
×	0	0	保持不变

3. 利用缓冲器扩展输入口

当输入数据为常态时,要求接口芯片具有三态缓冲功能。74LS245 是一种三态输出的

8 位数据收发缓冲器，无锁存功能，其逻辑功能如表 3-10 所示。可以利用 74LS245 这一特性扩展并行输入口。图 3-15 使用了一片 74LS245 扩展输入口，若将未使用到的地址线都置 1，则 74LS245 的地址为 7FFFH。若单片机要从 74LS245 输入数据，则可以执行如下指令：

表 3-10　74LS245 功能表

$\overline{CE}$	方向控制 $AB/\overline{BA}$	功　能
1	×	A 端与 B 端均处于高阻状态
0	1	A 端输入、B 端输出
0	0	B 端输入、A 端输出

```
MOV    DPTR, #7FFFH
MOVX   A, @DPTR
```

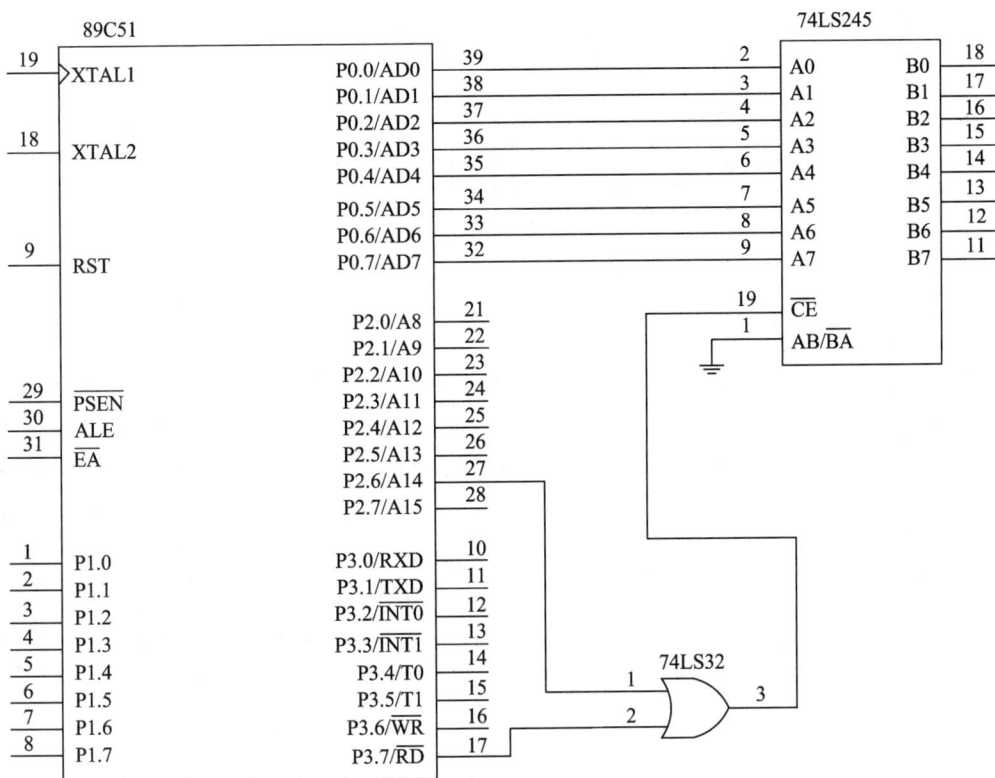

图 3-15　单片机扩展简单输入口的电路

单片机同时扩展输入、输出端口的电路如图 3-16 所示。其中，输入仍然采用三态门 74LS245，输出采用 8D 触发器(锁存器)74LS377。P0 口为双向数据线，既能从 74LS245 输入数据，又能将数据通过 74LS377 输出。输入控制信号由 P2.7 和 $\overline{RD}$ 控制，当两者同为低电平时，或门输出为 0，选通 74LS245，将外部信息输入到总线，与 74LS245 相连的开关若没有闭合，则输入全为 1，若某开关闭合，则所在的线输入为 0。输出控制信号由 P2.7 和 $\overline{WR}$ 控制，当两者同为低电平时，或门输出为 0，将 P0 口数据锁存到 74LS377，其输出控制着发光二极管 LED。当某线输出为 0 时，该线上的 LED 发光。

由于输入/输出都是在 P2.7 为 0 时有效，因此它们的端口地址均为 7FFFH，即占用相同的地址空间。但是由于读、写分别用 $\overline{RD}$ 和 $\overline{WR}$ 信号控制，因此不会发生冲突。

如果需要实现的功能是按下任意一个按键，对应的 LED 发光，则程序如下：

```
LOOP:  MOV    DPTR, #7FFFH    ; 数据指针指向扩展 I/O 端口地址
       MOVX   A, @DPTR        ; 从 74LS245 读入数据，检测按键
       MOVX   @DPTR, A        ; 向 74LS377 输出数据，驱动 LED
       SJMP   LOOP            ; 转到 LOOP 循环
```

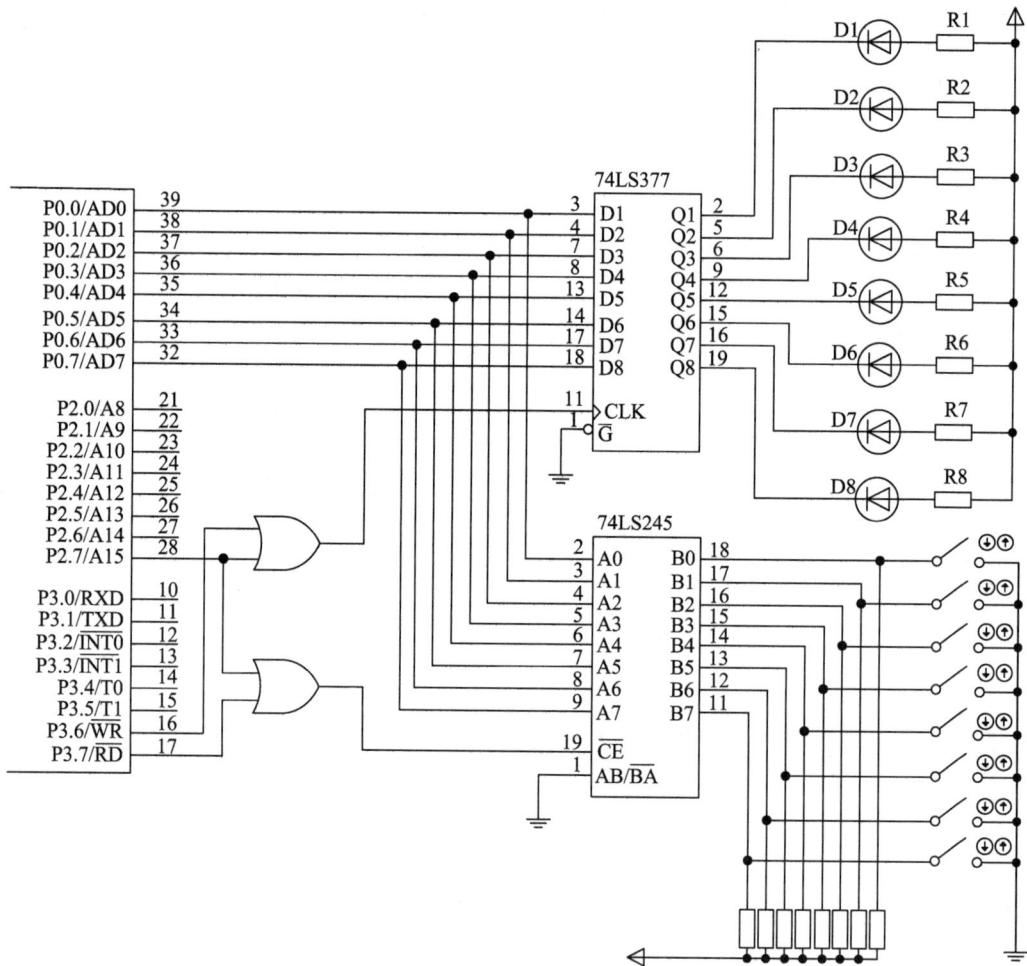

图 3-16　单片机同时扩展输入、输出端口的电路

3.7　MCS-51 单片机最小系统

　　单片机的最小系统就是让单片机能正常工作并发挥其功能时所必需的组成部分，也可理解为是用最少的元件组成的可以工作的单片机系统。对 MCS-51 系列单片机来说，内部无 ROM 的 8031 单片机的最小系统包括扩展 ROM 电路、复位电路、时钟电路。有 ROM 的 89C51 单片机，不必扩展 ROM，只要有复位电路和时钟电路等，则可构成最小系统。另外，最小系统还需要供电

最小系统与
工作方式

电路(电源与地)，且内部有 ROM 的单片机，$\overline{EA}$ 要接高电平。

MCS-51 单片机的 $\overline{EA}$/V_{PP}(引脚 31)是内部和外部程序存储器的选择管脚。当 $\overline{EA}$ 保持高电平时，单片机访问内部程序存储器；当 $\overline{EA}$ 保持低电平时，不管是否有内部程序存储器，只访问外部存储器。对于现今的绝大部分单片机来说，其内部程序存储器(一般为 Flash)容量都很大，因此基本上不需要外部程序存储器，而是直接使用内部存储器。

3.7.1　复位电路

单片机的复位电路就好比电脑的重启部分，当电脑在使用中出现死机时，按下重启按钮电脑内部的程序重新开始执行。单片机也一样，当单片机系统在运行中，受到环境干扰出现程序跑飞时，按下复位按钮，内部的程序重新从头开始执行。

在单片机的 RST 引脚上至少保持 2 个机器周期的高电平，单片机即复位。如果 RST 引脚保持高电平，单片机就循环复位。当 RST 从高电平变为低电平时，MCS-51 从地址 0000H 单元开始执行程序。单片机复位不改变内部 RAM 的值。

复位操作通常有上电自动复位和手动按键复位两种基本形式。上电自动复位操作要求接通电源后自动实现复位操作。手动按键复位要求在电源接通的条件下，在单片机运行期间，用按钮开关操作使单片机复位。单片机的复位电路如图 3-17 所示。

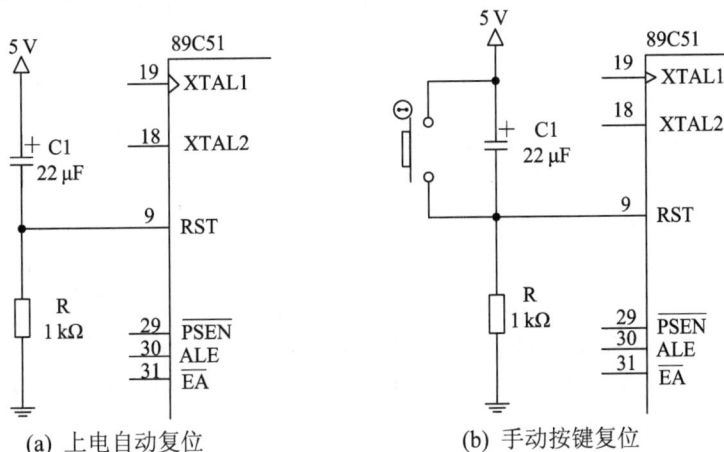

图 3-17　单片机的复位电路

上电自动复位的原理：上电瞬间 RST 端的电位与 V_{CC} 相同，随着 RC 电路充电电流的减小，RST 端的电位逐渐下降。只要 RST 端保持 10 毫秒以上的高电平，就能使 MCS-51 单片机有效的复位。图 3-17(a)中，电容的大小是 22 μF，电阻的大小是 1 kΩ。可以算出电容充电到电源电压的 0.7 倍(即 3.5 V)，需要的时间是 1 kΩ × 22 μF = 22 ms。也就是说，在电脑启动的 22 ms 内，电容两端的电压从 0 V 增加到 3.5 V。此时 1 kΩ 电阻两端的电压从 5 V 减小到 1.5 V。所以在 22 ms 内，RST 引脚所接收到的电压是 1.5～5 V。在 5 V 正常工作的 MCS-51 单片机中小于 1.5 V 的电压信号为低电平信号，而大于 1.5 V 的电压信号为高电平信号。所以在开机 22 ms 内，单片机系统自动复位。

单片机复位完成后，其内部各寄存器恢复到初始状态，PC = 0000H。特殊功能寄存器复位后的初始值如表 3-11 所示。

表 3-11   特殊功能寄存器复位后的初始值

特殊功能寄存器	初始值	特殊功能寄存器	初始值
A	00H	TMOD	00H
B	00H	TCON	00H
PSW	00H	TH0	00H
SP	07H	TL0	00H
DPL	00H	TH1	00H
DPH	00H	TL1	00H
P0～P3	FFH	SBUF	××H
IP	××000000B	SCON	00H
IE	0××00000B	PCON	0×××0000B

3.7.2   时钟电路

时钟电路用来产生单片机工作的"节拍",控制着单片机的节奏。单片机的所有指令都是在时钟的控制下,按照不同的时序进行操作的。单片机的时钟电路通常有以下两种形式。

1. 内部振荡方式

MCS-51 单片机片内有一个用于构成振荡器的高增益反相放大器,XTAL1 引脚和XTAL2 引脚分别是此放大器的输入端和输出端。在XTAL1、XTAL2 引脚上外接定时元件(一个石英晶体和两个电容),如图 3-18 所示,内部振荡器便能产生自激振荡。一般来说石英晶体可以在 1.2～12 MHz 之间任选。与石英晶体振荡器并联的两个电容的大小对振荡频率有微小影响,可以起到频率微调作用。当采用石英晶振时,电容可以在 20～40 pF 之间选择;当采用陶瓷谐振器件时,电容要适当地增大一些,一般在 30～50 pF 之间。通常选取 33 pF 的陶瓷电容。这样,就构成了内部自激振荡器并产生振荡时钟脉冲。

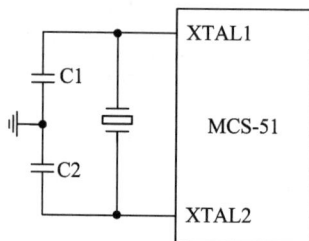

图 3-18   外接晶振的振荡电路

2. 外部振荡方式

外部振荡方式就是把外部已有的时钟信号引入单片机内,HMOS 型单片机外接时钟源的振荡电路如图3-19 所示。

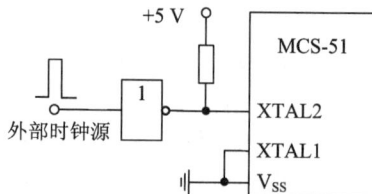

图 3-19   外接时钟源的振荡电路

3.7.3   单片机操作时序

所谓时序,是指在执行指令过程中,CPU 的控制器所发出的一系列特定的控制信号在时间上的相互关系。

1. 定时单位

时序定时单位主要有振荡周期、状态(时钟)周期、机器周期和指令周期，如图 3-20 所示。

(1) 振荡周期：为单片机提供时钟信号的振荡源的周期，又称为节拍(用 P 表示)。

(2) 时钟周期：振荡脉冲经过二分频后即得到整个单片机工作系统的时钟信号，时钟信号的周期即时钟周期(又称为状态周期，用 S 表示)。这样一个状态就有两个节拍，前半周期相应的节拍定义为 P1，后半周期对应的节拍定义为 P2。P1 时通常完成算术逻辑操作，P2 时完成内部寄存器之间的数据传输。

(3) 机器周期：通常是指完成一个基本操作所需的时间。一个机器周期由 6 个时钟周期(12 个振荡周期)组成，分为 S1→P1、S1→P2、…、S6→P1、S6→P2，可以用机器周期把一条指令的执行过程划分成若干个阶段，每个机器周期完成某些规定的操作。

(4) 指令周期：即 CPU 执行一条指令所需要的时间。一个指令周期通常含有 1~4 个机器周期。

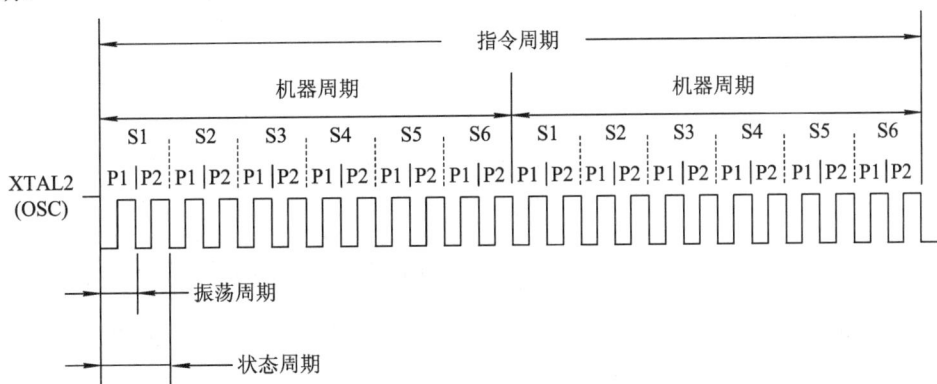

图 3-20　单片机的时序定时单位

例如，当 MCS-51 单片机外接晶振频率为 12 MHz 时，单片机的四个周期的具体值为

$$振荡周期 = \frac{1}{12\ \text{MHz}} = \frac{1}{12}\ \mu s \approx 0.0833\ \mu s$$

$$时钟周期 = \frac{1}{6}\ \mu s \approx 0.167\ \mu s$$

$$机器周期 = 1\ \mu s$$

$$指令周期 = 1 \sim 4\ \mu s$$

2. MCS-51 指令执行时序

每一条指令的执行都包括取指和执行两个阶段。在取指阶段，CPU 从程序存储器(ROM)中取出指令的操作码及操作数；然后再执行这条指令的逻辑功能。MCS-51 指令按长度可分为单字节指令、双字节指令和三字节指令。执行这些指令需要的时间是不同的，即机器周期是不同的，具体有单字节指令单机器周期、单字节指令双机器周期、双字节指令单机器周期、双字节指令双机器周期、三字节指令双机器周期、单字节指令四机器周期(乘、除法指令)几种形式。

单片机不访问外部存储器的时序如图 3-21 所示。图 3-21 中，ALE 脉冲是为了锁存地址的选通信号，显然每出现一次该信号，单片机即进行一次读指令操作。从时序图中可看出，该信号是时钟频率6分频后得到的，在一个机器周期中，ALE信号两次有效，第一次在 S1→P2 和 S2→P1 期间，第二次在 S4→P2 和 S5→P1 期间。

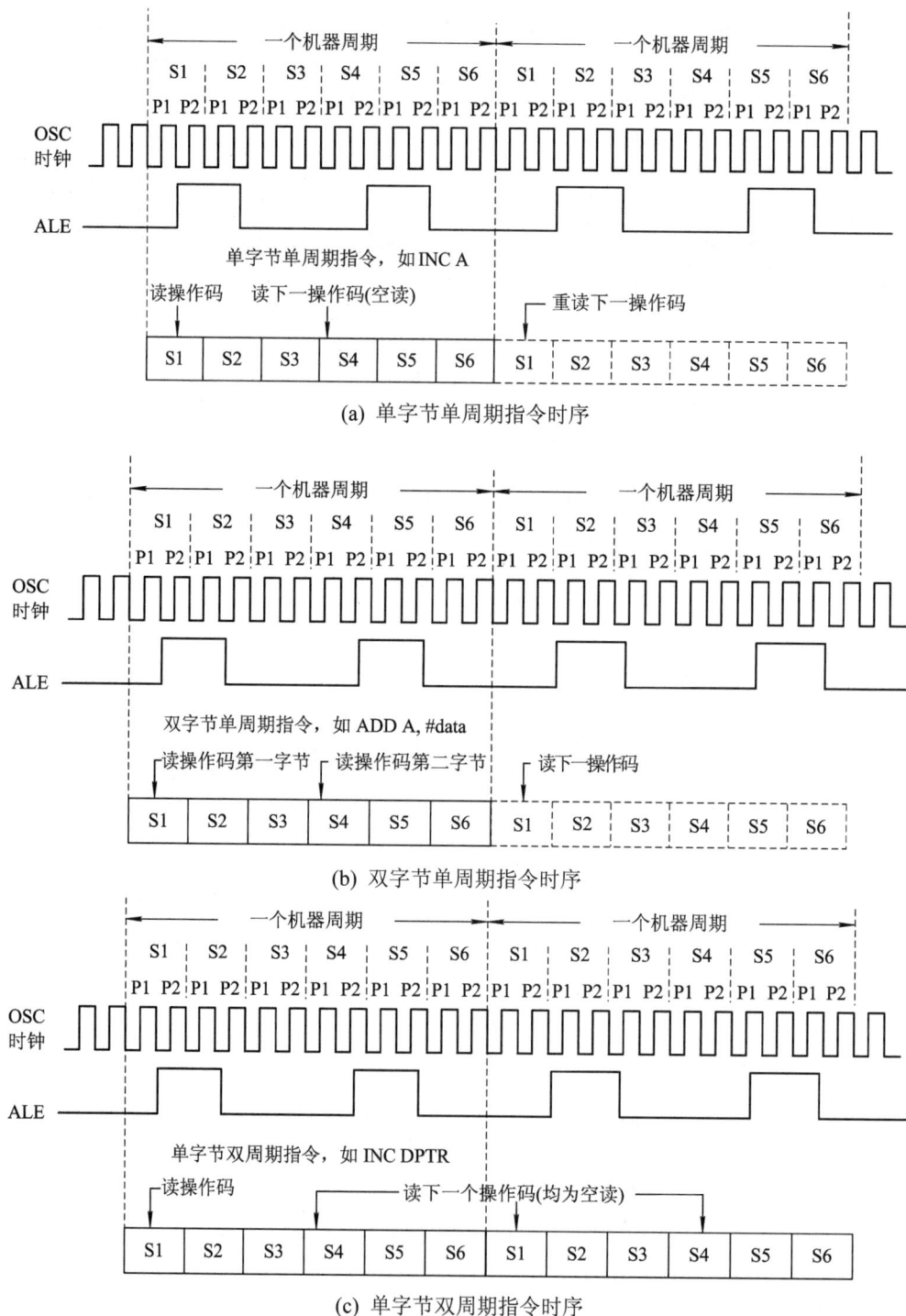

(a) 单字节单周期指令时序

(b) 双字节单周期指令时序

(c) 单字节双周期指令时序

图 3-21   单片机不访问外部存储器的时序

单片机访问外部存储器的时序如图 3-22 所示。MCS-51 访问外部存储器的操作时序分为两类：一类是不执行 MOVX 类指令的操作时序，如图 3-22(a)所示；另一类是执行 MOVX 类指令的操作时序，如图 3-22(b)所示。

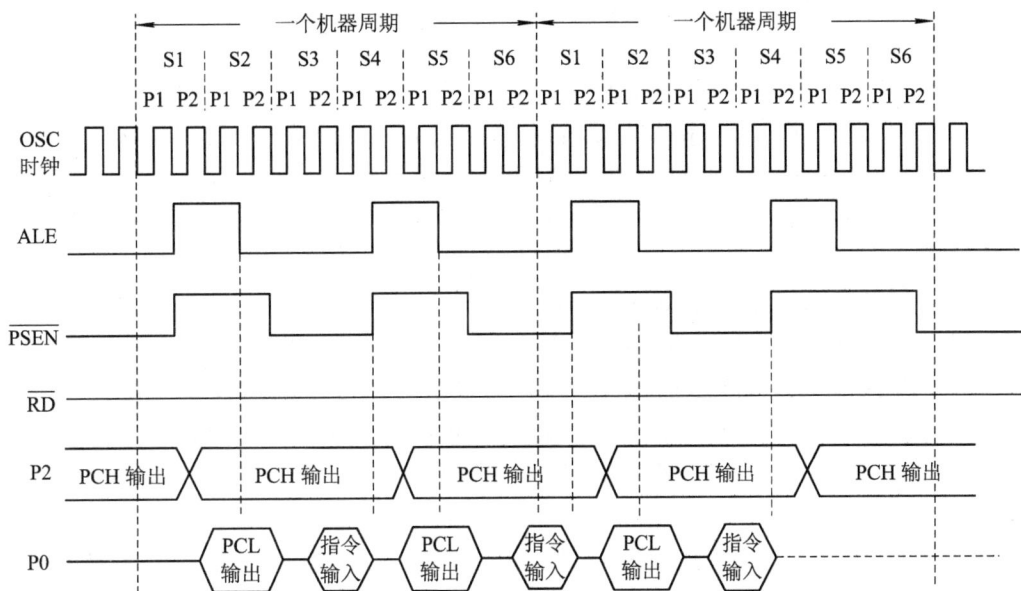

(a) 读外部程序存储器(不访问外部 RAM)的时序

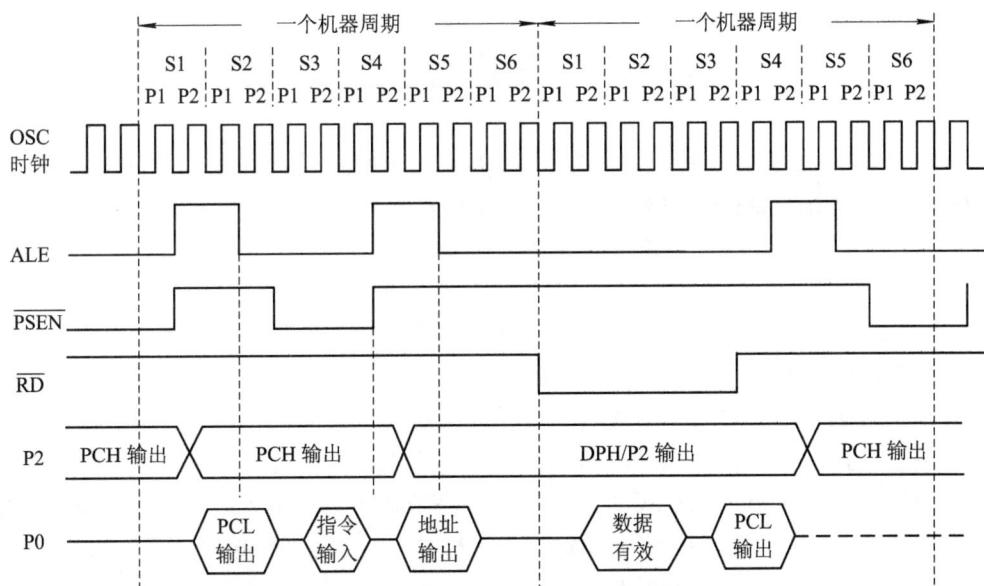

(b) 读外部数据存储器的时序

图 3-22　单片机访问外部存储器的时序

在不执行 MOVX 类指令时，P2 口专门用于输出 PCH(PC 的高 8 位)，P2 口具有输出锁存功能，由于 P2 口在整个取指过程中，地址信息保持不变，所以可以将 P2 直接接至外部存储器的地址端，无须再加锁存。P0 口则作地址/数据分时复用的双向总线，输出 PCL(PC 的低 8 位)，输入指令。在这种情况下，当 ALE 由高变低时，PCL 被锁存到低 8 位地址锁存器。同时，$\overline{\text{PSEN}}$ 信号在一个机器周期中也是两次有效，选通外部程序存储器，使指令通过 P0 口总线送入 CPU。在这种情况下，ALE 信号以 1/6 的振荡频率出现在 ALE 引脚上，它可以用作外部时钟。

当系统中接有外部数据存储器，执行 MOVX 类指令时，时序就有一些变化。当从外部程序存储器取出的一条是对外部数据存储器操作指令，即 MOVX 类指令，MOVX 类指令是一条单字节双周期指令，在第一个机器周期的 S5 状态 ALE 由高变低时，P0 口上出现的将不再是有效的 PCL，而是有效的外部数据存储器的低 8 位地址。若是通过数据指针 DPTR 访问外部数据存储器，则此地址就是 DPL 值。同时，在 P2 口出现有效的 DPH 值。若是利用工作寄存器 R0、R1 作地址指针去访问，则低 8 位地址就是 R0 或 R1 中的数据，此时由 P0 口送出外部数据存储器的低 8 位地址，同时在 P2 口引脚上出现的是 P2 输出锁存器的内容。另外，由于此时的 16 位地址是针对访问外部数据存储器而形成的，因此在第一个机器周期的 S6 状态将不再出现 $\overline{\text{PSEN}}$ 信号。紧接着 CPU 要对外部数据存储器进行读操作或写操作。因此在第二个机器周期的 S1 状态不再出现 ALE 信号，S3 状态不出现 $\overline{\text{PSEN}}$ 信号，随之 CPU 发出读或写信号，P0 口上将出现有效的数据输入或数据输出，完成对外部数据存储器的访问。在第二机器周期的 S4 又将出现 ALE 信号，此时 P0 口又将送出 PCL，随之再出现 $\overline{\text{PSEN}}$ 信号，完成一次取指操作，但这是一次无效的取指，读入的操作码将被丢掉，因为执行一条访问外部数据存储器的指令需要两个机器周期。

3.8　CMOS 型单片机的低功耗方式

MCS-51 系列的 8031 单片机功耗为 630 mW，而 80C51 的功耗为 120 mW 左右，随着对单片机功耗要求越来越低，现在的单片机制造商基本采用 CMOS(互补金属氧化物半导体工艺)，而 8051 采用的是 HMOS(即高密度金属氧化物半导体工艺)，80C51 采用的是 CHMOS(互补高密度金属氧化物半导体工艺)。CMOS 虽然功耗较低，但是物理特征决定其工作速度不够高，而 CHMOS 则具备了高速和低功耗的特点，这些特征更适合于要求低功耗(如电池供电)的应用场合。

MCS-51 单片机有三种工作方式，即程序执行方式、掉电保护方式和低功耗方式。

程序执行方式：单片机的基本工作方式。单片机上电复位后，从程序存储器的 0000H 单元开始执行程序。CPU 根据 PC 的当前值，从 ROM 中取出指令，将指令放入指令寄存器，同时 PC 自动修改，由指令译码器对指令进行译码，产生各种控制信息，执行指令。

掉电保护方式：MCS-51 单片机设置有掉电保护措施，可通过 RST/V_{PD} 引脚外接备用电源，当单片机系统在运行中突然掉电故障时，先保存重要的数据，然后启用备用电源对内部 RAM 供电，保护内部 RAM 中的数据不丢失。

80C51 单片机有两种低功耗工作方式，即待机方式(idle mode)和掉电方式(power down mode)。图 3-23 为低功耗方式的内部电路。

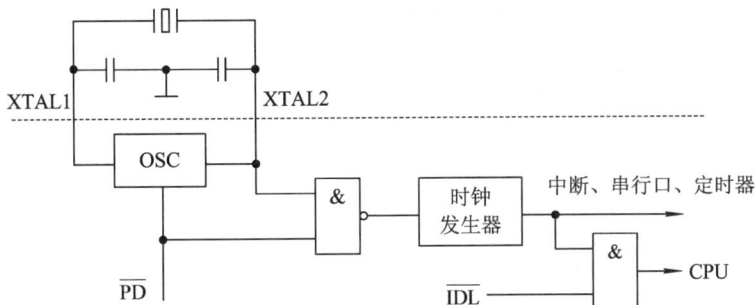

图 3-23　低功耗方式的内部电路

待机方式和掉电方式都由电源控制寄存器 PCON(87H)设定。

D7	D6	D5	D4	D3	D2	D1	D0
SMOD	—	—	—	GF1	GF0	PD	IDL

PCON 各位的定义如下：

SMOD：串行通信波特率加倍位。当 SMOD = 1 时，串行口方式 1、2、3 的波特率提高一倍；当 SMOD = 0 时，波特率不变。

GF1、GF2：通用的用户标志位，供用户使用。

PD：掉电保护位，当 PD = 1 时进入掉电方式。

IDL：待机保护位，当 IDL = 1 时进入待机方式。

1. 待机方式

执行指令"MOV PCON，#01H"，使 PCON 的 IDL 位置 1，单片机可进入待机方式。这时到 CPU 内部去的时钟信号被门控电路封锁，CPU 不工作，进入等待状态，但时钟信号仍供给中断系统、定时器和串行口等，CPU 的状态被完整地保存，如寄存器 PC、DPTR、SP、PSW、A、B 的状态均保持不变，ALE、$\overline{\text{PSEN}}$ 引脚呈高电平，P0～P3 各端口引脚状态保持不变。

退出待机方式的方法有两种：一是触发任何一种中断请求时会引起硬件对 PCON.0 位清零，从而结束待机方式；二是用硬件复位。硬件复位可以使寄存器 PCON 清零，结束待机方式。

2. 掉电方式

执行指令"MOV PCON, #02H"，使 PCON 的 PD 位置 1，单片机可进入掉电方式。在这种方式下，片内振荡器停止工作，CPU 不能工作，中断系统、串行口、定时器电路不能工作，只有内部 RAM 的内容被保存。结束掉电方式只能通过硬件复位。

本 章 小 结

8051 单片机内部结构的基本特性为：8 位 CPU、4 KB ROM、128 字节 RAM、21 个特殊功能寄存器、32 根 I/O 线、可寻址的 64 KB 外部数据、程序存储空间、2 个 16 位定时器

/计数器、中断系统的五个中断源具有两个优先级、一个全双口串行口、适于按位进行逻辑运算的位处理器。单片机各部分是通过内部总线有机地连接起来的。

把 8051 单片机 4 KB 的 ROM 换为 EPROM 就是 8751 的结构，如去掉 ROM/EPROM 部分就是 8031，如果将 ROM 置换为 Flash 存储器或 EEPROM，再省去某些 I/O 端口，即可得到 51 系列的派生类型，如 AT89C51、AT89C2051 等单片机。

单片机的 I/O 端口可以按照字节操作或位操作，使用灵活。P1 端口通常作为通用 I/O 端口使用。系统扩展外部 RAM 时，P0 端口分时复用为外部数据总线和低 8 位地址总线，P2 端口作为高 8 位地址总线使用，P3.6 和 P3.7 作为读写控制信号使用。P3 端口其他引脚经常使用第二功能。P0~P3 驱动能力各不相同，设计电路时需注意外接上拉电路的使用。

习　题　三

3-1　MCS-51 系列单片机主要集成了哪些功能部件？

3-2　CPU 由＿＿＿＿和＿＿＿＿组成。

3-3　程序计数器 PC 的功能是什么？

3-4　8051 单片机内部的 CPU 是（　　）位的。

A. 4　　　　　　B. 8　　　　　　C. 16　　　　　　D. 32

3-5　程序计数器 PC 的值是（　　）。

A. 当前正在执行指令的前一条指令的地址

B. 当前正在执行指令的地址

C. 当前正在执行指令的下一条指令的地址

D. 控制器中指令寄存器的地址

3-6　8051 内部的 ROM、RAM 是用来保存（　　）。

A. 数据、程序　　　　　　B. 程序、数据

C. 数据、数据　　　　　　D. 程序、程序

3-7　8051 内部 RAM 的容量是（　　）。

A. 256 字节　　　　　　B. 16 KB

C. 4 KB　　　　　　D. 128 字节

3-8　8051 内部 ROM 的容量是（　　）。

A. 256 字节　　　　　　B. 16 KB

C. 4 KB　　　　　　D. 8 KB

3-9　MCS-51 单片机程序存储器的寻址空间是由程序计数器 PC 的位数所决定的，由于 PC 是＿＿＿＿位的，因此可寻址的程序存储器空间为＿＿＿KB。

3-10　8051 的端口 P0 和 P2，可以作为 I/O 端口使用，也可以用作（　　）总线使用。

A. 地址、数据　　　　B. 地址、控制　　　　C. 控制、数据

3-11　说明程序状态寄存器 PSW 中各标志位的作用。

3-12　若 A 中的内容为 63H，则奇偶标志位 P 的值为＿＿＿＿。

3-13　8051 芯片的引脚可以分为哪四类？

3-14　从物理结构分析，单片机有哪四个存储器空间？

3-15　从逻辑地址空间分析，单片机有哪三个地址空间？

3-16　内部数据存储器的容量是_____，地址范围是_____。

3-17　内部 RAM 地址 80H～FFH 区域，被定义成了_____，其中只有_____ 单元有意义。

3-18　8051 片内 ROM 的容量是_____，地址范围是_____。

3-19　8051 单片机片内、片外程序存储器的最大容量是_____。

3-20　8051 外扩数据存储器的最大容量是_____。

3-21　8051 有_____个中断入口地址，当有中断产生时，程序会自动转到中断入口地址单元执行。如果没有用到中断，这些单元就是普通的程序存储器单元。

3-22　可以分成两个 8 位寄存器的 16 位寄存器是_____。

3-23　DPTR 的高 8 位寄存器是_____，低 8 位寄存器是_____。

3-24　8051 单片机有_____个 8 位并行 I/O 口，共_____位 I/O 引脚。

3-25　8051 单片机内部数据存储器可以分为几个不同的区域？各有什么特点？

3-26　内部数据存储器中地址_____到_____单元，是工作寄存器区。

3-27　工作寄存器区分成_____组，通过设置_____寄存器的中间两位，可以选用其中一组。

3-28　单片机复位的时候，系统选用的是第_____组的工作寄存器，因为复位后，RS1、RS0 的值是_____。

3-29　若需用第 2 组工作寄存器，则 RS1、RS0 =____，此时，R3 就是地址为_____的存储单元。

3-30　位寻址区位于内部 RAM 地址从_____到_____的单元，一共有_____位，位地址范围是_____。

3-31　地址能被_____整除的特殊功能寄存器可以位寻址。

3-32　每进栈一个字节数据，SP 会自动(　　)。

A. 加 1　　　　　　B. 减 1　　　　　　C. 加 2　　　　　　D. 减 2

3-33　堆栈位于单片机(　　)。

A. 内部 RAM　　　　　　　　　　　B. 外部 RAM

C. 片内 ROM　　　　　　　　　　　D. 片外 ROM

3-34　若 PSW 的内容为 18H，则选取的是第_____组通用寄存器。

3-35　内部 RAM 中，位地址为 30H 的位所在字节存储单元的地址为_____。

3-36　堆栈操作遵循的原则是什么？堆栈的用途是什么？

3-37　4 个并行口 P0～P3 各自的功能是什么？

3-38　MCS-51 单片机的时序单位主要有振荡周期、时钟周期、机器周期、指令周期四种，它们之间有何关系？

3-39　在 MCS-51 单片机中，如果采用 6 MHz 晶振，1 个机器周期为_____微秒。执行时间最长的指令周期为_____。

3-40　当 8051 单片机的 RST 引脚出现____个机器周期的_____电平时，单片机复位。

3-41   单片机复位后 SP = _____ , P0 = _____ , P3 = _____ , PC = _____ 。

3-42   8051 单片机时钟信号的产生方式有哪两种？

3-43   说明引脚信号 $\overline{RD}$ 、 $\overline{WR}$ 、 $\overline{PSEN}$ 、ALE 的功能。

3-44   画出 8051 单片机外扩一片 SRAM 6264(8 KB)的硬件连接图。

3-45   8051 单片机系统需要外扩 8 KB 的 EPROM 2764，要求地址范围为 1000H～2FFFH，以便和内部程序存储器地址相衔接，画出硬件连接图。

3-46   画出 8051 单片机最小系统结构图。

3-47   80C51 单片机有哪两种低功耗方式？如何设置低功耗方式？如何停止低功耗方式？

第4章 MCS-51 指令系统与汇编语言程序设计

本章教学目标

- 理解指令系统相关概念
- 了解各种寻址方式的特点及其对应的寻址空间
- 掌握每一条指令的助记符表示与功能
- 掌握伪指令的功能
- 了解 MCS-51 汇编语言源程序的结构
- 掌握 MCS-51 汇编语言程序设计方法

指令是计算机执行某种操作的命令,计算机为了完成不同的功能需要执行不同的指令。CPU 能够识别并执行的全部指令集合称为该 CPU 的指令系统或指令集(Instruction Set)。指令系统全面描述计算机所拥有的基本功能,不同系列 CPU 的指令系统是不同的。常见的计算机指令系统包括复杂指令系统(Complex Instruction Set Computer,CISC)和精简指令系统(Reduced Instruction Set Computer,RISC)。MCS-51 指令系统专用于 MCS-51 系列的单片机,是一个具有 255 种机器代码的集合,属于 CISC 类型,指令丰富,功能强。42 种指令功能助记符与多种寻址方式相结合,一共构造出 111 条指令。

指令一般有功能、时间和空间三种属性。功能属性是指每条指令都对应一个特定的操作功能;时间属性是指一条指令执行所用的时间,一般用机器周期数来表示;空间属性是指一条指令在程序存储器中存储所占用的字节数。这三种属性在使用中最重要的是功能属性,但时间、空间属性在有些场合也要用到。例如,在一些实时控制应用程序中,有时需要计算一个程序段的具体执行时间或编写软件延时程序,都要用到每条指令的时间属性;在程序存储器的空间设计,或相对转移指令的偏移量计算时,又要用到指令的空间属性。

4.1　指令系统概述

4.1.1　机器语言、汇编语言与高级语言简介

计算机编程语言种类繁多，按层次可分为机器语言、汇编语言与高级语言三种。机器语言是计算机唯一能够识别并执行的语言，以二进制代码表示。由于机器语言不便被人们识别、记忆、理解和使用，因此给每条机器语言指令赋予助记符号来表示，这就形成了汇编语言。汇编语言是与机器语言对应的，用符号表示指令的操作码和操作数的程序设计语言，属于面向机器的低级语言，不同类型的单片机有不同的汇编语言，不容易移植。高级语言主要是相对于汇编语言而言的，由于汇编语言依赖于硬件体系，且助记符量大难记，于是人们又发明了更加易用的所谓高级语言，如 C 语言、BASIC 语言、PL\M 语言等，现在一般使用 C 语言进行单片机编程，其他语言用作单片机编程较少。C 语言的语法和结构更类似普通英文，且由于远离对硬件的直接操作，因此更方便人们理解和使用。由于计算机只能识别机器语言，所以无论是汇编语言还是 C 语言，都需要经过编译成为机器语言，计算机才能够执行。机器语言、汇编语言与高级语言的比较如表 4-1 所示。

表 4-1　机器语言、汇编语言与高级语言比较一览表

名称	特点	缺点	优点	适用场合
机器语言	用机器码(二进制代码)书写指令	不易被人们识别和读写，难写、难读、难移植	计算机可以直接识别和执行	无
汇编语言	用助记符表示操作码，特殊符号表示操作数	机器不能直接识别；程序员必须了解机器的结构和指令系统，不易推广和普及；不能移植，不具备通用性	较易为人们识别、记忆和读写	实时控制系统
高级语言	以英语为基础的语句编程	机器不能直接识别；执行时间长	易于推广和交流；不依赖于机器，具有通用性	科学运算和数据处理

4.1.2　MCS-51 指令系统概述

MCS-51 单片机指令系统具有功能强、指令短、执行快等特点。 MCS-51 指令系统使用 44 种助记符，它们代表着 33 种功能，可以实现 51 种操作。指令助记符与操作数的各种可能的寻址方式结合，一共可构造出 111 条指令。

MCS-51 指令系统从功能上可分为数据传送、算术运算、逻辑运算与移位、控制转移、位操作五大类，从空间属性上可分为单字节指令(49 条)、双字节指令(46 条)和三字节指令(只有 16 条)，从时间属性上可分为单机器周期指令(64 条)、双机器周期指令(45 条)和只有乘、除法两条 4 个机器周期的指令。可见，MCS-51 单片机指令系统在存储空间和执行时间方面具有较高的效率。

4.1.3　汇编语言与机器语言指令的格式

1. 汇编语言指令格式

MCS-51 汇编语言指令格式为：

[标号:] 操作码　[操作数 1] [, 操作数 2] [, 操作数 3] [; 注释]

标号表示该指令所在单元的地址，是用户根据程序需要(子程序入口或者转移指令目标地址)而设定的符号地址。汇编时，以该指令所在单元的地址来代替标号。标号是以英文字母开始的由 1～8 个字母、数字或下划线组成的字符串，以 ":" 结束。

操作码表示指令将进行何种操作，以英文缩写来表示，是指令的核心部分，不能缺省。操作码由 2～5 个英文字母表示，如 MOV、ADD 等。

操作数表示指令的操作对象，其表示形式与寻址方式有关。指令中的操作数可以是 0～3 个，操作数与操作码之间用空格隔开，操作数之间用逗号分隔。双操作数时，逗号前面的操作数称为目的操作数，用来放结果，逗号后面的操作数为源操作数。操作数可以是一个常数(立即数)，或者是一个存放数据的空间地址。

立即数可以是十六进制、二进制和十进制的形式，若十六进制的操作数以字符 A～F 中的某个开始，则需在它前面加一个数字 0，以便在汇编时把它和字符 A～F 区别开来。

操作数可以以工作寄存器和特殊功能寄存器表示，或者用其地址来表示。

注释是编程者对指令或程序段功能进行的说明，是为了方便程序的阅读，以分号 ";" 开始，若换行书写注释，则也要以分号 ";" 开始。

汇编语言指令被翻译成机器指令之后，CPU 才可以执行。

2. 机器语言指令格式

机器语言指令是一种二进制代码，由操作码和操作数两部分组成。操作码规定了指令进行的操作，是指令中的关键字，不能缺省。操作数表示该指令的操作对象。

MCS-51 系列单片机的指令，按指令长度可分为单字节指令、双字节指令和三字节指令三种，分别占用 1～3 个存储单元。机器指令的格式如图 4-1 所示，其中 N 表示地址。

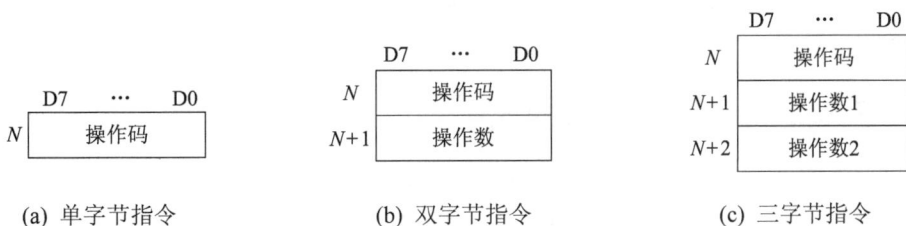

图 4-1　不同长度的机器指令

1) 单字节指令

单字节指令中，操作码本身就隐含了操作数的信息，不需再加操作数字节。例如：

MOV A, R2

其功能是将工作寄存器 R2 的内容送给累加器 A。

指令的机器码为

11101010

2) 双字节指令

双字节指令中，首字节为操作码，第二个字节为操作数或操作数地址。例如：

    MOV R3, 50H

其功能是将 50H 单元的内容送给 R3。

指令的机器码为

10101011
01010000

其中，第一个字节表示操作码以及目的操作数 R3，第二个字节表示源操作数的地址 50H。

3) 三字节指令

三字节指令中，首字节为操作码，后两个字节为操作数或操作数地址。例如：

    MOV DPTR, #1230H

其功能是将 1230H 送给数据指针寄存器 DPTR。

指令的机器码为

10010000
00010010
00110000

其中，第一个字节表示操作码以及目的操作数 DPTR，第二个字节为 12H，第三个字节为 30H。

4.2 寻 址 方 式

寻址方式就是处理器确定指令或者操作数地址的方式。

确定指令地址的方式主要有：顺序寻址，即 PC 的值根据指令字节数增加；跳跃寻址，分为相对寻址(通过计算得到目标地址)、绝对寻址(指令中直接给出转移目标地址)。

确定操作数地址的方式主要有立即寻址、寄存器寻址、直接寻址、寄存器间接寻址、变址寻址、位寻址等六种。

4.2.1 MCS-51 汇编语言常用符号的意义

介绍寻址方式与指令功能时，常用符号的约定意义如下。

Rn：当前选中的寄存器区的 8 个通用工作寄存器 R0～R7(n = 0～7)。通用工作寄存器在内部数据存储器中的地址为 00H～1FH。

@Ri：通过寄存器 R0 或 R1 间接寻址的内部数据存储单元，i = 0 或 1。

direct：8 位内部数据存储器单元地址，可以是一个内部 RAM 单元的地址(0～127)或一个特殊功能寄存器的地址(128～255)，如 I/O 端口、控制寄存器、状态寄存器等。

#data：8 位立即数，即包含在指令中的 8 位二进制常数。

#data16：16 位立即数，即包含在指令中的 16 位二进制常数。

addr11：11 位的目的地址，用于 ACALL 和 AJMP 指令中。

addr16：16 位的目的地址，用于 LCALL 和 LJMP 指令中。目的地址的范围是 64 KB 程序存储器地址空间。

rel：补码形式的 8 位地址偏移量，用于 SJMP 和所有的条件转移指令中，偏移量相对下一条指令的第一个字节计算，取值范围为 −128～+127。

bit：内部 RAM 或特殊功能寄存器中的直接寻址位。

/：位操作数的前缀，表示对该位操作数先取反再参与操作，但不影响该操作数。

(X)：用在注释中，表示 X 中的内容。

((X))：用在注释中，表示由 X 寻址的存储单元中的内容。

←：用在注释中，箭头左边的内容被箭头右边的内容所代替。

$：地址计数器的值，记录当前正在被汇编程序翻译的语句地址。

HIGH：高字节分解操作符，用于从一个字数据或地址表达式中取出高字节。

LOW：低字节分解操作符，用于从一个字数据或地址表达式中取出低字节。

下面介绍 MCS-51 系列单片机七种寻址方式(立即寻址、寄存器寻址、直接寻址、寄存器间接寻址、变址寻址、相对寻址、位寻址)的特点。

4.2.2　立即寻址

立即寻址是指操作数直接出现在指令中，紧跟在操作码的后面，作为指令的一部分与操作码一起存放在程序存储器中，可以立即得到并执行，不需要经过别的途径去寻找。汇编指令中，若在一个数的前面冠以"#"符号作前缀，则表示该数为立即寻址。例如：

　　　MOV　A, #0FFH

指令中 FFH 就是立即数(注意：以字母开始的十六进制数前面加零，表示 FF 是数据，不是符号)。该指令的功能是将立即数 FFH 传送到累加器 A 中，立即寻址示意图如图 4-2 所示。该指令操作码的机器代码为 74H，占用一个字节存储单元，立即数 FFH 存放在紧跟其后的一个字节存储单元，成为指令代码的一部分。

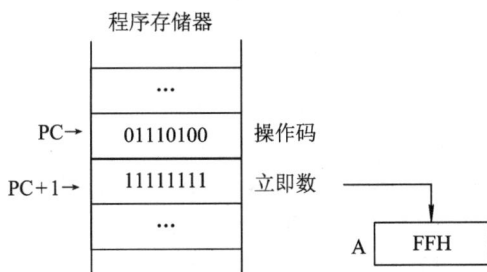

图 4-2　立即寻址示意图

4.2.3　寄存器寻址

寄存器寻址的操作数在寄存器中，指令中给出寄存器名。能够用作寄存器寻址的寄存器有 R0、R1、R2、R3、R4、R5、R6、R7、A、B、DPTR。当累加器 A 作为寄存器寻址的操作数时，在机器码中无须指明，隐含在操作码中。例如：

　　　MOV　A, R2

指令中源操作数和目的操作数都是寄存器寻址。该指令的功能是将工作寄存器 R2 中的内容传送到累加器 A 中，寄存器寻址示意图如图 4-3 所示。指令机器码的低 3 位 010 指明所用的工作寄存器 R2。指令 MOV A, Rn(n = 0～7)对应的机器码分别为 E8H～EFH。

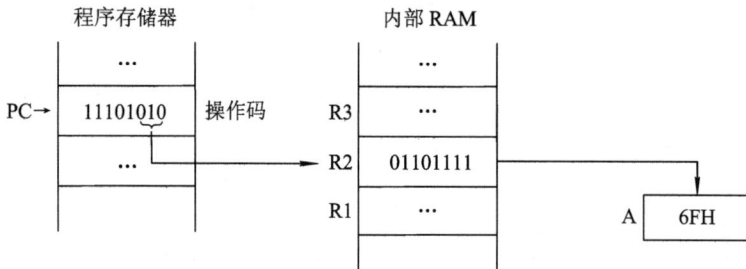

图 4-3   寄存器寻址示意图

4.2.4   直接寻址

直接寻址的操作数在内部 RAM 或者特殊功能寄存器中，指令中直接给出操作数所在的存储单元地址。例如：

MOV A, 40H

指令中的源操作数就是直接寻址，40H 为操作数的地址。该指令的功能是将内部 RAM 地址为 40H 单元的内容送到累加器 A 中，直接寻址示意图如图 4-4 所示。该指令的机器码为 E5H、40H，8 位直接地址在指令操作码中占一个字节。

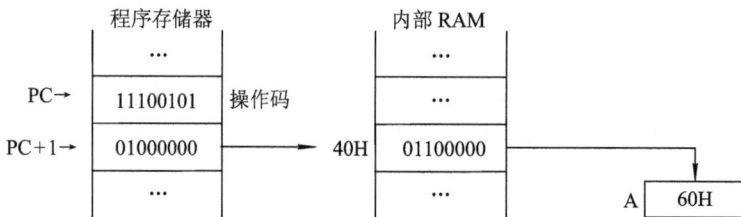

图 4-4   直接寻址示意图

直接寻址可访问内部 RAM 的低地址 128 个单元(00H～7FH)，同时也是用于访问高地址(80H～FFH)128 个单元中的特殊功能寄存器 SFR 的唯一方法。

由于 MCS-52 子系列的内部 RAM 有 256 个单元，其高地址 128 个单元与特殊功能寄存器的地址是重叠的。为了避免混乱，MCS-51 单片机规定：直接寻址的指令不能访问内部 RAM 地址 80H～FFH 的 128 个单元，若要访问这些单元只能用寄存器间接寻址，而要访问特殊功能寄存器只能用直接寻址。另外，访问特殊功能寄存器可在指令中直接使用该寄存器的名字来代替地址。例如：

MOV A, P0

P0 的寻址方式是直接寻址，P0 口的地址为 80H，P0 代替 80H。

4.2.5   寄存器间接寻址

寄存器间接寻址的操作数在内部 RAM 或者外部 RAM 中，指令中给出的寄存器的内容

是操作数的地址,该地址对应单元的内容是操作数。可以用作寄存器间接寻址的寄存器有
R0、R1、DPTR,指令中寄存器名前加上"@"符号,称之为间接寻址符。

在访问内部 RAM 或者外部 RAM 的页内 256 个单元 xx00H～xxFFH 时,可用工作寄存
器 R0、R1 间接寻址。在访问外部 RAM 整个 64 KB(0000H～FFFFH)地址空间时,可用数
据指针 DPTR 间接寻址。例如:

      MOV　A, @R0　　　　　　　; A←((R0))

该指令将寄存器 R0 的内容(设(R0) = 50H)作为地址,把内部 RAM 50H 单元的内容(假设
(50H) = 48H)送入累加器 A,指令执行后(A) = 48H。寄存器间接寻址示意图如图 4-5 所示。

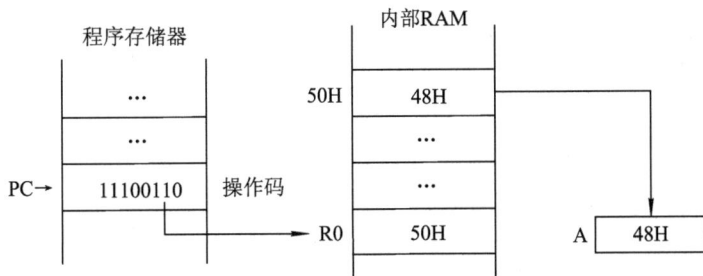

图 4-5　寄存器间接寻址示意图

4.2.6　变址寻址

变址寻址的操作数在 ROM 中,变址寻址是以程序计数器 PC 或数据指针 DPTR 作为基
址寄存器,以累加器 A 作为变址寄存器,两者内容相加形成的 16 位程序存储器地址作为
操作数的地址。这种寻址方式用于读取程序存储器中的常数表。

变址寻址的汇编格式为:

      @A+DPTR

或者

      @A+PC

例如:

      MOVC　A, @A+DPTR　　　　　; A←((A)+(DPTR))

该指令的功能是将 DPTR 和 A 相加形成 16 位地址,再将程序存储器中该地址单元的
内容送给 A。变址寻址示意图如图 4-6 所示,假设指令执行前(DPTR) = 2100H,(A) = 56H,
ROM 单元(2156H) = 73H,则该指令执行后(A) = 73H。

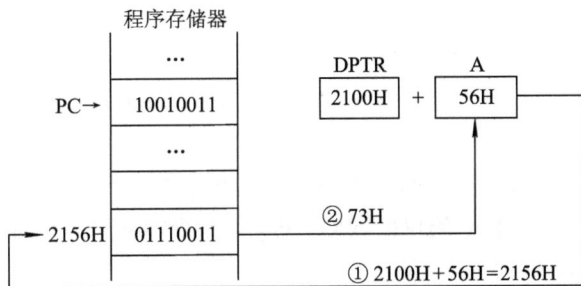

图 4-6　变址寻址示意图

4.2.7　相对寻址

相对寻址方式用来确定指令的地址，用于相对转移指令或者条件转移指令中，寻址空间为程序存储器。相对转移指令是以本指令的下一条指令的地址(PC 的当前值)为基地址，与指令中给定的相对偏移量 rel 相加之和作为程序的转移目标地址。偏移量 rel 是 8 位二进制补码(与 PC 相加时，rel 需符号扩展成 16 位)。转移范围为当前 PC 值的 −128～+127 个字节单元之间。例如：

　　　JZ　30H　　　；若(A)=0，则 PC←(PC)+2+rel，程序转移到目标地址
　　　　　　　　　　；若(A)=1，则 PC←(PC)+2，程序顺序往下执行
该指令为双字节指令，其执行过程如图 4-7 所示。

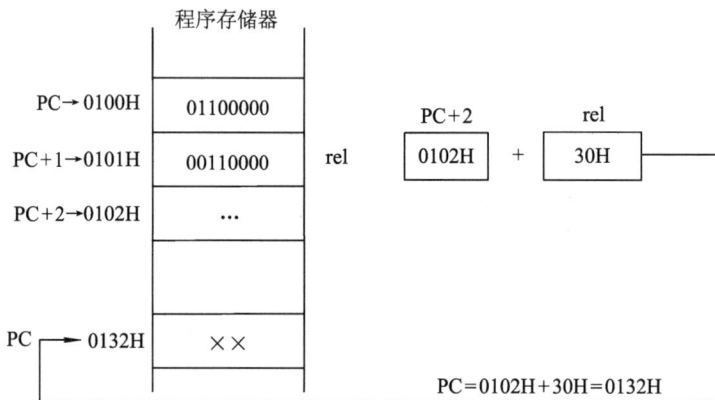

图 4-7　相对寻址示意图

4.2.8　位寻址

位寻址是确定 1 位二进制数的操作数地址，指令中直接给出位地址。与直接寻址不同的是，位寻址给出的是位地址，而不是字节地址。位寻址空间如下。

(1) 内部 RAM 的位寻址区：20H～2FH 共 16 个单元，128 位，其位地址码为 00H～7FH。

(2) 字节地址能被 8 整除的特殊功能寄存器(共 12 个)。对这些寻址位，有以下四种表示方法。

① 直接位地址方式，如 0D5H。

② 位名称方式，如 F0。

③ 点操作符方式，如 PSW.5 或 0D0H.5。

④ 用户定义名方式，如用伪指令 bit 定义"Flag_0 bit F0"后，允许指令中用 Flag_0 代替 F0。

以上四种方式指的都是程序状态字寄存器 PSW 中的第 5 位。

MCS-51 单片机中设有独立的位处理器。位操作指令能对可以位寻址的空间进行位操作。例如：

　　　MOV　C,07H　　　；Cy←(07H)

该指令完成位传送操作，将内部 RAM 20H 单元的 D7 位(位地址为 07H)的内容送到进位标志位 C，指令的执行过程如图 4-8 所示。

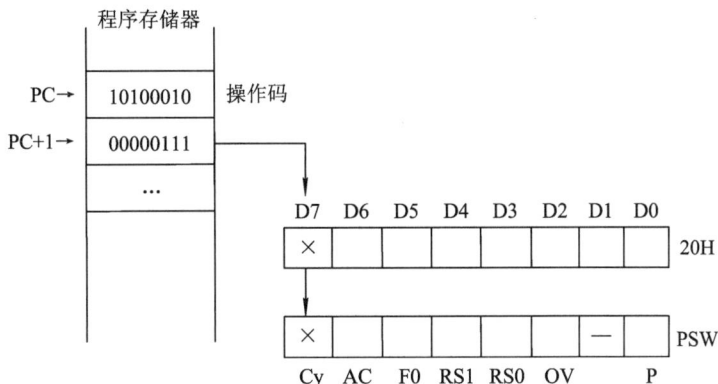

图 4-8 位寻址示意图

以上介绍的是 MCS-51 指令系统的七种寻址方式。不同寻址方式涉及的存储器空间如表 4-2 所示。

表 4-2 七种寻址方式涉及的存储器空间

寻址方式	寻址空间(操作数的存放空间)
立即寻址	程序存储器
寄存器寻址	工作寄存器 R0～R7、A、B、DPTR
直接寻址	内部 RAM 低地址 128 字节、特殊功能寄存器
寄存器间接寻址	内部 RAM：@R0、@R1。外部 RAM：@R0、@R1、@DPTR
变址寻址	程序存储器：@A+PC、@A+DPTR
相对寻址	程序存储器 256 字节范围内：PC+偏移量
位寻址	内部 RAM 的位寻址区(字节地址 20H～2FH)、地址能被 8 整除的特殊功能寄存器

4.3 指 令 系 统

MCS-51 单片机指令系统按功能可分为数据传送指令、算术运算指令、逻辑运算与移位指令、控制转移指令和位操作指令五大类。学习指令系统时，应注意以下几点。

(1) 指令的格式与功能。

(2) 指令操作数的合法寻址方式。

(3) 对标志位的影响。

(4) 指令的执行时间和机器码长度。一般地，操作码占 1 字节；操作数中，直接地址 direct 占 1 字节，#data 占 1 字节，#data16 占 2 字节；操作数中的 A、B、R0～R7、@Ri、DPTR、@A + DPTR、@A + PC 等均隐含在操作码中。

4.3.1　数据传送指令

数据传送指令的一般操作是把源操作数传送到目的操作数，指令执行后，源操作数不改变，目的操作数修改为源操作数的内容。

数据传送指令共有 29 条，分为内部 RAM 数据传送指令(MOV)、堆栈操作指令(PUSH、POP)和数据交换指令(XCH、XCHD、SWAP)、外部 RAM 数据传送指令(MOVX)、程序存储器查表指令(MOVC)。源操作数可以采用寄存器寻址、寄存器间接寻址、直接寻址、立即寻址、变址寻址五种方式，目的操作数可以采用前三种寻址方式。数据传送指令是编程时使用最频繁的一类指令。

1. 内部 RAM 数据传送指令

内部 RAM 数据传送指令的功能是实现数据在内部 RAM 单元之间、寄存器与 RAM 单元之间的传送，所有指令具有统一的格式。其格式如下：

MOV　目的操作数, 源操作数　　　;目的操作数单元←源操作数(或单元)

该指令的操作码助记符都是"MOV"，目的操作数和源操作数不同寻址方式的组合派生出该类的全部指令(如表 4-3 所示)，两个操作数的各种寻址方式的组合关系如图 4-9 所示。

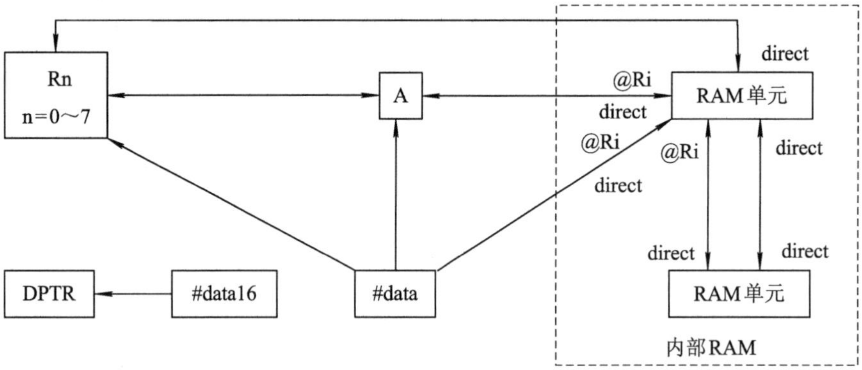

图 4-9　内部 RAM 数据传送指令操作数寻址方式的组合关系

表 4-3　内部 RAM 数据传送指令

机器码	内部 RAM 数据传送指令格式	功 能 简 述	对标志位影响 P	OV	AC	Cy	字节	周期
E8～EF	MOV　A, Rn	将 Rn 中内容(简称 Rn 值)送入 A 中，A←(Rn)	Y	N	N	N	1	1
E5	MOV　A, direct	将 direct 单元中内容(简称 direct 值)送入 A 中，A←(direct)	Y	N	N	N	2	1
E6, E7	MOV　A, @Ri	将 Ri 间接寻址的单元中内容(简称 Ri 间接寻址值)送入 A 中，A←((Ri))	Y	N	N	N	1	1
74	MOV　A, #data	将 8 位常数 #data 送入 A 中，A←data	Y	N	N	N	2	1
F8～FF	MOV　Rn, A	将 A 值送入 Rn 中，Rn←(A)	N	N	N	N	1	1
A8～AF	MOV　Rn, direct	将 direct 值送入 Rn 中，Rn←(direct)	N	N	N	N	2	2

续表

机器码	内部 RAM 数据 传送指令格式	功 能 简 述	对标志位影响				字节	周期
			P	OV	AC	Cy		
78~7F	MOV Rn, #data	将常数 data 送入 Rn 中，Rn←data	N	N	N	N	2	1
F5	MOV direct, A	将 A 值送入 direct 中，direct←(A)	N	N	N	N	2	1
88~8F	MOV direct, Rn	将 Rn 值送入 direct 中，direct←(Rn)	N	N	N	N	2	2
85	MOV direct1, direct2	将 direct2 值送入 direct1 中，direct1←(direct2)	N	N	N	N	3	2
86, 87	MOV direct, @Ri	将 Ri 间接寻址的存储单元内容送入 direct 中，direct←((Ri))	N	N	N	N	2	2
75	MOV direct, #data	将常数#data 直接送入 direct 中，direct←data	N	N	N	N	3	2
F6, F7	MOV @Ri, A	将 A 的值送入 Ri 指示的地址单元中	N	N	N	N	1	1
A6, A7	MOV @Ri, direct	将 direct 值送入 Ri 指示的地址单元中	N	N	N	N	2	2
76, 77	MOV @Ri, #data	将常数 data 直接送入 Ri 指示的地址单元中	N	N	N	N	2	1
90	MOV DPTR, #data16	将常数 data16 直接送入 DPTR 中，DPTR←data16	N	N	N	N	3	2

注意：

```
MOV   R0, R1       ; 错，寄存器之间不能进行数据传送
MOV   R1, @R0      ; 错，寄存器与间接寻址之间不能进行数据传送
MOV   0, 1         ; 对，两个直接寻址单元之间可以进行数据传送
```

【例 4-1】 设内部 RAM(30H) = 40H，(40H) = 10H，(10H) = 00H，(P1) = CAH，分析以下程序执行后各单元、寄存器及 P2 口的内容：

```
MOV   R0, #30H     ; (R0)=30H
MOV   A, @R0       ; A←((R0)), (A)=40H
MOV   R1, A        ; (R1)=40H
MOV   B, @R1       ; B←((R1)), (B)=10H
MOV   @R1, P1      ; (40H)=CAH
MOV   P2, P1       ; (P2)=CAH
MOV   10H, #20H    ; (10H)=20H
```

2. 堆栈操作指令

堆栈是在内部 RAM 中开辟的一个特定的存储区，栈顶地址由堆栈指针 SP 指示，SP总是指向堆栈顶部单元。堆栈按"先进后出"原则存取数据。堆栈操作有两种，数据存入称"进栈"或"压入"，数据取出称"出栈"或"弹出"。堆栈在子程序调用及中断服务

时用于保护现场和断点地址，还可用于参数传递等。堆栈操作指令如表 4-4 所示。

表 4-4　堆栈操作指令

机器码	堆栈操作指令格式	功 能 简 述	对标志位影响				字节	周期
			P	OV	AC	Cy		
C0	PUSH　direct	入栈指令，将 direct 值压入堆栈栈顶，SP←SP + 1，(SP)←(direct)	N	N	N	N	2	2
D0	POP　　direct	出栈指令，将堆栈栈顶内容弹出到 direct 中，direct←((SP))，SP←SP − 1	N	N	N	N	2	2

进栈指令先进行指针调整，即堆栈指针 SP 加 1，再把 direct 值入栈。出栈指令是先将栈顶内容弹出给 direct，再进行指针调整，即堆栈指针 SP 减 "1"。

例如：已知(SP) = 39H，(10H) = 56H。

执行指令：PUSH　10H

指令执行后，(SP) = 3AH，(3AH) = 56H，(10H) = 56H。该指令的执行过程如图 4-10 所示。

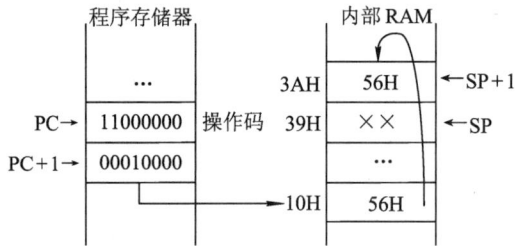

图 4-10　PUSH 指令执行过程

例如：已知(SP) = 40H，(40H) = 68H，(A) = 20H。

执行指令：POP　ACC

指令执行后，(SP) = 3FH，(40H) = 68H，(A) = 68H。该指令的执行过程如图 4-11 所示。

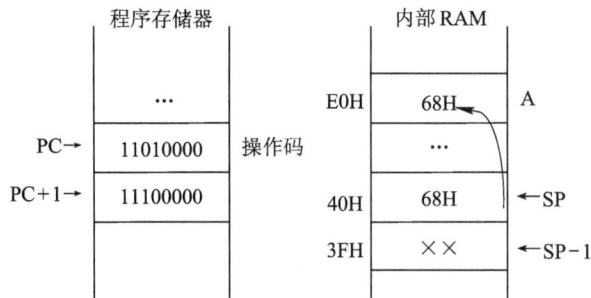

图 4-11　POP 指令执行过程

3. 数据交换指令

数据交换指令有字节交换指令和半字节交换指令两种。字节交换指令可以将累加器 A 的内容与工作寄存器 Rn 或内部 RAM 单元以字节为单位进行交换；半字节交换指令可以将累加器 A 的高半字节和低半字节进行交换，或将累加器 A 的低半字节与间接寻址单元的低半字节相互交换。数据交换指令如表 4-5 所示。

表 4-5　数据交换指令

机器码	数据交换指令格式	功 能 简 述	对标志位影响				字节	周期
			P	OV	AC	Cy		
C8~CF	XCH A, Rn	Rn 和 A 的内容交换, (A)←→(Rn)	Y	N	N	N	1	1
C5	XCH A, direct	direct 与 A 的内容全交换, (A)←→(direct)	Y	N	N	N	1	1
C6, C7	XCH A, @Ri	@Ri 与 A 的内容全交换, (A)←→((Ri))	Y	N	N	N	2	1
D6, D7	XCHD A, @Ri	@Ri 与 A 的低四位交换, $(A)_{3\sim0}$←→$((Ri))_{3\sim0}$	Y	N	N	N	1	1
C4	SWAP A	A 值高 4 位与低 4 位交换, $(A)_{7\sim4}$←→$(A)_{3\sim0}$	N	N	N	N	1	1

【例 4-2】　已知(A)=56H, (R0)=20H, (20H)=78H, (10H)=18H, (R4)=8AH。

执行 XCH A, 10H 指令后, (A)=18H, (10H)=56H。

执行 XCH A, R4 指令后, (A)=8AH, (R4)=56H。

执行 XCH A, @R0 指令后, (A)=78H, (R0)=20H, ((R0))=(20H)=56H。

【例 4-3】　已知(A)=7AH, (R1)=48H, (48H)=0DH。

执行 XCHD　A, @R1 指令后, (A)=7DH, (R1)=48H, (48H)=0AH。

执行 SWAP　A 指令后, (A)=A7H。

4. 外部 RAM 数据传送指令

外部 RAM 数据传送指令的助记符为 MOVX。外部数据存储器为读写存储器, 与累加器 A 可实现双向操作。外部数据存储器使用寄存器间接寻址。外部 RAM 数据传送指令如表 4-6 所示。

注意: MSC-51 扩展 I/O 接口的端口地址占用的是外部 RAM 的地址空间, 因此对扩展的 I/O 接口而言, 这 4 条指令为输出/输出(I/O)指令。MCS-51 只能用这种方式与连接在扩展的 I/O 接口外设进行数据传送。

表 4-6　外部 RAM 数据传送指令

机器码	外部 RAM 数据传送指令格式	功 能 简 述	对标志位影响				字节	周期
			P	OV	AC	Cy		
E2,E3	MOVX　A, @Ri	将外部 RAM 中由 Ri 间接寻址的地址单元中内容送入 A 中, A←((Ri))	Y	N	N	N	1	2
E0	MOVX　A, @DPTR	将 DPTR 间接寻址的外部 RAM 单元内容送入 A 中, A←((DPTR))	Y	N	N	N	1	2
F2,F3	MOVX　@Ri, A	将 A 中的内容送至外部 RAM 中由 Ri 间接寻址的地址单元中, (Ri)←(A)	N	N	N	N	1	2
F0	MOVX　@DPTR, A	将 A 中的内容送至外部 RAM 的 DPTR 间接寻址的单元中, (DPTR)←(A)	N	N	N	N	1	2

指令中当以 DPTR 为外部 RAM 的 16 位地址指针时, 由 P0 口送出低 8 位地址, P2 口送出高 8 位地址, 寻址空间为 64 KB; 当以 R0 或 R1 为外部 RAM 的低 8 位地址指针时, 由 P0 口送出 8 位地址, P2 口的状态不变化, 寻址空间为 256 个单元(即一页)。

【例4-4】 设外部 RAM(2100H) = FFH，分析以下指令执行后的结果：

MOV	DPTR, #2100H	; (DPTR)←2100H
MOVX	A, @DPTR	; (A)←((DPTR))，(A)=FFH
MOV	30H, A	; (30H)←(A)，(30H)=FFH
MOV	A, #0FH	; (A)←0FH，(A)=0FH
MOVX	@DPTR, A	; ((DPTR))←(A)，(2100H)=0FH

执行结果为：(DPTR) = 2100H，(30H) = FFH，(2100H) = (A) = 0FH。

5. 程序存储器查表指令

程序存储器查表指令的助记符为 MOVC。程序运行中所需的一些常数表通常是由用户先写在程序存储器中，当程序需从程序存储器中读出数据时，采用变址寻址方式将表格常数读入累加器 A 中。程序存储器查表指令如表 4-7 所示。

表 4-7　程序存储器查表指令

机器码	程序存储器查表指令格式	功 能 简 述	对标志位影响				字节	周期
			P	OV	AC	Cy		
93	MOVC A, @A + DPTR	将以 DPTR 为基址、A 为偏移地址的存储单元内容送入 A 中，A←((A)+(DPTR))	Y	N	N	N	1	2
83	MOVC A, @A + PC	将以 PC 为基址、A 为偏移地址的存储单元内容送入 A 中，PC←(PC)+1，A←((A)+(PC))	Y	N	N	N	1	2

【例4-5】 从程序存储器 2000H 单元开始存放 0~9 的平方值，以 DPTR 作为基址寄存器进行查表得到 5 的平方值。其程序如下：

	MOV	DPTR, #2000H	; 置表首地址
	MOV	A, #05H	
	MOVC	A, @A+DPTR	; A←((A)+(DPTR))
	…		
	ORG	2000H	
TAB: DB	0, 1, 4, 9, 16, 25, 36, 49, 64, 81	; 0~9 数据平方表

执行结果为：(A) = 25。

若以 PC 作为基址寄存器进行查表得 5 的平方值，则相应的程序如下：

	MOV	A, #05H	; (A)←05H
	ADD	A, #0FH	; 用加法指令进行地址调整,偏移量=2000H−(1FF0H+1)=0FH
1FF0: MOVC	A, @A+PC	; (A)←((A)+(PC))，单字节指令
	…		
	ORG	2000H	
TAB: DB	0, 1, 4, 9, 16, 25, 36, 49, 64, 81	; 0~9 数据平方表

执行完 MOVC 指令的结果为：(PC) = 1FF1H，(A) = 25。

4.3.2　算术运算指令

MSC-51 的算术运算指令共有 24 条，分为加法指令(ADD、ADDC、INC)、减法指令(SUBB、DEC)、乘除指令(MUL、DIV)和十进制调整指令(DA)等。MSC-51 算术运算指令能直接执行 8 位二进制数的运算，借助程序状态字 PSW 中的标志可以实现多精度数的加、减运算，同时可以对压缩的 BCD 码(一个字节表示两位十进制数)进行加法运算。

1. 加法指令、减法指令和十进制调整指令

加减运算指令中两个参与运算的操作数，一个存放在累加器 A 中(此操作数也为目的操作数)；另一个存放在 R0~R7、内部 RAM 中，或是立即数#data。加法指令、减法指令和十进制调整指令如表 4-8 所示。

表 4-8　加法指令、减法指令和十进制调整指令

机器码	加法指令、减法指令和十进制调整指令格式	功　能　简　述	对标志位影响				字节	周期
			P	OV	AC	CY		
28~2F	ADD　A, Rn	A←(A) + (Rn)	Y	Y	Y	Y	1	1
25	ADD　A, direct	A←(A) + (direct)	Y	Y	Y	Y	2	1
26,27	ADD　A, @Ri	A←(A) + ((Ri))	Y	Y	Y	Y	1	1
24	ADD　A, #data	A←(A) + data	Y	Y	Y	Y	2	1
38~3F	ADDC　A, Rn	Rn 值与 A 值带进位相加，结果送 A，A←(A) + (Rn) + (Cy)	Y	Y	Y	Y	1	1
35	ADDC　A, direct	A←(A) + (direct) + (Cy)	Y	Y	Y	Y	2	1
36,37	ADDC　A, @Ri	A←(A)+((Ri))+(Cy)	Y	Y	Y	Y	1	1
34	ADDC　A, #data	A←(A) + data + (Cy)	Y	Y	Y	Y	2	1
98~9F	SUBB　A, Rn	A←(A) − (Rn) − (Cy)	Y	Y	Y	Y	1	1
95	SUBB　A, direct	A←(A) − (direct) − (Cy)	Y	Y	Y	Y	2	1
96,97	SUBB　A, @Ri	A←(A) − ((Ri)) − (Cy)	Y	Y	Y	Y	1	1
94	SUBB　A, #data	A←(A) − data − (Cy)	Y	Y	Y	Y	2	1
D4	DA　A	十进制调整	Y	Y	Y	Y	1	1

这组指令的特点是：目的操作数总是累加器 A，即相加结果保存在累加器 A 中。

1) 加法指令

加法指令影响 PSW 中的标志位。当两个字节数相加时：

(1) 若 D7 位有进位，则 Cy = 1，否则 Cy = 0。

(2) 若 D3 位有进位，则 AC = 1，否则 AC = 0。

(3) 若 D6 位有进位，而 D7 位无进位或 D6 位无进位而 D7 位有进位(表示有符号数相加结果超出表示范围)，则 OV = 1，否则 OV = 0。若以 C7、C6 表示 D7、D6 位的进位，则 OV = C7 ⊕ C6。

(4) 相加的和存放在 A 中，若结果中"1"的个数为奇数，则 P = 1，否则 P = 0。

例如：设(A)=49H，(R0)=6BH，分析执行指令"ADD A, R0"后的结果。

结果为：(A)=B4H，OV=1，Cy=0，AC=1，P=0。

带进位的加法指令，除两个数相加外，还需加上进位 Cy(参加最低位的运算)。带进位加法指令用于多精度数的加法运算。带进位加法指令对程序状态字 PSW 的影响与不带进位的加法指令相同。

例如：设(A)=C3H，(DPL)=ABH，Cy=1，分析执行指令"ADDC A, DPL"后的结果。

结果为：(A)=6FH，Cy=1，AC=0，OV=1，P=0。

2) 减法指令

MCS-51 指令系统中没有提供不带借位的减法指令，但结合"CLR C"指令可先将 Cy 清零，然后由带借位的指令实现不带借位减法的功能。带借位的减法指令影响 PSW 中的标志位。当两个数相减时：

(1) 若 D7 位有借位，则 Cy=1，否则 Cy=0。

(2) 若 D3 位有借位，则 AC=1，否则 AC=0。

(3) 若 D6 位有借位，而 D7 位，无借位或 D6 位无借位而 D7 位有借位，则 OV=0。同样用 C7、C6 表示 D7、D6 位的借位，则 OV=C7 ⊕ C6。

(4) 相减的差存放在 A 中，若结果中"1"的个数为奇数，则 P=1，否则 P=0。

例如：设 (A)=52H，(R0)=B4H，分析执行如下指令后的结果：

```
CLR    C              ; 位操作指令，进位位 Cy 清零
SUBB   A, R0          ; (A)←(A) - (R0) - Cy
```

结果为：(A)=9EH，Cy=1，AC=1，OV=1，P=1。

计算机内的数具有模(mod)，无论两数大小如何都可直接相减，不够减时服从向高位借 1 为基数的原则。这不同于我们习惯上的减法运算。

3) 十进制调整指令

十进制调整指令 DA A 用于实现压缩的 BCD 码的加法运算，其功能是对存放在累加器 A 中的 BCD 码之和进行调整。调整的实质是将十六进制的加法运算转换成十进制，具体操作如下。

(1) 若累加器 A 的低 4 位大于 9(A～F)，或者辅助进位位 AC=1，则累加器 A 的内容加 06H，且将 AC 置 1。

(2) 若累加器 A 的高 4 位大于 9(A～F)，或进位位 Cy=1，则累加器 A 的内容加 60H，且将 Cy 置 1。

调整后，辅助进位位 AC 表示十进制数中个位向十位的进位，进位标志 Cy 表示十位向百位的进位。借助 Cy 可实现多位 BCD 数的加法运算。

例如：对 BCD 码加法 65H+58H 进行十进制调整，参考程序与结果分析如下：

```
MOV    A, #65H    ; (A)←65H
ADD    A, #58H    ; (A)←(A) + 58H，(A)=BDH
DA     A          ; 十进制调整，(A)=23H，Cy=1
```

2. 加 1 指令和减 1 指令

除了累加器 A 的加 1 和减 1 指令影响奇偶标志位 P 外，其余指令不影响程序状态字 PSW

中的标志位。当指令中操作数为 I/O 端口 Pi(i = 0~3)时，为"读–修改–写"操作，端口数据从输出口的锁存器读入，而不从引脚读入。没有 DPTR 减 1 指令。加 1 和减 1 指令如表4-9 所示。

表 4-9　加 1 和减 1 指令

机器码	加 1 和减 1 指令格式	功　能　简　述	对标志位影响				字节	周期
			P	OV	AC	Cy		
04	INC　A	A 值加 1，A←(A) + 1	Y	N	N	N	1	1
08~0F	INC　Rn	Rn 值加 1，Rn←(Rn) + 1	N	N	N	N	1	1
05	INC　direct	direct 值加 1，direct←(direct) + 1	N	N	N	N	2	1
06,07	INC　@Ri	@Ri 值加 1，(Ri)←((Ri)) + 1	N	N	N	N	1	1
A3	INC　DPTR	DPTR 值加 1，DPTR←(DPTR) + 1	N	N	N	N	1	2
14	DEC　A	A 值减 1，A←(A) − 1	Y	N	N	N	1	1
18~1F	DEC　Rn	Rn 值减 1，Rn←(Rn) − 1	N	N	N	N	1	1
15	DEC　direct	Direct 值减 1，direct←(direct) − 1	N	N	N	N	2	1
16,17	DEC　@Ri	@Ri 值减 1，(Ri)←((Ri)) − 1	N	N	N	N	1	1

【例 4-6】 设 (R0) = 7EH，(7EH) = FFH，(7FH) = 38H，(DPTR) = 10FEH，分析逐条执行下列指令后各单元的内容：

```
INC  @R0      ; (7EH) = FFH + 1 = 00H
INC  R0       ; (R0) = 7EH + 1 = 7FH
INC  @R0      ; (7FH) = 38H + 1 = 39H
INC  DPTR     ; (DPTR) = 10FEH + 1 = 10FFH
INC  DPTR     ; (DPTR) = 10FFH + 1 = 1100H
INC  DPTR     ; (DPTR) = 1100H + 1 = 1101H
DEC  R0       ; (R0) = 7FH − 1 = 7EH
DEC  7EH      ; (7EH) = 00H − 1 = FFH
DEC  DPH      ; (DPH) = 11H − 1 = 10H，(DPTR) = 1001H
```

执行结果为：(R0) = 7EH，(7EH) = FFH，(7FH) = 39H，(DPTR) = 1001H。

3. 乘法指令和除法指令

乘法指令"MUL AB"实现累加器 A 和寄存器 B 中的两个 8 位无符号数相乘，16 位乘积的低 8 位放在累加器 A 中，高 8 位放在寄存器 B 中，如表 4-10 所示。如果乘积大于255(FFH)，即乘积中高 8 位非零时 OV = 1，否则 OV = 0。奇偶标志 P 仍按累加器 A 中"1"的奇偶性确定。进位标志清零 Cy = 0，不影响辅助进位标志 AC。

除法指令"DIV AB"的功能是累加器 A 中的 8 位无符号整数除以寄存器 B 中的 8 位无符号整数，所得商存于累加器 A 中，余数存于寄存器 B 中，进位标志位 Cy 和溢出标志位 OV 均被清零，如表 4-10 所示。当寄存器 B 中的内容为 0 时，溢出标志 OV 被置 1，即OV = 1，而 Cy 仍为 0。

表 4-10　乘法指令和除法指令

机器码	乘法指令和除法指令格式	功能简述	对标志位影响				字节	周期
			P	OV	AC	Cy		
A4	MUL　AB	累加器 A 乘寄存器 B,乘积的低 8 位放在 A 中, 高 8 位在 B 中	Y	Y	N	Y	1	4
84	DIV　AB	累加器 A 除以寄存器 B,商放在 A 中,余数在 B 中	Y	Y	N	Y	1	4

例如:

  MOV　A,#50H

  MOV　B, #0A0H

  MUL　AB　　　　; B=32H, A=00H, OV=1, Cy=0

例如:

  MOV　A, #17H

  MOV　B, #0AH

  DIV　AB　　　　; A=02H, B=03H, OV=0, Cy=0

4.3.3　逻辑运算与移位指令

逻辑运算与移位指令共有 24 条。逻辑运算按位进行,分为累加器 A 清零指令(CLR)、累加器 A 取反指令(CPL)、与指令(ANL)、或指令(ORL)、异或指令(XRL)。

逻辑运算与移位指令中,除带进位循环移位指令影响 Cy 和以 PSW 为目的操作数的指令外,其余的逻辑运算与移位指令不影响程序状态字 PSW 中的状态标志。

当用逻辑运算指令修改输出端口时,进行的是"读-改-写"操作。

1. 逻辑运算指令

逻辑运算指令如表 4-11 所示。在与、或、异或的运算指令中,目的操作数可以是累加器 A 或者直接寻址的存储单元。取反指令和清零指令中,操作数只能是累加器 A。

表 4-11　逻辑运算指令

机器码	逻辑运算指令格式	功能简述	对标志位影响				字节	周期
			P	OV	AC	Cy		
58~5F	ANL　A, Rn	Rn 值和 A 值进行"与"操作,结果在 A 中, A←(A)∧(Rn)	Y	N	N	N	1	1
55	ANL　A, direct	A←(A)∧(direct)	Y	N	N	N	2	1
56, 57	ANL　A, @Ri	A←(A)∧((Ri))	Y	N	N	N	1	1
54	ANL　A, #data	A←(A)∧data	Y	N	N	N	2	1
52	ANL　direct, A	direct←(A)∧(direct)	N	N	N	N	2	1
53	ANL　direct, #data	direct←data∧(direct)	N	N	N	N	3	2
48~4F	ORL　A, Rn	Rn 值和 A 值进行"或"操作,结果在 A 中, A←(A)∨(Rn)	Y	N	N	N	1	1

机器码	逻辑运算指令格式	功 能 简 述	对标志位影响				字节	周期
			P	OV	AC	Cy		
45	ORL　A, direct	A←(A)∨(direct)	Y	N	N	N	2	1
46, 47	ORL　A, @Ri	A←(A)∨((Ri))	Y	N	N	N	1	1
44	ORL　A, #data	A←(A)∨data	Y	N	N	N	2	1
42	ORL　direct, A	direct 值和 A 值进行"或"操作,结果在 direct 中,direct←(A)∨(direct)	N	N	N	N	2	1
43	ORL　direct, #data	direct←data∨(direct)	N	N	N	N	3	2
68~6F	XRL　A, Rn	Rn 值和 A 值进行"异或"操作,结果在 A 中,A←(A)⊕(Rn)	Y	N	N	N	1	1
65	XRL　A, direct	A←(A)⊕(direct)	Y	N	N	N	2	1
66, 67	XRL　A, @Ri	A←(A)⊕((Ri))	Y	N	N	N	1	1
64	XRL　A, #data	A←(A)⊕data	Y	N	N	N	2	1
62	XRL　direct, A	direct 值和 A 值进行"异或"操作,结果在 direct 中,direct←(A)⊕(direct)	N	N	N	N	2	1
63	XRL　direct, #data	direct←data⊕(direct)	N	N	N	N	3	2
F4	CPL　A	累加器取反,A←$\overline{A}$	N	N	N	N	1	1
E4	CLR　A	累加器清零,A←0	Y	N	N	N	1	1

例如:设(A) = 5FH,(R4) = 89H。执行指令:

　　ANL　A, R4　　; A ←(A)∧(R4)

执行过程:

$$(A) = 0101\ 1111$$
$$\underline{\wedge\ (R4) = 1000\ 1001}$$
$$0000\ 1001$$

指令执行结果为:(A) = 09H,(R4) = 89H。

逻辑"与"指令使字节中某些位清零,其余位保持不变。欲清零的位用"0"与该位相"与",保留不变的位用"1"与该位相"与"。

例如,设(P1) = C5H = 11000101B,屏蔽 P1 口高 4 位而保留低 4 位。执行指令:

　　ANL　P1, #0FH

结果为:(P1) = 05H = 00000101B。

逻辑"或"指令使字节中某些位置"1",其他位保持不变。欲置 1 的位用"1"与该位相"或",保留不变的位用"0"与该位相"或"。

例如,若(A) = C0H,(R0) = 3FH,(3FH) = 0FH。执行指令:

　　ORL　A, @R0

结果为:(A) = CFH = 11001111B。

逻辑"异或"指令常用来使字节中某些位进行取反操作,其他位保持不变。欲某位取反，该位与"1"相异或；欲某位保持不变则该位与"0"相异或。还可利用异或指令对某单元自身异或，以实现清零操作。

【例4-7】 设(A) = B5H = 10110101B，分析执行下列操作后的结果：

```
XRL    A, #0F0H    ; A 的高 4 位取反，低 4 位保留，(A)=01000101B=45H
MOV    30H, A      ; (30H)=45H
XRL    A, 30H      ; 自身异或使 A 清零
MOV    A, 30H      ; (A)=45H
CPL    A           ; A 的值取反，(A)=BAH
CLR    A           ; (A)=00H
```

2. 循环移位指令

循环移位指令格式如表 4-12 所示，循环移位指令中，操作数只能是累加器 A。

表 4-12 循环移位指令

机器码	循环移位指令格式	功 能 简 述	对标志位影响				字节	周期
			P	OV	AC	Cy		
23	RL A	A 值循环左移(移向高位)一位，D7 移入 D0 D7←←←←D0	N	N	N	N	1	1
33	RLC A	A 值带进位位循环左移一位，D7 移入 Cy，Cy 移入 D0 Cy←D7←←←D0	Y	N	N	Y	1	1
03	RR A	A 值循环右移(移向低位)一位，D0 移入 D7 D7→→→→D0	N	N	N	N	1	1
13	RRC A	A 值带进位位循环右移一位，D0 移入 Cy，Cy 移入 D7 Cy←D7→→→→D0	Y	N	N	Y	1	1

例如：设(A) = 06H，且 Cy = 0。

执行指令"RL A"后，(A) = 0CH = 12。

执行指令"RR A"后，(A) = 03H = 3。

执行指令"RLC A"后，(A) = 0CH = 12。

执行指令"RRC A"后，(A) = 03H = 3。

用循环移位指令还可以实现算术运算，左移一位相当于原内容乘以 2，右移一位相当于原内容除以 2，但这种运算关系只对某些数成立。

4.3.4 控制转移指令

控制转移指令共有 22 条，分为无条件转移指令(LJMP、AJMP、SJMP、JMP)、条件转

移指令(JZ、JNZ、CJNE、DJNZ、JC、JNC、JB、JNB、JBC)、调用和返回指令(ACALL、LCALL、RET、RETI)、空操作指令(NOP)。控制转移指令中，除"CJNE"指令对 Cy 有影响外，其余指令都不影响标志位。控制转移指令可改变程序计数器 PC 的值，从而使程序跳到指定的目的地址开始执行。

1. 无条件转移指令

若程序执行无条件转移指令，则无条件地转移到目的地址处继续执行。无条件转移指令如表 4-13 所示。

表 4-13　无条件转移指令

机器码	无条件转移指令格式	功能简述	对标志位影响				字节	周期
			P	OV	AC	Cy		
02	LJMP　addr16	长转移：程序转移到 addr16 指示的地址处，即 PC←addr16	N	N	N	N	3	2
$a_{10}a_9a_800001$ $a_7 \sim a_0$	AJMP　addr11	绝对转移：程序转移到 addr11 指示的地址处，即 PC←PC + 2，$PC_{15\sim 11}$ 不变，$PC_{10\sim 0}$←$addr_{10\sim 0}$	N	N	N	N	2	2
80 rel	SJMP　rel	短转移：程序转移到 rel 指示相对地址处，PC←PC + 2，PC←PC + rel	N	N	N	N	2	2
73	JMP　@A + DPTR	间接长转移(散转)：程序转移到 DPTR 为基址加 A 偏移地址处，即 PC←(A)+(DPTR)	N	N	N	N	1	2

1) 长转移指令：LJMP　addr16

长转移指令是将 16 位目标地址 addr16 装入 PC 中，允许转移的目标地址在 64 KB 空间的任意单元，用汇编语言编写程序时，addr16 往往是一个标号。例如：

　　　LJMP　L1　　　　；转到标号 L1 处执行
　　　…
　　L1: …

2) 绝对转移指令：AJMP　addr11

绝对转移指令是将 11 位的目标地址 addr11 装入 PC 中的低 11 位，目标地址的高 5 位与 PC 中的高 5 位相同。即转移的目标地址必须和 AJMP 指令的下一条指令首字节地址位于程序存储器的同一段 2 KB 范围内，编写程序时，addr11 也往往是一个标号。例如：

　　　AJMP　L2　　；转到标号 L2 处继续执行

3) 短转移指令：SJMP　rel

短转移指令中相对偏移量 rel 为一个字节的补码，将其符号扩展为 16 位后与 PC 相加得到 16 位的目标地址。转移的范围为 −128～+127 字节，编写程序时，rel 同样往往是一个标号。例如：

　　　SJMP　L3　　　；转到标号 L3 处继续执行

MCS-51 没有专用的停机指令，若要动态停机(原地等待)，则可以用 SJMP 指令来实现。动态停机指令为"L1: SJMP　L1"，或写成"SJMP　$"。其中，"$"表示本指令首字

节所在单元的地址，使用该符号可省略标号。若在程序的末尾加上"SJMP $"（机器码为
80H FEH)，则程序不会再向后执行，形成单指令的无限循环，进入暂停状态。

4) 间接长转移指令：JMP @A+DPTR

转移目标地址由数据指针 DPTR 和累加器 A(8 位无符号数)相加而得。以 DPTR 为基地
址，根据 A 的不同值可以实现多分支转移，该功能称为散转功能，因此，间接长转移指令
又称为散转指令。该指令的执行不影响累加器 A 和数据指针 DPTR 的值。

2. 条件转移指令

条件转移指令(如表 4-14 所示)是当某种条件满足时，程序转移到目标地址执行，当条
件不满足时，程序顺序往下执行。转移的条件可以是上一条指令或更前一条指令的执行结
果(常体现在标志位上)，也可以是条件转移指令本身包含的某种运算结果。由于该类指令
采用相对寻址，因此程序可在以当前 PC 值为中心的 −128～+127 范围内转移。根据字节状
态判别，条件转移类指令共有 8 条，包括累加器判零条件转移指令(JZ、JNZ)、比较条件转
移指令(CJNE)和减 1 条件转移指令(DJNZ)；根据标志位的状态判别，条件转移类指令有 5
条，包括对进位标志(JC、JNC)和一般直接寻址位的判别(JB、JNB、JBC)。

表 4-14 条件转移指令

机器码	条件转移指令格式	功 能 简 述	对标志位影响				字节	周期
			P	OV	AC	Cy		
60	JZ rel	当 A 值为零时，程序转移到目标地址处执行。若(A)≠0，则 PC←(PC)+2；若(A)=0，则 PC←(PC)+2+rel	N	N	N	N	2	2
70	JNZ rel	当 A 值不为零时，程序转移到目标地址处执行。若(A)=0，则 PC←(PC)+2；若(A)≠0，则 PC←(PC)+2+rel	N	N	N	N	2	2
B5	CJNE A, direct, rel	当 direct 值与 A 值不等时，程序转至目标地址。若(A)=(direct)，则 PC←(PC)+3，Cy←0；若(A)>(direct)，则 PC←(PC)+3+rel，Cy←0；若(A)<(direct)，则 PC←(PC)+3+rel，Cy←1	N	N	N	Y	3	2
B4	CJNE A, #data, rel	当 data 值与 A 值不等时，程序转至目标地址。若(A)=(data)，则 PC←(PC)+3，Cy←0；若(A)>(data)，则 PC←(PC)+3+rel，Cy←0；若(A)<(data)，则 PC←(PC)+3+rel，Cy←1	N	N	N	Y	3	2
B8～BF	CJNE Rn, #data, rel	当 data 与 Rn 值不等时，程序转至目标地址。若(Rn)=data，则 PC←(PC)+3，Cy←0；若(Rn)>data，则 PC←(PC)+3+rel，Cy←0；若(Rn)<data，则 PC←(PC)+3+rel，Cy←1	N	N	N	Y	3	2

机器码	条件转移指令格式	功 能 简 述	对标志位影响				字节	周期
			P	OV	AC	Cy		
B6,B7	CJNE @Ri, #data, rel	当 data 与 @Ri 值不等时，程序转至目标地址。若((Ri))=data，则 PC←(PC)+3，Cy←0；若((Ri))>data，则 PC←(PC)+3+rel，Cy←0；若((Ri))<data，则 PC←(PC)+3+rel，Cy←1	N	N	N	Y	3	2
D8~DF	DJNZ　Rn, rel	Rn←(Rn)−1，若 Rn 不为零，则 PC←(PC)+2+rel，程序转移到目标地址处；若(Rn)=0，则 PC←(PC)+2，程序顺序向下执行	N	N	N	N	2	2
D5	DJNZ　direct, rel	direct←(direct)−1，若 direct 的内容不为零，则 PC←(PC)+3+rel，程序转移到目标地址处；若(direct)=0，则 PC←(PC)+3，程序顺序向下执行	N	N	N	N	3	2
40	JC　rel	当进位位 Cy 为 1 时,程序转移至目标地址。若 Cy=0，则 PC←(PC)+2；若 Cy=1，则 PC←(PC)+2+rel	N	N	N	N	2	2
50	JNC　rel	当进位位为 0 时,程序转移至目标地址处。若 Cy=0，则 PC←(PC)+2+rel；若 Cy=1，则 PC←(PC)+2	N	N	N	N	2	2
20	JB　bit, rel	当 bit 位为 1 时,程序转移至目标地址处。若(bit)=0，则 PC←(PC)+3；若(bit)=1，则 PC←(PC)+3+rel	N	N	N	N	3	2
30	JNB　bit, rel	当 bit 位为 0 时,程序转移至目标地址处。若(bit)=0，则 PC←(PC)+3+rel；若(bit)=1，则 PC←(PC)+3	N	N	N	N	3	2
10	JBC　bit, rel	当 bit 位为 1 时,程序转移至目标地址处,同时将 bit 清零。若(bit)=0，则 PC←(PC)+3；若(bit)=1，则(bit)←0 后 PC←(PC)+3+rel	N	N	N	N	3	2

【例 4-8】将外部 RAM 首地址为 1000H 的一个数据块传送到内部 RAM 首地址为 30H 的存储区中，数据为 0 则终止传送。

分析：外部 RAM 向内部 RAM 的数据传送一定要经过累加器 A，利用判零条件转移可以判别是否要继续传送或者终止。完成数据传送的参考程序段如下：

```
      MOV    DPTR, #1000H    ; DPTR 作为外部数据块的地址指针
      MOV    R1, #30H        ; R1 作为内部数据块的地址指针
LOOP: MOVX   A, @DPTR        ; 取外部 RAM 数据送入 A
```

```
HERE: JZ    HERE         ; 数据为 0 则终止传送
      MOV   @R1, A        ; 数据传送至内部 RAM 单元
      INC   DPTR          ; 修改指针，指向下一数据地址
      INC   R1
      SJMP  LOOP          ; 循环取数
```

【例 4-9】 当从 P1 口输入数据为 01H 时，程序继续执行，否则等待，直到 P1 口出现 01H。

参考程序如下：

```
      MOV   A, #01H       ; 将立即数 01H 送入 A 中
WAIT: CJNE  A, P1, WAIT   ; 若(P1)≠(A)，则等待
```

【例 4-10】 将内部 RAM 从 40H 单元开始的 10 个无符号数相加，不考虑进位，相加结果送至 3FH 单元保存。相应的程序如下：

```
      MOV   R0, #10       ; 设置循环次数
      MOV   R1, #40H      ; R1 作地址指针，指向数据块首地址
      CLR   A             ; A 清零
LOOP: ADD   A, @R1        ; 加一个数
      INC   R1            ; 修改指针，指向下一个数
      DJNZ  R0, LOOP      ; R0 减 1，不为 0 循环
      MOV   3FH, A        ; 保存和
```

【例 4-11】 以下几条指令根据标志状态位的值，进行判别转移。

```
JC    L1                  ; 若 C=1，则程序转至 L1 执行
JNB   ACC.7, L2           ; 若 A 的最高位为 0，则转至 L2
JB    P1.0, L3            ; 若 P1.0 为 1，则转至 L3
JBC   TI, L4              ; 若 TI=1，则转至 L4，同时将 TI 清零
```

若条件不满足，则程序顺序往下执行。

3. 子程序调用和返回指令

在程序设计中，通常将反复出现、具有通用性和功能相对独立的程序段设计成子程序。子程序可以有效地缩短程序长度，节约存储空间，可被其他程序共享，以及便于模块化，便于阅读、调试和修改。子程序调用如图 4-12 所示。

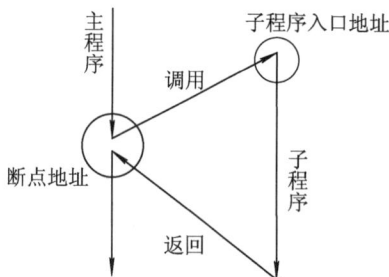

图 4-12　子程序调用

子程序调用指令有绝对调用和长调用两条，它们都是双周期指令，如表 4-15 所示。

表 4-15　子程序调用与返回指令

机器码	子程序调用与返回指令格式	功　能　简　述	对标志位影响				字节	周期
			P	OV	AC	Cy		
×××10001	ACALL addr11	2 KB 范围内绝对调用(absolute subroutine call) $PC \leftarrow (PC) + 2$ $SP \leftarrow (SP) + 1$，$(SP) \leftarrow (PC_{7\sim0})$ $SP \leftarrow (SP) + 1$，$(SP) \leftarrow (PC_{15\sim8})$ $PC \leftarrow addr11$	N	N	N	N	2	2
12	LCALL addr16	64 KB 范围内长调用(long subroutine call) $PC \leftarrow (PC) + 3$ $SP \leftarrow (SP) + 1$，$(SP) \leftarrow (PC_{7\sim0})$ $SP \leftarrow (SP) + 1$，$(SP) \leftarrow (PC_{15\sim8})$ $PC \leftarrow addr16$	N	N	N	N	3	2
22	RET	子程序返回(return from subroutine) $PC_{15\sim8} \leftarrow ((SP))$，$SP \leftarrow (SP) - 1$ $PC_{7\sim0} \leftarrow ((SP))$，$SP \leftarrow (SP) - 1$	N	N	N	N	1	2
32	RETI	中断返回(return from interrupt) $PC_{15\sim8} \leftarrow ((SP))$，$SP \leftarrow (SP) - 1$ $PC_{7\sim0} \leftarrow ((SP))$，$SP \leftarrow (SP) - 1$	N	N	N	N	1	2

　　绝对调用指令 ACALL 的执行过程是：PC 加 2(本指令代码为两个字节)获得下一条指令的地址，并把该断点地址(当前的 PC 值)送到堆栈，然后将断点地址的高 5 位与 11 位目标地址(指令代码第一字节的高 3 位，以及第二字节的 8 位)连接构成 16 位的子程序入口地址送到 PC，使程序转向子程序。调用子程序的入口地址和 ACALL 指令的下一条指令的地址，其高 5 位必须相同。因此，子程序的入口地址和 ACALL 指令下一条指令的第一个字节必须在同一 2 KB 范围的程序存储器空间内。

　　长调用指令 LCALL 的目标地址以 16 位给出，允许子程序放在 64 KB 空间的任何地方。指令的执行过程是先把 PC 加上本指令字节数(3 个字节)获得下一条指令的地址，并把该断点地址入栈，接着将被调子程序的入口地址(16 位目标地址)装入 PC，然后从该入口地址开始执行子程序。

　　返回指令 RET 的功能是恢复断点地址，即从堆栈中取出断点地址送给 PC。因此，在子程序、中断服务程序内使用堆栈，一定要确认执行返回指令时，SP 指向的是断点地址，否则程序将出错。子程序是通过 RET 指令返回主程序。

　　中断服务子程序是通过 RETI 指令返回的。执行 RETI 指令时，清除响应中断时置位的优先级状态触发器以开放中断逻辑等，详细内容将在中断相关章节中介绍。

　　例如：已知标号 LP 的地址为 0300H，子程序 DELAY 的入口地址为 0100H，(SP) = 70H。
执行调用指令：

　　LP: ACALL　DELAY

指令执行后：(SP) =72H，(71H) = 02H，(72H) = 03H，(PC) = 0100H。

4. 空操作指令

空操作指令(如表 4-16 所示)不进行任何操作。执行空操作指令时，PC 加 1 指向下一条指令，占用 CPU 一个机器周期时间。空操作指令常用于等待、延时等。

表 4-16　空 操 作 指 令

机器码	空操作指令格式	功 能 简 述	对标志位影响				字节	周期
			P	OV	AC	Cy		
00	NOP	空操作(no operation)，PC←(PC) + 1	N	N	N	N	1	1

4.3.5　位操作指令

MCS-51 硬件结构中有一个布尔处理器，实际上是一个位微处理器。它有自己的位运算器、位累加器、位存储器(可位寻址区中的各位)、位 I/O 端口(P0、P1、P2、P3 中的各位)，MCS-51 具有很强的位处理能力，具有丰富的位操作指令。位操作指令共有 12 条，包括位传送指令(MOV)、位状态操作指令(CLR、CPL、SETB)、位逻辑运算指令(ANL、ORL)，如表 4-17 所示。

表 4-17　位 操 作 指 令

机器码	位操作指令格式	功 能 简 述	对标志位影响				字节	周期
			P	OV	AC	Cy		
C3	CLR　C	C 清零(Clear carry flag)	N	N	N	Y	1	1
C2	CLR　bit	直接寻址位清零(Clear direct bit)	N	N	N	N	2	1
D3	SETB　C	C 置位(Set carry flag)	N	N	N	Y	1	1
D2	SETB　bit	直接寻址位置位(Set direct bit)	N	N	N	N	2	1
B3	CPL　C	C 取反(Complement carry flag)	N	N	N	Y	1	1
B2	CPL　bit	直接寻址位取反(Complement direct bit)	N	N	N	N	2	1
82	ANL　C, bit	C 逻辑与直接寻址位(And direct bit to carry flag)	N	N	N	Y	2	2
B0	ANL　C, /bit	C 逻辑与直接寻址位的反(And complement of direct bit to carry flag)	N	N	N	Y	2	2
72	ORL　C, bit	C 逻辑或直接寻址位(Or direct bit to carry flag)	N	N	N	Y	2	2
A0	ORL　C, /bit	C 逻辑或直接寻址位的反(Or complement of direct bit to carry flag)	N	N	N	Y	2	2
A2	MOV　C, bit	直接寻址位送 C(Move direct bit to carry flag)	N	N	N	Y	2	1
92	MOV　bit, C	C 送直接寻址位(Move carry flag to direct bit)	N	N	N	N	2	2

【例 4-12】 利用位操作指令，实现 $P1.5 = \overline{(P1.1)} \vee \overline{(P1.2)} \wedge P1.0$ 。

参考程序如下：

```
MOV  C, P1.1        ; (C)← (P1.1)
ORL  C, P1.2        ; (C)← (P1.1)∨(P1.2)
CPL  C
ANL  C, P1.0        ; (C)←(P1.0)∧(C)
MOV  P1.5, C        ; (P1.5)←(C)
```

4.4 伪 指 令

汇编语言源程序由指令和伪指令两部分构成。用汇编语言编写的源程序需要经过汇编程序编译(汇编)成机器码后才能被单片机执行。为了对源程序汇编，在源程序中必须使用一些"伪指令"。它既不控制机器的操作，也不能被汇编成任何机器代码，只是为汇编程序所识别的常用符号，并指导汇编程序对源程序进行汇编，故称为伪指令或称为指示性指令。MCS-51 系列单片机的常用伪指令主要有 ORG、END、EQU、DB、DW、DS、BIT 等。

1. ORG

功能：定义起始地址伪指令，ORG 后面 16 位地址规定程序块或数据块在程序存储器中存放的起始地址。

格式：

　　ORG　16 位地址

在汇编语言源程序的开始，通常都用一条 ORG 伪指令来规定程序的起始地址。若不用 ORG 规定，则汇编得到的目标程序将从 0000H 开始。在一个源程序中，可多次使用 ORG 伪指令，来规定不同的程序段的起始地址。但是，地址必须由小到大排列，地址不能交叉、重叠。

例如：

行	源　程　序	地　址	机器码
1	ORG　0000H		
2	LJMP　MAIN	00	020030
3	ORG　0030H		
4	MAIN:MOV　A, #67H	30	7467
5	PUSH　ACC	32	C0E0

上述 5 行源代码中，伪指令 ORG 没有对应的机器码，不占存储单元，MAIN 表示的地址为 0030H，第 4 行的指令从 0030H 存储单元开始存放。

2. END

功能：汇编结束命令，汇编语言源程序的结束标志，用于终止源程序的汇编工作。在整个源程序中只能有一条 END 命令，且位于程序的最后。

3. EQU

功能：赋值命令，给字符名赋予一个数或特定的汇编符号。赋值后，程序中可用该字符名来表示数或汇编符号。用 EQU 赋过值的符号名可以用作数据地址、代码地址或是立即数。

格式：

　　字符名　EQU　数值 或 汇编符号

例如：

```
TEMP   EQU   50H
BUF    EQU   16
…
MOV    50H, #20H
MOV    A, TEMP              ; A←(50H)，(A)=20H
MOV    B, #BUF              ; B←16，(B)=16
```

该指令中 TEMP 代替 50H，BUF 代替 16 来使用。注意：使用 EQU 命令时必须先赋值后使用，因此该语句通常放在源程序的开头部分。另外，字符名不能和汇编语言的关键字同名，如 A、B、MOV 等。

4. DB

功能：将 DB 后面的若干个单字节数据存入指定的连续单元中。

格式：

[名字:]   DB $n_1, n_2, n_3, \cdots, n_N$

每个数据(8 位)占用一个字节单元，通常用于定义一个常数表。注意：名字也是一个符号地址，但以名字表示的存储单元之中存放的是数据，而不是指令代码，故不能作为转移指令的目标地址，这一点与标号不同。例如：

```
ORG 2000H
DAT: DB   0E6H, -2, 4*8, 'C'
```

以上伪指令经汇编以后，将从程序存储器 2000H 开始为若干内存单元赋值，即(2000H) = E6H，(2001H) = FEH，(2002H) = 20H，(2003H) = 43H。

5. DW

功能：将 DW 后面的若干个字数据存入指定的连续单元中。每个数据(16 位)占用两个存储单元，其中高 8 位存入低地址字节，低 8 位存入高地址字节。DW 指令常用于定义一个地址表。

格式：

[名字:]   DW $data_1, data_2, \cdots, data_N$

例如：

```
ORG   1100H
TAB2: DW   1067H, 100
```

地址(H)	内容(H)	标号
1100	10	TAB2
1101	67	
1102	00	
1103	64	

图 4-13   字数据存放情况

汇编后数据的存放情况如图 4-13 所示，即(1100H) = 10H，(1101H)=67H，(1102H)=00H，(1103H)=64H。

可见，数据的存放形式等价于"TAB2: DB 10H, 67H, 00H, 64H"。

6. DS

功能：预留存储区，从指定的地址单元开始，预留 n 个字节单元备用。

格式：

[名字:]   DS   n

例如：

```
        ORG    2000H
L1: DS      07H
L2: DB      86H, 0A7H
```

汇编后，从 2000H 开始保留 7 个字节单元，从 2007H 单元开始按 DB 命令给内存单元赋值，即(2007H) = 86H，(2008H) = A7H。

注意：DB、DW、DS 伪指令只能对程序存储器进行赋值和初始化工作，不能对数据存储器进行赋值和初始化工作。

7. BIT

功能：定义位地址符号命令，将位地址 bit 赋予所定义的字符名。

格式：

```
字符名   BIT   位地址
```

例如：

```
key1    BIT P1.0
LED     BIT P1.2
...
MOV    C, key1
MOV    LED, C
```

经汇编后，符号 key1 的值是 P1.0 的地址 90H，P1.2 的位地址 92H 赋给了符号 LED。

4.5　汇编语言程序设计

4.5.1　汇编语言程序的一般结构

汇编语言源程序一般包括定义符号、程序开始、设置中断入口、主程序段、子程序段、中断服务程序段、定义数据表、程序结束等部分。一个程序的具体结构取决于其应用需求，可能不会包括以上所有部分，至少应该包括程序开始、主程序段、程序结束等几个部分。下面列举一个典型的程序结构。

```
      DAT    EQU   0FF00H    ; 定义符号
      BUF    EQU   30H
      ...
      ORG    0000H           ; 程序开始，复位入口地址为 0000H
      LJMP   MAIN            ; 转到主程序
      ORG    0003H           ; 中断入口地址
      LJMP   INT_0           ; 转到中断服务程序
      ...
      ORG    0100H           ; 主程序入口地址
MAIN: MOV    SP, #60H        ; 初始化程序段
      ...
```

```
START: …                ; 主程序开始
       …
       LCALL   SUB1
       LCALL   SUB2
       …
       LJMP    START    ; 循环执行主程序或者暂停
SUB1: …                 ; 子程序 SUB1
      …
      RET
SUB2: …                 ; 子程序 SUB2
      …
      RET
INT_0: …                ; 中断服务程序 INT_0
       …
       RETI
TAB: DB …, …, …         ; 定义数据表
     DB …, …, …
     END                ; 汇编结束
```

4.5.2 顺序程序设计

顺序结构程序是一种最简单、最基本的程序，其特点是按程序编写的顺序依次向下执行，程序流向不变。顺序结构程序是所有复杂程序的基础及基本组成部分，程序中没有控制转移类指令。

【例 4-13】 将内部 RAM 40H 单元的压缩 BCD 码转换成 ASCII 码，存到 41H、42H 单元中。

例 4-13 的程序流程图如图 4-14 所示，源程序如下：

```
       ORG    0000H
START: MOV    40H, #56H
       MOV    A, 40H
       MOV    B, #10H
       DIV    AB
       ORL    A, #30H
       MOV    41H, A
       ORL    B, #30H
       MOV    42H, B
       SJMP   $
       END
```

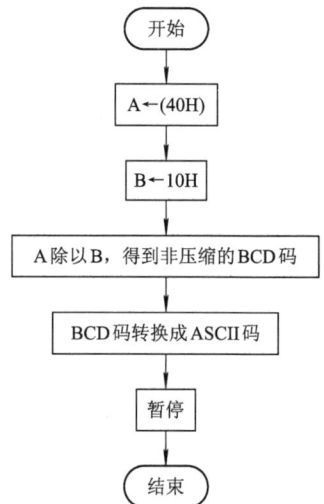

图 4-14 例 4-13 的程序流程图

【例 4-14】 将内部数据存储器 30H 单元的内容转换成非压缩的 BCD 码，存到 31H、

32H、33H 单元中。

例 4-14 的程序流程图如图 4-15 所示，源程序如下：

```
        ORG    0000H
START:  MOV    30H, #0FEH
        MOV    A, 30H
        MOV    B, #100
        DIV    AB
        MOV    31H, A
        MOV    A, B
        MOV    B, #10
        DIV    AB
        MOV    32H, A
        MOV    33H, B
        SJMP   $
        END
```

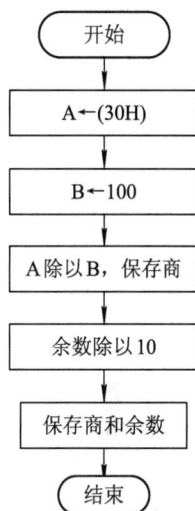

图 4-15　例 4-14 的程序流程图

4.5.3　分支结构程序设计

分支结构即根据不同的条件做不同的处理。它有两种形式，分别相当于高级语言中的 if-then-else 和 case 语句。前者一次引出两个分支(单分支)，后者则可以引出多个分支(多分支)。它们的共同点是运行方向是向前的，在某一确定条件下，只能执行多个分支中的一支。

1. 单分支程序

可以实现程序单分支的条件判断指令有：字节状态判断，即 JZ、JNZ、CJNE 和 DJNZ；位状态判断，即 JC、JNC、JB、JNB 和 JBC。使用这些指令可以完成对 0、正负、大小、溢出状态等各种条件的判断，若条件满足，则转到分支去执行；若条件不满足，则程序顺序往下执行。

【例 4-15】　假设有两个数在内部 RAM 单元的 40H 和 41H 中，现在要求找出其中较大的数，并将较大的数存入 40H 中，而将较小的数存入 41H 中。

例 4-15 的程序流程图如图 4-16 所示，源程序如下：

```
        ORG    0000H
        CLR    C
        MOV    A, 40H
        SUBB   A, 41H
        JNC    FINISH      ; 没有借位，转至 FINISH
        MOV    A, 41H      ; 有借位，交换数据
        XCH    A, 40H
        MOV    41H, A
FINISH: SJMP   $
        END
```

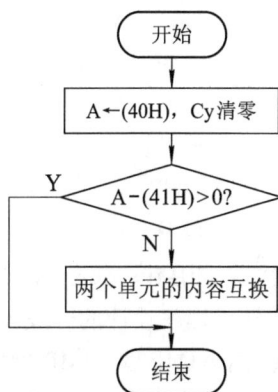

图 4-16　例 4-15 的串程序流程图

【**例 4-16**】 设 40H 单元存放的是一个有符号数，求它的绝对值，并存入 41H 单元中。

分析：有符号数的最高位是符号位，若符号位是 1，则为负数，取反加一可以得到绝对值；若符号位是 0，则为正数，保持不变。

例 4-16 的源程序如下：

```
       ORG    0000H
START: MOV    A, 40H          ; A←(40H)
       JNB    ACC.7, STOR     ; 若为正数，则转至 STOR
       CPL    A               ; 若为负数，则求绝对值
       ADD    A, #1
STOR:  MOV    41H, A          ; 41H←(A)
       SJMP   $
       END
```

2. 多分支程序

多分支程序又称散转程序，在单片机应用程序开发中经常会遇到程序多分支散转情况，所以散转程序设计技术是开发者需要掌握的。

(1) 多次使用条件转移，以转向不同的分支入口。

【**例 4-17**】 求符号函数 $Y = \text{SGN}(X)$，$Y = \begin{cases} +1, & \text{当 } X > 0 \text{ 时} \\ 0, & \text{当 } X = 0 \text{ 时} \\ -1, & \text{当 } X < 0 \text{ 时} \end{cases}$。

例 4-17 的程序流程图如图 4-17 所示，源程序如下：

```
       X      EQU    40H
       Y      EQU    41H
       ORG    0000H
START: MOV    A, X            ; 取 X
       JZ     STOR            ; 若 A=0，则转至 STOR
       JB     ACC.7, MINUS    ; 若 A 为负数，则转至 MINUS
       MOV    A, #01H         ; 若 A>0，则 Y=+1
       SJMP   STOR
MINUS: MOV    A, #0FFH        ; 若 X<0，则 Y=-1
STOR:  MOV    Y, A            ; 保存 Y
       SJMP   $
       END
```

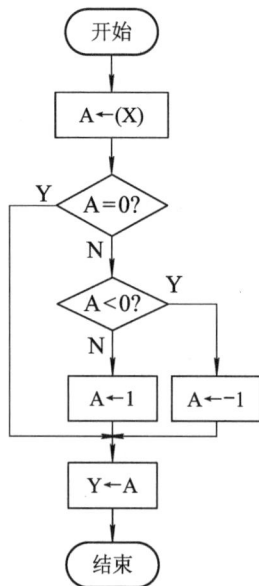

图 4-17   例 4-17 的程序流程图

(2) 使用 JMP   @A + DPTR 指令，转向不同的分支入口。

散转子程序设计的一般步骤如下：

① 用 AJMP 或 LJMP 指令构成一个散转指令地址表；

② 用数据寄存器 DPTR 指向散转指令地址表的入口地址；

③ 确定变址寄存器 A 中的内容；

④ 用 JMP @A + DPTR 指令使程序跳转到散转地址表相应的位置,进而转到相应分支。

【例 4-18】　根据 R2 的内容，转向各个处理程序。

(R2) = 0，转向 PRG0；

(R2) = 1，转向 PRG1；

…

(R2) = n，转向 PRGn。

例 4-18 参考程序段如下：

```
JMP1:   MOV   DPTR, #TAB      ; 指向跳转表首址
        MOV   A, R2
        ADD   A, R2           ; 因为 AJMP 指令为 2 字节，所示(R2)×2
        JNC   L1              ; 当(R2)×2＜256 时，直接转至 L1
        INC   DPH             ; 当(R2)×2≥256 时，DPH 的值加 1
L1:     JMP   @A+DPTR         ; (A)+(DPTR)→PC
        ...
TAB:    AJMP  PRG0            ; 建立中间散转表，AJMP 指令占 2 字节
        AJMP  PRG1            ; AJMP 指令的寻址范围为 2KB
        ...
        AJMP  PRGn            ; 程序长度超过 2KB，可使用 LJMP(三字节指令)
PRG0:   ...                   ; 各处理程序，地址间隔无规律
PRG1:   ...
        ...
PRGn:   ...
```

4.5.4　循环结构程序设计

若需要重复对不同对象做相同的处理过程，则可用循环程序结构。典型循环程序包含初始化部分、循环处理部分、循环修改部分、循环控制部分和循环结束处理部分五部分。

(1) 初始化部分：循环初始化用于完成循环前的准备工作。例如，设置循环控制计数初值；设置指针，使其指向第一个数据；为变量预置初值等。

(2) 循环处理部分：循环程序结构的核心部分，完成实际的处理工作，是需反复循环执行的部分，故又称循环体。这部分程序的内容取决于实际处理的问题本身。

(3) 循环修改部分：修改循环参数，为执行下一次循环做准备。

(4) 循环控制部分：判断是否结束循环。控制循环结束的方法主要有循环计数控制法和条件控制法。

(5) 循环结束处理部分：对循环程序执行的最后结果进行分析、处理和存放。

循环程序结构有两种形式，如图 4-18 所示。第一种方法：先执行循环体然后判断条件，不满足条件则继续执行循环操作，一旦满足条件则退出循环。第二种方法：将对循环控制条件的判断放在循环开始处，先判断条件，满足条件则执行循环体，否则退出循环。

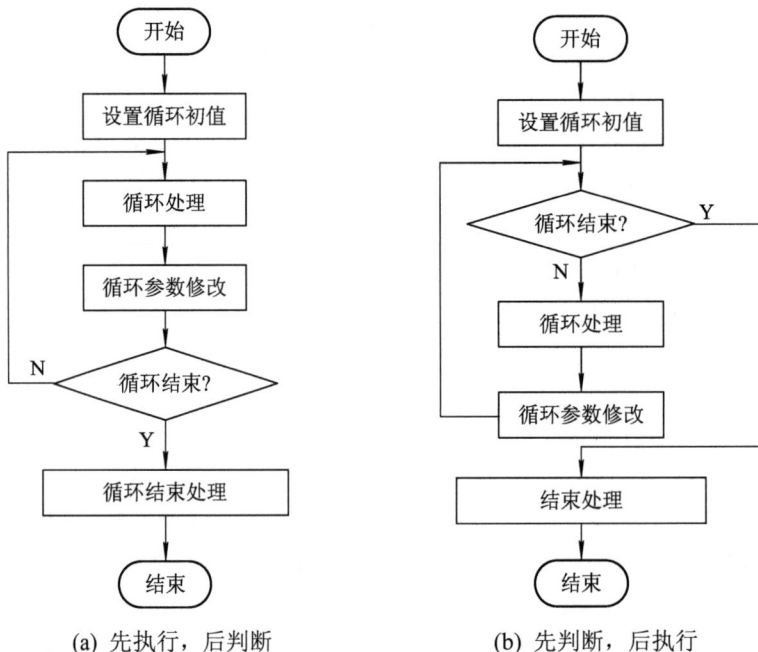

(a) 先执行，后判断　　　　　　　　　　(b) 先判断，后执行

图 4-18　循环程序结构

1. 单循环结构

1) 计数控制单循环结构

计数控制循环结构一般是将计数器的值设为循环次数，每循环一次，计数器减 1，当计算器的值减至 0 时，结束循环。或者设置计数器的初始值为 0，每循环一次，计数器加 1，当计数器加到已知的循环次数时，结束循环。计数器可以选用工作寄存器或直接寻址单元。

【例 4-19】 数据块传送。设内部 RAM 30H 开始存放了 50 个数据，编写程序，将这 50 个数据送至外部 RAM 1000H 开始的单元中。

例 4-19 的源程序如下：

```
        ORG   0000H
        MOV   R0,#30H        ; 初始化地址指针
        MOV   DPTR, #1000H
        MOV   R7,#50         ; 初始化循环次数
AGAIN:  MOV   A, @R0         ; 取一个数
        MOVX  @DPTR, A       ; 送至外部 RAM
        INC   R0             ; 修改指针
        INC   DPTR
        DJNZ  R7, AGAIN      ; 若(R7)减 1 不为 0，则转至 AGAIN
        SJMP  $
        END
```

【例 4-20】 设有 100 个单字节数，连续存放在内部 M 单元开始的数据存储器中，试编写程序，求这 100 个数的检验和(不考虑进位，和也为单字节)，将结果存入 SUM 单元中。

例 4-20 的源程序如下：

```
        M     EQU   20H        ; 定义符号
        SUM   EQU   1FH
        ORG   0000H            ; 程序入口
        MOV   A, #0            ; 累加器 A 清零
        MOV   R0, #M           ; 初始化地址指针
        MOV   R1, #0           ; 初始化计数器
LOOP: ADD     A, @R0           ; 循环体，做加法运算
        INC   R0               ; 修改指针
        INC   R1               ; 计数器 R1 的值加 1
        CJNE  R1, #100, LOOP   ; 若(R1)不为 100，则循环
        MOV   SUM, A           ; 循环结果处理，保存和
        SJMP  $                ; 程序暂停
        END
```

2) 条件控制单循环结构

计数控制循环结构只有在循环次数已知的情况下适用。在循环次数未知的情况下，不能用循环次数来控制，往往需要根据某种条件来判断是否应该终止循环。

【例 4-21】　在起始地址为 BUF 的内部数据存储器中放有 80 个数，其中一个数的值为 FFH。试编写程序，求出这个数的地址，并存入 RESULT 单元。若这个数不存在，则将 0 存入 RESULT 单元。

例 4-21 的程序流程图如图 4-19 所示，源程序如下：

```
        RESULT  EQU   0FH
        BUF     EQU   10H
        ORG     0000H
        MOV     R0, #BUF
        MOV     R1, #80
LOOP: CJNE      @R0, #0FFH, L1
        SJMP    L2
L1:     INC     R0
        DJNZ    R1, LOOP
        MOV     RESULT, #00H
        SJMP    L3
L2:     MOV     RESULT, R0
L3:     SJMP    $
        END
```

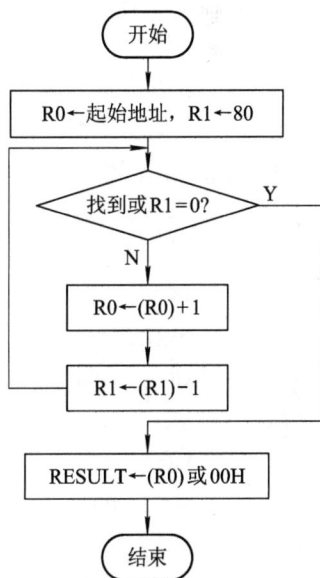

图 4-19　例 4-21 的程序流程图

2. 多重循环结构

多重循环即循环嵌套结构。多重循环程序的设计方法和单循环是一样的，只是要分别考虑各重循环的控制条件。内循环属于外循环体中的具体处理部分。在多重嵌套中，不允

许各个循环体互相交叉，也不允许从外循环跳入内循环，否则编译时会出错。应该注意的是，每次通过外循环进入内循环时，内循环的初始条件需要重置。

【例 4-22】 设晶振的频率为 12 MHz，用双重循环实现软件延时，使 P1.0 引脚输出周期为 100 ms 的方波。

分析：周期为 100 ms，可以软件延时 50 ms，每 50 ms P1.0 取反。下列程序中子程序 DEL50 的延时时间为 $1 \times 1 + 200 \times (1 + 1 + 123 \times 2 + 1 \times 2) + 1 \times 2 = 50\,003 \ \mu s \approx 50ms$。

例 4-22 的参考程序如下：

```
        ORG     0000H
LOOP:   CPL     P1.0
        LCALL   DEL50
        LJMP    LOOP            ；转到 LOOP，循环执行
DEL50: MOV     R7, #200        ；(1)单机器周期，执行 1 次
DEL1:   MOV     R6, #123        ；(2)单机器周期，执行 200 次
        NOP                     ；(3)单机器周期，执行 200 次
DEL2:   DJNZ    R6, DEL2        ；(4)双机器周期，外循环 200 次，内循环 123 次
        DJNZ    R7, DEL1        ；(5)双机器周期，执行 200 次
        RET                     ；(6)双机器周期，执行 1 次
        END
```

【例 4-23】 将内存中一串单字节无符号数升序排序。设这 N 个数存放在 TAB 开始的内部数据存储单元中。

分析：冒泡算法，即每次取相邻单元的两个数比较，判断是否需要交换数据位置。第一次循环，比较 $N-1$ 次，取到数据表中最大值；第二次循环，比较 $N-2$ 次，取到次大值……第 $N-1$ 次循环，比较 1 次，排序结束。

例 4-23 的程序流程图如图 4-20 所示，参考程序如下：

```
        N       EQU     10
        TAB     EQU     40H
        ORG     0000H
SORT:   MOV     R4, #N-1        ；外循环次数
LOOP1:  MOV     A, R4
        MOV     R3, A           ；内循环次数
        MOV     R0, #TAB        ；设数据指针
LOOP2:  MOV     A, @R0          ；取一个数
        MOV     B, A            ；第一个数送到 B
        INC     R0              ；修改指针
        MOV     A, @R0          ；取第二个数，送到 A
        CLR     C
        SUBB    A, B            ；比较
        JNC     UNEXCH          ；A≥B，不交换
```

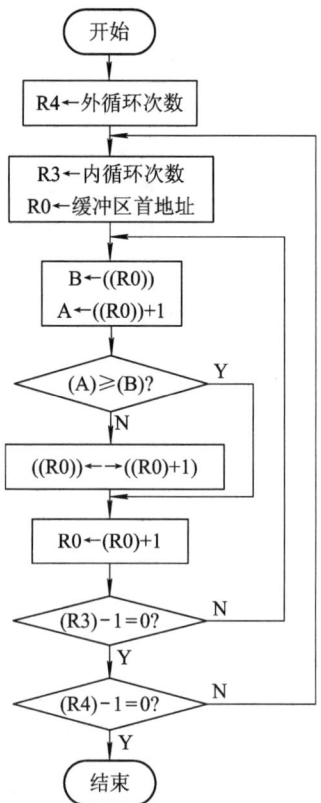

图 4-20　例 4-23 的程序流程图

```
        MOV   A, B          ; 否则两个数据交换
        XCH   A, @R0
        DEC   R0
        MOV   @R0, A
        INC   R0
UNEXCH: DJNZ  R3, LOOP2     ; 内循环结束?
        DJNZ  R4, LOOP1     ; 外循环结束?
        SJMP  $
        END
```

4.5.5　子程序设计

在编制程序时，往往会有一些功能在程序中多次被用到(如显示、排序、查表、延时等)，通常将这些功能编成一个个的子程序(过程、函数)以备调用。在编写子程序时应注意以下问题。

1．子程序的定义

子程序的编写方法与一般程序类似，但应满足通用性的要求，不针对具体数据编程。子程序的第一条指令的地址称为子程序的入口地址，该指令前必须有标号，作为子程序名，以供调用。子程序以 RET 指令结尾，用于返回原调用处。

子程序的注释需提供足够的调用信息，如子程序名、子程序功能、入口参数和出口参数、子程序占用的硬件资源、子程序中调用的其他子程序名等。

2．调用与返回

子程序的调用方法是在调用类指令(ACALL、LCALL)后写上子程序名。调用指令执行子程序时，先保存断点地址，即将断点地址压入堆栈，而后转入子程序入口。

在子程序的最后使用 RET 指令，其功能就是将压入堆栈的断点地址弹给 PC，使程序返回到原来的调用程序，继续执行后面的指令序列。

3．设置堆栈指针

调用子程序之前应设置好堆栈指针，子程序嵌套须考虑堆栈容量。

4．现场保护和恢复工作

为避免子程序在运行过程中修改主调程序中使用的寄存器/存储单元的原有内容，在子程序开始运行时应进行"现场保护"，在子程序运行结束时应进行"现场恢复"。原则上子程序中使用的寄存器应该保存，但用于传递参数的寄存器则无须保存。

注意：若有较多的寄存器要保护，则应使主程序、子程序使用不同的寄存器组。当使用堆栈来保存寄存器的内容时，由于堆栈是"先进后出"，因此需注意保存和恢复的顺序。

5．参数的传递

主程序调用子程序时，需要设置子程序的初始数据(入口参数)，子程序执行完毕返回主程序时，需要将子程序的执行结果(出口参数)送给主程序。为完成参数传送，需设置参数的存放地址。常用的参数传递方式有寄存器传递参数、存储单元传递参数以及堆栈传递

参数。其中，前两种方法广为采用。

【例 4-24】 编写主程序与子程序，将内部 RAM 的一组单元清零。子程序不包含这组单元的起始地址和个数。

例 4-24 的源程序如下：

```
          ORG    0000H
MAIN: MOV   R0,#30H      ; 主程序 MAIN
      MOV   R2,#0AH
      ACALL ROUTE        ; 调用子程序
      SJMP  $            ; 主程序暂停
ROUTE: MOV  A,#00H       ; 子程序 ROUTE, (R0)=首地址, (R2)=字节总数
LOOP: MOV   @R0,A
      INC   R0
      DJNZ  R2, LOOP
      RET                ; 子程序返回, 返回到主程序
      END
```

【例 4-25】 将一个 RAM 单元中的非压缩 BCD 码转成共阴极七段码，存到另一个单元中。

例 4-25 的源程序如下：

```
            ORG     0000H
MAIN:   MOV     A, 30H                    ; 主程序
        LCALL   BCD2SEG
        MOV     31H, A
        SJMP    $
BCD2SEG:MOV     DPTR, #TABL               ; 子程序 BCD2SEG
        MOVC    A, @A+DPTR
        RET
TABL:   DB      3FH, 06H, 5BH, 4FH, 66H   ; 共阴极数码管的段码表
        DB      6DH, 7DH, 07H, 7FH, 6FH
        END
```

4.6 目标程序的生成

汇编语言源程序以 .asm 为扩展名，需要利用汇编程序将其翻译成目标程序，才能被单片机执行。汇编程序会检查源程序语法的正确性，若正确，则将源程序翻译成等价的机器语言程序，并根据用户的需要输出源程序和目标程序的对照清单；若源程序语法有误，则输出错误信息，指明错误的部位、类型和编号。

目标程序在计算机文件上以 .hex 为扩展名，是由与汇编语言指令一一对应的机器码构成的，如表 4-18 所示。目标程序是单片机唯一能够直接运行的程序。

表 4-18　源程序与目标程序对照举例

汇编语言源程序(filename.asm)	目标程序(filename.hex)	
ORG　0000H START: MOV　A, #5EH 　　　ADD　A, #0A9H 　　　MOV　30H, A 　　　SJMP　$ 　　　END	地址 C:0x0000 C:0x0002 C:0x0004 C:0x0006	机器码 745E 24A9 F530 80FE

汇编语言程序设计实验

实验设备：计算机一台，Keil MDK 软件。

实验报告要求：实验名称、实验目的、实验要求、实验流程图、源程序、程序调试过程及结果。

实验一：数值转换与编码

实验目的：学会使用 Keil μVision 开发单片机汇编语言程序；掌握编码之间的转换关系。

实验内容：将给定的一个字节数据分别转换成三个非压缩 BCD 码、ASCII 码、共阳极七段码，并存放在 30H 开始的存储单元中。

实验二：分支、循环程序设计

实验目的：熟练使用 Keil μVision 软件开发 MCS-51 汇编语言程序，掌握分支结构和循环结构程序的设计方法。

实验内容：30H～3FH 单元中存放了 16 个无符号数，编写程序找出最大值，并存放在40H 单元中。

实验三：排序程序

实验目的：掌握控制转移指令的功能，以及冒泡排序法原理。

实验内容：设 30H 开始的 10 个存储单元中，存放的是有符号数，编写程序实现以下功能。

(1) 取它们的绝对值，并存放于 40H 开始的单元中。

(2) 将 40H 开始的 10 个数排序，并存入 50H 开始的单元中。

本 章 小 结

MCS-51 单片机指令系统共有 111 条指令，主要有七种寻址方式，除相对寻址是对指令的寻址外，其余都是对操作数的寻址。在内部 RAM 中，操作数可以采用寄存器寻址、直接寻址或寄存器间接寻址；在外部 RAM 中，操作数则只能用寄存器间接寻址；在程序存储器中，操作数只能用变址寻址。按照功能的不同，MCS-51 指令可以分为数据传送指令、算术运算指令、逻辑运算与移位指令、控制转移指令和位操作指令五类。值得注意的是，数据传送类指令中，工作寄存器之间不能直接进行数据传送；算术运算指令中，都是以累加器 A 为目的操作数；大部分的逻辑运算与移位指令也都是以累加器 A 为目的操作数。四种无条件转移指令的功能是一样的，主要区别在于转移范围不同，LJMP 指令转移的范围最大，SJMP 指令转移的范围最小。ACALL 指令和 LCALL 指令的功能也是一样的，区别在于机器码长度以及调用范围不同。位操作指令是单片机特有的指令，主要原因是单片机面向控制。根据位数的不同，MCS-51 汇编语言程序中主要有三种数据类型，即位、字节和字，数据的形式可以是二进制、十六进制、十进制或字符(ASCII 码)。由于位地址和字节地址是一样的(00H～7FH)，有时候容易混淆，区别它们的方法有两种：一是在双操作数指令中，看另外一个操作数的类型(位数)；二是看指令的操作码，有些指令只对位进行操作，不能对字节操作。

汇编语言源程序由一系列的语句组成，其中包括指令语句和伪指令语句，一行中只能写一条语句。指令被汇编器翻译成机器代码，供 CPU 执行，而伪指令却不会。伪指令的作用在于告诉汇编程序如何把指令翻译成机器码。汇编语言源程序一般包括定义符号、定义程序开始地址、定义中断入口、主程序、子程序、中断服务程序、定义数据表、程序结束等部分。程序是顺序执行的，一条指令接着一条指令，除非执行了控制转移指令。汇编语言中的控制转移指令可以分为条件转移指令、无条件转移指令、子程序调用和返回指令等。

单片机不能直接地接受和执行源程序，唯一可执行的程序是目标程序，只有在源程序没有语法错误时，汇编程序才会将源程序翻译成目标程序。

习 题 四

4-1 机器指令由( )组成。
A. 操作码　　　　　　　　　B. 操作数
C. 操作码和操作数　　　　　D. 操作码和立即数
4-2 MCS-51 汇编语言指令的字节数是( )字节。
A. 1　　　　B. 2　　　　C. 1 或 2　　　　D. 1、2 或 3
4-3 MCS-51 指令的执行时间是( )个机器周期。
A. 1　　　　B. 2 或 4　　　　C. 1 或 2　　　　D. 1、2 或 4
4-4 立即数前面要加符号( )。
A. @　　　　B. #　　　　C. %　　　　D. *
4-5 可以用作寄存器间接寻址的工作寄存器有( )。
A. R0、R2　　B. R1、R3　　C. R1、R2　　D. R0、R1
4-6 简述 8051 的寻址方式和每种寻址方式所涉及的寻址空间。
4-7 分析下面各指令中操作数的寻址方式：
(1) MOV A, 30H
(2) MOV R2, A
(3) MOV @R0, #0FEH
(4) MOV A, @R1
(5) MOV DPTR, #1E00H

(6) MOVC　A, @A+DPTR

(7) MOV C, 30H

(8) JC　L1

4-8　分别用直接寻址、寄存器间接寻址、寄存器寻址方式，实现将 06H 存储单元的内容送到累加器 A，写出相应指令。

4-9　三种传送指令 MOV、MOVC 和 MOVX，使用时有什么区别？

4-10　执行指令 MOVX A, @DPTR 时，$\overline{\text{WR}}$、$\overline{\text{RD}}$ 引脚的电平分别为(　　)。

A. 高电平、高电平　　　　　　　　B. 低电平、高电平

C. 高电平、低电平　　　　　　　　D. 低电平、低电平

4-11　假定累加器(A) = 30H，执行指令 "1000H: MOVC A, @A + PC" 后，程序存储器
＿＿＿＿单元的内容送入累加器 A 中。

4-12　假定 DPTR 的内容为 8100H，累加器的内容为 40H，执行指令 "MOVC A, @A +
DPTR" 后，程序存储器＿＿＿＿单元的内容送入累加器 A 中。

4-13　在进栈/出栈指令中，操作数只能用(　　)寻址方式。

A. 直接　　　　　B. 寄存器　　　　　C. 寄存器间接　　　D. 立即

4-14　假定(SP) = 60H，(ACC) = 30H，(B) = 70H，执行下列指令：

　　　PUSH ACC

　　　POP　B

后，(SP) = ＿＿＿＿，(61H) = ＿＿＿＿，(B) = ＿＿＿＿。

4-15　加法/减法指令中必须以(　　)作为目的操作数。

A. R0　　　　　　B. 30H　　　　　　C. B　　　　　　D. A

4-16　乘除法指令中，只能用寄存器(　　)作为操作数。

A. A 和 B　　　　B. A 和 R0　　　　C. R0 和 B　　　　D. R0 和 R1

4-17　MCS-51 单片机只能完成两个(　　)数据的相乘。

A. 字节　　　　　B. 字　　　　　　C. 4 位二进制　　　D. 32 位二进制

4-18　假定(A) = 0FFH，(30H) = 0F0H，(R0) = 4FH，(50H) = 00H，执行下列指令：

　　　INC　A

　　　INC　R0

　　　INC　30H

　　　INC　@R0

后，累加器(A) = ＿＿＿＿，(R0) = ＿＿＿＿，(30H) = ＿＿＿＿，(50H) = ＿＿＿＿。

4-19　假定(A) = 56H，(R5) = 67H，执行下列指令：

　　　ADD　A, R5

　　　DA　A

后，累加器 A 的内容为 ＿＿＿＿，Cy 的内容为 ＿＿＿＿。

4-20　假定(A) = 0FH，(R4) = 19H，(30H) = 00H，(R1) = 40H，(40H) = 0FFH，执行下列指令：

　　　DEC　A

　　　DEC　R4

DEC　30H

DEC　@R1

后，(A)=_____，(R4)=_____，(30H)=_____，(40H)=_____。

4-21　假定(A)=50H,(B)=0A0H,执行指令"MUL AB"后,寄存器B的内容为_____,累加器A的内容为_____。

4-22　假定(A)=0F9H,(B)=12H,执行指令"DIV AB"后,累加器A的内容为_____,寄存器B的内容为_____。

4-23　已知A=35H,执行指令"RL A"后,A的值是(　　)。

A. 24H　　　　　　B. 68H　　　　　　C. 74H　　　　　　D. 6AH

4-24　所有的条件转移指令都是采用(　　)寻址方式。

A. 直接　　　　　　B. 寄存器间接　　　C. 相对　　　　　　D. 立即

4-25　如果累加器A的值是0,就转到L1去执行的指令是(　　)。

A. JNZ　L1　　　　　　　　　　B. JNB ACC.7, L1

C. JZ　L1　　　　　　　　　　D. JB　ACC.7, L1

4-26　如果A的值不等于60,就转到NEXT去执行的指令是(　　)。

A. CJNE A, 60H, NEXT　　　　　B. CJNE A, #60H, NEXT

C. CJNE A, #60, NEXT　　　　　D. CJNE A, 60, NEXT

4-27　若R7的内容减1不等于0,则转到AGAIN的指令是(　　)。

A. JNZ　R7, AGAIN　　　　　　B. CJNZ　R7, #0, AGAIN

C. JZ　R7, AGAIN　　　　　　D. DJNZ　R7, AGAIN

4-28　如果进位标志位为1,就转移的指令是(　　)。

A. JB　L3　　　B. JNB L3　　　C. JC　L3　　　　　D. JNC　L3

4-29　将P1口的最低位取反的指令是(　　)。

A. CPL　P1.0　　B. ANL P1.0　　C. CLR　P1.0　　　D. ORL P1.0

4-30　用于单片机程序设计的汇编语言和C语言各有什么特点?

4-31　说明常用伪指令ORG、EQU、DB、DW、END的作用。

4-32　设常量和数据标号的定义为:

　　　ORG　2000H

DAT1: DB　1, 2, 3

DAT2: DB　'ABC'

DAT3: DW　2400H, -3

TAB: DW　DAT1, DAT3

(1) 画出上述数据或地址的存储形式。

(2) 写出各标号的地址。

4-33　双字节加法。被加数存放在内部RAM的30H(高字节)、31H(低字节)单元中,加数存放在内部RAM的32H(高字节)、33H(低字节)中,运算结果存放在30H、31H中,进位存放在位寻址区的20H位。

4-34　编写程序,将内部RAM 30H单元中压缩的BCD码转换为ASCII码,存放在40H、41H单元中。

4-35　将内部 RAM 30H 单元的内容转换成三位 BCD 码(百位、十位、个位)，并将结果存入外部 RAM 1000H 开始的单元。

4-36　编写程序，将内部 RAM 30H～7FH 单元的内容全部清零。

4-37　编写程序，将外部数据存储区中 3000H～30FFH 单元全部清零。

4-38　从内部 RAM 30H 单元开始，存放有 20H 个数据，试编写程序，将这 20H 个数据逐一移到外部 RAM 1000H 单元开始的存储空间。

4-39　将外部 RAM 8000H 开始的 20 个字节传送到外部 RAM 8100H 开始的单元中去。

4-40　编写程序，找出内部 RAM 30H～5FH 单元中无符号数的最大数，将结果存入 60H 单元。

4-41　内部 RAM 30H 单元开始存放了 20 个数，编写程序找出其中的最小数，存入 2FH 单元。

4-42　试编写程序，查找在内部 RAM 的 31H～50H 单元中是否有字符"A"。若有，则将 51H 单元置为 -1；若未找到，则将 51H 单元置为 0。

4-43　试编写程序，将内部 RAM 40H～6FH 单元中的无符号数按照从小到大的次序排列，结果仍然放在原存储空间。

4-44　试编写程序，统计内部 RAM 的 20H～5FH 单元中出现 55H 的次数，并将统计结果送入 60H 单元。

4-45　编程统计累加器 A 中"1"的个数，并存放到内部 RAM 30H 单元中。

4-46　从内部 RAM 30H 单元开始，存放有 50 个数据。试编写程序，将其中的正数、负数分别送外部 RAM 1000H 和 2000H 开始的单元，并分别记下正数和负数的个数送入内部 RAM 70H 和 71H 单元。

4-47　利用子程序实现两个字节相乘，输入的数据在 30H 和 31H 单元，结果放入 40H 和 41H 单元，请编写主程序及子程序。

4-48　计算下面子程序执行的时间(晶振频率为 12 MHz)：

```
DELAY: MOV   R3, #100      ; 1 个机器周期
DL1:   MOV   R4, #200      ; 1 个机器周期
DL2:   DJNZ  R4, DL2       ; 2 个机器周期
       DJNZ  R3, DL1       ; 2 个机器周期
       RET                 ; 2 个机器周期
```

第 5 章　C51 程序设计简介

本章教学目标

- 了解 C51 的数据类型与运算符含义
- 了解 C51 程序的基本结构
- 了解 C51 中断服务函数的定义方式
- 掌握 C51 常用库函数的功能

C51 语言是由 C 语言发展而来的 MCS-51 单片机编程语言，和运行于通用微型计算机平台的 C 语言不同的是 C51 语言运行于单片机平台，支持的微处理器种类繁多，可移植性好。对于 8051 兼容的系列单片机，只要将一个硬件型号下的程序稍加修改，甚至不加改变，就可移植到另一个不同型号的单片机中运行。

C51 语言具有 C 语言结构清晰的优点，同时具有汇编语言的硬件操作能力。C51 语言提供了完备的数据类型、运算符及函数供用户使用。C51 语言与标准 C 语言的区别主要表现在以下几个方面。

(1) C51 中定义的库函数和标准 C 语言定义的库函数不同。标准 C 语言定义的库函数是按通用微型计算机来定义的，而 C51 中的库函数是按 MCS-51 单片机相应情况来定义的。

(2) C51 中增加了几种针对 MCS-51 单片机特有的数据类型。

(3) C51 变量的存储模式与标准 C 语言中变量的存储模式不同，C51 中变量的存储模式与 MCS-51 单片机的存储器紧密相关。

(4) C51 与标准 C 语言的输入输出处理不同，C51 中的输入输出是通过 MCS-51 单片机的串行口来完成的，输入输出指令执行前必须对串行口进行初始化。

(5) C51 与标准 C 语言在函数使用方面也有一定的区别，C51 中有专门的中断服务函数。

5.1 C51 的数据类型与运算符

5.1.1 标识符和关键字

标识符：用来表示组成 C51 程序的常量、变量、语句标号及用户自定义函数的名称等。
关键字：已经被 C51 编译器定义的专用标识符。
标识符必须满足相应规则，不能使用 C51 的关键字。

5.1.2 C51 的数据类型

1．变量与常量
变量定义的格式如下：

    [存储种类] 数据类型 [存储器类型] 变量名

其中，[ ]为可选项。
例如，

    extern unsigned char data status=0;

常量：数值固定不变的量，实际使用中通常使用宏定义。

2．C 语言的基本数据类型
C 语言的基本数据类型包括字符型(char)、整型(int)、短整型(short)、长整型(long)、单精度浮点型(float)、双精度浮点型(double)等，如表 5-1 所示。

表 5-1 C51 中常用的数据类型

数据类型	对应数值	所占用的字节数(位数)
unsigned char	0～255	1 字节(8 bit)
char	−128～+127	1 字节(8 bit)
unsigned int	0～65 535	2 字节(16 bit)
int	−32 768～+32 767	2 字节(16 bit)
short	−32 768～+32 767	2 字节(16 bit)
unsigned long	0～4 294 967 295($2^{32}-1$)	4 字节(32 bit)
long	−2 147 483 648～+2 147 483 647	4 字节(32 bit)
float	±1.2E−38～±3.4E+38	4 字节(32 bit)
bit	0 或 1	1 位(1 bit)
sfr	0～255	1 字节(8 bit)
sfr16	0～65 535	2 字节(16 bit)
sbit	0 或 1	1 位(1 bit)

3. C51 中特殊的数据类型

(1) bit：用于定义一个位变量，内部 RAM 位寻址区的普通位。

语法规则：bit bit_name[=0 或 1];

例如，bit flag=0;   //定义一个名称为 flag 的位变量，初值为 0

(2) sfr：定义 8 位的特殊功能寄存器。

(3) sfr16：定义 16 位的特殊功能寄存器。

语法规则：sfr sfr_name=8 位特殊功能寄存器字节地址；

                 sfr16 sfr_name=16 位特殊功能寄存器字节地址；

例如，sfr P0=0x80;   //定义 P0，地址 80H

(4) sbit：定义特殊功能寄存器中的位。

sbit 型有以下三种定义形式：

① 将 SFR 的绝对位地址定义为位变量名，即 sbit bit_name = 位地址；

例如，sbit CY=0xD7;

② 将 SFR 的相对位地址定义为位变量名，即 sbit bit_name = sfr 字节地址^位序；

例如，sbit CY = 0xD0^7;

③ 将 SFR 的相对位位置定义为位变量名，即 sbit bit_name = sfr_name^位序；

例如，sbit CY = PSW^7;

C51 编译器除了能支持以上这些基本数据类型之外，还能支持一些复杂的组合型数据类型，如数组类型、指针类型、结构类型、联合类型等。

4. 存储种类

存储种类包括 auto(自动)、extern(外部)、static(静态)、register(寄存器)等。变量的存储类别对应变量的作用域与生命周期。

1) auto

auto 是一个自动存储变量的关键字，用于申明一块临时的变量内存。函数中的形参和在函数中定义的局部变量(包括符合语句中的局部变量)都属于此类。如函数中定义变量"int a;"和"auto int a;"是等价的，关键字"auto"是默认省略的，此关键字很少使用。

2) extern

extern 外部变量声明。如果要在一个程序 file1.c 中使用另一个程序 file2.c 的变量 var，直接使用是会报错的，需要用 extern int var 在 file1.h 中声明 var，这样 file1.c 就可以引用 var 了。当然要保证 var 是一个全局变量，局部变量不能用 extern 来修饰。

3) static

static 关键字很重要，分为以下几点介绍。

(1) 通常局部变量在调用完之后就会销毁，而有时候我们希望函数中局部变量的值在函数调用结束后不消失而继续保留原值，即其占用的存储单元不释放，在下一次调用该函数时，该变量就是上一次函数调用结束时的值。这时就应该指定该局部变量为"静态局部变量"，用关键字 static 进行声明。

(2) static 在修饰全局变量时，该变量只能在当前文件中使用，其他文件无法访问和使用，即使用 extern 声明也是无效的，但是可以在多个文件中定义同一个名称的变量，不会受到影响。不同的文件可以使用相同名称的静态函数，互不影响，static 避免了多个文件使用相同的变量名而导致冲突。

(3) static 在修饰函数时，该函数同样只能在当前文件中调用，不能被其他文件调用。

(4) static 修饰的局部变量存放在全局数据区的静态变量区，初始化的时候自动初始化为 0，并且在程序执行期间不销毁，程序执行完成之后才销毁。

4) register

register 变量表示将变量存储在 CPU 内部寄存器中。寄存器存取速度要比内存快，但寄存器是有限的，如果定义了很多 register 变量，可能会超过 CPU 的寄存器个数，这时就没有办法都变为寄存器变量了，这个数量主要由机器性能决定。用 register 修饰的变量只能是局部变量，不能是全局变量，CPU 的寄存器资源有限，不可能让一个变量一直占着寄存器。

5. 存储器类型

存储器类型包括 data、bdata、idata、xdata、pdata、code 等，涉及的存储器空间如表 5-2 所示。

表 5-2　存储器类型对应的空间

存储器类型	描　　述
data	直接寻址的内部 RAM 低 128 字节(00H～7FH)，访问速度快
bdata	内部 RAM 的可位寻址区(20H～2FH)，允许字节和位混合访问
idata	间接寻址访问的内部 RAM，允许访问全部内部 RAM
xdata	用 DPTR 间接访问的外部 RAM，允许访问全部 64 KB 外部 RAM
pdata	用 Ri 间接访问的外部 RAM 的 256 字节
code	程序存储器 ROM 64 KB 空间

(1) data：可直接寻址的片内数据存储器，即内部数据存储器 RAM，在整个 RAM 中只占前 128 字节(0×00～0×7F)。因为它采用直接寻址方式，对变量的访问最快，通常把使用比较频繁的变量存储在这里。

(2) bdata：内部数据存储器的位寻址区，地址为从 20H 开始的 16 字节(0×20～0×2F)。

(3) idata：间接寻址的内部 RAM，共 256 字节(0×00～0×FF)。MCS-51 系列的一些单片机(如 8052)有附加的 128 字节(地址 0×80～0×FF)的内部 RAM，间接寻址的前 128 字节和 data 的 128 字节完全相同，只是寻址方式不同。

(4) xdata：外部数据存储器，即外部 RAM，容量为 64 KB(0×0000～0×FFFF)，16 位地址，单片机访问 xdata 采用间接寻址。

(5) pdata：外部 RAM 的页面内，每一页 256 字节。pdata 段只有 256 字节，而 xdata 可达 65536 字节(64 KB)，对 pdata 和 xdata 的操作是相似的，但是对 pdata 寻址只需要装入 8 位地址，而对 xdata 寻址需装入 16 位地址。

(6) code：程序存储器 ROM，用来存放可执行代码，空间可达 64 KB(0×0000～0×FFFF)，该存储空间的数据是只读的。

例如：

```
char code str[] = "hello!";
unsigned char xdata arr[10] = {0};
```

5.1.3　存储模式

存储模式决定了没有明确指定存储类型的变量、函数参数等的缺省存储区域。在 C51 编译器选项中有以下三种存储模式可供选择。

1. Small 模式

所有缺省变量参数均装入内部 RAM，其优点是访问速度快，缺点是空间有限，只适用于小程序。

2. Compact 模式

所有缺省变量均位于外部 RAM 区的一页(256 字节)，具体哪一页可由 P2 口指定，在 STARTUP.A51 文件中说明，也可用 pdata 指定。其优点是空间较 Small 宽裕，速度较 Small 慢，较 Large 要快，是一种中间状态。

3. Large 模式

所有缺省变量可放在 64 KB 的外部 RAM 区，其优点是空间大，可存变量多，缺点是速度较慢。

5.1.4　C51 的运算符

C51 中的运算符与标准 C 语言基本一致，常用的主要有算术运算符、关系运算符、位运算符、逻辑运算符和赋值运算符等，常用运算符的含义如表 5-3 所示。

表 5-3　常用运算符的含义

优先级	分类	运算符	名称或含义	结合方向
1	初等运算符	[]	数组下标	从左至右
		()	圆括号	
		.	成员选择(对象)	
		->	成员选择(指针)	
2	单目运算符	-	负号	从右至左
		~	按位取反	
		++	自增	
		--	自减	
		&	取地址	
		!	逻辑非	
		(类型)	强制类型转换	
		sizeof	长度运算符	
3	算术运算符	/	除法	从左至右
		*	乘法	
		%	取模	

优先级	分类	运算符	名称或含义	结合方向
4	算术运算符	+	加法	
		-	减法	
5	移位运算符	<<	左移	从左至右
		>>	右移	
6	关系运算符	>	大于	从左至右
		>=	大于等于	
		<	小于	
		<=	小于等于	
7		==	测试等于	
		!=	测试不等于	
8	位运算符	&	位与	从左至右
9		^	异或	
10		|	位或	
11	逻辑运算符	&&	逻辑与	
12		||	逻辑或	
13	条件运算符	?:	条件赋值	从右至左
14	赋值运算符	=	赋值	从右至左
		/=	除后赋值	
		*=	乘后赋值	
		%=	取模后赋值	
		+=	加后赋值	
		-=	减后赋值	
		<<=	左移后赋值	
		>>=	右移后赋值	
		&=	位与后赋值	
		^=	异或后赋值	
		|=	位或后赋值	
15	逗号运算符	,	逗号	从左至右

5.1.5　C51 指针

C51 支持一般指针(generic pointer)和存储器指针(memory_specific pointer)。

1. 一般指针

一般指针的声明和使用均与标准 C 语言相同，不过一般指针还可以说明指针的存储类型，例如，"long *state;"为一个指向 long 型整数的指针，而 state 本身则依存储模式存放。"char *xdata ptr; ptr"为一个指向 char 数据的指针，而 ptr 本身放于外部 RAM 区。

以上 long、char 指针指向的数据可存放于任何存储器中。一般指针本身用 3 字节存放，分别为存储器类型、高位偏移、低位偏移量。

2. 存储器指针

存储器指针说明时即指定了存储类型，例如，"char data *str; str"指向 data 区中 char 型数据。"int xdata *pow; pow"指向外部 RAM 的 int 型整数。

这种指针存放时，只需 1 字节或 2 字节就够了，因为只需存放偏移量。

3. 指针转换

指针转换即指针在以上两种类型之间转化。

- 当存储器指针作为实参传递给一般指针的函数时，指针自动转化。
- 如果不说明外部函数原型，存储器指针自动转化为一般指针会导致错误，因而需用"#include"说明所有函数原型。
- 可以强行改变指针类型。

5.2　C51 基本语句

C51 程序结构包括顺序程序、分支程序、循环程序几种。在分支或循环程序中，常常用到 if 选择语句、switch/case 多分支选择语句、while 循环语句、do-while 循环语句、for 循环语句等。

1. if 语句格式

(1)　if(表达式) {语句;　}

(2)　if(表达式) {语句 1;　}
　　　else {语句 2;　}

(3)　if(表达式 1) {语句 1;　}
　　　else if(表达式 2)(语句 2;)
　　　else if(表达式 3)(语句 3;)
　　　…
　　　else if(表达式 n-1)(语句 n-1;)
　　　else {语句 n}

if 语句中的"表达式"可以是关系表达式、逻辑表达式，甚至是数值表达式。

2. switch/case 语句格式

```
switch (表达式){
    case 常量表达式 1: {语句 1; }break;
```

```
        case 常量表达式 2: {语句 2; }break;
        …
        case 常量表达式 n: {语句 n; }break;
        default: {语句 n+1; } break;
    }
```

当 switch 表达式的值与 case 后面的常量表达式的值相等时，执行该 case 后面的语句，遇到 break 语句退出 switch 语句。若 switch 表达式的值与 case 后的常量表达式的值都不相同，则执行 default 后面的语句，然后退出 switch 结构。

3. while 语句和 do-while 语句格式

```
    while(表达式)
    {循环体语句; }
    do
    {循环体语句; }
    while(表达式);
```

当满足条件时进入循环，进入循环后，当条件不满足时，跳出循环。

4. for 语句格式

```
    for(表达式 1; 表达式 2; 表达式 3)
    {循环体语句; }
```

在 for 循环中，一般表达式 1 为初值表达式，用于给循环变量赋初值；表达式 2 为条件表达式，对循环变量进行判断；表达式 3 为循环变量更新表达式，用于更新循环变量的值，当循环变量不能满足条件时退出循环。

5.3　C51 程序的基本结构

函数是 C51 程序的基本组成单位，在程序的开始部分一般是预处理命令(头文件包含、宏定义、条件编译)、函数声明和数据定义，函数包括主函数、自定义函数、中断服务函数。编写 C51 程序时，需要注意以下几点。

(1) 函数以"{"开始，以"}"结束，二者必须成对出现，它们之间的部分为函数体。被调用的函数要先声明或定义。

(2) C51 程序没有行号，一行内可以书写多条语句，一条语句也可以分写在多行上。

(3) 每条语句必须以分号";"结尾，分号是 C51 程序的必要组成部分。

(4) 每个变量必须先定义后引用。函数内部定义的变量为局部变量，又称内部变量，只能在定义函数的内部使用。在函数外部定义的变量为全局变量，又称外部变量，在定义函数的程序文件中都可使用。

(5) 对程序语句的注释必须放在双斜杠"//"之后，或者放在"/*…*/"之内。

5.3.1　头文件

C51 中头文件很多，包括 reg51.h 或 reg52.h、absacc.h、math.h、intrins.h、stdio.h、stdlib.h 等，较常用的是 reg51.h 或 reg52.h、absacc.h、math.h 这三个头文件。

1. reg51.h 或 reg52.h

reg51.h 和 reg52.h 是定义 MCS-51 子系列单片机和 MCS-52 子系列单片机内部特殊功能寄存器和相关可寻址位的头文件。这两个头文件绝大部分内容都是相同的，只是 MCS-52 子系列比 MCS-51 子系列单片机多了一个定时器 T2，因此也就多了几行与其相关的寄存器定义。

例如：在头文件 reg51.h 中 P0、IE，以及标志位 Cy 和 EA 的定义如下：

```
sfr    P0 = 0x80;
sfr    IE = 0xA8;
sbit   CY = 0xD7;
sbit   EA = 0xAF;
```

2. absacc.h

absacc.h 是单片机访问存储器或 I/O 接口地址的头文件。通常在程序中包含该头文件以后，即可使用其中定义的宏来访问绝对地址。absacc.h 中包含了允许直接访问 8051 不同区域存储器的宏。例如：

```
#define CBYTE ((unsigned char volatile code   *) 0)
#define DBYTE ((unsigned char volatile data   *) 0)
```

在程序中，用"#include <absacc.h>"即可使用其中定义的宏来访问绝对地址，包括 CBYTE、XBYTE、PWORD、DBYTE、CWORD、XWORD、PBYTE、DWORD 等。

- DBYTE 允许访问 8051 内部 RAM 中的字节。

例如，

```
val8 = DBYTE[0x02];            从内部 RAM 地址 02H 读出 1 字节，送给 val8
DBYTE[0x02] = 56;              数据写入内部 RAM 02H 单元
```

- DWORD 允许访问 8051 内部 RAM 中的字。

例如，

```
val16 = DWORD[0x02];           从内部 RAM 单元读出 2 字节，送给 val16
DWORD[0x02] = 57;              数据写入内部 RAM 02H 和 03H 单元
```

- XBYTE 允许访问 8051 外部 RAM 页面中的字节。

例如，

```
val8 = PBYTE[0x02];            从外部 RAM 页面地址 02H 读出 1 字节，送给 val8
XBYTE[0x02] = 58;             数据写入外部 RAM 02H 单元
```

- XWORD 允许访问 8051 外部 RAM 中的字。

例如，

```
val16 = XBYTE[0x0002];         从外部 RAM 单元读出 2 字节，送给 val16
XWORD[0x0002] = 59;           数据写入外部 RAM 02H 和 03H 单元
```

3. math.h

math.h 是定义非基本算术运算的头文件，如求绝对值、方根、正弦、余弦等，其中有各种数学函数，需要时可以直接调用。该头文件中一些函数定义将在 5.4.6 节进行详细说明。

5.3.2　主函数

每个 C51 源程序中都包含一个名为"main()"的主函数，C51 程序的执行总是从 main() 函数开始的，执行到 main()函数结束则结束。在 main()函数中可以调用其他功能函数，其他函数也可以相互调用，但 main()函数不能被其他函数调用。其他功能函数可以是 C 语言编译器提供的库函数，也可以是由用户定义的自定义函数。

例如，假设 P1.0 引脚外接一个 LED，以下程序实现 LED 每 100 ms 切换一次亮灭状态：

```
#include <reg51.h>          //包含头文件 reg51.h
sbit LED = P1^0;            //定义位名称
void Delay100ms(void);      //函数声明
void main()                 //主函数
{
    while(1)                //主循环
    {
        LED = 0;            //点亮 LED 灯
        Delay100ms();       //调用延时函数
        LED = 1;            //熄灭 LED 灯
        Delay100ms();       //调用延时函数
    }
}
void Delay100ms()           //子函数定义，延时 100 ms
{
    unsigned char i, j;
    i = 195;
    j = 138;
    do
    {
        while (--j);
    } while (--i);
}
```

5.3.3　中断服务函数

当 CPU 响应中断时，会转去执行中断服务函数，8051 单片机的 5 个中断源对应的中断号如表 5-4 所示。

表 5-4   MCS-51 中断号

中断源	中断向量号	中断入口地址
外部中断 0	0	0003H
定时器/计数器 0 中断	1	000BH
外部中断 1	2	0013H
定时器/计数器 1 中断	3	001BH
串行口中断	4	0023H

中断服务函数的一般格式如下:

函数类型 函数名(形参列表)   interrupt n [using m]

其中，中断函数类型一般为 void；

interrupt 后面的 n 是中断向量号，取值范围为 0~4，编译器从地址 8n + 3 处产生一条长跳转指令，转向中断向量号为 n 的中断服务程序；

using m 用于选择不同的工作寄存器组，m 的取值范围为 0~3，对应于内部 RAM 中的一组工作寄存器(R0~R7)。该项为可选项。

编写 MCS-51 中断函数时需要注意的是，中断函数不能进行参数传递，如果中断函数中包含任何参数声明都将导致编译出错。中断函数没有返回值，建议在定义中断函数时将其定义为 void 类型，以明确说明没有返回值。在任何情况下都不能直接调用中断函数，否则会产生编译错误。若在中断函数中调用了其他函数，则被调用函数所使用的寄存器组必须与中断函数相同，否则会产生不正确的结果。

例如:

```
#include "reg51.h"          //定义 MCS-51 单片机特殊功能寄存器
sbit LED1 = P0^0;           //定义端口位
void   init_intr0(void);     //声明函数 init_intr0
void   Delay1ms(void);       //声明函数 Delay1ms
void main(void)
{
    init_intr0();
    while(1);
}
void init_intr0(void)
{
    IT0 = 1;                //外部中断 INT0 用边沿触发方式(下降沿)
    EX0 = 1;
    EA = 1;                 //开启总中断
}
void Delay1ms()            //@12.000 MHz
{
```

```
    unsigned char i, j;
    i = 12;
    j = 169;
    do
    {
        while (--j);
    } while (--i);
}
void isr_intr_0(void) interrupt 0        //外部中断 0 的中断服务函数
{
    Delay1ms();
    LED1 = ~LED1;
}
```

5.4 Keil C51 常用库函数

Keil C51 有丰富的可直接调用的库函数，灵活使用库函数可使程序代码简单、结构清晰，并且易于调试和维护。每个库函数都在相应的头文件中给出了函数原型声明，用户如果需要使用库函数，必须在源程序的开始处用预处理命令"#include"将有关的头文件包含进来。C51 库函数的帮助文档可以在 Keil4 的安装目录下找到，相对地址为 Keil4\C51\hlp\c51.chm，文档内的 Library Reference 目录下有以类别划分的库函数(Routines By Category)、头文件介绍(Include Files)、单个函数的介绍(Reference)。库函数类别主要有以下几种。

(1) 本征库函数(Intrinsic Routines)；
(2) 缓存操作类(Buffer Manipulation Routines)；
(3) 字符类(Character Routines)；
(4) 数据转换类(Data Conversion Routines)；
(5) 数学类(Math Routines)；
(6) 内存分配类(Memory Allocation Routines)；
(7) I/O 流类(Stream I/O Routines)；
(8) 字符串类(String Routines)；
(9) 可变长度参数(Variable Length Argument Routines)；
(10) 其他(Miscellaneous Routines)。

5.4.1 本征库函数

本征库函数是指编译时直接将固定的代码插入到当前行，而不是用汇编语言中的

ACALL 和 LCALL 指令来实现调用，从而大大提高了函数的访问效率。Keil C51 的本征库函数有 9 个(如表 5-5 所示)，数量少但非常有用。使用本征库函数时，C51 源程序中必须包含预处理命令"#include   <intrins.h>"。

表 5-5 本 征 库 函 数

函数名及定义	功 能 说 明
unsigned char _crol_(unsigned char val, unsigned char n)	字符数据 val 循环左移 n 位，相当于 RL 命令
unsigned int _irol_(unsigned int val, unsigned char n)	整型数据 val 循环左移 n 位，相当于 RL 命令
unsigned long _lrol_(unsigned long val, unsigned char n)	长整型数据 val 循环左移 n 位，相当于 RL 命令
unsigned char _cror_(unsigned char val,unsigned char n)	字符型数据 val 循环右移 n 位，相当于 RR 命令
unsigned int _iror_(unsigned int val, unsigned char n)	整型数据 val 循环右移 n 位，相当于 RR 命令
unsigned long _lror_(unsigned long val, unsigned char n)	长整型数据 val 循环右移 n 位，相当于 RR 命令
bit _testbit_(bit x)	相当于 JBCbit 指令
unsigned char _chkfloat_(float ual)	测试并返回浮点数状态
void _nop_(void)	产生一个 NOP 指令

5.4.2 字符判断转换库函数

字符判断转换库函数的原型声明在头文件 ctype.h 中定义，共有 17 个函数，表 5-6 列出了 4 个字符判断转换函数。

表 5-6 部分字符判断转换库函数

函数名及定义	功 能 说 明
bit isalpha (char c)	检查参数字符是否为英文字母，是则返回 1，否则返回 0
bit isalnum (char c)	检查参数字符是否为英文字母或数字字符，是则返回 1，否则返回 0
bit iscntrl (char c)	检查参数字符是否为控制字符(值在 0x00~0x1F 之间或等于 0x7F)，是则返回 1，否则返回 0
bit isdigit (char c)	检查参数字符是否为十进制数字 0~9，是则返回 1，否则返回 0

5.4.3 输入输出库函数

输入输出库函数的原型声明在头文件 stdio.h 中定义，通过 8051 的串行口工作，部分输入输出库函数如表 5-7 所示。如果希望支持其他 I/O 接口，只需要改动_getkey()和 putchar()函数。输入输出库中所有其他的 I/O 支持函数都依赖于这两个函数模块。在使用 8051 系列

单片机的串行口之前，应先对其进行初始化。例如，以 2400 波特率(12 MHz 时钟频率)初
始化串行口的语句如下：

```
SCON=0x50;        //SCON 置初值
TMOD=0x20;        //TMOD 置初值
TH1=0xF3;         //定时器 1 置初值
TR1=1;            //启动 T1
```

表 5-7　部分输入输出库函数

函数名及定义	功 能 说 明
char _getkey(void)	等待从 8051 串口读入一个字符并返回读入的字符
char getchar(void)	使用_getkey 从串口读入字符，并将读入的字符马上传给 putchar 函数输出
char putchar(char c)	通过 8051 串行口输出字符
int printf(const char *fmstr[, argument]...)	以第一个参数指向字符串制定的格式，通过 8051 串行口输出数值和字符串，返回值为实际输出的字符数

5.4.4　字符串处理库函数

字符串处理库函数的原型声明包含在头文件 string.h 中，字符串函数通常接收指针串作
为输入值。一个字符串包括两个或多个字符，字符串的结尾以空字符 NULL(0x00)表示。部
分字符串处理库函数如表 5-8 所示。

表 5-8　部分字符串处理库函数

函数名及定义	功 能 说 明
void *memchr(void *s1, char val, int len)	顺序搜索字符串 s1 的前 len 个字符，以找出字符 val，成功时返回 s1 中指向 val 的指针，失败时返回 NULL
char memcmp(void *s1, void *s2, int len)	逐个字符比较串 s1 和 s2 的前 len 个字符，成功时返回 0，若 s1 大于或小于 s2，则相应地返回一个正数或一个负数
char strcmp(char *s1, char *s2)	比较串 s1 和 s2，若相等，则返回 0；若 s1 < s2，则返回一个负数；若 s1 > s2，则返回一个正数
char strncmp(char *s1, char *s2, int n)	比较串 s1 和 s2 中的前 n 个字符，返回值同上
char *strstr(const char *s1, char *s2)	搜索字符串 s2 中第一次出现在 s1 中的位置，并返回一个指向第一次出现位置开始处的指针。若字符串 s1 中不包括字符串 s2，则返回一个空指针
char *strchr(char *s1, char c)	搜索 s1 中第一个出现的字符 c，若成功，则返回指向该字符的指针，否则返回 NULL。被搜索的字符可以是串结束符，此时返回值是指向串结束符的指针

5.4.5 类型转换及内存分配库函数

类型转换及内存分配库函数的原型声明包含在头文件 stdlib.h 中，利用该库函数可以完成数据类型转换以及存储器分配操作。部分类型转换及内存分配库函数如表 5-9 所示。

表 5-9   部分类型转换及内存分配库函数

函数名及定义	功 能 说 明
float atof(char *s1)	将字符串 s1 转换成浮点数值并返回，输入串中必须包含与浮点值规定相符的数
int atoi(char *s1)	将字符串 s1 转换成整型数并返回，输入串中必须包含与整型数格式相符的字符串
void *calloc(unsigned int n, unsigned int size)	为 n 个元素的数组分配内存空间，数组中每个元素的大小为 size，所分配的内存区域用 0 初始化
void *malloc(unsigned int size)	在内存中分配一个 size 字节大小的存储器空间
int rand()	返回一个在 0～32767 之间的伪随机数

5.4.6 数学计算库函数

数学计算库函数的原型声明包含在头文件 math.h 中。部分数学计算库函数如表 5-10 所示。

表 5-10   部分数学计算库函数

函数名及定义	功 能 说 明
int abs(int val) char cabs(char val) float fabs(float val) long labs(long val)	abs 计算并返回 val 的绝对值。若 val 为正，则不做改变就返回；若 val 为负，则返回相反数。其余 3 个函数除了变量和返回值类型不同之外，其他功能完全相同
float exp(float x) float log(float x) float log10(float x)	exp 计算并返回浮点数 x 的指数函数；log 计算并返回浮点数 x 的自然对数(以 e 为底，e=2.72)；log10 计算并返回浮点数 x 以 10 为底的对数
float sqrt(float x)	计算并返回 x 的正平方根
float cos(float x)	cos 计算并返回 x 的余弦值
float sin(float x)	sin 计算并返回 x 的正弦值
float tan(float x)	tan 计算并返回 x 的正切值

C51 程序设计实验

实验设备：计算机一台，Keil MDK 软件和 Proteus 软件。

实验报告要求：实验名称、实验目的、实验要求、电路图、实验流程图、源程序、程序调试过程及结果。

实验：LED 灯控制

实验目的：掌握 Keil MDK 软件和 Proteus 软件的使用方法，掌握 C51 程序设计方法。

实验内容：设计 P1 口外接 8 个 LED 的电路；用 C 语言设计程序，控制 LED 以跑马灯形式点亮。

本 章 小 结

本章主要介绍 C51 程序设计的基础知识，包括 C51 程序的基本结构、基本数据类型、运算符、库函数等。C 语言的基本数据类型包括字符型(char)、整型(int)、短整型(short)、长整型(long)、单精度浮点型(float)、双精度浮点型(double)，在此基础上，C51 中扩展了几种特殊的数据类型，有位类型(bit)、特殊功能位类型(sbit)、8 位特殊功能寄存器类型(sfr)和 16 位特殊功能寄存器类型(sfr16)。C51 源程序的文件扩展名是 .c，其中包含唯一一个名为 main()的主函数和若干子函数，程序从 main 函数开始执行，子函数可以是自定义的函数或者开发环境自带的库函数，C51 提供大量可用于 8051 系列 C 语言程序的预定义函数和宏，使用 C51 库函数之前，需要先用#include 包含对应的头文件。中断服务函数是函数名后加上关键词"interrupt n"的函数，不需要另外声明，不能软件调用，当 CPU 响应中断时，硬件会自动调用。

习 题 五

5-1 C51 语言提供的合法的数据类型关键字是(   )。

A. sfr   B. BIT   C. Char   D. integer

5-2 寻址外部数据存储区，所用的存储类型是(   )。

A. data   B. bdata   C. idata   D. xdata

5-3 C51 中用来标识中断服务函数的关键字是(   )。

A. interrupt   B. unsigned   C. using   D. bit

5-4 int 类型变量的取值范围是(   )。

A. 0~255   B. 0~65 535   C. -128~+127   D. -32 768~+32 767

5-5 使用_nop_()函数时，必须包含的库文件是(   )。

A. reg51.h   B. absacc.h   C. intrins.h   D. stdio.h

5-6 特殊功能寄存器的数据类型是(   )。

A. char   B. sfr   C. int   D. bit

5-7 在 C51 中，可直接寻址的内部数据存储器，所用的存储器类型是(   )。

A. idata   B. data   C. bdata   D. xdata

5-8 bit 类型的变量，其取值范围是(   )。

A. 0~255   B. 0~65 535   C. 0~1   D. 0~127

5-9   单片机能直接运行的程序是(   )。

A. 源程序   B. 汇编程序   C. 目标程序   D. 编译程序

5-10   使用宏定义 XBYTE 来进行绝对寻址时，需要包含的头文件为(   )。

A. reg52.h   B. absacc.h   C. stdio.h   D. string.h

5-11   下面关于 C51 的叙述，错误的是(   )。

A. 一个 C51 源程序可以由一个或多个函数组成

B. 一个 C51 源程序必须包含一个 main()函数

C. 在 C51 程序中，注释说明只能位于一条语句的后面

D. C51 程序的基本组成单位是函数

5-12   程序运行中不断变化的变量，其存储器类型不可能为(   )。

A. data   B. bdata   C. idata   D. code

5-13   单片机程序设计中需要在主程序设计死循环，实现死循环的语句是(   )。

A. while( );   B. for( );

C. while(1); 或 for(;;);   D. 前面的语句都不行

5-14   C51 语言有什么特点？

5-15   相对于标准 C 语言，C51 扩展了哪些数据类型？

第 6 章　中断系统

本章教学目标

- 理解中断的概念和作用
- 了解 MCS-51 中断系统的结构
- 了解 MCS-51 中断源的种类
- 了解中断入口地址的设置以及中断请求标志的作用
- 理解中断处理与响应过程
- 掌握中断屏蔽和中断优先级控制的实现方法
- 掌握中断初始化程序和中断服务程序的设计方法

　　中断系统是为了使单片机能够对外部或内部随机发生的事件进行实时处理而设置的，中断系统的应用大大提高了计算机的工作效率。中断技术已成为现代计算机控制系统中一项非常重要的技术，实时控制、故障自动处理、计算机与外设间的数据传送往往利用中断系统。本章将介绍中断概述、MCS-51 单片机的中断系统、中断请求标志的撤销、中断服务程序的设计与应用等。

6.1　中　断　概　述

6.1.1　中断的概念

　　计算机中的"中断"是指由于外部或内部事件而改变原来 CPU 正在执行指令顺序的一种工作机制。CPU 正在处理某一事件 A 时，发生了另一起事件 B，请求 CPU 迅速去处理(中断请求)，CPU 暂停当前的工作(中断响应)，转而去处理事件 B(中断服务)，等待 CPU 将事件 B 处理完毕后，再回到原来事件 A 被中断的地方继续处理事件 A(中断返回)，这一过程称为中断。中断过程示意图如图 6-1 所示。

　　实现中断功能的部件称为中断系统。单片机的中断系统一般有多个中断源，当几个中断源同时向 CPU 请求中断，要求它服务时，这就存在 CPU 优先响应哪一个中断源请求的问题。通常根据中断源的轻重缓急排队，优先处理最紧急事件的中断源，即每一个中断源有一个优先级别。CPU 总是先响应级别最高的中断请求。当 CPU 正在处理一个中断源请求时，若发生另一个优先级比它更高的中断源请求，则 CPU 暂停对原来中断源的处理程序，转而去处理优先级更高的中断源，处理完毕后，再回到原低级中断处理程序，这一过程称为中断嵌套，该中断系统称为多级中断系统。没有中断嵌套功能的中断系统称为单级中断系统，具有二级中断服务程序嵌套的中断过程如图 6-2 所示。

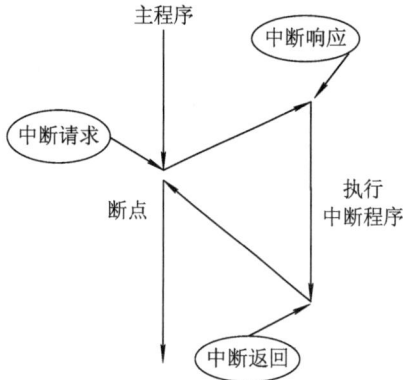

图 6-1　中断过程示意图　　　　　　图 6-2　二级中断嵌套示意图

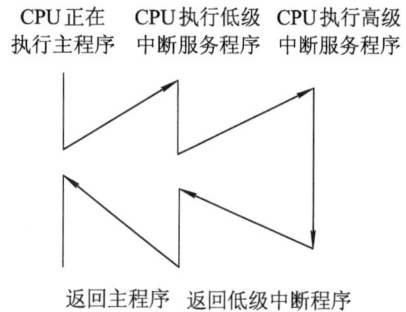

计算机的中断机制涉及中断源、中断控制和中断响应三部分内容。中断源是指引起 CPU 中断的根源；中断控制是指中断的允许/禁止、优先和嵌套等处理方式；中断响应是指确定中断入口、保护现场、进行中断服务、恢复现场和中断返回等过程。功能越强的中断系统，对外部或内部随机事件处理的能力就越强。

6.1.2　中断技术的优点

中断机制常用于计算机与外部数据的传送，以解决高速运行的 CPU 与低速外设之间的矛盾；利用中断机制可较好地实现 CPU 与外设的同步工作，进行实时处理。与程序查询方式相比，利用中断机制可大大提高 CPU 的工作效率。采用中断技术具有以下优点。

(1) 在一定程度上 CPU 与外设并行工作，方便 CPU 管理多个外设，充分利用计算机资源。

(2) 实现实时处理。实时控制中，外设可在任何时间发出中断申请，要求 CPU 及时处理。有了中断功能，计算机就有能力处理瞬息变化的各种现场信息。

(3) 及时处理故障，提高系统可靠性。计算机运行过程中，往往会出现预料不到的故障，如电源突跳、存储出错、运算溢出等，利用 CPU 的中断功能可及时进行处理。

6.1.3　中断处理过程简介

中断处理过程可分为中断响应、中断处理和中断返回三个阶段。由于各计算机系统的中断系统硬件结构不同，因此中断响应的方式有所不同。本节简要介绍 MCS-51 系列单片机的中断处理过程。

中断响应就是单片机对中断源提出的中断请求的接收。中断请求被响应后，再经过一系列的操作，而后转向中断服务程序，完成中断所要求的处理任务。

　　CPU 响应中断结束后即转向中断服务程序的入口。从中断服务程序的第一条指令开始到返回指令为止，这个过程称为中断处理或中断服务。不同的中断源，服务的内容及要求各不相同，其处理过程也有所区别。通常，中断处理包括保护现场和为中断源服务两部分内容。

　　中断服务程序是从入口地址开始到返回指令 RETI 结束。RETI 指令的执行标志着中断服务程序的终结，所以该指令自动将断点地址从栈顶弹出，装入程序计数器 PC 中，使程序转向断点处，继续执行原来被中断的程序。当考虑到某些中断的重要性，需要禁止更高级别的中断时，可用软件使 CPU 关闭中断，或禁止高级别中断源的中断，但在中断返回前必须再用软件开放中断。

　　由于断点不可预知，为使中断处理不影响主程序的运行，要将主程序断点处的现场信息保存起来，如 PSW、工作寄存器、特殊功能寄存器、累加器等寄存器内容。若在中断服务程序中要用到这些寄存器，则在进入中断服务之前应将它们的内容保护起来，这一过程称为保护现场；同时在中断结束执行 RETI 指令之前应恢复现场。一般采用的方法是将中断服务程序中要使用的寄存器的内容压入堆栈保存起来。

　　中断服务是针对中断源的具体要求进行处理的，要求不同，中断服务程序也各不相同。在编写中断服务程序时应注意以下几点。

　　(1) 各中断源的入口地址之间只相隔 8 个单元，一般中断服务程序是容纳不下的，因而通常是在中断入口地址单元处存放一条无条件转移指令，进而转至存储器其他的任何空间去执行中断服务程序。

　　(2) 若要在执行当前中断程序时禁止更高优先级中断，应用软件关闭 CPU 中断，或屏蔽更高优先级中断源的中断，在中断返回前再开放中断。

　　(3) 在保护现场和恢复现场时，为使现场信息不受到破坏或造成混乱，一般在此情况下，应关闭 CPU 中断，使 CPU 暂不响应新的中断请求。这就要求在编写中断服务程序时，应注意在保护现场之前关闭中断，在保护现场之后若允许高优先级中断打断它，则打开中断。同样在恢复现场之前要关闭中断，恢复现场之后再打开中断。

6.2　MCS-51 单片机的中断系统

　　MCS-51 系列单片机的中断系统可提供 5～6 个中断源，具有两个中断优先级，可实现两级中断服务程序嵌套。用户可以用关中断指令(或复位)来屏蔽所有的中断请求，也可以用开中断指令使 CPU 接收中断申请；每一个中断源可用软件独立地控制为开中断或关中断状态；每一个中断级别均可用软件设置。

6.2.1　中断系统的组成

　　MCS-51 单片机的中断系统由中断源、中断控制电路和中断入口地址电路等部分组成，中断系统的结构框图如图 6-3 所示。MCS-51 子系列有 5 个中断源，MCS-52 子系列有 6 个中断源，都是可屏蔽中断；每一个中断源通过程序控制可设置为高优先级中断或低优先级中断，由内部查询逻辑来确定同级中断源优先级，通过初始化编程写入特殊功能寄存器 TCON、IE、IP 的相应位实现中断控制。

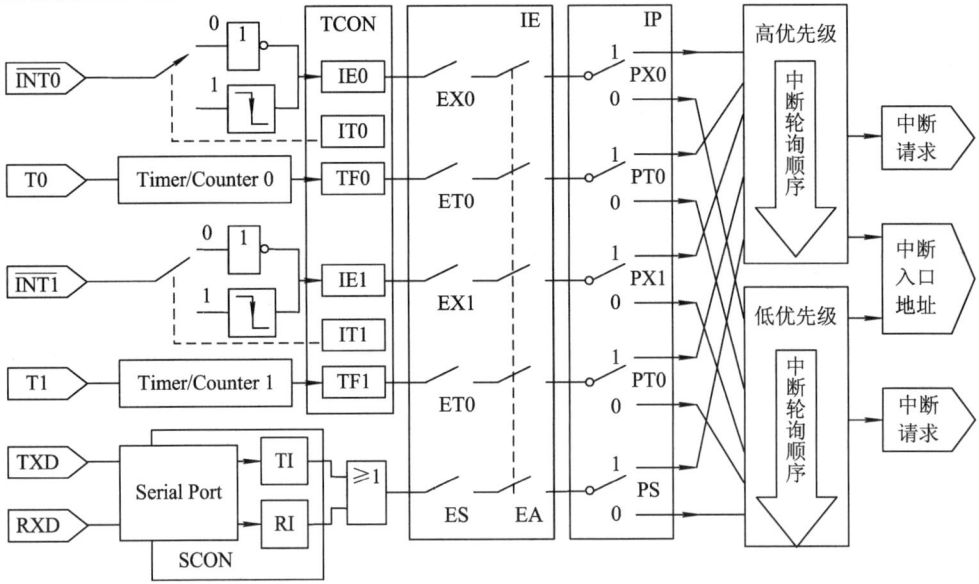

图 6-3　MCS-51 系列单片机中断系统的结构框图

6.2.2　中断源与中断入口地址

能发出中断请求信号的各种事件来源统称为中断源。中断源通常有以下几种。

(1) 标准 I/O 设备，如键盘、鼠标、打印机等。

(2) 数据通道中断源，如光盘驱动器、硬盘驱动器等。

(3) 实时时钟。许多场合常要求实现实时控制，采用软件延时，计时不精确而且降低了 CPU 的利用率。因此一般采用硬件时钟，由 CPU 启动定时电路工作，规定时间到定时电路发出定时中断申请，由 CPU 响应中断，并加以处理。

(4) 故障源，如电源掉电，必须接入备用电源，以保存 CPU 或单片机 RAM 中的重要信息，待重新供电后能从中断处继续运行。因此当电压下降到一定值时，能发出中断请求，CPU 响应中断，执行上述各项操作。

(5) 为调试程序而人为在程序中设置中断源。为寻找系统中的错误或检查中间结果，常在程序中设置断点或进行单步工作，这些都由中断系统实现。

MCS-51 单片机的中断源分为三大类，分别是外部中断类、定时器/计数器中断类和串行口中断类，定时器/计数器中断类和串行口中断类属于内部中断源。

1. 外部中断类

外部中断是由外部原因引起的，共有两个中断源，即外部中断 0 和外部中断 1。它们的中断请求信号分别由引脚 $\overline{\text{INT0}}$ (P3.2)和 $\overline{\text{INT1}}$ (P3.3)引入。

外部中断请求有两种触发方式，即电平触发方式和边沿触发方式。电平触发方式又分为低电平有效和高电平有效两种类型；边沿触发方式又分为上升沿有效和下降沿有效两种类型。可通过有关控制位的定义规定单片机外部中断请求信号类型。对于 MCS-51 单片机而言，外部中断请求信号有两种类型，即低电平有效或下降沿有效。

(1) 电平触发方式是低电平有效。只要单片机在中断请求引入端($\overline{\text{INT0}}$ 或 $\overline{\text{INT1}}$)采样到

有效的低电平，就激活外部中断。

(2) 边沿触发方式是下降沿有效。只要单片机在中断请求引入端($\overline{INT0}$ 或 $\overline{INT1}$)采样到下降沿跳变，就激活外部中断。

2. 定时器/计数器中断类

定时器/计数器中断是为满足定时或计数的需要而设置的。为此，单片机芯片内部设有 2～3 个定时器/计数器，通过对计数器进行设置实现定时或计数功能。定时器溢出中断由内部定时器中断源产生，所以属于内部中断，受内部定时脉冲或由 T0(P3.4)/T1(P3.5)引脚上输入的外部定时脉冲控制，定时器从全"1"变为全"0"时可自动向 CPU 提出溢出中断请求，以表明定时器 T0 或 T1 的定时时间已到。定时器 T0/T1 的定时时间可由用户通过程序设定，以便 CPU 在定时器溢出中断服务程序内进行计时。

3. 串行口中断类

串行口中断是为串行数据传送的需要而设置的，由内部串行口中断源产生，因此串行口中断请求是在单片机内部自动发生的，也是一种内部中断。串行口中断分为串行口发送中断和串行口接收中断两种。当串行口接收或发送完一组串行数据时，产生一个中断请求。

计算机响应中断的方式有向量中断方式和固定中断入口方式等。MCS-51 系列单片机的中断为固定中断入口式，即一旦响应中断就转入固定的中断入口地址执行中断服务程序。这种中断方式较为简单，也符合单片机的控制要求。MCS-52 系列单片机中断源的属性如表 6-1 所示。定时器/计数器 2 中断只有 MCS-52 系列有。

表 6-1　MCS-52 系列单片机中断源的属性

中断源名称	引脚输入	中断产生的条件	中断入口地址
外部中断 0	P3.2	由 $\overline{INT0}$ 低电平或下降沿引起	0003H
定时器/计数器 0 中断		由 T0 计数器计满回零(溢出)引起	000BH
外部中断 1	P3.3	由 $\overline{INT1}$ 低电平或下降沿引起	0013H
定时器/计数器 1 中断		由 T1 计数器计满回零引起	001BH
串行口中断		由串行口完成一帧字符发送/接收引起	0023H
定时器/计数器 2 中断		由 T2 计数器计满回零引起	002BH

6.2.3　中断控制相关寄存器

当发生中断请求后，CPU 是否立即响应中断取决于当时的中断控制方式。中断控制主要解决三类问题。

一是中断的屏蔽控制，即什么时候允许 CPU 响应中断。

二是中断的优先级控制，即多个中断请求同时发生时，先响应哪个中断请求。

三是中断的嵌套，即 CPU 正在响应一个中断时，是否允许响应另一个中断请求。

中断控制是指单片机所提供的中断控制手段，通过对控制寄存器的操作(由指令实现)来有效地管理中断系统。为此，MCS-51 单片机设置四个与中断控制有关的控制寄存器，即定时器/计数器控制寄存器 TCON、串行口控制寄存器 SCON、中断允许寄存器 IE 以及中断优先级控制寄存器 IP。这四个控制寄存器都是特殊功能寄存器，属于三个范畴，即中断请求标志的寄存、中断允许的管理和中断优先级的设定。通过初始化编程写入特殊功能寄存器 TCON、IE 和 IP 的相应位实现中断控制。对于控制寄存器中的每一位要从含义、功能和置位/清除的方式(硬件方式还是软件方式)等方面进行理解和把握。

1. 定时器/计数器控制寄存器 TCON

TCON 既有定时器/计数器的控制功能又有中断控制功能，其中与中断有关的控制位共六位。TCON 的字节地址为 88H，位地址(由低位到高位)范围为 88H～8FH，TCON 可进行位寻址，即可对该寄存器的每一位进行单独操作。单片机复位时 TCON 全部被清零。表 6-2 为 TCON 的格式，其中，TF1、TR1、TF0、TR0 四位用于定时器/计数器，IE1、IT1、IE0、IT0 四位用于外部中断，表 6-3 为 TCON 各位的意义。

表 6-2　定时器/计数器控制寄存器 TCON 的格式

位序号	D7	D6	D5	D4	D3	D2	D1	D0
位符号	TF1	TR1	TF0	TR0	IE1	IT1	IE0	IT0
位地址	8FH	8EH	8DH	8CH	8BH	8AH	89H	88H

表 6-3　定时器/计数器控制寄存器 TCON 各位的意义

位符号	说　明	功　能
TF1	定时器 1 计数溢出标志位	当定时器 1 计满溢出时，由硬件使 TF1 置 1，并申请中断。进入中断服务程序后，由硬件自动清零。若使用定时器的中断，则该位完全不用人为操作；若使用软件查询方式，当查询到该位置 1 时，则需用软件清零
TR1	定时器 1 运行控制位	由软件清零关闭定时器 1，即 TR1＝0。当 GATE＝1，且 INT1 为高电平时，TR1＝1，启动定时器 1；当 GATE＝0 时，TR1＝1，启动定时器 1
TF0	定时器 0 计数溢出标志位	当定时器 0 计满溢出时，由硬件使 TF0 置 1，并申请中断。进入中断服务程序后，由硬件自动清零。若使用定时器的中断，则该位完全不用人为操作；若使用软件查询方式，当查询到该位置 1 时，则需用软件清零
TR0	定时器 0 运行控制位	由软件清零关闭定时器 0，即 TR0＝0。当 GATE＝1，且 INT0 为高电平时，TR0＝1，启动定时器 0；当 GATE＝0 时，TR0＝1，启动定时器 0
IE1	外部中断 1 请求标志位	IE1＝1，外部中断 1 向 CPU 请求中断(硬件置 1)，当 CPU 响应中断转向中断服务程序时，再由硬件自动清零
IT1	外部中断 1 触发方式选择位	IT1＝1，下降沿触发方式；IT1＝0，低电平触发方式。该位由软件置位或清除
IE0	外部中断 0 请求标志位	IE0＝1，外部中断 0 向 CPU 请求中断(硬件置 1)，当 CPU 响应中断转向中断服务程序时，再由硬件自动清零
IT0	外部中断 0 触发方式选择位	IT0＝1，下降沿触发方式；IT0＝0，低电平触发方式。该位由软件置位或清除

2. 串行口控制寄存器 SCON

串行口控制寄存器 SCON 的字节地址为 98H，位地址(由低位到高位)范围为 98H～9FH，该寄存器可进行位寻址，单片机复位时 SCON 各位均清零。表 6-4 为 SCON 的格式。

表 6-4　串行口控制寄存器 SCON 的格式

位序号	D7	D6	D5	D4	D3	D2	D1	D0
位符号	SM0	SM1	SM2	REN	TB8	RB8	TI	RI
位地址	9FH	9EH	9DH	9CH	9BH	9AH	99H	98H

SCON 中与中断相关的控制位有两位，即 TI(串行口发送中断请求标志位)和 RI(串行口接收中断请求标志位)，具体操作在第 8 章 8.2.4 节中介绍。

此外，MCS-51 单片机系统复位后，TCON 和 SCON 中各位均清零，应用时要注意各位的初始状态。SCON 中其余各位用于串行口方式设定和串行口发送/接收控制，此处不做详细介绍。

3. 中断允许寄存器 IE

CPU 对中断源的开放和屏蔽，以及每个中断源是否被允许中断，都受到中断允许寄存器 IE 的控制，即 IE 用来设定各个中断源的打开与关闭。MCS-51 单片机通过 IE 对中断的允许实行两级控制，以 EA 位作为总控制位，以各中断源的中断允许位作为分控制位。当总控制位为禁止时，无论分控制位状态如何，整个中断系统为禁止状态；当总控制位为允许时，才能由各中断源的分控制位设置各自的中断允许与禁止。单片机在中断响应后不会自动关闭中断，因此在转向中断服务程序后，应使用有关指令禁止中断，即用软件方式关闭中断。

IE 为特殊功能寄存器，字节地址为 A8H，位地址(由低位到高位)范围为 A8H～AFH，该寄存器可进行位寻址，即可对该寄存器的每一位进行位操作。单片机复位时 IE 全部被清零，禁止响应所有中断。表 6-5 为 IE 的格式，表 6-6 为 IE 各位的意义。

表 6-5　中断允许寄存器 IE 的格式

位序号	D7	D6	D5	D4	D3	D2	D1	D0
位符号	EA	—	ET2	ES	ET1	EX1	ET0	EX0
位地址	AFH	—	ADH	ACH	ABH	AAH	A9H	A8H

表 6-6　中断允许寄存器 IE 各位的意义

位符号	说　明	功　能
EA	全局中断允许位	EA=1，打开全局中断控制，在此条件下，由各个中断控制位确定相应中断的打开或关闭；EA=0，中断总禁止，关闭全部中断，由软件设置
ET2	定时器/计数器 2 中断允许位	ET2=1，打开 T2 中断；ET2=0，关闭 T2 中断
ES	串行口中断允许位	ES=1，打开串行口中断；ES=0，关闭串行口中断
ET1	定时器/计数器 1 中断允许位	ET1=1，打开 T1 中断；ET1=0，关闭 T1 中断
EX1	外部中断 1 中断允许位	EX1=1，打开外部中断 1；EX1=0，关闭外部中断 1
ET0	定时器/计数器 0 中断允许位	ET0=1，打开 T0 中断；ET0=0，关闭 T0 中断
EX0	外部中断 0 中断允许位	EX0=1，打开外部中断 0；EX0=0，关闭外部中断 0

4．中断优先级控制寄存器 IP

在实际中，往往有多个中断源，而且可能发生多个中断源同时发出中断请求的情况，这就要求用户事先按照任务的轻重缓急给每个中断源确定中断级别，称为中断优先权，CPU按优先级高低先后进行处理。

当几个中断源同时发出中断请求时，CPU 应能找出优先级别最高的中断源，并响应其中断请求，待中断服务程序结束，再响应级别较低的中断请求。如果某中断源的中断服务还未结束，又有更高优先级别的中断源发出中断请求，CPU 暂停当前的中断服务，转向更高优先级别的中断服务程序，待更高级中断服务结束，再返回处理被打断的较低级的中断服务，此过程称为中断嵌套。

MCS-51 单片机的中断优先级分为两级，即高优先级和低优先级。通过软件控制和硬件轮询可实现优先控制。对于每个中断源，可通过编程设置为高优先级或低优先级中断，并实现两级中断嵌套，具体由中断优先级控制寄存器 IP 控制。IP 为特殊功能寄存器，字节地址为 B8H，位地址(由低位到高位)范围为 B8H～BDH，该寄存器可进行位寻址，即可对该寄存器的每一位进行位操作。单片机复位时 IP 全部被清零，所有中断均设为低优先级。表 6-7 为 IP 的格式，表 6-8 为 IP 各位的意义。

表 6-7　中断优先级控制寄存器 IP 的格式

位序号	D7	D6	D5	D4	D3	D2	D1	D0
位符号	—	—	PT2	PS	PT1	PX1	PT0	PX0
位地址	—	—	BDH	BCH	BBH	BAH	B9H	B8H

表 6-8　中断优先级控制寄存器 IP 各位的意义

位符号	说　明	功　能
PT2	定时器/计数器 2 中断优先级控制位	PT2＝1，定时器/计数器 2 定义为高优先级中断； PT2＝0，定时器/计数器 2 定义为低优先级中断
PS	串行口中断优先级控制位	PS＝1，串行口中断定义为高优先级中断； PS＝0，串行口中断定义为低优先级中断
PT1	定时器/计数器 1 中断优先级控制位	PT1＝1，定时器/计数器 1 定义为高优先级中断； PT1＝0，定时器/计数器 1 定义为低优先级中断
PX1	外部中断 1 中断优先级控制位	PX1＝1，外部中断 1 定义为高优先级中断； PX1＝0，外部中断 1 定义为低优先级中断
PT0	定时器/计数器 0 中断优先级控制位	PT0＝1，定时器/计数器 0 定义为高优先级中断； PT0＝0，定时器/计数器 0 定义为低优先级中断
PX0	外部中断 0 中断优先级控制位	PX0＝1，外部中断 0 定义为高优先级中断； PX0＝0，外部中断 0 定义为低优先级中断

CPU 工作时常发生先后接收到多个中断请求的情况，即 CPU 在响应一个中断请求时，又接收到一个新的中断请求，这就涉及中断的嵌套问题。

如果 CPU 已响应一个低优先级的中断请求，并正在进行相应的中断处理，此时，又有一个高优先级的中断源提出中断请求，CPU 可再次响应新的中断请求，但为使原来的中断处理能恢复，在转向处理高级别中断之前还需要进行断点保护，高优先级的中断处理结束后，则继续进行原来低优先级的中断处理。

若第二个中断请求的优先级没有第一个优先级高(包括相同的优先级)，则 CPU 在完成第一个中断处理之前不会响应第二个中断请求，只有等到第一个中断处理结束，才会响应第二个中断请求。

中断优先级是为中断嵌套服务的，MCS-51 系列单片机中断优先级的控制原则如下：

(1) 低优先级中断请求不能打断高优先级中断的中断服务，反之则可以，从而实现中断嵌套。

(2) 同优先级中断之间，或低优先级对高优先级中断不能形成中断嵌套。

(3) 若多个同级中断同时向 CPU 请求中断响应，在没有设置中断优先级情况下，按照默认的中断级别响应中断，在设置中断优先级后，则按设定顺序确定响应的先后顺序。通常默认的中断优先级由硬件形成，排列如表 6-9 所示。

表 6-9　同级内的默认中断优先级

中断源	中断标志	同级默认中断优先级
外部中断 0	IE0	最高级
定时器/计数器 0	TF0	↓
外部中断 1	IE1	
定时器/计数器 1	TF1	
串行口	TI/RI	
定时器/计数器 2(仅 MCS-52 有)	TF2	最低级

6.2.4　中断响应过程

对于 MCS-51 系列单片机的整个中断响应过程，可分为以下几个方面说明。

1. 中断响应的条件

MCS-51 单片机的 CPU 在检测到有效中断请求信号时，还必须满足下列三个条件才能在下一个机器周期响应中断。

(1) 无同级别或更高级别的中断在服务。

(2) 现行的机器周期是指令的最后一个机器周期。

(3) 当前正在执行的指令不是中断返回指令(RETI)，或访问 IP、IE 寄存器等与中断有关的指令。

条件(1)是为了保证正常的中断嵌套。

条件(2)是为了保证每条指令的完整性。MCS-51 单片机指令有单周期、双周期、四周期指令等，CPU 必须等整条指令执行完才能响应中断。

条件(3)是为了保证中断响应的合理性。若 CPU 当前正执行的指令是返回指令(RETI)或访问 IP、IE 寄存器的指令，则表明本次中断还没有处理完，中断的屏蔽状态和优先级将要改变，此时应至少再执行一条指令才能响应中断，否则，可能会使上一条与中断控制有关的指令没有起到应有的作用。

2. 中断响应的过程

单片机响应中断后，自动执行下列操作：

(1) 设置标志。硬件自动设置与中断相关的标志。例如，将置位一个与中断优先级有关的内部触发器，以禁止 CPU 接收同级或低级的中断请求；复位已响应的中断标志，如 IE0、IE1、TF0、TF1。

(2) 保护断点。为使 CPU 在结束中断处理后，能正确返回主程序，在转入中断服务程序之前，CPU 自动将程序计数器 PC 当前值(断点)压入堆栈保护起来。

(3) 寻找中断服务程序入口地址。不同的中断源对应不同的中断入口地址，将对应的中断入口地址装入程序计数器 PC，使程序转到该中断入口地址单元，进入中断服务程序。通常在中断入口地址单元存放一条长转移指令，使中断服务程序可在程序存储器 64KB 范围内任意安排。

(4) 执行中断服务程序。

(5) 中断返回。

3. 中断响应时间

在实时控制系统中为满足实时性要求，需要了解 CPU 的中断响应时间。所谓中断响应时间，是指从查询到中断请求标志位到转向中断服务入口地址所需要的机器周期数。通常中断响应时间在 3~8 个机器周期之间。

(1) 最短响应时间：以外部中断的电平触发为最短。从查询到中断请求信号到转向中断服务程序需要 3 个机器周期，即 1 个周期(查询)+2 个周期(长调用 LCALL)。

(2) 最长响应时间：若当前指令为 RET、RETI、IP、IE，紧接着下一条是乘除指令，则最长为 8 个机器周期，即 2 个周期执行当前指令(其中含有 1 个周期查询) + 4 个周期乘除指令+2 个周期长调用 LCALL。

6.3   中断请求标志的撤销

CPU 响应某中断请求后，在中断返回(RETI)之前，该中断请求标志应及时撤销，否则就意味着中断请求仍然存在，容易造成中断混乱。MCS-51 各中断源请求撤销的方法各不相同，下面分别介绍。

1. 定时器/计数器中断硬件自动撤销

定时器溢出中断后，硬件自动将 TF0 或 TF1 标志位清零，因此，定时器/计数器中断的请求是自动撤销的。

2. 外部中断自动与强制撤销

外部中断请求的撤销与设置的中断触发方式有关。对于采用边沿触发方式的外部中断，CPU 响应中断后，由硬件自动将中断标志位 IE0 或 IE1 清零，即中断请求也是自动撤销的(建议使用边沿触发方式)。

而对于采用电平触发方式的外部中断，情况则不同，仅清除中断标志，并不能彻底解决中断请求的撤销问题。因为尽管中断请求标志清除了，但是中断请求的有效低电平仍然存在,在下一个机器周期采样中断请求时,又会将 IE0 或 IE1 重新置 1。因此,要想彻底解决中断请求的撤销,还需要中断响应后把中断请求输入端从低电平强制改为高电平。为此目的,应在系统中增加有关电路和添加相应的指令。

3. 串行口中断软件撤销

串行口中断的标志位是 TI 和 RI,对这两个中断标志位不进行自动清零,因为 CPU 在响应中断后,还要测试 TI 和 RI 的状态,以确定是接收还是发送操作,然后才能撤销。所以必须在中断服务程序中,用软件将中断标志位 TI 和 RI 清零,以撤销中断请求。

6.4　中断服务程序的设计与应用

中断服务程序的设计主要包括两个部分,即初始化程序和中断服务程序。

6.4.1　初始化程序

初始化程序主要完成为响应中断而进行的初始化工作,这些工作主要有中断源的设置、中断服务程序中有关工作单元的初始化和中断控制的设置。

中断源的设置与硬件设计有关,各中断请求标志由寄存器 TCON 和 SCON 中有关标志位来表示,所以中断源初始化工作主要有初始化各中断请求标志和选择外部中断请求信号的类型。

中断服务程序中,可能需要用到一些工作单元(如内部 RAM 和外部 RAM 中的存储单元),这些工作单元常需要有适当的初始值,这可在中断初始化程序中完成。

中断控制的设置包括中断优先级的设置和中断允许的设置,涉及 IP 和 IE 寄存器各位的设置。

6.4.2　中断服务程序

中断服务程序通常由保护现场、中断处理和恢复现场三个部分组成。MCS-51 单片机所做的断点保护工作是很有限的,即只保护一个断点地址,所以如果在主程序中用到如 A、PSW、DPTR 和 R0~R7 等寄存器,而在中断服务程序中又要用它们,这就要保证回到主程序后,这些寄存器还要恢复到未执行中断以前的内容。在运行中断处理程序前,将中断处理程序中用到的寄存器内容先保存起来,即"保护现场"。保护 A、PSW、DPTR 寄存器,通常可用压入堆栈(PUSH)指令,保护 R0~R7 寄存器,可用改变工作寄存器区的方法。

中断处理就是完成中断请求所要求的处理。由于中断请求各不相同,所以中断处理程序也各不相同,下面将结合实例进行介绍。

中断处理结束后,将中断处理程序中用到的寄存器内容恢复到中断前的内容,即"恢复现场"。恢复现场要与保护现场操作配对使用。若用压入堆栈(PUSH)指令保护现场,则用弹出堆栈(POP)指令恢复现场;若用改变工作寄存器区的方法保护现场,则也要恢复工作寄存器区。中断处理流程图如图 6-4 所示。

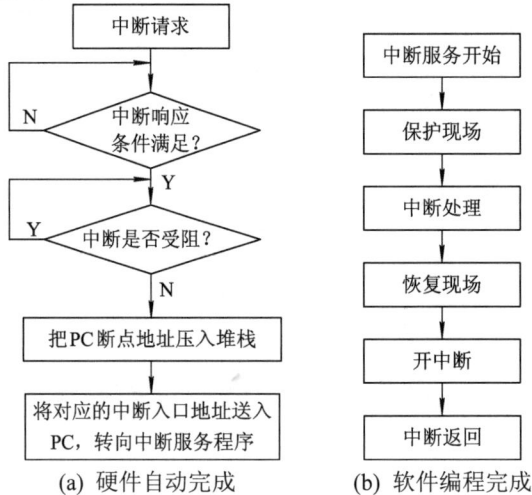

图 6-4　中断处理流程图

　　需要注意的是，在中断服务程序中不可有过多的处理语句，因为语句过多，程序还未执行完毕，而下一次中断又将来临，就会丢失此次中断。当单片机循环执行程序时，这种丢失积累出现，会导致程序混乱、系统崩溃。因此，在编写中断服务程序时通常遵循的原则是：能在主程序中完成的功能就不在中断服务程序中编写，若必须在中断服务程序中实现其功能，则一定要高效、简洁。

6.4.3　中断程序的应用

　　【例 6-1】　外部中断 $\overline{INT0}$ 的应用。由 MCS-51 单片机的 $\overline{INT0}$ 端(P3.2 端口)通过按键输入外部中断请求信号，LED 指示灯以共阳极的方式连接到 P1.0，要求每按一次按键，LED 指示灯就改变一次亮灭状态，其电路原理图如图 6-5 所示。

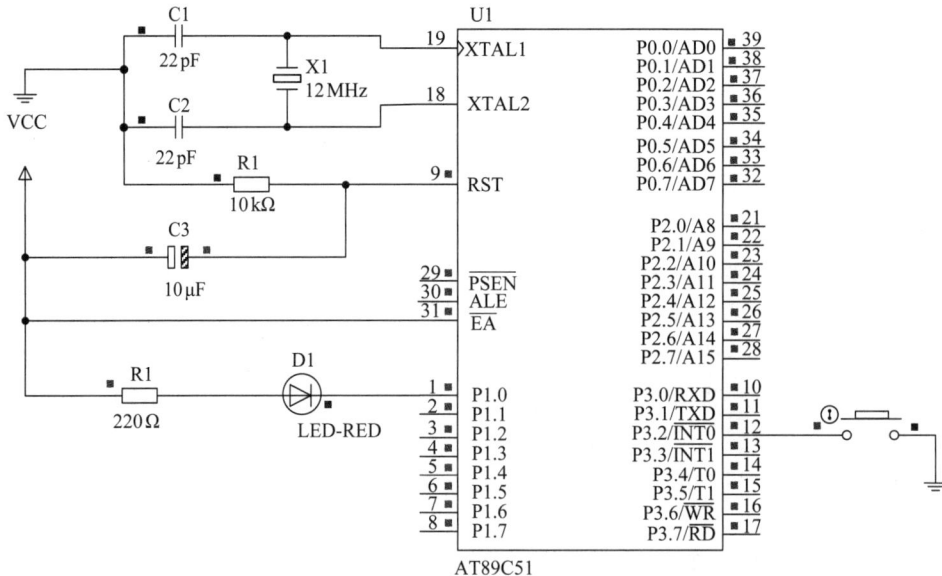

图 6-5　外部中断 $\overline{INT0}$ 应用的电路原理图

程序分析：例 6-1 中采用外部中断 $\overline{INT0}$，编程时首先对其初始化设置，具体为 EX0=1 允许 $\overline{INT0}$ 中断，EA=1 开放总中断，IT0=1 中断请求信号采用边沿触发方式。这样当按键按下时，P3.2 引脚上由高到低的负跳变会触发中断，若按下后没有释放，则中断不会持续触发，只有在释放按键后再次按下时，才会因为又出现了高到低的负跳变而再次触发中断。

MCS-51 上电复位后，CPU 将从 0000H 单元开始执行程序，用"AJMP MAIN"指令转入主程序，执行中断初始化程序后，便可处理其他事务(用原地踏步指令代替)。当按键被按下时，$\overline{INT0}$ 出现负跳变，发出中断请求信号。CPU 响应中断，停止其他工作，跳转到 $\overline{INT0}$ 中断入口地址 0003H 单元，转入外部中断 0 的 EX_INT0 执行中断服务程序。外部中断 0 的中断服务程序是根据系统要求而编写的，在例 6-1 中它只做一件事，即改变指示灯的状态，具体是通过取反语句，使 LED 在点亮和熄灭两种状态间切换而实现。当执行到中断返回指令 RETI 时，CPU 返回断点处，继续处理其他工作(原地踏步指令处)。因例 6-1 的中断处理工作比较简单，故中断服务程序中没有加入保护现场和恢复现场的指令，其对应的程序流程图如图 6-6 所示。

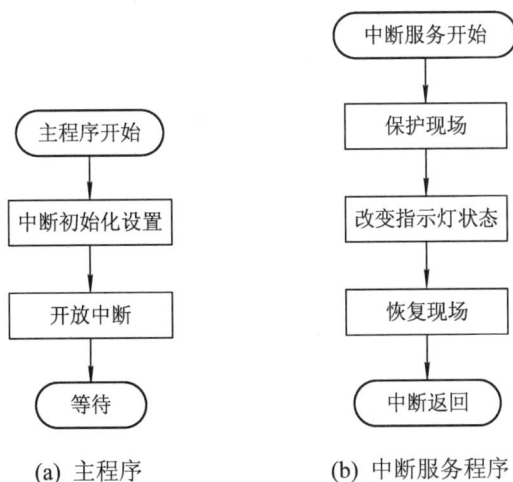

(a) 主程序　　　　(b) 中断服务程序

图 6-6　外部中断 $\overline{INT0}$ 应用的程序流程图

在 C 语言源程序中，将 IE 设为 0x81，相当于汇编语言源程序 EA=1 和 EX0=1 两行语句。需要注意的是，代码 while(1)看起来似乎没有执行任何操作，但如果删除此行，按键就无法控制 LED，因为若没有此代码，则主程序会很快结束运行，整个系统将停止运行，而中断服务程序只有在系统持续运行过程中，才会因中断事件的发生而被自动调用。该语句与汇编语言中的"HERE:SJMP HERE"语句作用相同。

例 6-1 的汇编语言源程序如下：

```
        ORG    0000H      ; MCS-51 复位入口
        AJMP   MAIN       ; 转入主程序
        ORG    0003H      ; INT0 中断入口
        AJMP   EX_INT0    ; 转入中断服务程序
        ORG    0100H      ; 主程序入口
MAIN:   MOV    SP, #40H   ; 中断初始化设置堆栈
```

```
            SETB   IT0           ; 中断请求信号设置为边沿触发方式
            SETB   EA            ; 开放总中断
            SETB   EX0           ; 允许 INT0 中断
HERE:       SJMP   HERE          ; 原地踏步(处理其他事务)等待中断到来
            ORG    0200H         ; 中断服务程序起始地址
EX_INT0: CPL   P1.0             ; 控制 LED 亮灭, 改变指示灯状态
            RETI                 ; 中断返回
            END
```

【例 6-2】 用电平触发中断方式, 完成例 6-1 的任务。

程序分析: 设置 IT0=0 外部中断请求信号为低电平触发方式, 按键按下后 $\overline{\text{INT0}}$ 出现低电平, 产生中断请求。但 CPU 中断服务结束返回主程序后, 由于按键不会很快释放使 $\overline{\text{INT0}}$ 仍保持低电平, 因此将再次引起 CPU 响应中断。这样, 一次按键会引起多次中断响应。为解决这个矛盾, 可在执行中断返回指令前查询 $\overline{\text{INT0}}$ 端, 等待按键释放后再返回主程序。例 6-2 外部中断 0 的中断服务程序做两件事: 一是控制 LED 亮灭, 改变指示灯的状态; 二是查询按键是否释放, 若按键未释放, 则一直等待按键释放, 再返回主程序。

例 6-2 的汇编语言源程序如下:

```
            ORG    0000H         ; MCS-51 复位入口
            AJMP   MAIN          ; 转入主程序
            ORG    0003H         ; INT0 中断入口
            AJMP   EX_INT0       ; 转入中断服务程序
            ORG    0100H         ; 主程序入口
MAIN:       MOV    SP,#40H        ; 中断初始化设置堆栈
            CLR    IT0           ; 中断请求信号设置为电平触发方式
            SETB   EA            ; 开放总中断
            SETB   EX0           ; 允许 INT0 中断
HERE:       SJMP   HERE          ; 处理其他事务, 等待中断到来
            ORG    0200H         ; 中断服务程序入口
EX_INT0: CPL   P1.0             ; 控制 LED 亮灭, 改变指示灯状态
WAIT:       JNB    P3.2,WAIT      ; 若 INT0 仍为低电平则等待, 即若 P3.2=0, 则转向 WAIT 执行
            RETI                 ; INT0 为高电平, 按键已释放, 返回主程序
            END
```

【例 6-3】 广告灯的设计。P0 口接 8 个 LED 指示灯, 使 8 个 LED 闪烁。当奇数次按下 $\overline{\text{INT0}}$ 的按键时, 8 个 LED 低 4 位 D0~D3 与高 4 位 D4~D7 交叉闪烁 6 次; 当偶数次按下 $\overline{\text{INT0}}$ 的按键时, D0~D7 两两相隔闪烁 6 次; 当按下 $\overline{\text{INT1}}$ 的按键时, 产生报警($\overline{\text{INT1}}$ 优先)。广告灯设计的电路原理图如图 6-7 所示。

程序分析: 首先需要对本系统使用的两个外部中断 $\overline{\text{INT0}}$ 和 $\overline{\text{INT1}}$ 进行初始化设置。允许 $\overline{\text{INT0}}$ 和 $\overline{\text{INT1}}$ 中断, 开放总中断, 故 IE=0x85, 即 EX0=EX1=EA=1; $\overline{\text{INT0}}$ 和 $\overline{\text{INT1}}$ 均采用边沿触发, 故 TCON=0x05, 即 IT0=IT1=1。其次需要考虑这两个中断的优先级问题。INT1

与开关 K2 相连，作为报警信号的输入端，应将 $\overline{\text{INT1}}$ 设为高优先级，故 IP=0x04，PX1=1。$\overline{\text{INT0}}$ 控制广告灯的闪烁方式，其中断服务程序做两件事：首先判断 $\overline{\text{INT0}}$ 按下的次数是奇数还是偶数，若是偶数，则 D0~D7 隔两盏闪烁 6 次；若是奇数，则 8 个 LED 低 4 位 D0~D3 与高 4 位 D4~D7 交叉闪烁 6 次。外部中断 1 的中断服务程序只做一件事，即产生一定频率的方波信号输出报警。当按下 K2，产生外部中断 1，方波信号输出报警。

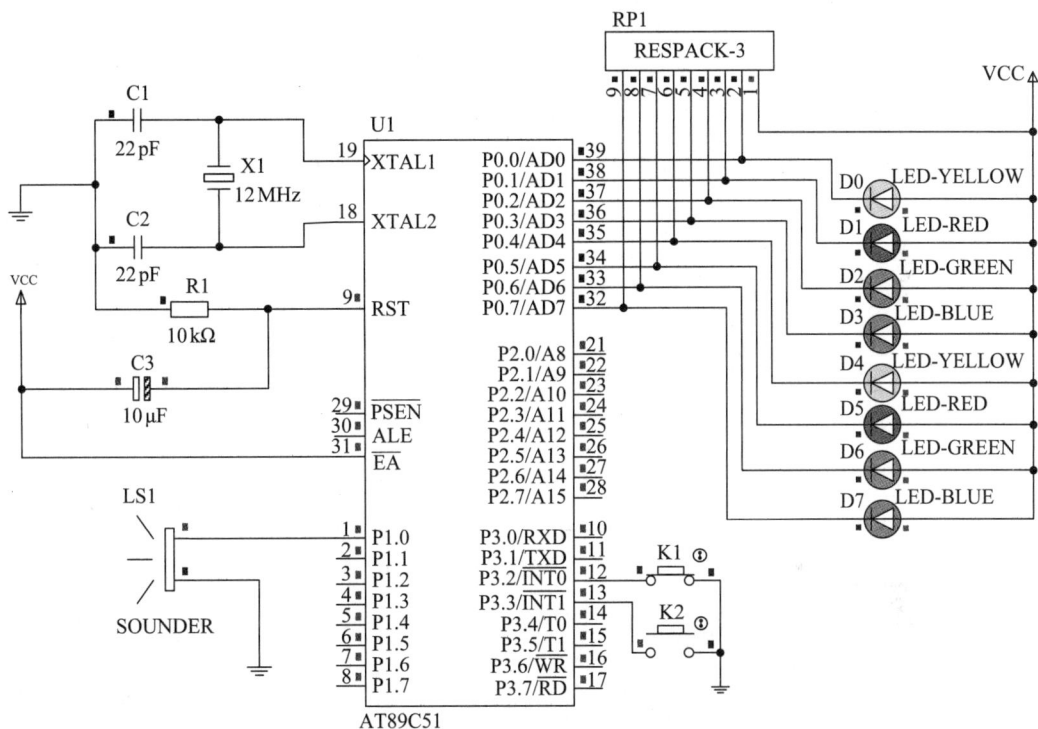

图 6-7　广告灯设计的电路原理图

　　广告灯软件主程序流程图如图 6-8 所示，ex_int1 中断服务程序流程图如图 6-9 所示，ex_int0 中断服务程序流程图如图 6-10 所示，奇数次按下 K1 的运行结果如图 6-11 所示，偶数次按下 K1 的运行结果如图 6-12 所示。

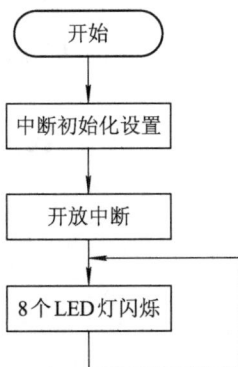

图 6-8　广告灯软件主程序流程图

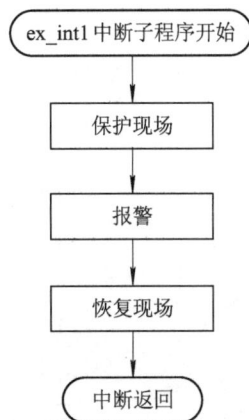

图 6-9　ex_int1 中断服务程序流程图

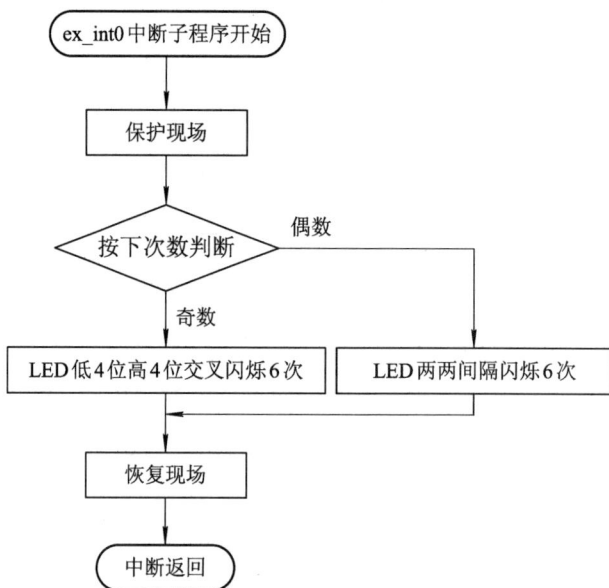

图 6-10　ex_int0 中断服务程序流程图

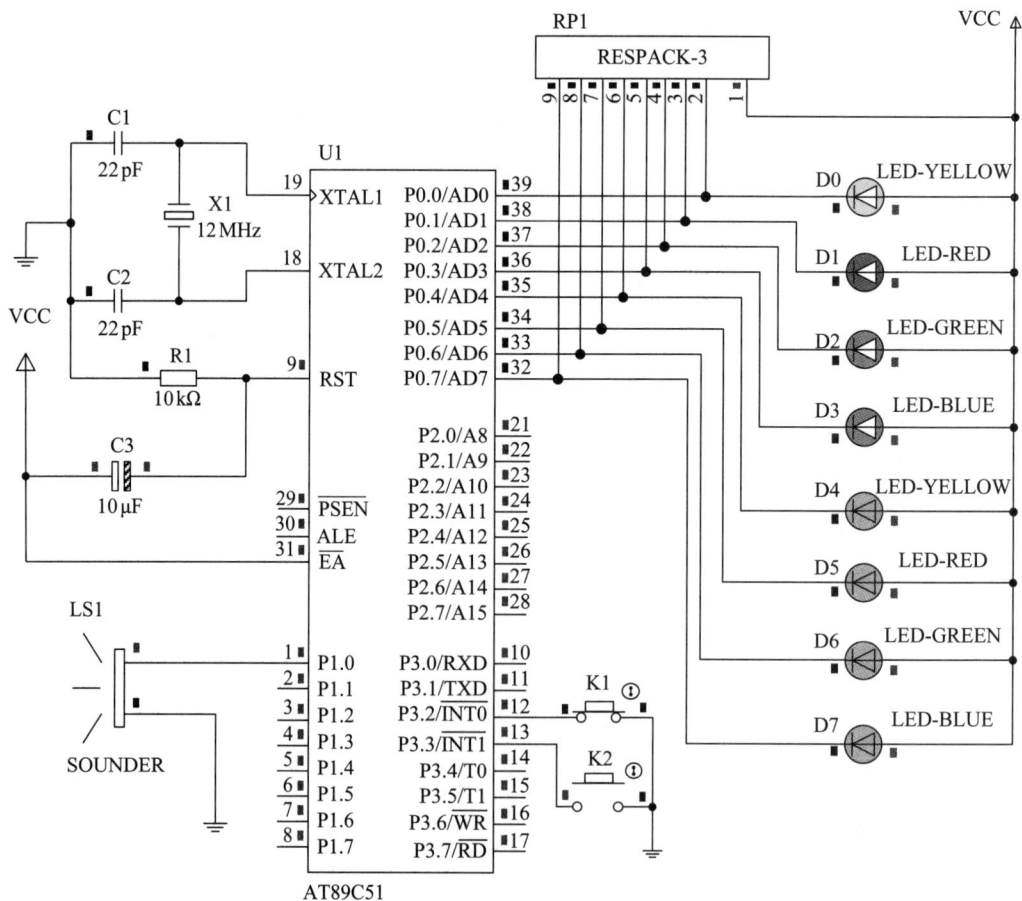

图 6-11　奇数次按下 K1 的运行结果

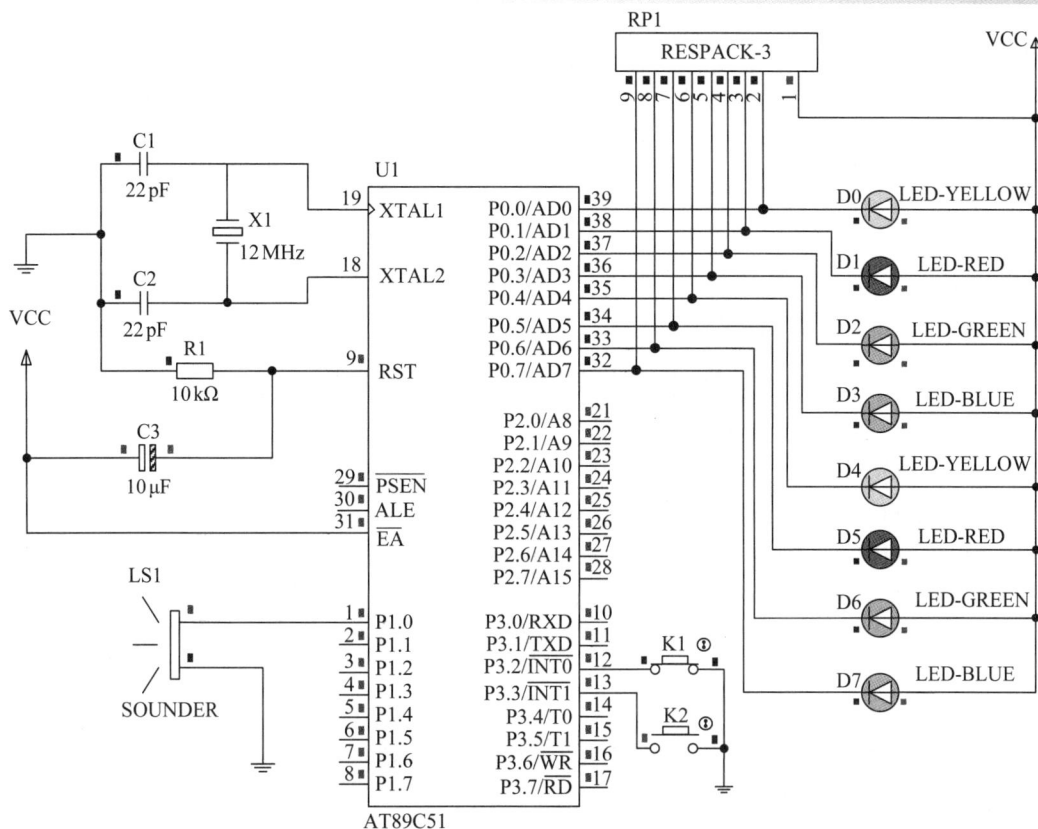

图 6-12　偶数次按下 K1 的运行结果

例 6-3 的汇编源程序如下：

```
          ORG    0000H        ; MCS-51 复位入口
          AJMP   START        ; 转入主程序
          ORG    0003H        ; 外部中断 INT0 入口地址(接 K1 按键)
          AJMP   E_INT0       ; 转入 INT0 中断服务程序
          ORG    0013H        ; 外部中断 INT1 入口地址(接 K2 按键)
          AJMP   E_INT1       ; 转入 INT1 中断服务程序
          ORG    0100H        ; 主程序入口
START:    MOV    SP, #40H      ; 中断初始化设置堆栈
          MOV    IE, #85H      ; 开放中断
          MOV    IP, #04H      ; 设置外部中断 INT1 为高优先级
          MOV    TCON, #05H    ; 边沿触发
          MOV    P0, #0FFH     ; P0、P1 为输入状态
          MOV    P1, #0FFH
          MOV    R0, #00H      ; 设置 K1 按键初始值
          MOV    A, #00H       ; 设置 D0~D7 初始状态点亮
LP1:      MOV    P0, A         ; 将 A 送至 P0 口
          LCALL  DELAY
```

```
            CPL     A                    ; D0～D7 闪烁
            SJMP    LP1                  ; 等待按键按下，进入中断

E_INT0:     PUSH    ACC                  ; 外部中断 0 的中断服务程序
            PUSH    PSW                  ; 将 A、PSW 压入堆栈暂时保存
            SETB    RS0                  ; 使用工作寄存器组 1
            INC     R0                   ; K1 键值加 1
            MOV     A, #00H              ; 判断 K1 键值的奇偶性
            ORL     A, R0
            JNB     PSW.0, DOUBLE        ; PSW 的 D0=0，即 K1 键值为偶数，跳转

SINGLE:     MOV     P0, #00H             ; 低 4 位 D0～D3 与高 4 位 D4～D7 交叉闪烁 6 次
            MOV     A, #0FH
            MOV     R4, #06H
SE1:        MOV     P0, A
            LCALL   DELAY
            SWAP    A                    ; A 高、低字节交换
            LCALL   DELAY
            DJNZ    R4, SE1
            AJMP    LP5                  ; 交叉闪烁次数到，退出

DOUBLE:     MOV     R1, #06H             ; 设定 6 次
SE2:        MOV     P0, #33H             ; 隔两盏闪烁
            LCALL   DELAY
            MOV     P0, #0CCH
            LCALL   DELAY
            DJNZ    R1, SE2
            AJMP    LP5                  ; 交叉闪烁次数到，退出
LP5:        NOP
            POP     PSW                  ; 恢复保持的值
            POP     ACC
            RETI                         ; 中断返回
E_INT1:     PUSH    ACC                  ; 外部中断 1 的中断服务程序，按下 K2，执行报警子程序
            PUSH    PSW                  ; 将 A、PSW 压入堆栈暂时保存
            CLR     P1.0                 ; P1.0 输出一定频率的方波信号报警
            LCALL   DELAY                ; 延时
            SETB    P1.0
            POP     PSW
            POP     ACC
            RETI                         ; 中断返回
```

```
DELAY:    MOV    R7, #20            ; 延时子程序
DA1:      MOV    R6, #100
DA2:      MOV    R5, #200
          DJNZ   R5, $
          DJNZ   R6, DA2
          DJNZ   R7, DA1
          RET
          END
```

例 6-3 的 C 语言程序如下：

```c
#include "reg52.h"
unsigned char   x, t = 0, a = 0, led = 0xff;
unsigned   int i = 0;
sbit   P1_0 = P1^0;
void delay(int t)
{
    while(t--)
    for(I = 0; I < 200; i++);
}
void   main()
{
    IE = 0x85;
    IP = 0x04;
    TCON = 0x05;
    P1_0 = 0;
    while(1)
    {
        for(x = 0; x < 10; x++)
        {
            led = ~led;
            P0 = led;
            delay(500);
        }
    }
}
void   ex_int0() interrupt 0
{
    a=a+1;
    if(a==1)
    {
        for(i=0; i<6; i++)
```

```
        {
            P0 = 0xf0;
            delay(500);
            P0 = 0x0f;
            delay(500);
        }
    }
    if(a==2)
    {
        for(i=0; i<6; i++)
        {
            P0 = 0xcc;
            delay(500);
            P0 = 0x33;
            delay(500);
        }
        a=0;
    }
}
void    ex_int1() interrupt 2
{
    for(i=0; i<3; i++)
    {
        P1_0 = 1;
        delay(1000);
        P1_0 = 0;
        delay(1000);
    }
}
```

中断系统实验

实验设备：计算机 1 台，Keil μVision 5 和 Proteus 软件。

实验报告要求：实验名称、实验目的、实验要求、电路图、软件流程图、程序调试过程及运行结果、实验中遇到的问题及解决方法。

实验一：外部中断实验

实验目的：学会使用 Keil μVision 5 和 Proteus 软件进行单片机汇编语言和 C 语言程序设计与开发；了解和掌握 MCS-51 单片机的中断组成、中断控制工作原理、中断处理过程、外部中断的中断触发方式；掌握中断功能的编程方法。

实验内容：单片机的 P1.0 引脚连接 LED 指示灯 D0；单片机的 P3.2 引脚($\overline{\text{INT0}}$)连接按键开关 K，作为中断源，每次按键都会触发 $\overline{\text{INT0}}$ 中断；在 $\overline{\text{INT0}}$ 中断服务程序中将 P1.0 端口的信号取反，使 LED 指示灯 D0 在点亮和熄灭两种状态间切换，产生 LED 指示灯由按键开关 K 控制的效果。

实验二：多中断综合实验

实验目的：学会使用 Keil μVision 5 和 Proteus 软件进行单片机汇编语言和 C 语言程序设计与开发；了解和掌握 MCS-51 单片机的中断组成、中断控制工作原理、中断处理过程、中断优先级、中断嵌套和外部中断的触发方式；掌握中断功能的编程方法。

实验内容：将单片机的 P1.0～P1.7 端作为输出口，每个端口连接一个 LED 指示灯 D0～D7。在主程序中设计程序让 8 个 LED 指示灯轮流点亮；在外部中断 0 服务程序中让 8 个 LED 指示灯同时闪烁；在外部中断 1 服务程序中让左右 4 个 LED 指示灯交替闪烁。

本 章 小 结

本章主要介绍了 MCS-51 单片机非常实用的部分——中断系统。中断工作方式是实时控制所需要的方式，当遇到比当前的任务更为紧急的任务时，CPU 就会中断当前正在处理的任务，转去执行更为紧急的任务。这就涉及中断控制、中断响应、中断处理、中断嵌套、中断优先级、中断的返回和撤销等方面的问题。其中尤其应当注意对中断现场的保护，以防止数据丢失和确保程序正确返回。中断系统是 MCS-51 单片机的硬件部分，合理使用将对单片机反应速度及处理能力都具有较大的提高，希望读者灵活掌握。

习 题 六

6-1　MCS-51 的外部中断输入引脚为＿＿＿＿和＿＿＿＿。

6-2　MCS-51 外部中断的触发方式有＿＿＿＿和＿＿＿＿。

6-3　8051 单片机的中断系统有(　　)个中断源。

A. 2　　　　　　　　B. 3　　　　　　　　C. 4　　　　　　　　D. 5

6-4　若要配置外部中断 0 边沿触发，需编程设置(　　)位为 1。

A. IT0　　　　　　　B. IT1　　　　　　　C. TF0　　　　　　　D. TF1

6-5　当外部中断 1 产生中断请求时，中断标志位(　　)会硬件置 1。

A. IE0　　　　　　　B. IE1　　　　　　　C. TF0　　　　　　　D. TF1

6-6　对于(　　)寄存器的相应位写入 "1" 或 "0"，便可开放或禁止 MCS-51 的中断。

A. TCON　　　　　　B. SCON　　　　　　C. IE　　　　　　　　D. IP

6-7　MCS-51 中断源的优先级有(　　)级。

A. 2　　　　　　　　B. 3　　　　　　　　C. 4　　　　　　　　D. 6

6-8   中断总允许的控制位是(   )。

A. EX0   B. EX1   C. EA   D. ET0

6-9   当(   )为 1 时，设置了外部中断 1 的优先级是高优先级。

A. PX0   B. PX1   C. PT0   D. PT1

6-10   单片机复位后，中断请求(   )。

A. 全部允许   B. 全部禁止   C. 随机   D. 部分允许

6-11   单片机复位后，中断源的优先级(   )。

A. 全部高优先级   B. 全部低优先级

C. 随机   D. 部分高优先级

6-12   外部中断 0 的中断入口地址是(   )。

A. 0003H   B. 000BH   C. 0013H   D. 001BH

6-13   MCS-51 复位后，内部的查询电路自动设定_____为最高优先级；_____为最低优先级。

6-14   什么是中断？中断有什么作用？

6-15   MCS-51 单片机的中断系统由哪些部分组成？

6-16   MCS-51 单片机有哪几类中断源？

6-17   中断控制主要解决哪些问题？

6-18   MCS-51 单片机的中断响应过程由哪几个部分组成？

6-19   中断的初始化程序主要完成哪些工作？

6-20   什么是断点地址？

6-21   中断服务程序通常由哪几部分组成？

6-22   RETI 指令的作用是什么？

6-23   保护现场和恢复现场的含义是什么？可用什么指令实现？

6-24   CPU 响应中断后，哪些中断请求标志位由硬件自动清零？哪些需要软件清零？

第 7 章　定时器/计数器

本章教学目标

- 了解定时器和计数器的区别
- 理解定时器/计数器的结构与工作方式
- 掌握定时器/计数器模式控制寄存器 TMOD 的格式
- 掌握定时器/计数器控制寄存器 TCON 中 TF0、TF1、TR0、TR1 的作用
- 了解计数范围与最长定时时间
- 掌握定时器/计数器的编程方法及应用

在实时控制系统中，常需要定时功能以实现精确定时或延时控制，也需要计数功能以实现对外界事件进行计数。计数器(counter)是记录信号(通常为脉冲信号)个数的电路，当脉冲信号频率固定时，计数器可以记录脉冲周期数，实现计时。定时器(timer)是一种特殊的计数器，是可以记录时间间隔的计数器。许多单片机系统带有定时器和计数器，定时器与计数器由一套电路组成，因为既可定时，又可计数，故称之为定时器/计数器。本章将介绍 MCS-51 单片机中定时器/计数器的结构、工作方式、初始化及应用。

7.1　概　　述

定时器/计数器和单片机 CPU 是相互独立的，它与 CPU 及晶振通过内部控制信号线连接并相互作用，CPU 一旦设置开启定时/计数功能，定时器/计数器自动完成整个工作过程，不需要 CPU 的参与。有了定时器/计数器之后，单片机可进一步提高工作效率，一些简单、重复加 1 的工作可交给定时器/计数器处理，而让 CPU 去处理一些其他复杂的事情。定时器/计数器的本质是加 1 计数器，是根据其内部时钟或是外部脉冲信号对加法计数电路作加 1 操作。

MCS-51 系列单片机内部设置了 2 个 16 位可编程的定时器/计数器，分别用 T0 和 T1 表示，有 2 个外部计数脉冲的输入端 T0(P3.4)和 T1(P3.5)，MCS-52 系列单片机内部多一个

T2，它们均可用作定时控制、精确延时，以及对外部事件的计数和检测。通过设置与其相关的特殊功能寄存器，可以选择定时器和计数器两种工作模式，以及四种工作方式。

7.2　定时器/计数器的结构

MCS-51 单片机中定时器/计数器的核心部件为 2 个 8 位二进制加法计数器，即 TH0、TL0 和 TH1、TL1，由两个 8 位计数器构成一个 16 位计数器，同时它们也是程序可访问的寄存器，相应的地址为 8CH(TH0)、8AH(TL0)、8DH(TH1)、8BH(TL1)；两个特殊功能寄存器 TMOD 和 TCON，具有定时器和计数器两种工作模式以及四种工作方式。定时器/计数器正是在 TMOD 和 TCON 的控制下工作的，T0 和 T1 通过总线与 CPU 连接，CPU 通过总线对其进行控制。MCS-51 单片机定时器/计数器的结构框图如图 7-1 所示，由图可知，定时器/计数器 T0 由 TH0、TL0 构成；T1 由 TH1、TL1 构成。

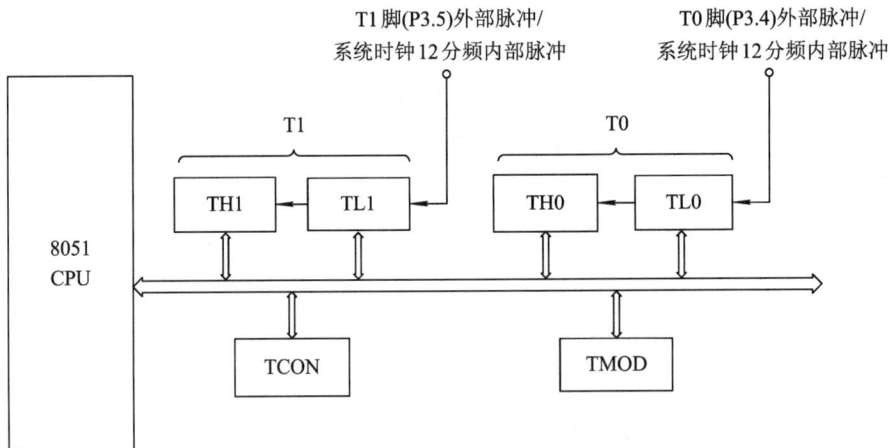

图 7-1　MCS-51 单片机定时器/计数器结构框图

TMOD 称为定时器/计数器的模式寄存器，用于控制和确定定时器/计数器 T0 和 T1 的工作方式，即选择 T0 或 T1 为定时器还是计数器，选择四种工作方式中的任一种，如工作方式 0、工作方式 1、工作方式 2、工作方式 3。

TCON 称为定时器/计数器控制寄存器，用于控制定时器/计数器 T0、T1 的启动和停止，并包含定时器/计数器的工作状态。其内容通过软件设置，系统复位时，TMOD 和 TCON 所有位都被清零。

7.2.1　定时器/计数器相关寄存器

1. TMOD

TMOD(Timer/Counter Mode Control)是定时器/计数器的模式控制寄存器，为 8 位寄存器，字节地址为 89H，不可进行位寻址，单片机复位时 TMOD 所有位被清零。表 7-1 为 TMOD 的格式。

表 7-1　TMOD 的格式

位序号	D7	D6	D5	D4	D3	D2	D1	D0
位符号	GATE	C/$\overline{\text{T}}$	M1	M0	GATE	C/$\overline{\text{T}}$	M1	M0
	定时器/计数器1				定时器/计数器0			

TMOD 分为两个部分，低 4 位为定时器/计数器 0 的方式控制字段，高 4 位为定时器/计数器 1 的方式控制字段。其中，C/$\overline{\text{T}}$ 用于选择定时器/计数器的工作模式，GATE 用于启动模式的设置，M1、M0 用于选择定时器/计数器的工作方式。

1) 工作方式选择位 M1、M0

定时器/计数器的四种工作方式由 M1、M0 的状态确定，对应关系如表 7-2 所示。

表 7-2　定时器/计数器的工作方式选择

工作方式	M1	M0	功　能	计数范围
0	0	0	13 位定时器/计数器	2^{13} – 初值 = 8192 – 初值
1	0	1	16 位定时器/计数器	2^{16} – 初值 = 65536 – 初值
2	1	0	自动重置初值的 8 位定时器/计数器	2^8 – 初值 = 256 – 初值
3	1	1	仅适用于 T0，分为 2 个独立的 8 位计数器，T1 停止计数	2^8 – 初值 = 256 – 初值

2) 定时器和外部计数器模式选择位 C/$\overline{\text{T}}$

C/$\overline{\text{T}}$ =0 为定时器模式，采用晶振频率的 1/12 作为计数器的计数脉冲，对机器周期进行计数。若选择 12 MHz 的晶振，则定时器的计数频率为 1 MHz。

C/$\overline{\text{T}}$ =1 为计数器模式，采用外部引脚(T0 为 P3.4，T1 为 P3.5)的输入脉冲作为计数脉冲。当 T0 或 T1 输入发生由高到低的负跳变时，计数器加 1，其最高计数频率为晶振频率的 1/24。

3) 门控位 GATE

当 GATE=0 时，定时器/计数器由软件控制位 TR0 或 TR1 控制启动与停止，而不受外部输入引脚的控制。当 TR0 或 TR1 为 1 时，定时器/计数器启动开始工作；当 TR0 或 TR1 为 0 时，定时器/计数器停止工作。当 GATE=1 时，定时器/计数器的启动由外部中断引脚和 TR0 或 TR1 共同控制。其中，$\overline{\text{INT0}}$ 控制 T0 运行；$\overline{\text{INT1}}$ 控制 T1 运行。只有当外部中断引脚 $\overline{\text{INT0}}$ 或 $\overline{\text{INT1}}$ 为高电平，且 TR0 或 TR1 置 1 时，才能启动定时器工作。

2. TCON

TCON(Timer/Counter Control)是定时器/计数器的控制寄存器，其主要功能是控制定时器的启动、停止，以及在溢出时设定标志位和外部中断触发方式。其详细内容已在第 6 章第 6.2.3 节中介绍，此处不再重复。

此处以定时器/计数器 0 为例，说明计数信号的选择和控制，其逻辑控制原理图如图 7-2 所示。从图 7-2 中可以看出，计数信号的选择和控制通过 TMOD 中的 GATE、C/$\overline{\text{T}}$ 和 TCON 中的 TR0 这三个控制位来实现。

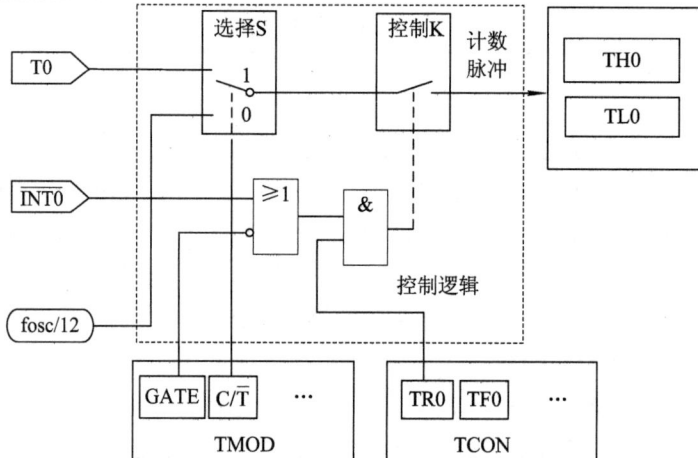

图 7-2　计数信号的选择和逻辑控制原理图

TMOD 中的 $C/\overline{T}$ 用于选择计数信号的来源：$C/\overline{T}=0$，计数信号来自内部晶振频率的 1/12，此时工作于定时器模式；$C/\overline{T}=1$，计数信号来自外部 T0(P3.4)，此时工作于计数器模式。

在计数器模式下，CPU 检测外部 T0(P3.4)或 T1(P3.5)引脚，当出现由"1"到"0"的负跳变时，作为一个计数信号，使内部计数器加 1。因为检测需要 2 个机器周期，所以能检测到的最大计数频率为 CPU 晶振频率的 1/24。

TMOD 中的 GATE 和 TCON 中的 TR0 用于控制计数脉冲的接通，通常有以下两种使用方法。

(1) 当 GATE=0 时，由程序设置 TR0=1 来接通计数脉冲，由程序设置 TR0=0 来停止计数。此时，与外部中断 $\overline{INT0}$ 无关。

(2) 当 GATE=1 时，先由程序设置 TR0=1，然后由外部 $\overline{INT0}=1$ 来控制接通计数脉冲，若 $\overline{INT0}=0$ 则停止计数。若 TR0=0，则禁止 $\overline{INT0}$ 控制接通计数脉冲。

所以，GATE 可看作是专门用来选择计数启动方式的控制位。当 GATE=0 时，可由程序来启动计数，定时器/计数器的运行不受外部输入引脚的控制；当 GATE=1 时，可由外部硬件通过 $\overline{INT0}$ 端启动计数。

7.2.2　定时器/计数器的工作原理

MCS-51 单片机内部 2 个定时器/计数器 T0 和 T1 的工作原理相同，下面以定时器/计数器 T0 为例，说明其工作原理。

1. 定时器/计数器作为定时器

将定时器/计数器 T0 作为定时器使用时，需要先设置寄存器 TMOD 和 TCON，之后 T0 以定时器模式开始工作。寄存器 TMOD、TCON 的设置方式为：置寄存器 TMOD 中的 $C/\overline{T}=0$，使 T0 工作在定时器模式，该位发出控制信号使 T0 与单片机内部振荡器接通，计数信号来自内部晶振频率的 1/12；置寄存器 TMOD 中的 M1、M0 位，确定 T0 的工作方式，若配置 M1=1、M0=0，则 T0 工作在工作方式 2 下；设置寄存器 TCON 中的 TR0=1，启动 T0 开始工作。

T0 工作在定时器模式下的工作过程如下：

(1) 计数。当 TR0＝1 时，T0 启动，加法计数器在机器周期的作用下开始加 1 计数。

(2) 计满溢出，发出中断请求信号。定时器一旦启动工作，便在原有的数值上开始加 1 计数，当加到计数器为全 1 时，再输入一个脉冲就使计数器回零，即加到最大值计满溢出，产生溢出中断信号。该信号将寄存器 TCON 的 TF0 位置 "1"，随后立即向 CPU 发出中断请求信号，若此时 T0 中断允许，则 CPU 响应该中断请求，转向执行相应的中断服务程序。

定时器/计数器 T0 设为定时器，将它与外部输入断开，而与内部脉冲信号接通，对其计数实现定时。若单片机的时钟频率为 12 MHz，经 12 分频后得到 1 MHz 脉冲信号，每个脉冲的持续时间即机器周期为 1 μs，当定时器 T0 工作在方式 1 下，对 1 MHz 脉冲信号进行计数。若在程序开始时没有设置 TH0 和 TL0，则它们的默认值为系统复位初值 00H，计满 TH0 和 TL0 需要 $2^{16}-1$(FFFFH)个数，此时再输入一个脉冲，计数器计满溢出，随即向 CPU 发出中断申请，因此溢出一次共需 65 536 μs，即 65.536 ms。经过 65.536 ms 后定时器计数达到最大值，计满溢出，同时使寄存器 TH0 和 TL0 归零，即 TH0＝TL0＝00H，输出一个中断请求信号，若 CPU 接受中断请求，则执行中断服务程序。

由此可知，当单片机时钟频率为 12 MHz 时，定时器工作在方式 1 下，最大定时时间为 65.536 ms。如果定时时间少于 65.536 ms，如定时时间为 5 ms，对定时器预先设置计数初值，将定时器初始值设为 60 536，分别加载到 TH0 和 TL0，这样定时器就会从 60 536 开始计数，当计数到 65 536 时，定时器计满溢出，定时时间为 5 ms，从而产生一个定时中断请求信号。

需要注意的是，对于工作方式 0、1、3，若仅在主程序中对寄存器(TH0/TL0 或 TH1/TL1)赋计数初值，而在中断服务程序中，或在查询方式下计满溢出后，没有重新再次给寄存器(TH0/TL0 或 TH1/TL1)赋计数初值，则中断服务程序或查询程序将以该工作方式下的最大定时值工作。如工作方式 0 为 13 位，最大定时值为 8192；工作方式 1 为 16 位，最大定时值为 65 536。这是因为计满溢出后，寄存器(TH0/TL0 或 TH1/TL1)变为全 0，再次做加 1 计数继续累加，从 0 加到最大值；如此继续下去，程序将以当前工作方式下的最大定时时间工作，而非预设的定时时间。

2. 定时器/计数器作为计数器

将定时器/计数器 T0 作为计数器使用时，同样需要先设置寄存器 TMOD 和 TCON，之后 T0 以计数器模式工作。寄存器 TMOD、TCON 的设置方式为：设置寄存器 TMOD 中的 C/$\overline{\text{T}}$ ＝1，该位发出控制信号使 T0 与外部输入端 T0(P3.4)接通，计数信号来自外部输入脉冲；设置寄存器 TMOD 的 M1、M0 位，确定 T0 的工作方式，若配置 M1＝0、M0＝1，则 T0 工作在工作方式 1 下；设置寄存器 TCON 中的 TR0＝1，启动 T0 开始工作。

T0 工作在计数器模式下的工作过程如下：

(1) 计数。T0 启动后，开始对外部 T0 引脚(P3.4)输入的脉冲进行计数。

(2) 计满溢出，发出中断请求信号。计数器一旦启动工作，便在原有的数值上开始加 1 计数，当加到计数器为全 1 时，再输入一个脉冲就使计数器回零，即加到最大值计满溢出，产生溢出中断信号。该信号将寄存器 TCON 的 TF0 位置"1"，随后立刻向 CPU 发出中断请求信号，若此时 T0 中断允许，则 CPU 响应该中断请求，转向执行相应的中断服务程序。

定时器/计数器 T0 设为计数器，T0 作为外部输入端(即 P3.4 引脚)用来输入外部脉冲信号。若单片机的时钟频率为 12 MHz，计数器 T0 工作在工作方式 1 下，则 T0 为 16 位计数器，它的最大计数值为 65 536。当外部脉冲输入时，计数器对脉冲进行计数，当计到最大值 65 536 时，计数器计满溢出，对应的计数初值寄存器 TH0 = TL0 = 00H，输出一个中断请求信号到中断系统，中断系统接受中断请求后，执行中断服务程序。

由此可知，计数器只有在 T0 端输入 65 536 个脉冲后，计数达到最大值才会溢出，如果希望输入 100 个脉冲时计数器就能溢出，可在计数前对计数器预先设置计数初值，将初始值设为 65 436，这样计数器就会从 65 436 开始计数，当输入 100 个脉冲时，计数器的计数值就达到 65 536，计满溢出而产生一个中断请求信号。

需要注意的是，虽然单片机具有对外来脉冲计数的功能，但并不是说任意频率的脉冲都可以直接计数，单片机的晶振频率限制了所测计数脉冲的最高频率。

7.2.3 定时器/计数器中断

定时器/计数器实质上是加 1 计数器，随着计数器的输入脉冲做加 1 操作。输入脉冲有两个来源，一个是系统内部时钟脉冲，另一个是 T0 或 T1 引脚输入的外部脉冲。每来一个脉冲，计数器就自动加 1，当加到计数器为全 1 时，再输入一个脉冲就使计数器计满溢出回零，同时计数器的溢出使寄存器 TCON 相应的溢出标志位 TF0 或 TF1 置 1，向 CPU 发出中断请求。此时，若定时器/计数器工作于定时器模式，则表示定时时间已到；若工作于计数器模式，则表示计数值已计满。由此可知，由溢出时计数器的值减去计数初值即加 1 计数器的计数值。

在 MCS-51 单片机中，与定时器/计数器中断相关的寄存器主要有三个，分别是定时器/计数器控制寄存器 TCON、中断允许寄存器 IE 和中断优先级控制寄存器 IP。

1. 定时器/计数器控制寄存器 TCON

定时器/计数器控制寄存器 TCON 中和中断有关的控制位有两位，分别是 TF0 和 TF1。

TF0：定时器/计数器 T0 计数溢出标志位。当 T0 计满溢出时，由硬件使 TF0 置 1，并申请中断。进入中断服务程序后，由硬件自动清零。若采用中断方式，则该位完全不用人为操作；若采用软件查询方式，当查询到该位置 1 后，则需用软件清零。

TF1：定时器/计数器 T1 计数溢出标志位。当 T1 计满溢出时，由硬件使 TF1 置 1，并申请中断。进入中断服务程序后，由硬件自动清零。若采用中断方式，则该位完全不用人为操作；若采用软件查询方式，当查询到该位置 1 后，则需用软件清零。

2. 中断允许寄存器 IE

中断允许寄存器 IE 中和中断有关的控制位有三位，分别是 ET0、ET1 和 ET2。

ET0：定时器/计数器 0 中断允许位。ET0 = 1，开放 T0 中断；ET0 = 0，关闭 T0 中断。

ET1：定时器/计数器 1 中断允许位。ET1 = 1，开放 T1 中断；ET1 = 0，关闭 T1 中断。

ET2：定时器/计数器 2 中断允许位。ET2 = 1，开放 T2 中断；ET2 = 0，关闭 T2 中断。

3. 中断优先级控制寄存器 IP

中断优先级控制寄存器 IP 中和中断有关的控制位有三位，分别是 PT0、PT1 和 PT2。

PT0：定时器/计数器 0 中断优先级控制位。PT0＝1，定义为高优先级中断；PT0＝0，定义为低优先级中断。

PT1：定时器/计数器 1 中断优先级控制位。PT1＝1，定义为高优先级中断；PT1＝0，定义为低优先级中断。

PT2：定时器/计数器 2 中断优先级控制位。PT2＝1，定义为高优先级中断；PT2＝0，定义为低优先级中断。

7.3 定时器/计数器的工作方式

定时器/计数器 T0 和 T1 有四种工作方式，即方式 0、方式 1、方式 2 和方式 3。T0 和 T1 在方式 0～2 工作时，用法完全一致，仅在方式 3 时有所区别。各种工作方式的选择是通过对寄存器 TMOD 的 M1、M0 两位进行编码来实现的。

7.3.1 工作方式 0

当 TMOD 的 M1、M0 位为 00 时，定时器/计数器工作在方式 0，即 13 位定时器/计数器工作方式，与 MCS-48 的定时器/计数器兼容，图 7-3 为定时器/计数器 1 工作方式 0 或方式 1 的逻辑结构图。工作方式 0 实质上是对 T0 或 T1 的两个 8 位计数器 TH0、TL0(或 TH1、TL1)进行计数操作。从图 7-3 中可以看到，低位计数器 TL1 的低 5 位(高 3 位未用)和高位计数器 TH1 的 8 位组成一个 13 位计数器。计数时 TL1 低 5 位计满溢出时向 TH1 进位，TH1 计满溢出时，由硬件置位溢出标志 TF1 向 CPU 发出中断请求。

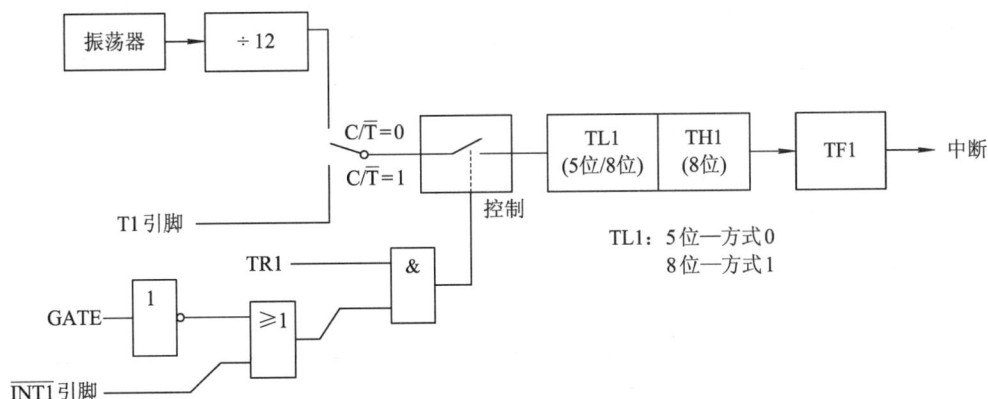

图 7-3 定时器/计数器 1 工作方式 0 或方式 1 的逻辑结构图

工作方式 0 为 13 位计数器，最多可装载的数为 $2^{13}=8192$。当 TH0(或 TH1)和 TL0(或 TL1)的初始值为 0 时，最多经过 8192 个机器周期，该计数器就会溢出一次，向 CPU 发出中断请求。计数器的启动和停止由逻辑控制电路确定，选择定时器还是计数器则由 $C/\overline{T}$ 控制。

定时器/计数器作定时器使用时 $C/\overline{T}=0$，开关拨向定时器，计数时钟由 CPU 的晶振频率经 12 分频产生，对机器周期进行计数。

定时时间 $t=(2^{13}-X)\times12/f_{osc}$，其中 X 为计数初值，f_{osc} 为晶振频率；计数初值 $X=2^{13}-t\times f_{osc}/12$，其中 t 为定时时间。

定时器/计数器作计数器使用时 $C/\overline{T}=1$，开关接通 T0 或 T1 的输入端 T0(P3.4)或 T1(P3.5)引脚，外部时钟通过 P3.4 或 P3.5 引脚供 13 位计数器使用。

7.3.2　工作方式 1

当 TMOD 的 M1、M0 位为 01 时，定时器/计数器工作在方式 1，此时定时器/计数器的结构和工作过程几乎与方式 0 完全相同，区别为计数器的长度为 16 位，寄存器 TL0(TL1)作为低 8 位、寄存器 TH0(TH1)作为高 8 位，组成 16 位加 1 计数器。

工作方式 1 为 16 位计数器，最多可装载的数为 $2_{16}=65\,536$。当 TH0(TH1)和 TL0(TL1)的初始值为 0 时，最多经过 65 536 个机器周期，该计数器就会溢出一次，向 CPU 发出中断请求。

定时时间 $t=(2^{16}-X)\times12/f_{osc}$，其中 X 为计数初值，f_{osc} 为晶振频率；计数初值 $X=2^{16}-t\times f_{osc}/12$，其中 t 为定时时间。

7.3.3　工作方式 2

当 TMOD 的 M1、M0 位为 10 时，定时器/计数器工作在方式 2。当工作方式 0、方式 1 用于循环重复定时计数时，每次计满溢出后，计数器全部为 0，下一次计数重新装入计数初值，这样编程麻烦，而且影响定时时间的精度。工作方式 2 是自动重新装入计数初值的 8 位定时器/计数器，可以解决该问题。

工作方式 2 将 16 位计数器分成两个 8 位计数器，低 8 位作为计数器使用，高 8 位用以保存计数初值。当低 8 位计数溢出回零时，将 TF0 或 TF1 置位 1，同时又将保存在高 8 位中的计数初值重新自动装入低 8 位计数器中，又继续计数，循环重复。图 7-4 为定时器/计数器 1 工作方式 2 的逻辑结构图。初始化编程时，TH0 和 TL0(或 TH1 和 TL1)都装入计数初值 X。方式 2 适用于较为精确的脉冲信号发生器，尤其适用于串行口波特率发生器。

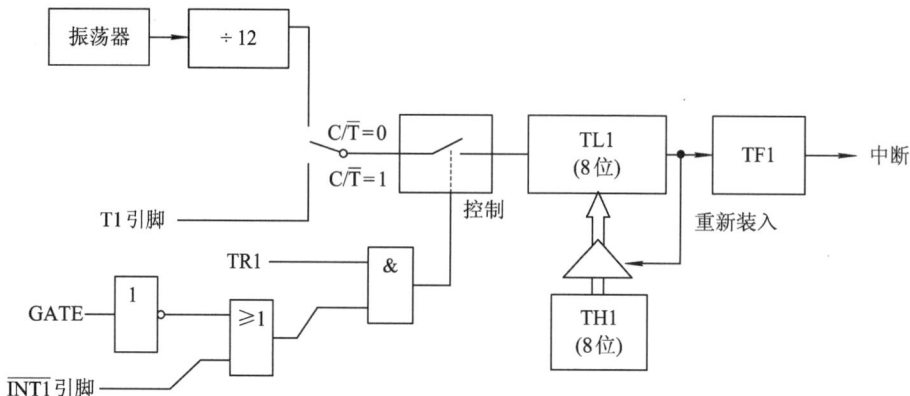

图 7-4　定时器/计数器 1 工作方式 2 的逻辑结构图

计数初值 $X=2^8-t\times f_{osc}/12$，其中 t 为定时时间。

7.3.4 工作方式 3

当 TMOD 的 M1、M0 位为 11 时，定时器/计数器 T0 工作在方式 3，方式 3 是为了使单片机有 1 个独立的定时器/计数器、1 个定时器以及 1 个串行口波特率发生器等应用场合而特地提供的。方式 3 只适用于定时器/计数器 T0，当定时器 T1 处于方式 3 时相当于 TR1＝0，停止计数。图 7-5 为定时器/计数器 T0 工作方式 3 的逻辑结构图，TL0 作 8 位定时器如图 7-5(a)所示，TH0 作 8 位定时器如图 7-5(b)所示。

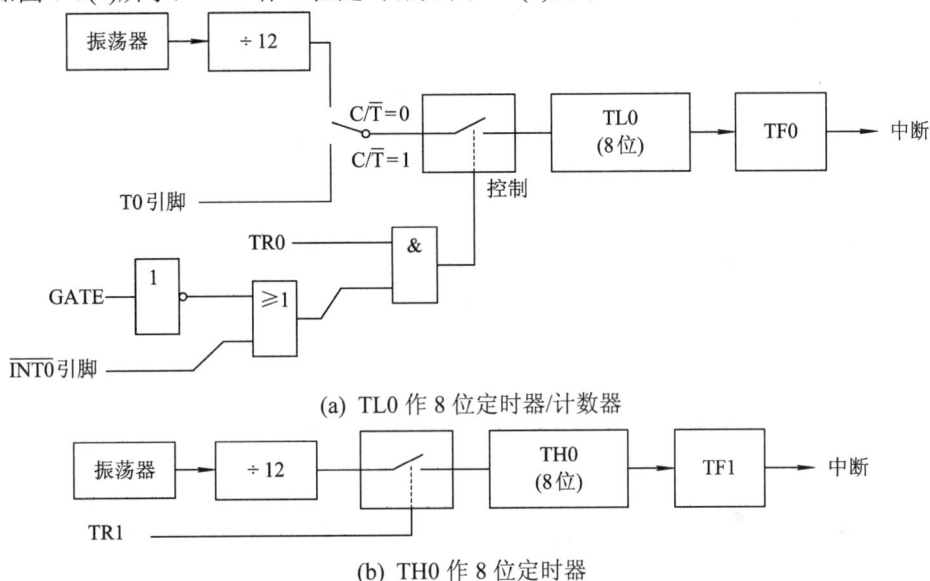

(a) TL0 作 8 位定时器/计数器

(b) TH0 作 8 位定时器

图 7-5 定时器/计数器 T0 工作方式 3 的逻辑结构图

由图 7-5 可以看到，在方式 3 下，T0 被拆分成两个独立的 8 位计数器 TH0 和 TL0。TL0 除作为 8 位计数器外，其功能和操作与方式 0、方式 1 完全相同，计满溢出回零后置位 TF0，并向 CPU 发出中断请求，之后再重装计数初值，可作定时也可作计数使用。此时 TL0 已占用 TR0 和 TF0 标志位，而 TH0 此时只可作为简单的内部定时器，它借用 T1 的 TR1 和 TF1 标志位，同时占用 T1 的中断源。TH0 的启动和停止仅受 TR1 的控制，TR1＝1，TH0 启动定时，TR1＝0，TH0 停止定时工作。

因为 T0 工作在方式 3 时会占用 T1 的中断标志位 TF1，所以为了避免中断冲突，在该方式下，T1 不能用在有中断的场合。总之，当 T0 工作在方式 3 时，T1 一般用作串行口的波特率发生器，设置好工作方式后，T1 自动开始运行。通常把 T1 设置为方式 2 作为波特率发生器。

综上所述，这四种工作方式各有特点：工作方式 0 主要为兼容早期的 MCS-48 单片机所保留，一般可用工作方式 1 来代替；工作方式 1 的特点是计数范围宽，但每次的初值均要由程序来设置；工作方式 2 的特点是初值只需设置一次，每次溢出后，初值自动从 TH0 加载到 TL0 或从 TH1 加载到 TL1，但计数范围较工作方式 1 小；工作方式 3 的特点是增加了一个独立的计数器，但只适用于定时器/计数器 0，且占用定时器/计数器 1 的 TR1 和 TF1，所以此时的定时器/计数器 1 只能用于无须中断的应用，如作为串行口的波特率发生器。

7.4   定时器/计数器的初始化

定时器/计数器的功能是由软件设置而实现的，在使用前要对其进行初始化，包括定时器/计数器的初始化和中断初始化，主要是对寄存器 TMOD、TCON、IE、IP 的相应位进行正确设置，并将计数初值写入初值寄存器中。其具体的初始化步骤如下。

(1) 确定工作模式(是定时器还是计数器)、工作方式、启动控制方式，将其写入寄存器 TMOD 中。

(2) 设置定时器/计数器的计数初值，将其写入初值寄存器 TH0、TL0 或 TH1、TL1 中；16 位的计数初值必须分两次写入对应的计数器中。

(3) 根据要求，如果采用中断方式，可直接对 IE 赋值，或单独设置 EA、ET0、ET1，开放中断，若有多级中断，还要设置 IP；如果采用查询方式，IE 清零以屏蔽中断。

(4) 启动定时器/计数器工作。当 GATE = 0 时，通过 TR0 = 1 或 TR1 = 1 启动定时器/计数器的工作。当 GATE = 1 时，还必须由外部中断引脚 $\overline{INT0}$ 或 $\overline{INT1}$ 共同控制，只有当 $\overline{INT0}$ 或 $\overline{INT1}$ 引脚电平为高电平时，定时器/计数器启动工作，一旦启动就按规定的方式定时或计数。

7.4.1   计数初值的计算

定时器/计数器选择定时器或计数器模式，以及不同的工作方式，其计数初值均不相同。若设最大计数值为 M，则各工作方式下的 M 值为：

工作方式 0：$M=2^{13}=8192$

工作方式 1：$M=2^{16}=65\ 536$

工作方式 2：$M=2^{8}=256$

工作方式 3：$M=2^{8}=256$ (TH0 和 TL0 的 M 值均为 256)

由定时器/计数器的工作原理可知，MCS-51 的两个定时器均为加 1 计数器，当加到最大值(00H 或 0000H)时计满溢出，即由全 1 变为全 0，此时将 TF 位置 1，产生溢出中断。因此，计数初值的计算公式为：

$$X=M-\text{计数值}$$

式中，M 由工作方式确定，不同的工作方式对应的计数器长度不同，则 M 值也不相同；计数值与定时器/计数器的工作模式相关。

1. 计数器模式

计数器模式时，计数脉冲由外部引入，是对外部脉冲进行计数，因此计数值根据要求确定。其计数初值的计算公式为：

$$X=M-\text{计数值}$$

例如：某工序要求对外部脉冲信号计 100 次，则 $X=M-100$。

2. 定时器模式

定时器模式时，因为计数脉冲由内部时钟提供，是对机器周期进行计数，故计数脉冲

频率为 $f_{osc}/12$，则计数周期 $T = 12/f_{osc}$。其计数初值的计算公式为：

$$X = M - 计数值 = M - \frac{f_{osc} \times t}{12}$$

式中，f_{osc} 为 CPU 的晶振频率；t 为所要求的定时时间。

工作方式 1 的计数范围为 2^{16} − 初值 = 10000H − 初值 = 65 536 − 初值。初值的取值范围为 0000H～FFFFH，即 0～65 535。当初值 = 0 时，可得最大计数值 N_{max} = 65 536；当初值 = FFFFH = 65 535 时，可得最小计数值 N_{min} = 1。根据定时时间 t 可计算出应设置的计数初值 X：

$$X = 65\ 536 - \frac{t}{计数周期} = 65\ 536 - \frac{t \times f_{osc}}{12}$$

例如：当晶振频率 f_{osc} = 12 MHz，计数周期 = 1 μs，初值为 0 时，可得最大定时时间 T_{max} = 65 536 μs，即 65.536 ms。若要设置定时时间 T = 5 ms = 5000 μs，则

$$X = 65\ 536 - 5000\ \mu s \times \frac{f_{osc}}{12} = 65\ 536 - 5000\ \mu s \times \frac{12\ MHz}{12} = 60\ 536 = EC78H$$

即 TH0、TL0 或 TH1、TL1 的计数初值可设置为 ECH、78H。

例如：晶振频率 f_{osc} = 6 MHz，设定时器工作于工作方式 1，要求产生 1 ms 的定时，则

$$X = M - 计数值 = M - \frac{f_{osc} \times t}{12} = 2^{16} - \frac{6 \times 10^6 \times 1 \times 10^{-3}}{12} = 65\ 536 - 500 = 65\ 036 = FE0CH$$

工作方式 2 的计数范围为 2^8 − 初值 = 100H − 初值 = 256 − 初值。初值的取值范围为 00H～FFH，即 0～255，当初值 = 0 时，可得最大计数值 N_{max} = 256；当初值 = FFH = 255 时，可得最小计数值 N_{min} = 1。

根据定时时间 t 可计算出应设置的计算初值 X：

$$X = 256 - \frac{t}{计数周期} = 256 - t \times \frac{f_{osc}}{12}$$

当晶振频率 f_{osc} = 12 MHz 时，最大定时时间 T_{max} = 256 μs，即 0.256 ms。若要设置定时时间 T = 0.1 ms = 100 μs，则计数初值

$$X = 256 - 100\ \mu s \times \frac{f_{osc}}{12} = 256 - 100\ \mu s \times \frac{12\ MHz}{12} = 256 - 100 = 156 = 9CH$$

即 TH0 或 TH1 的计数初值可设置为 9CH。

7.4.2 定时器/计数器的初始化程序

例如：某个 MCS-51 单片机的晶振频率为 6 MHz。定时器/计数器 T0 工作在计数器模式，且选择工作方式 2，对外部脉冲进行计数 10 次，禁止中断，其启动需由外部中断引脚和 TR0 共同控制。定时器/计数器 T1 工作在定时器模式，且选择工作方式 1，定时 50 ms，允许中断，其启动仅由软件控制。编写其初始化程序。

该 MCS-51 单片机的定时器/计数器初始化如下：T0 为计数器模式的工作方式 2，计数初值 X_0 = 256 − 10 = 246 = 0F6H；T1 为定时器模式的工作方式 1，计数初值 X_1 = 65 536 − $(6 \times 50 \times 10^3)$/12 = 40 536 = 9E58H；定时器/计数器的工作模式控制字为 00011110B = 1EH。

初始化汇编源程序如下：

MOV	TMOD, #1EH	; 写工作模式字
MOV	TH0, #0F6H	; 计数器 T0 的计数初值
MOV	TL0, #0F6H	
MOV	TH1, #9EH	; 定时器 T1 的计数初值
MOV	TL1, #58H	; 16 位计数初值分 2 次写入
MOV	IE, #88H	; 开放总中断，开放 T1 中断
SETB	TR0	; 启动 T0，但要等待 $\overline{INT0}$ =1 时方可真正启动
SETB	TR1	; 启动 T1

7.5 定时器/计数器的应用

　　定时器/计数器是单片机应用系统中经常使用的部件之一，根据实际需要，选择合适的工作方式。如果有时间要求，就选择定时功能；如果要求检测外部脉冲信号的个数，就选择计数功能。对定时器工作方式的选择一般考虑定时时间或计数值的长度。若定时时间长，则选用方式 1；若定时时间短，则选用方式 2 较为方便。门控的选择主要考虑是否要求用外部信号来控制定时器/计数器的启动。

7.5.1 定时方式应用

　　【例 7-1】　使用定时器/计数器作为精确延时控制，要求 LED 指示灯 D0 以周期为 2 s 闪烁，D1 以周期为 100 ms 闪烁，其电路原理图如图 7-6 所示。设单片机的晶振频率 f_{osc} = 12 MHz。

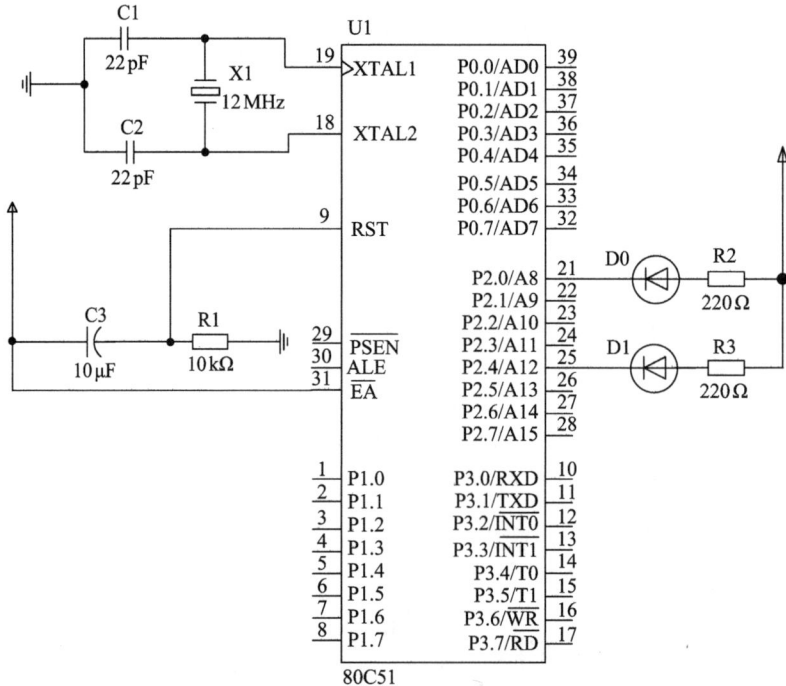

图 7-6　例 7-1 的电路原理图

使用定时器时主要有两种方法：一是使用定时中断技术，计满溢出时触发中断，自动调用中断服务程序执行；二是使用查询方式检查是否出现计满溢出，溢出时执行程序。

例 7-1 将采用中断和查询两种方式，并采用汇编语言和 C 语言，实现所要求的功能。

当 f_{osc} = 12 MHz 时，机器周期为 1 μs，采用工作方式 1，其最长定时时间为 $2^{16} \times 1$ μs = 65.536 ms。要实现更长时间的定时，一般有两种方式：一是 2 个定时器/计数器串联使用，即硬件定时器和硬件计数器；二是采用硬件定时器和软件计数器。计数器用于记录溢出的次数。

例 7-1 采用硬件定时器和软件计数器。当周期为 10 Hz 时，定时时间为 50 ms；当周期为 0.5 Hz 时，定时时间为 1 s。具体设计思路：用定时器 T0 工作在方式 1，定时 50 ms，然后在定时器中断服务程序中由软件计数器(如 R2)对定时中断的次数进行计数，达到 20 次即 1 s，此时模式字为 01H，设置定时时间 T = 50 ms = 50 000 μs，则：

$$计数初值 X = 65\,536 - 50\,000\ \mu s \times \frac{f_{osc}}{12} = 65\,536 - 50\,000\ \mu s \times \frac{12\ MHz}{12} = 15\,536 = 3CB0H$$

即 TH0、TL0 的计数初值设置为 3CH、B0H。

"计满溢出"是指从计数初值 15 536 开始，每微秒递增 1，经 50 000 μs 后(15 536 + 50 000 = 65 536，方式 1 是 16 位寄存器，其最大值为 65 535(FFFFH))，再加 1 就递增到 65 536(10000H)，此时 16 位寄存器从全 1 变为全 0，产生溢出，从而触发定时中断。

首先采用中断方式，以汇编语言和 C 语言编程实现所要求的功能。采用中断方式的主程序流程图如图 7-7 所示，定时器 T0 中断服务程序流程图如图 7-8 所示。

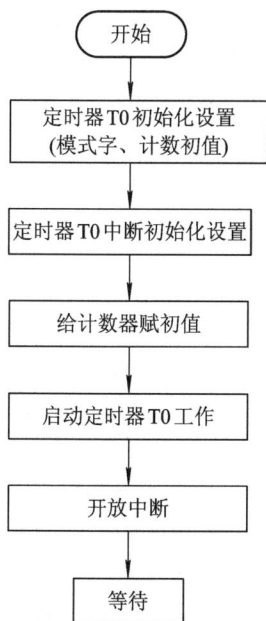

图 7-7 采用中断方式的主程序流程图　　图 7-8 定时器 T0 中断服务程序流程图

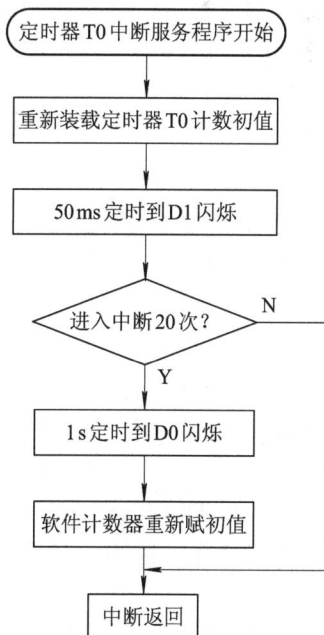

当采用定时中断时，需要完成以下工作。

(1) 设置定时器的工作模式(设置 TMOD)。

(2) 设置定时器的计数初值(设置 TH0/TL0 或 TH1/TL1)。

(3) 允许定时器中断(设置 IE，或单独设置 EA、ET0/ET1)。

(4) 启动定时器工作(设置 TCON 或单独设置 TR0/TR1)。

当然，最重要的工作是编写定时器中断服务程序，当定时器时间到(计满溢出)时即触发定时中断，所编写的定时器中断服务程序将被自动调用。采用中断方式的汇编源程序如下：

```
            ORG    0000H              ; MCS-51 复位入口
            AJMP   MAIN               ; 转入主程序
            ORG    000BH              ; T0 中断入口地址
            AJMP   INT_T0             ; 转入 T0 中断服务程序
            ORG    0100H              ; 主程序入口
    MAIN:   MOV    SP, #40H           ; 设置堆栈
            MOV    TMOD, #01H         ; 设置模式字，T0 工作在方式 1
            MOV    TH0, #3CH          ; 计数初值写入 TH0/TL0
            MOV    TL0, #0B0H
            MOV    R2, #14H           ; 软件计数器 R2 赋初值 20
            SETB   ET0                ; 允许 T0 中断
            SETB   EA                 ; 开放总中断
            SETB   TR0                ; 启动 T0 定时工作
    HERE:   SJMP   HERE               ; 原地踏步等待中断的到来
            ORG    0200H              ; 中断服务程序

    INT_T0: MOV    TH0, #3CH          ; 重新装载计数初值
            MOV    TL0, #0B0H
            CPL    P2.4               ; 取反实现 D1 以 50 ms 闪烁
            DJNZ   R2, LOOP           ; 判断 R2 是否为 0，若为 0 则 1 s 时间到
            MOV    R2, #14H           ; R2 = 20
            CPL    P2.0               ; 取反实现 D0 以 1 s 闪烁
    LOOP:   RETI                      ; 中断返回
            END
```

定时器 T0 工作在方式 1 为 16 位计数器,从计数初值 15 536 累加到 65 536 时计满溢出,16 位寄存器 TH0/TL0 从全 1 变为全 0,此时 50 ms 定时时间到,进入中断服务程序 INT_T0,D1 以 50 ms 闪烁。为了确保定时器 T0 每次定时中断都是 50 ms,必须在中断服务程序 INT_T0 中为 TH0 和 TL0 重新加载计数初值 15 536。此外,在中断服务程序 INT_T0 中作一个判断,判断是否进入了 20 次中断,若进入 20 次中断,意味着 1 s 定时时间到,则执行 D0 以 1 s 闪烁。

寄存器 TH0 和 TL0 均为 8 位,在 C 语言编程中,要计 50 000 个数,TH0 和 TL0 应该装入的总数为 65 536 - 50 000 = 15 536。将 15 536 对 256 求模的结果,即 15 536/256 = 60,装入 TH0 中,将 15 536 对 256 求余的结果,即 15 536 % 256 = 176,装入 TL0 中。当晶振频率为 12 MHz、定时 50 ms 时,其 C 语言代码如下：

　　　　TH0=(65536-50000)/256;

```
TL0 = (65536 - 50000) % 256;
```

需要注意的是，65 536 的二进制数是 17 位，即 1 0000 0000 0000 0000B，其最高位为 1，其余 16 位为 0，对于 16 位寄存器，65 536 与 0 是等价的。同样，256 的二进制数是 9 位，即 1 0000 0000B，其最高位为 1，其余 8 位为 0，对于 8 位寄存器，256 与 0 是等价的。

采用中断方式的 C 语言源程序如下：

```
#include "reg52.h"
unsigned char    t = 0;                    // 软件计数器
sbit D0 = P2^0;                            // 定义位变量
sbit D1 = P2^4;
void    main(void)
{
    TMOD = 0x01;                           // 定时器 T0 选择工作方式 1
    TH0 = (65536 - 50000) / 256;           // 加载计数初值，50 ms 定时
    TL0 = (65536 - 50000) % 256;
    IE = 0x82;                             // 允许 T0 中断
    TR0 = 1;                               // 启动 T0 工作
    while(1);                              // 等待中断到来
}
void INT_T0()    interrupt 1               // 定时器 T0 中断服务程序
{
    t++;
    D1 = !D1;                              // 取反实现 D1 以 50 ms 闪烁
    TH0 = (65536 - 50000) / 256;           // 重新加载计数初值，50 ms 定时
    TL0 = (65536 - 50000) % 256;
    if(t == 20)                            // 若计数达到 20 次，则定时 1 s 到
    {
        t = 0;                             // 软件计数器清零
        D0 = !D0;                          // 取反实现 D0 以 1 s 闪烁
    }
}
```

其次采用查询方式，以汇编语言和 C 语言实现所要求的功能。

当采用查询方式时，主要通过查询 TF0(或 TF1)是否置位(即 TF0 是否为 1)来判断是否计满溢出，为 1 则表示计满溢出定时时间到，之后用软件将 TF0(或 TF1)清零，并将计数初值重新装载到 TH0、TL0 寄存器。采用查询方式的程序流程图如图 7-9 所示。

采用查询方式的汇编源程序如下：

```
          ORG     0100H          ; 主程序入口
MAIN: MOV     TMOD, #01H     ; 定时器 T0 设为工作方式 1
          MOV     TH0, #3CH      ; 计数初值写入 T0
          MOV     TL0, #0B0H
```

```
        MOV    R2, #14H        ; 赋初值 20
        SETB   TR0             ; 软件启动 T0 工作
LOOP:   JBC    TF0, PV         ; 查询 TF0
        SJMP   LOOP            ; 若不为 1，则等待
PV:     MOV    TH0, #3CH       ; 重新装载计数初值
        MOV    TL0, #0B0H
        CPL    P2.4            ; 取反 P2.4
        DJNZ   R2, LOOP        ; R2 不为 0，转移
        MOV    R2, #14H        ; 1 s 定时到，重新赋值
        CPL    P2.0            ; D0 以 1 s 闪烁
        SJMP   LOOP
        END
```

采用查询方式的 C 语言源程序如下：

```
#include "reg52.h"
unsigned char  t = 0;            // 软件计数器
sbit D0 = P2^0;                  // 定义位变量
sbit D1 = P2^4;
void   main(void)
{
    TMOD = 0x01;                 // T0 选择工作在方式 1
    TH0 = (65536 - 50000) / 256; // 50 ms 定时
    TL0 = (65536 - 50000) % 256;
    TR0 = 1;                     // 启动 T0 工作
    while(1)
    {
        if(TF0 == 1)
        {                        // 溢出标志 TF0=1，50 ms 定时到
            t++;
            D1 = !D1;            // 取反实现 D1 以 50 ms 闪烁
            TF0 = 0;             // 若 TF0=1，则 TF0 清零
            TH0 = (65536 - 50000) / 256;
            TL0 = (65536 - 50000) % 256;
            if(t == 20) {        // 计数达到 20 次，定时 1 s 到
                t = 0;           // 软件计数器清零
                D0 = !D0;        // 1 s 到，D0 以 1 s 闪烁
            }
        }
    }
}
```

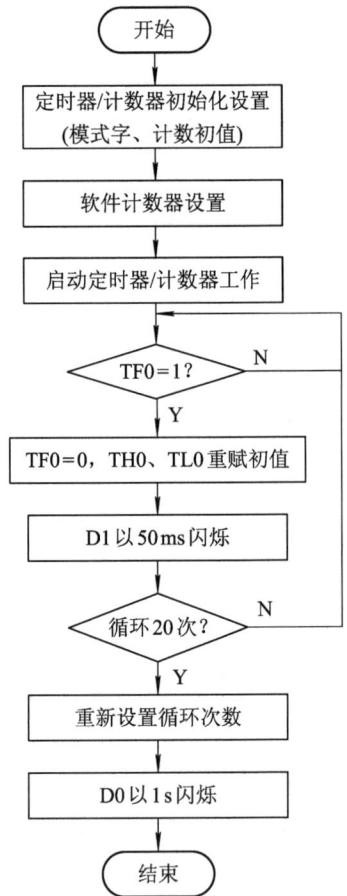

图 7-9 采用查询方式的程序流程图

【例 7-2】采用硬件定时器和硬件计数器实现例 7-1 的功能，其电路原理图如图 7-10 所示。

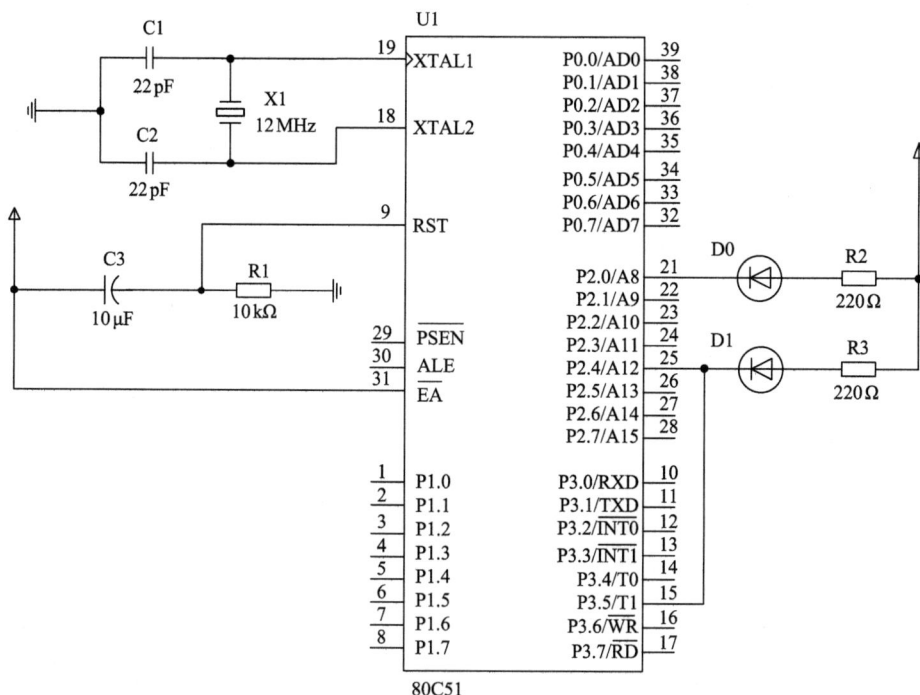

图 7-10　定时器和计数器级联的电路原理图

设计思路：采用 2 个定时器/计数器串联使用，即硬件定时器和硬件计数器。用定时器 T0 定时 50 ms；用计数器 T1 对定时器 0 中断的次数进行计数，连接指示灯 D1 的 P2.4 口输出的脉冲信号，作为计数器 T1 的外部计数脉冲，计数器 T1 计满 10 个脉冲即 1 s。

此时，T0 作为定时器工作在方式 1，T1 作为计数器工作在方式 2，模式字为 61H。采用中断方式，并以汇编语言和 C 语言编程，实现所要求的功能。采用中断方式的主程序流程图如图 7-11 所示，定时器 T0 中断子程序流程图如图 7-12 所示，计数器 T1 中断子程序流程图如图 7-13 所示。

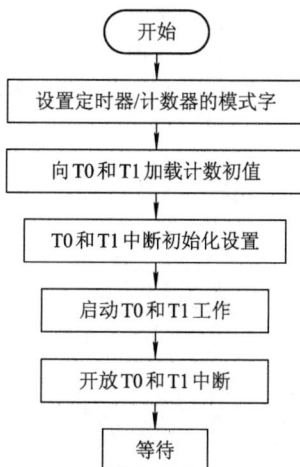

图 7-11　采用中断方式的主程序流程图

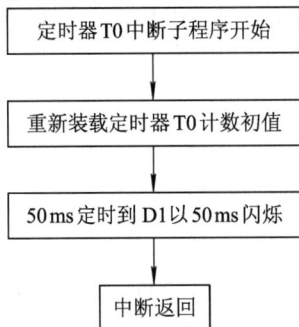

图 7-12　定时器 T0 中断子程序流程图　　　图 7-13　计数器 T1 中断子程序流程图

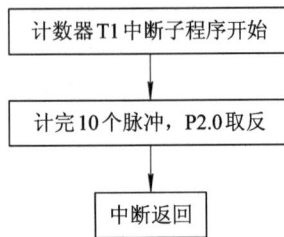

采用中断方式的汇编源程序如下：

```
          ORG    0000H
          AJMP   START              ; 主程序入口
          ORG    000BH              ; T0 的中断入口地址
          AJMP   INT_T0             ; T0 的中断服务程序
          ORG    001BH              ; T1 的中断入口地址
          AJMP   INT_T1             ; T1 的中断服务程序
          ORG    0100H
START: MOV      SP, #60H            ; 设置堆栈
          MOV    TMOD, #61H
          MOV    TL0, #0B0H         ; T0 设置初值
          MOV    TH0, #3CH
          MOV    TL1, #0F6H         ; T1 计满 10 个负跳变
          MOV    TH1, #0F6H
          SETB   TR0                ; 启动 T0 定时工作
          SETB   ET0                ; 允许 T0 中断
          SETB   TR1                ; 启动 T1 定时工作
          SETB   ET1                ; 允许 T1 中断
          SETB   EA                 ; 开放总的中断
HERE:  SJMP     HERE               ; 原地踏步等待中断到来

          ORG    0200H              ; T0 中断服务程序
INT_T0: MOV     TL0, #0B0H
          MOV    TH0, #3CH          ; T0 设置初值
          CPL    P2.4               ; P2.4 取反形成方波
          RETI

INT_T1: CPL     P2.0               ; T1 中断服务程序
          RETI
          END
```

采用中断方式的 C 语言源程序如下：

```c
#include "reg52.h"
unsigned char   t = 0;
sbit D0 = P2^0;
sbit D1 = P2^4;

void   main(void)
{
    TMOD = 0x61;
    TH0 = (65536 - 50000) / 256;
    TL0 = (65536 - 50000) % 256;
    TH1 = 256 - 10;
    TL1 = 256 - 10;
    IE = 0x8A;
    TR0 = 1;
    TR1 = 1;
    while(1);
}

void INT_T0()   interrupt 1
{
    D1 = !D1;
    TH0 = (65536 - 50000) / 256;
    TL0 = (65536 - 50000) % 256;
}

void INT_T1()   interrupt 3
{
    D0 = !D0;
}
```

7.5.2　计数方式应用

【例 7-3】 计数器的应用。单片机晶振频率 $f_{osc} = 12\,MHz$，使用计数器 0，记录 T0 引脚输入的脉冲数，若计满 100 个脉冲，则在 P1.0 端输出 1 个正脉冲，要求使用中断方式设计程序。

设计分析：按题目要求，可选择 T0 为计数器模式并工作在方式 1，计数脉冲由外部引入，对外部脉冲进行计数，此时模式字 =05H，计数初值 $X = M -$ 计数值 $= 2^{16} - 100 = 10000H - 100$。

```
        T_CONST EQU   10000H-100
                ORG   0000H
                AJMP  START
                ORG   000BH              ; T0 的中断入口地址
                AJMP  TF0_T0             ; T0 的中断服务程序
                ORG   0100H
START:  MOV   SP, #60H              ; 设置堆栈
                LCALL INT_TF0             ; T0 的初始化子程序
                SETB  EA                 ; 开中断，中断总允许
                SJMP  $                  ; 原地踏步(处理其他事务)等待中断到来
INT_TF0: MOV   A, TMOD              ; T0 初始化程序
                ANL   A, #0F0H
                ADD   A, #05H             ; 设置 T0 的工作方式与工作模式
                MOV   TMOD, A             ; 送模式字
                MOV   TH0, #HIGH(T_CONST) ; 送计数初值的高 8 位
                MOV   TL0, #LOW(T_CONST)  ; 送计数初值的低 8 位
                CLR   P1.0               ; P1.0 = 0
                SETB  ET0                ; ET0 = 1, T0 中断允许
                SETB  TR0                ; TR0 = 1, 启动 T0 工作
                RET
                ORG   0200H
TF0_T0:  MOV   TH0, #HIGH(T_CONST) ; 中断服务程序
                MOV   TL0, #LOW(T_CONST)
                CPL   P1.0               ; P1.0 取反形成方波
                NOP
                NOP
                CPL   P1.0
                RETI
                END
```

定时器/计数器实验

实验设备：计算机 1 台，Keil μVision 5 和 Proteus 软件。

实验报告要求：实验名称、实验目的、实验要求、软件流程图、程序调试过程及运行结果、实验中遇到的问题及解决方法。

实验一：定时器实验

实验目的：了解 MCS-51 单片机中定时器/计数器的基本结构、工作原理和工作方式，掌握工作在定时器模式下的编程方法。

实验内容：设单片机的晶振频率 f_{osc} = 12 MHz，使用 T0 定时 100 ms，在 P1.2 引脚产生周期为 200 ms 的方波信号，并通过示波器观察 P1.2 输出的波形。

实验二：计数器实验

实验目的：了解 MCS-51 单片机中定时器/计数器的基本结构、工作原理和工作方式，掌握工作在计数器模式下的编程方法。

实验内容：设单片机的晶振频率 f_{osc} = 12 MHz，P1.0 引脚接一个 LED 指示灯，使用计数器 T1，记录 T1 引脚输入的脉冲数，若计满 50 个脉冲，则点亮 LED 指示灯。

本 章 小 结

本章主要介绍了 MCS-51 单片机非常重要的资源——定时器/计数器。当需要对外部事件进行计数或定时输出一个信号用于控制外部事件(如定时输出显示或固定时间的 A/D 转换)时，可以充分利用 T0 或 T1 提供的便利。对各种工作方式的选择，可通过灵活设置特殊功能寄存器 TMOD 和 TCON 的相应位来实现。本章对 T0 和 T1 的使用提供了丰富的设计实例，使读者能在以后的实际应用中得心应手。

习 题 七

7-1　定时器和计数器有什么区别和联系？

7-2　16 位的计数器，最多可以计(　　)个数。

A. 255　　　　B. 256　　　　C. 65 535　　　　D. 65 536

7-3　MCS-51 单片机定时器/计数器的核心部件是＿＿＿＿＿。

7-4　当计数脉冲的频率固定时，计数器可用作＿＿＿＿＿。

7-5　当定时器/计数器用作定时器时，计数脉冲来自单片机内部，每个机器周期，计数器加 1，计数脉冲的频率为晶振频率的＿＿＿＿＿。

7-6　若单片机的晶振频率为 12 MHz，则机器周期是(　　)。

A. 1 μs　　　　B. 2 μs　　　　C. 6 μs　　　　D. 12 μs

7-7　若单片机的晶振频率为 12 MHz，定时器定时 10 ms，则定时器计了＿＿＿＿个脉冲。

7-8　若单片机的晶振频率为 12 MHz，定时器定时 10 ms，则定时器的初值为＿＿＿＿。

7-9　当定时器/计数器选择计数器模式时，计数脉冲来自引脚＿＿＿＿＿。

7-10　当定时器/计数器选择计数器模式时，最高计数频率为晶振频率的＿＿＿＿＿。

7-11　定时器的工作方式寄存器是(　　)，它是不可以位寻址的。

A. TCON　　　　B. TMOD　　　　C. IE　　　　D. IP

7-12　TMOD 的高 4 位用来控制(　　)。

A. 计数器 0　　　B. 计数器 1　　　C. 计数器 2　　　D. 计数器 3

7-13　TMOD 中定时器/计数器工作方式的选择控制位是(　　)。

A. GATE　　　　B. C/$\overline{T}$　　　　C. M1　　　　D. M0

7-14　16 位的计数初值,高 8 位放在寄存器_____中,低 8 位放在寄存器_____中。

7-15　若允许定时器 0 中断,则需要控制位(　　)置 1。

A. ET0　　　　　B. ET1　　　　　C. EA 和 EX0　　　　D. EA 和 ET0

7-16　启动 MCS-51 单片机定时器 0 开始工作的指令是_____。

7-17　定时器 0 工作在方式(　　)时,是一个 16 位的计数器。

A. 1　　　　　　B. 2　　　　　　C. 3　　　　　　D. 4

7-18　定时器 0 工作在方式(　　)时,是一个 8 位的可自动重置初值的计数器。

A. 1　　　　　　B. 2　　　　　　C. 3　　　　　　D. 4

7-19　TMOD 中的 GATE 位若设置为 1,则启动计数器计数的条件是 TR0/TR1 = 1,且 $\overline{INT0}$ / $\overline{ITN1}$ 引脚为(　　)。

A. 高电平　　　B. 低电平　　　C. 上升沿　　　　D. 下降沿

7-20　当计数器 0 计数溢出时,标志位(　　)等于 1。

A. TR0　　　　　B. TR1　　　　　C. TF0　　　　　D. TF1

7-21　定时器 0 的中断入口地址是(　　)。

A. 0003H　　　　B. 000BH　　　　C. 0013H　　　　D. 001BH

7-22　简述定时器/计数器 0 的结构。

7-23　MCS-51 单片机中定时器/计数器的四种工作方式各有什么特点?

7-24　设 MCS-51 单片机的晶振频率为 12 MHz,使用定时器 0 的工作方式 1,在 P1.0 端输出周期为 40 ms 的方波,使用中断方式设计程序,试写出相应的中断初始化程序和中断服务程序。

7-25　对题 7-24,在 P1.2 端输出周期为 2 s 方波,试写出相应的中断初始化程序和中断服务程序。

7-26　使用计数器 0,记录 T0 引脚输入的脉冲数,若计满 200 个脉冲,则对内部 RAM 30H 单元的内容加 1,使用中断方式设计程序,试写出中断初始化程序和中断服务程序。

第 8 章 串行通信接口

本章教学目标

- 理解串行通信的基本概念
- 掌握 MCS-51 单片机串行口的结构
- 了解与串行口相关的特殊功能寄存器各位的含义和作用
- 掌握串行口的四种工作方式及波特率的设置
- 掌握串行口在查询和中断方式下的数据收发软件编程

单片机通信是指单片机与计算机或单片机与单片机之间的信息交换,通信方式有两种,即并行通信和串行通信。在单片机应用系统中,信息的交换多采用串行通信方式。MCS-51 串行通信接口是单片机与外部设备交换数据十分重要的通道,可以将 CPU 输出的并行数据转换成串行数据,反过来,也将接收到的串行数据转换成并行数据。本章将详细介绍数据通信的基本概念;MCS-51 单片机串行通信接口的结构、工作原理;与串行口相关的特殊功能寄存器;串行口的四种工作方式及波特率的设置;串行口在查询、中断方式下的软件编程及使用方法。

8.1 数据通信的基本概念

8.1.1 数据通信的传输方式

1. 并行通信方式

当数据的各位同时传送时,称为并行通信。并行通信时每一位数据都需要一条传输线,如图 8-1 所示的 8 位数据总线的通信系统,一次传送 8 位数据(1 字节)需要 8 条数据线,此外还需要若干控制信号线。并行通信速度快、效率高、控制简单,但需要多根数据线同时传送多位数据,可靠性较低,成本较高,只适用于近距离通信以及系统内部的通信。

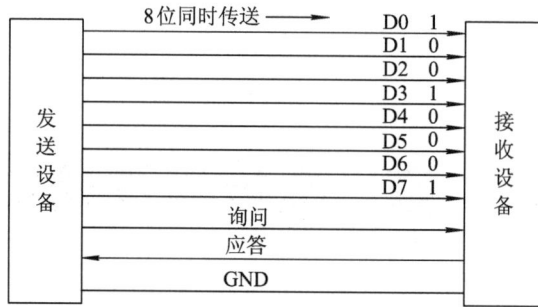

图 8-1　并行通信方式

2. 串行通信方式

当数据一位接一位顺序传送时，称为串行通信。如图 8-2 所示的串行通信系统，对于 1 字节数据，至少要分 8 位才能传送完毕。串行通信可用一根数据线传送多位数据，传输线少，速度较慢，但可靠性较高，成本较低，适用于远距离通信，数据的传送控制比并行通信复杂。串行通信的过程是：发送时，先将并行数据转换为串行数据，再发送到数据线上。接收时，要将串行数据转换为并行数据，才能被计算机及其他设备处理。在单片机系统、测控系统以及长距离远程通信中，信息的交换多采用串行通信方式。串行通信又有两种方式，即异步串行通信和同步串行通信。

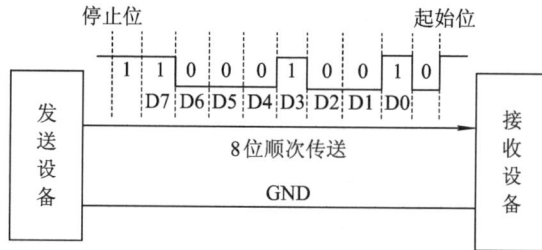

图 8-2　串行通信方式

3. 串行通信的制式

常用于数据通信的传输方式有单工、半双工、全双工和多工方式，其示意图如图 8-3 所示。

(1) 单工方式：数据仅按一个固定方向传送，不能实现反向传输。因而这种传输方式的用途有限，常用于串行口的打印数据传输与简单系统间的数据采集。

(2) 半双工方式：数据可实现双向传送，但不能同时而需要分时进行，实际应用中采用某种协议实现收/发开关转换。

(3) 全双工方式：允许双方同时进行数据双向传送，但一般全双工传输方式的线路和设备较复杂。

(4) 多工方式：以上三种传输方式都用同一线路传输一种频率信号，为了充分地利用线路资源，可通过使用多路复用器或多路集线器，采用频分、时分或码分复用技术，即可实现在同一线路上资源共享功能。

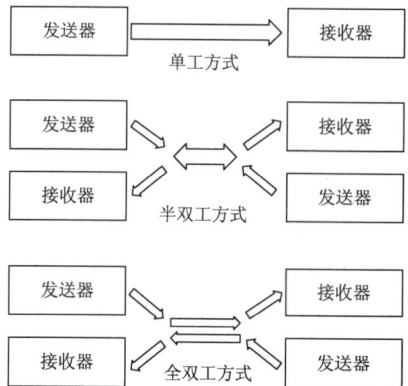

图 8-3　单工、半双工、全双工方式数据通信示意图

8.1.2　串行数据通信的两种形式

1. 异步串行通信

异步串行通信又称为通用异步收发器(Universal Asynchronous Receiver and Transmitter，UART)，其接收器和发送器有各自的时钟，它们的工作是非同步的。异步串行通信以帧(一帧表示一个字符)为单位进行传输，一帧字符信息通常由四部分组成，即一个起始位、若干个数据位、一个奇偶校验位(可有可无)、一个停止位。异步串行通信的帧格式示意图如图 8-4 所示，传输 35H 的数据格式如图 8-5 所示。

图 8-4　异步串行通信的帧格式示意图

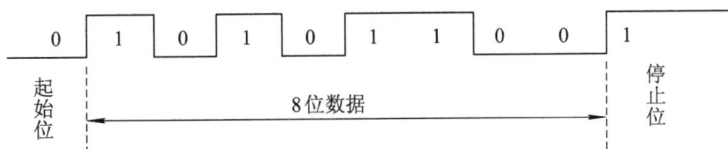

图 8-5　异步串行通信一帧(35H)的数据格式

异步串行通信时，数据一帧一帧地传送，字符与字符之间的间隙(时间间隔)是任意的，不需要同步时钟，实现简单。为避免连续传送产生误差积累，每个字符都要独立确定起始和停止(即每个字符都要重新同步)，帧之间又有一定间隙，因此不仅传输效率低，且传输速率难以提高。但异步串行通信硬件简单、成本较低、易于实现、可靠性较高，这是它的突出优点。因而在单片机与单片机之间、单片机与计算机之间通信时，广泛采用异步串行通信方式。异步串行通信的特点如下：

(1) 有约定的帧格式。

(2) 双方用各自的时钟控制发送与接收。

(3) 发送与接收之间的同步是利用每一帧的起、止信号来建立。

(4) 每个字符附加 2～3 位，用于起始位、奇偶校验位和停止位，各帧之间有间隔，传输效率较低。

(5) 成本较低，易于实现，可靠性较高。

2. 同步串行通信

在同步串行通信方式中，发送器和接收器由同一个时钟源控制，使双方达到完全同步，即既保持位同步关系，又保持字符同步关系。异步串行通信中，每传输一帧字符都必须加上起始位和停止位，占用传输时间，在传送数据量较大的场合，速度就慢得多。为克服异步通信存在的问题，同步通信去掉起始位和停止位，只在传输数据块时先送出一个或两个同步头(字符)标志即可。同步通信又分为外同步和自同步两种方式，其数据传送格式如图

8-6 所示，外同步即带有时钟信号线同步传输的数据传送格式，如图 8-7 所示。

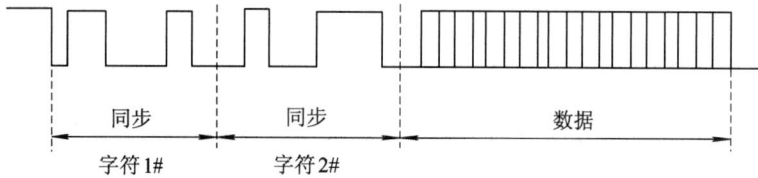

图 8-6 同步通信的数据传送格式

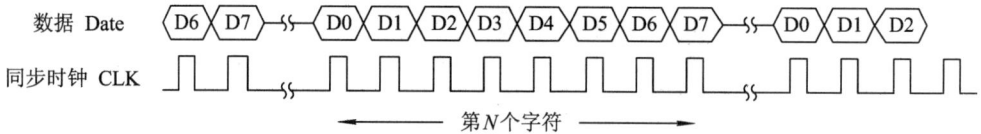

图 8-7 有时钟信号线同步传输的数据传送格式

同步通信方式比异步通信方式速度快、传输效率高，这是它的优势。但同步通信方式也有其缺点，即它必须用一个时钟来协调收发器的工作，所以它的硬件设备也较复杂、成本较高。

8.1.3 波特率

波特率(Band rate)即数据传输速率，是指每秒钟传送二进制代码的位数，单位为 b/s(bit per second，位/秒)。其作用为：反映串行通信的速率；反映对传输通道的要求，波特率越高，要求传输通道的频带宽度越宽，是传输通道频宽的指标。通常波特率是固定的一系列数值，如 1200、2400、4800、9600 等，异步通信的波特率一般在 300～19 200 b/s 之间。

传输一个二进制位所需要的时间为位时间，位时间与波特率互为倒数。根据波特率可计算出位时间：

$$位时间 = \frac{1}{波特率}$$

在异步通信中，每帧数据有 10 位，即 1 位起始位、8 位数据位和 1 位停止位，波特率为 4800 b/s，每秒可传输 480 帧数据，即 480 字符/s。由此可求出位时间：

$$T = \frac{1}{4800} \approx 0.2083 \text{ ms}$$

例如，异步通信数据传送的速率为 120 字符/秒，每个字符包含 10 位，即 1 位起始位、8 位数据位和 1 位停止位，则传送的波特率为：

$$10 \times 120 = 1200 \text{ 位/秒} = 1200 \text{ b/s}$$

位时间为

$$T = \frac{1}{1200} \approx 0.8333 \text{ ms}$$

8.1.4 串行通信中的奇偶校验

在串行通信过程中，最简单的"检错"方式是奇偶校验，即在传送字符的各位之外，另外再传送 1 位奇/偶校验位，可采用奇校验或偶校验。当接收端发现接收到的信息特征和校验位不一致时，说明传输数据过程中出现差错，则丢弃这一帧并要求发送端重发。这种校验方法用于检验该帧发生的 1 位误码，如果误码为偶数位就失去检错的作用。

(1) 奇校验：所有传送的数位(含字符位和校验位)中，1 的个数为奇数。

① 字符位中"1"的个数为偶数，需加上 1，如：

$$1111\ 0101\quad 1$$

② 字符位中"1"的个数为奇数，需加上 0，如：

$$1110\ 1010\quad 0$$

(2) 偶校验：所有传送的数位(含字符位和校验位)中，1 的个数为偶数。

① 字符位中"1"的个数为偶数，需加上 0，如：

$$1110\ 1110\quad 0$$

② 字符位中"1"的个数为奇数，需加上 1，如：

$$1101\ 0101\quad 1$$

8.1.5　RS-232 串口和 USB 转串口

串口是应用十分广泛的通信接口，其成本低，容易使用，通信线路简单，可实现两个设备之间的远距离通信。单片机的串口可使单片机与单片机、单片机与计算机、单片机与各式各样的模块相互通信，极大地扩展了单片机的应用范围，增强了单片机系统的硬件实力。

1. RS-232 串口

RS-232 标准是美国电子工业协会(Electronic Industry Association，EIA)于 20 世纪 60 年代制定的通信标准，其全称是 EIA-RS-232 标准。其中，RS(recommended standard)为推荐标准，232 为标识号。RS-232 有三种不同的类型，分别为 RS-232A、RS-232B 和 RS-232C，常用物理标准还有 RS-422A、RS-423A、RS-485 等。其中，RS-232C 对用于串口通信的电气特性、逻辑电平和各种信号功能都作了规定。RS-232C 采用负逻辑，它定义逻辑"1"的电平范围为 −3～−12 V，逻辑"0"的电平范围为 +3～+12 V。

这与 TTL 规定的逻辑电平不同，TTL 定义逻辑"1"的电平值为 2.4～5 V，逻辑"0"的电平值为 0～0.5 V。实际应用中，广泛且大量的使用 TTL 电平，因此为使 PC 机能够同 TTL 器件连接，必须在 RS-232C 与 TTL 电路之间进行电平和逻辑关系的变换。实现这种变换的方法可用分立元件，也可用集成电路芯片。常用的 RS-232 串口转 TTL 芯片有 MAX232、MAX3232、SP232 等。MAX232 等芯片是将 TTL 电平转换为 RS-232 电平或者将 RS-232 电平转换为 TTL 电平。

2. USB 转串口

USB 转串口主要是指 USB 转 TTL 串口、USB 转 RS-232 串口、RS-232 转 TTL 串口。单片机串口是 TTL 电平，所以 USB 转串口又叫 TTL 串口或 UART 串口。使用 USB 转串口设备将传统的串口设备转变成即插即用的 USB 设备，广泛应用于 MCU 下载、串口调试、嵌入式串口控制台、智能家居、打印办公、工业控制、门禁考勤等。

USB 通过 USB 电平工作，其逻辑电平规定：电源线是 5 V，为 USB 设备提供最大 500 mA 的电流，它与数据线上的电平无关，数据线是差分信号，通常 D+ 和 D− 在 −400～

400 mV 间变化，除去屏蔽层，有 4 根线，分别是 Vcc、GND 和 D+、D- 两根信号线。USB 的电源电压是 5 V，给 USB 设备供电。USB 主机检测到有 USB 转串口设备插入后，首先对设备复位，然后开始 USB 枚举过程，以获取设备描述符、配置描述符、接口描述符等。描述符中包含 USB 设备的厂商 ID、设备 ID 和 Class 类别等信息，操作系统根据该信息为设备匹配相应的 USB 设备驱动。

USB 虚拟串口的实现在系统上依赖于 USB 转串口驱动，一般由厂家直接提供，也可使用操作系统自带的串口驱动等。USB 转串口驱动主要有两个功能：一是注册 USB 设备驱动，完成对 USB 设备的控制与数据通信；二是注册串口驱动，为串口应用层提供相应的实现方法。

PC 机上的通信接口有 USB 接口，其电平逻辑遵照 USB 协议；PC 机上也有 RS-232 的 DB9 接口，相应电平逻辑遵照 RS-232 协议。单片机上的串行通信通过 RXD、TXD、V$_{CC}$、GND 四个引脚实现，相应电平逻辑遵照 TTL 协议。常用的 USB 转 TTL 串口芯片有 CH340、CP2102、PL2303、FT232 等。CH340、PL2303 等芯片直接将 USB 电平转换为 TTL 电平或者 TTL 电平转换为 USB 电平。

1) USB 转 TTL 串口

USB 转 TTL(UART)的原理：需在电路中添加一个 USB 转 TTL 芯片如 CH340，即可实现 USB 和 UART 通信协议的转换。USB 转 TTL 电路原理图如图 8-8 所示。将电源、晶振接好后，CH340T 的 6、7 引脚 DP 和 DM 分别连接 USB-B 的 3、2 引脚，分别对应于 D+ 和 D-；CH340T 的 3、4 引脚 TXD、RXD 通过跳线连接到单片机的 RXD 和 TXD 上。

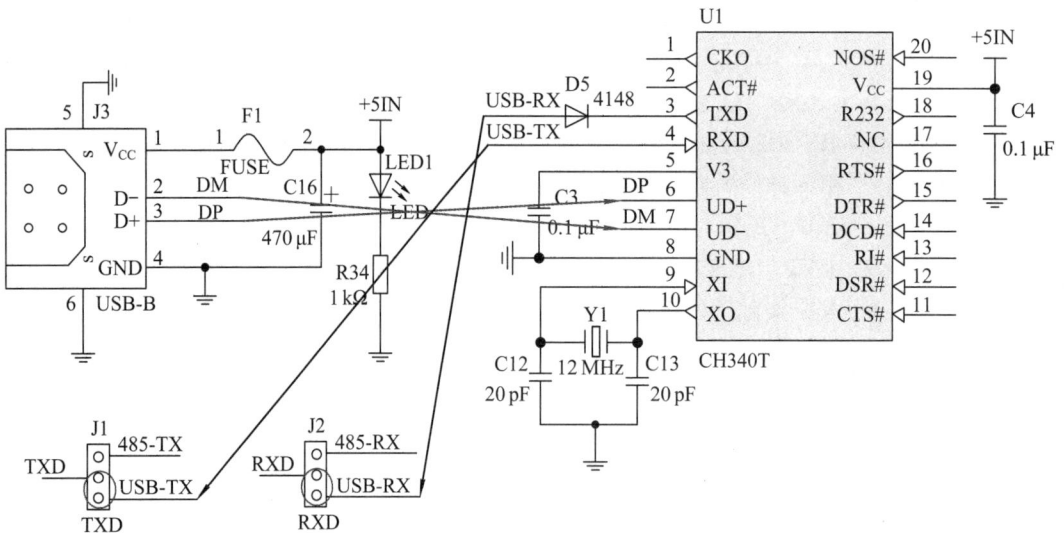

图 8-8　USB 转 TTL 电路原理图

2) RS-232 转 TTL 串口

RS-232 和 TTL(UART)的协议类型是一样的，只是电平标准不同而已，MAX232 起到桥梁作用，它可将 TTL 电平转换成 RS-232 电平，也可将 RS-232 电平转换成 TTL 电平，从而实现 RS-232 和 UART 串口之间的通信连接。RS-232 转 TTL 串口电路原理图如图 8-9 所示。

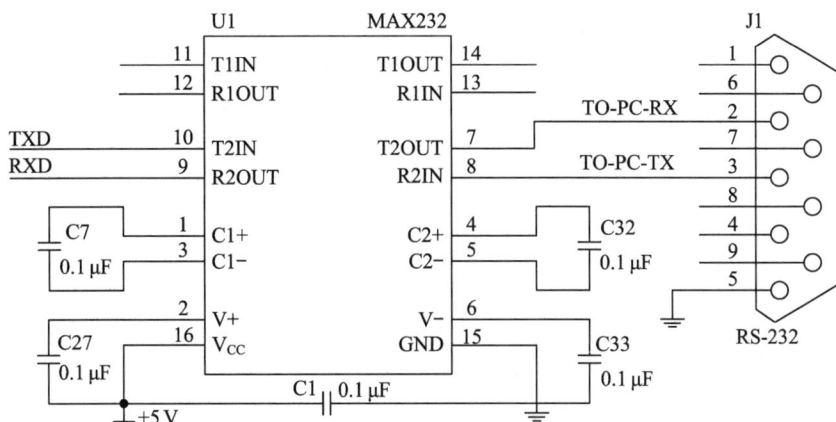

图 8-9　RS-232 转 TTL 串口电路原理图

3) USB 转 RS-232 串口

USB 转 RS-232 的原理：USB 接口→CH341 或 PL2303→MAX232→RS-232 的 DB9 针接口。信号分析：USB 接口→输出 USB 电平信号→CH341 或 PL2303→TTL 电平→MAX232 芯片→RS-232 接口。USB 转 RS-232 的电路原理图如图 8-10 所示。

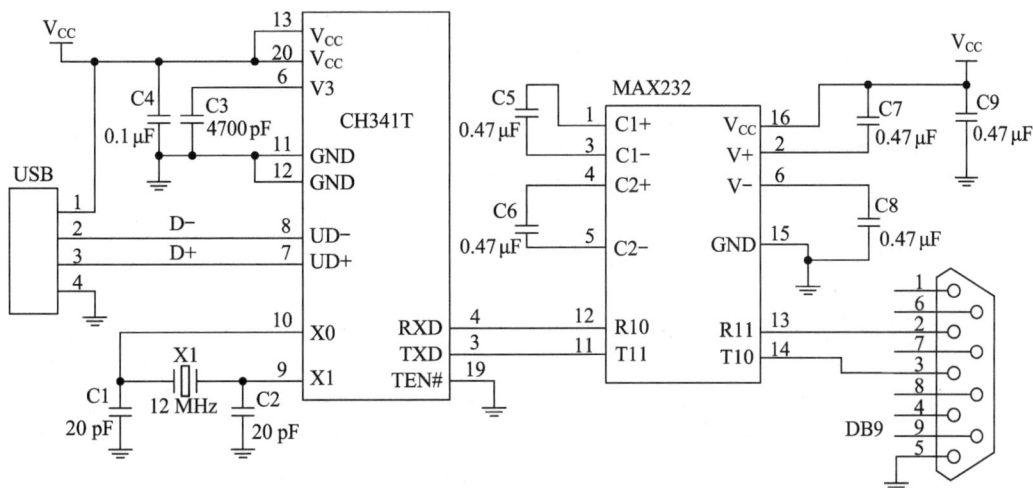

图 8-10　USB 转 RS-232 的电路原理图

8.2　MCS-51 单片机串行通信接口的结构

8.2.1　串行口结构简介

MCS-51 单片机内部有一个可编程的全双工串行通信接口，可作为通用异步收发器 (UART)，也可作为同步移位寄存器，MCS-51 单片机串行通信接口的内部结构如图 8-11 所示。它的帧格式有 8 位、10 位和 11 位，可以设置为固定波特率和可变波特率，给用户带来很大的灵活性。

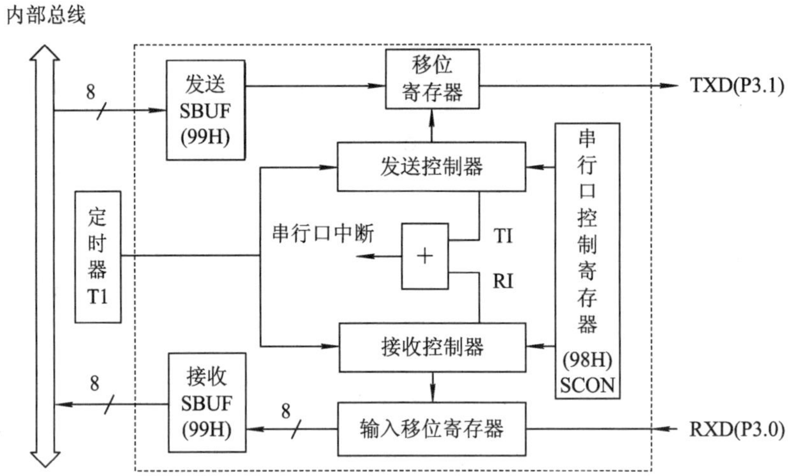

内部总线

图 8-11　MCS-51 单片机串行通信接口的内部结构

MCS-51 串行通信接口由发送数据缓冲器 SBUF、发送控制器、接收数据缓冲器 SBUF、接收控制器、输入移位寄存器及输出控制门等组成。MCS-51 通过引脚 RXD(P3.0，串行数据接收端)和引脚 TXD(P3.1，串行数据发送端)与外界进行串行通信。定时器 T1 用于产生所需的波特率。操作时需使用 3 个特殊功能寄存器，即串行口数据寄存器 SBUF(Serial Port Data Buffer)、串行口控制寄存器 SCON、电源控制寄存器 PCON。

MCS-51 串行通信接口有两个物理上相互独立的数据缓冲器 SBUF，一个用于发送数据，另一个用于接收数据，它们可同时发送和接收数据，具有相同名称和地址空间，地址都为 99H，但不会出现冲突，接收数据缓冲器只能读出不能写入，而发送数据缓冲器则只能写入不能读出。这个通信口既可以用于网络通信，亦可实现串行异步通信，还可以构成同步移位寄存器使用。

8.2.2　串行口数据寄存器 SBUF

MCS-51 单片机串行口数据寄存器结构如图 8-12 所示。SBUF 作为串行口的收发数据缓冲器，是一个 8 位专用寄存器，包含接收和发送两个寄存器，可实现全双工通信，这两个寄存器具有同一逻辑地址 99H，由读、写指令操作决定访问哪一个寄存器。执行写指令时，访问发送数据缓冲器 SBUF，只需向发送 SBUF 写入数据即可发送数据。执行读指令时，访问接收数据缓冲器 SBUF，而从接收 SBUF 读出数据即可接收数据。

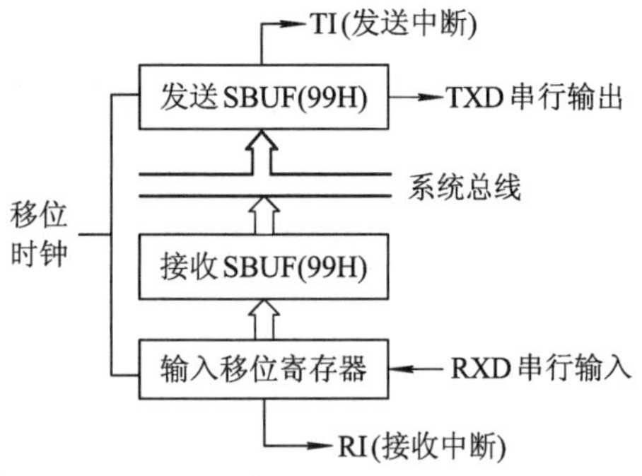

从图 8-12 中可看出，接收数据缓冲器前还加上一级输入移位寄存器，这种结构称为双缓冲器结构，其功能一是将串行数据转换为并行数据；二是在 CPU 从接收 SBUF 读取前一个已收到的字节之前，便可接收第二个字节；三是若在第二个字节已接收完毕时，第一个字节还没有读出，则丢失其中一个字节。而发送数据时则不需要此结构，发送时

图 8-12　串行口数据寄存器 SBUF 结构

由逻辑门电路控制将并行数据转换为串行数据。

8.2.3　串行口控制寄存器 SCON

　　串行口控制寄存器(SCON)是一个 8 位专用寄存器，用于设定串行口的工作方式、接收/发送控制，以及设置状态标志等。其字节地址为 98H，可位寻址，单片机复位时 SCON 全部被清零。SCON 的格式在表 6-4 已给出，这里不再重复，串行口控制寄存器 SCON 各位的意义如图 8-13 所示。

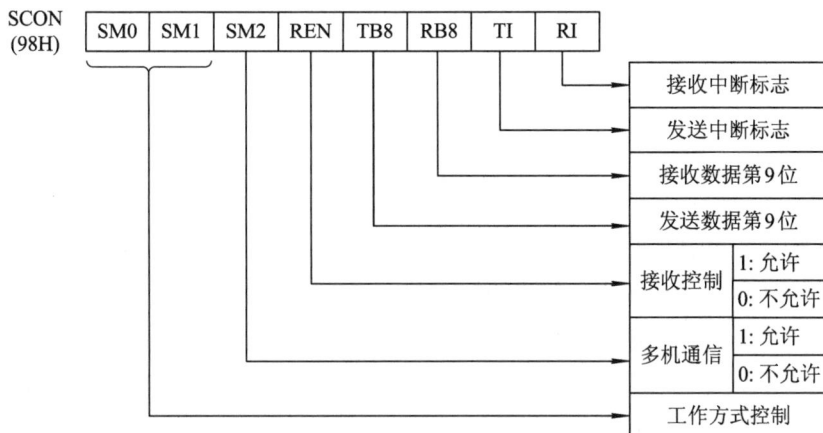

图 8-13　串行口控制寄存器 SCON 各位的意义

1．SM0、SM1：串行口工作方式选择位

SM0 和 SM1 定义了 MCS-51 串行口的四种工作方式，其编码及功能如表 8-1 所示。

表 8-1　串行口工作方式选择

SM0	SM1	方式	功 能 说 明	波特率/(b/s)
0	0	0	同步移位寄存器方式，用于扩展 I/O 口	$f_{osc}/12$
0	1	1	8 位数据的 UART	波特率可变
1	0	2	9 位数据的 UART	$f_{osc}/32$ 或 $f_{osc}/64$
1	1	3	9 位数据的 UART	波特率可变

2．SM2：多机通信控制位

　　SM2 主要用于串口的方式 2 和方式 3，实现主从式多机通信，即一台主机接收多台从机，利用 SM2 可控制对数据的接收。当接收机的 SM2 = 1 时，只接收第 9 位(RB8)为 1 的数据(地址帧)，接收到的前 8 位数据送入 SBUF，且置位 RI，对于第 9 位为 0 的数据(数据帧)会放弃。当 SM2 = 0 时，无论第 9 位数据是 0 还是 1，都会将数据送入 SBUF，并置位 RI。通过控制 SM2 实现多机通信。

　　对于主机，SM2 = 0，表示可接收从机发出的各种帧格式数据。对于从机，通常设置为 SM2 = 1，表示只能接收主机发送的第 9 位为 1 的数据；当某从机与主机进行数据传输时，改设 SM2 = 0，此时从机能接收主机发送的第 9 位为 0 的数据。多机通信时，SM2 必须置 1。双机通信时，通常使 SM2 = 0。

在方式 1 时，若 SM2＝1，则只有接收到有效停止位，才置位 RI。在方式 0 时，SM2 必须为 0。

3. REN：允许接收位

REN 用于控制数据接收的允许和禁止，REN＝1 时，允许接收，REN＝0 时，禁止接收。

4. TB8：发送数据的第 9 位

在方式 2 和方式 3 时，TB8 为要发送数据的第 9 位，可按需要由软件置位或清零，可用于数据的奇偶校验位，或在多机通信中用作地址帧/数据帧的标志位，TB8＝0 为数据，TB8＝1 为地址。在方式 0 和方式 1 时，该位未用。

5. RB8：接收数据的第 9 位

在方式 2 和方式 3 时，RB8 存放接收到的第 9 位数据，可作为奇偶校验位或地址帧/数据帧的标志位。在方式 1 时，若 SM2＝0，则 RB8 接收到的是停止位。在方式 0 时，不使用 RB8。

6. TI：发送中断标志位

在方式 0 时，发送完第 8 位数据后，由硬件置位；其他方式下，在发送停止位之前由硬件置位。TI＝1 表示一帧数据发送结束，其状态可供软件查询使用，也可向 CPU 发出中断申请。在任何方式中，TI 必须由软件清零。在中断服务程序中，用软件将其清零，以取消此中断申请，便于退出中断。

7. RI：接收中断标志位

在方式 0 时，接收完第 8 位数据后，由硬件置位；其他方式下，当接收到停止位的中间时刻由硬件置位。RI＝1 表示一帧数据接收结束，其状态可供软件查询使用，也可向 CPU 发出中断申请。RI 必须由软件清零。在中断服务程序中，用软件将其清零，以取消此中断申请，便于退出中断。

需要注意的是，单片机复位，SCON 中的所有位均为 0。不管是否采用中断控制，数据发送前必须用软件将 TI 清零，接收数据后将 RI 清零。

8.2.4 串行口中断

在 MCS-51 单片机中，与串行口中断相关的寄存器主要有三个，分别是串行口控制寄存器 SCON、中断允许寄存器 IE 和中断优先级控制寄存器 IP。

串行口控制寄存器 SCON 中与中断有关的控制位共两位，即 TI 和 RI。

TI：串行口发送中断请求标志位。TI＝0(软件复位)，表示没有发送中断；TI＝1，表示有发送中断。当发送完一帧串行数据后，由硬件置 1；并自动向 CPU 发出串行口中断请求，在转向中断服务程序后，用软件清零。

RI：串行口接收中断请求标志位。RI＝0(软件复位)，表示没有接收中断；RI＝1，表示有接收中断。当接收完一帧串行数据后，由硬件置 1；并自动向 CPU 发出串行口中断请求，在转向中断服务程序后，用软件清零。

中断请求信号的产生过程如下。

发送过程：当 CPU 将一个数据写入发送缓冲器 SBUF 时，就启动发送，每发送完一帧数据，由硬件自动将 TI 置 1，申请中断。但 CPU 响应中断时，并不能清除 TI 位，所以必须由软件清除。

接收过程：在串行口允许接收时即 REN = 1，当一帧数据接收完毕，由硬件自动将 RI 置 1，申请中断。同样 CPU 响应中断时，不能清除 RI 位，所以必须由软件清除。

串行口中断请求由 TI 和 RI 的逻辑"或"得到，即无论是发送标志还是接收标志，都产生串行口中断请求。只要在串行口中断服务程序中安排一段对 TI 或 RI 中断标志位状态的判断程序，便可区分串行口发生的是接收中断请求还是发送中断请求。

中断允许寄存器 IE 中和串行口中断有关的控制位是 ES。

ES：串行口中断允许位。ES = 1，打开串行口中断；ES = 0，关闭串行口中断。

中断优先级控制寄存器 IP 中和串行口中断有关的控制位是 PS。

PS：串行口中断优先级控制位。PS = 1，串行口中断定义为高优先级中断；PS = 0，串行口中断定义为低优先级中断。

8.2.5　电源控制寄存器 PCON

PCON 主要是为 CHMOS 型单片机的电源控制而设置的专用寄存器，用来管理单片机的电源部分，包括掉电模式、待机模式等，其字节地址为 87H，不能位寻址，只有最高位 SMOD 与串行口工作有关。PCON 各位定义如表 8-2 所示，其中 SMOD(即 PCON.7)是串行口波特率倍增位。当 SMOD = 1 时，串行口波特率加倍；当 SMOD = 0 时，串行口波特率不加倍；单片机复位时，PCON 全部被清零。

表 8-2　电源控制寄存器 PCON 各位定义

位序	D7	D6	D5	D4	D3	D2	D1	D0
位名称	SMOD	—	—	—	GF1	GF0	PD	IDL

8.3　MCS-51 单片机串行通信接口的工作方式

MCS-51 单片机串行口为可编程接口，通过软件编程选择工作方式，四种工作方式由 SCON 中的 SM0 和 SM1 确定。在四种工作方式中，串行通信只使用方式 1、2、3，方式 0 主要用于扩展并行输入/输出接口。

8.3.1　串行口工作方式 0

当 SCON 的 SM0、SM1 两位为 00 时，MCS-51 串行口工作在方式 0，此时串行口为同步移位寄存器输入/输出方式，可通过外接移位寄存器扩展并行 I/O 接口。其波特率固定为 $f_{osc}/12$，若 $f_{osc} = 12\,\text{MHz}$，则波特率为 1 Mb/s，即位时间为 1 μs。串行数据由 RXD(P3.0)引脚输入/输出，同步移位时钟脉冲由 TXD(P3.1)引脚输出。执行一条写 SBUF 指令就开始发送数据；接收完成后 8 位数据进入 SBUF。数据的发送/接收以 8 位为一帧，低位在前，高位在后，不设起始位、奇偶位及停止位。在工作方式 0 下，SCON 中的 TB8 位未用，SM2 位(多机通信控制位)必须为 0。

1. 发送过程

当串行口以方式 0 发送时，RXD 引脚输出串行数据，TXD 引脚输出移位脉冲。CPU 将数据写入发送数据缓冲器 SBUF 时，立即启动发送，将 8 位数据以 $f_{osc}/12$ 的固定波特率从 RXD 输出，低位在前，高位在后。发送完一帧数据后，发送中断标志 TI 由硬件置位，呈中断申请状态，再次发送数据前，必须用软件将 TI 清零。MCS-51 串行口工作方式 0 发送时序图如图 8-14 所示。

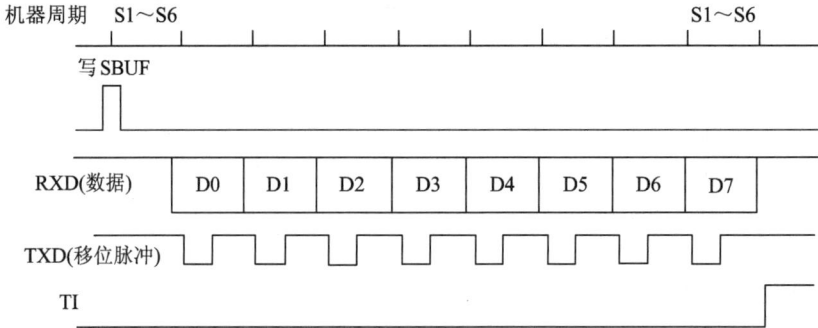

图 8-14　MCS-51 串行口工作方式 0 发送时序图

2. 接收过程

当串行口以方式 0 接收时，在满足 REN=1 和 RI=0 的条件下，启动一次接收过程，此时 RXD 为串行数据输入端，TXD 仍为同步移位脉冲输出端，以 $f_{osc}/12$ 的固定波特率接收数据。当接收到第 8 位数据时，将数据移入接收数据缓冲器 SBUF 中，并由硬件置位 RI，呈中断申请状态，再次接收数据前，必须用软件将 RI 清零。MCS-51 串行口工作方式 0 接收时序图如图 8-15 所示。

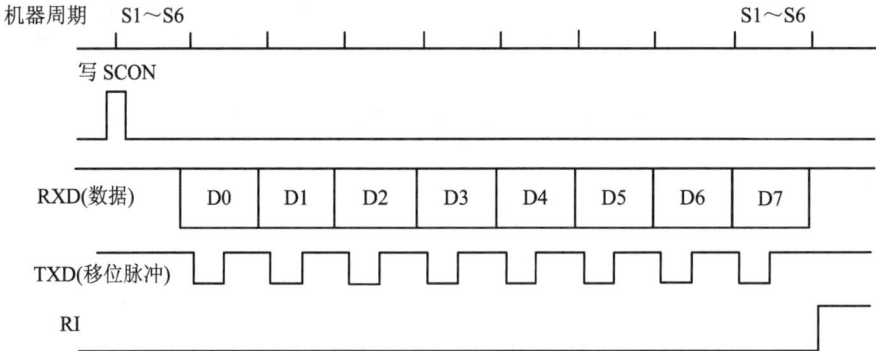

图 8-15　MCS-51 串行口工作方式 0 接收时序图

8.3.2　串行口工作方式 1

当 SCON 的 SM0、SM1 两位为 01 时，MCS-51 串行口工作在方式 1，为 8 位通用异步接口(UART)，可发送或接收 10 位数据，真正用于串行发送或接收，单片机之间、单片机与计算机之间的串口通信多采用方式 1。其数据格式为一帧 10 位，即 1 位起始位、8 位数据位、1 位停止位，先发送或接收最低位。RXD(P3.0)为接收数据端，TXD(P3.1)为发送数据端。其波特率是可变的，由定时器 T1 的溢出率决定，T1 作为波特率发生器，波特

率 $B=(2^{SMOD}/32)\times T1$ 溢出率。倍频值 SMOD 为 PCON 寄存器 D7 的值(0 或 1)。接收时停止位进入 SCON 的 RB8。MCS-51 串行口工作方式 1 的帧格式如图 8-16 所示，MCS-51 串行口工作方式 1 的发送和接收时序图如图 8-17 所示。

| 起始位 | D0 | D1 | D2 | D3 | D4 | D5 | D6 | D7 | 停止位 |

图 8-16　MCS-51 串行口工作方式 1 的帧格式

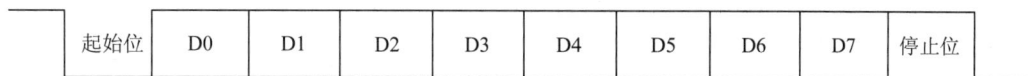

(a) 工作方式 1 的发送时序图

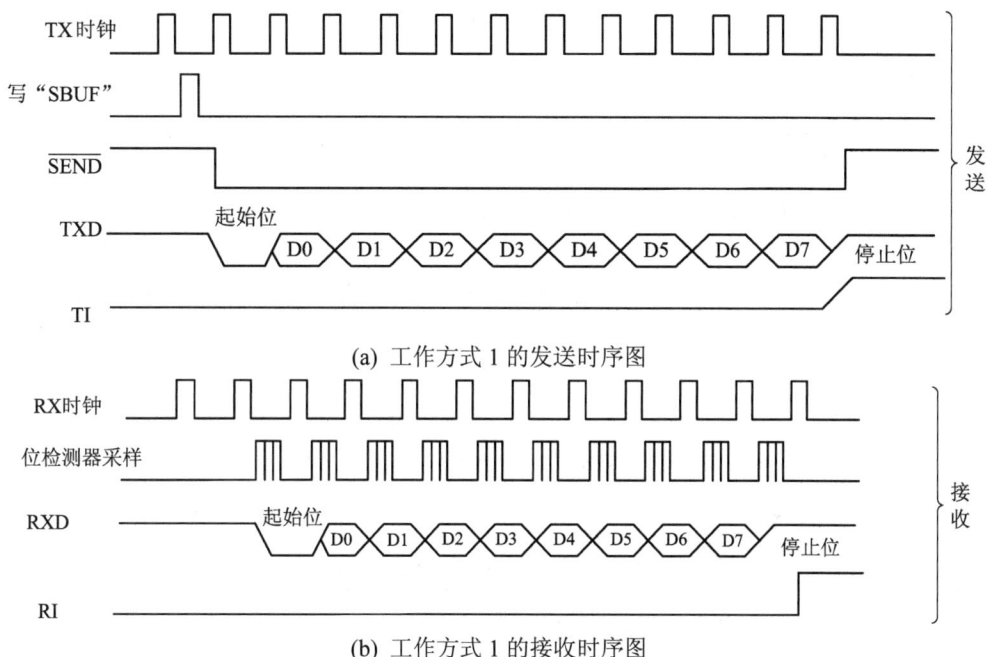

(b) 工作方式 1 的接收时序图

图 8-17　MCS-51 串行口工作方式 1 的发送和接收时序图

1. 发送过程

当 CPU 执行任何一条写入 SBUF 的指令时，便启动串行口发送，发送的数据由 TXD 端输出。串行口能自动地在数据的前后插入 1 位起始位和 1 位停止位，在发送时钟脉冲的作用下依次从 TXD 端发送，发送完一帧信息时，发送中断标志 TI 置 1，向 CPU 发出中断请求。

图 8-17(a)为工作方式 1 的发送时序图，其中 TX 时钟频率为发送的波特率。发送开始时，内部发送控制信号变为有效，将起始位向 TXD 输出，此后，每经过一个 TX 时钟周期，便产生一个移位脉冲，并由 TXD 输出一个数据位。8 位数据位全部发送完毕后，置位 TI。

2. 接收过程

图 8-17(b)为工作方式 1 的接收时序图。当 REN＝1 时，接收器以所选波特率的 16 倍速率采样 RXD(P3.0)引脚状态，当检测到起始位的负跳变时，开始启动接收器接收数据。定时控制信号有两种，即接收移位时钟(RX 时钟，频率和波特率相同)和位检测器采样脉冲(频率是 RX 时钟的 16 倍，1 位数据期间有 16 个采样脉冲)，当采样到 RXD 端从 1 到 0 的负跳变时，启动检测器，接收的值是 3 次连续采样(第 7、8、9 个脉冲时采样)取 2 次采样值，进行表决以确认是不是真正的数据，保证可靠无误。在起始位，若接收到的值不为 0，则

起始位无效；当再次接收到一个从 1 到 0 的负跳变时，重新启动检测器，若接收到的值为 0，则起始位有效，接收器开始接收本帧的其余数据。当一帧数据(10 位)接收完时，须同时满足以下两个条件，接收才真正有效。

(1) RI＝0，即上一帧数据接收完成时，RI＝1 发出的中断请求已被响应，SBUF 中的数据已被取走，说明"接收 SBUF"已空。

(2) SM2＝0 或收到的停止位＝1，表示收到的数据有效并装入 SBUF，停止位装入 RB8，RI 置位。接收控制器再次采样 RXD 的负跳变，以便接收下一帧数据。

若这两个条件不能同时满足，则收到的数据将丢失。通常当串行口工作在方式 1 时，SM2＝0。

8.3.3　串行口工作方式 2

当 SCON 的 SM0、SM1 两位为 10 时，MCS-51 串行口工作在方式 2，为 9 位异步通信接口。发送和接收的每帧数据为 11 位，即 1 位起始位、8 位数据位(D0～D7，低位在前)、1 位可编程位(第 9 位数据 D8，发送时为 SCON 中的 TB8，接收时为 RB8)和 1 位停止位。发送时，可编程位(TB8)根据需要设置为 0 或 1，也可将奇偶校验位装入 TB8，进行奇偶校验。接收时，可编程位送入 SCON 中的 RB8。在方式 2 下，串行口的波特率是固定的，当 SMOD＝1 时，波特率＝$f_{osc}/32$；当 SMOD＝0 时，波特率＝$f_{osc}/64$。MCS-51 串行口工作方式 2 的帧格式如图 8-18 所示，MCS-51 串行口工作方式 2 的发送和接收时序图如图 8-19 所示。

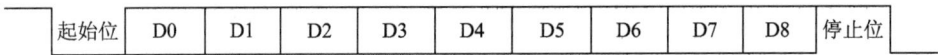

图 8-18　MCS-51 串行口工作方式 2 的帧格式

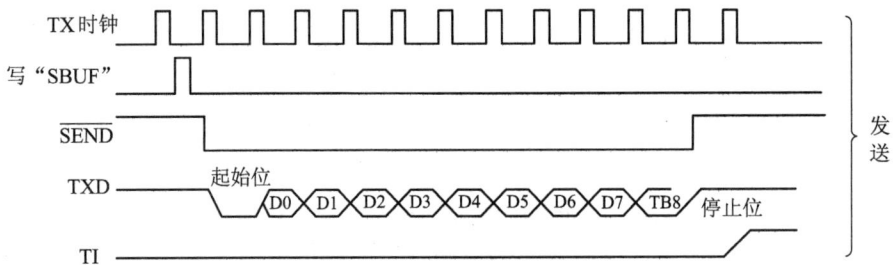

(a) 发送时序图

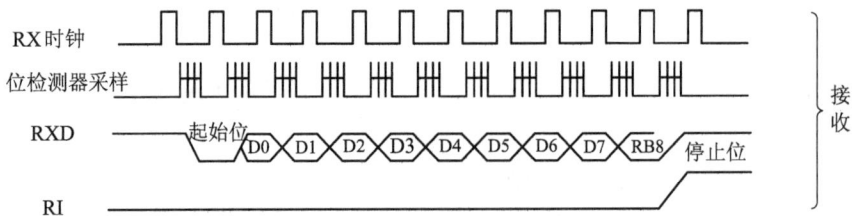

(b) 接收时序图

图 8-19　MCS-51 串行口工作方式 2、方式 3 的发送和接收时序图

1. 发送过程

发送的串行数据由 TXD 端输出，一帧信息为 11 位，第 9 位数据来自 SCON 寄存器的 TB8 位，用软件置位或复位。它可作为多机通信中地址/数据信息的标志位，也可作为奇偶校验位。当 CPU 执行一条数据写入 SUBF 的指令时，启动发送器发送。发送一帧信息后，TI 置位。在发送下一帧信息之前，TI 必须由软件清零。

2. 接收过程

当 REN＝1 时，允许串行口接收数据，数据由 RXD 端输入，接收 11 位信息。当位检测器采样到 RXD 从 1 到 0 的负跳变，并判断起始位有效时，便开始接收一帧信息。当接收器接收到第 9 位数据时，需满足以下两个条件，才能将接收到的数据送入 SBUF。

(1) RI＝0，意味着接收数据缓冲器 SBUF 为空。

(2) SM2＝0 或接收到的第 9 位数据位 RB8＝1。

当上述两个条件同时满足时，接收到的数据有效，并送入接收数据缓冲器 SBUF，第 9 位数据送入 RB8，并置 RI＝1。若不满足这两个条件，则接收的信息将被丢弃。

8.3.4　串行口工作方式 3

当 SCON 的 SM0、SM1 两位为 11 时，MCS-51 串行口工作在方式 3，为波特率可变的 9 位异步通信方式，可发送或接收 11 位数据。方式 2 和方式 3 的工作原理相同，唯一的区别在于：方式 2 的波特率是固定的，为 $f_{osc}/32$ 或 $f_{osc}/64$，而方式 3 的波特率是可变的，取决于定时器 T1 的溢出率，方式 2 和方式 3 均可用于多机通信。MCS-51 串行口工作方式 3 的发送和接收时序图如图 8-19 所示。

8.4　串行通信中波特率的设置

MCS-51 单片机串行通信的波特率随串行口工作方式的选择不同而异，除了与系统晶振频率 f_{osc}、电源控制寄存器 PCON 的 SMOD 位有关外，还与定时器 T1 的设置有关。

(1) 串行口工作方式 0，波特率固定不变，波特率 $=f_{osc}/12$，仅与晶振频率 f_{osc} 有关。

(2) 串行口工作方式 2，波特率也是固定不变的，有以下两种情况：

当 SMOD＝1 时，

$$波特率 = \frac{2^{SMOD}}{64}f_{osc} = \frac{f_{osc}}{32}$$

当 SMOD＝0 时，

$$波特率 = \frac{2^{SMOD}}{64} \times f_{osc} = \frac{f_{osc}}{64}$$

(3) 串行口工作方式 1 和方式 3，波特率是可变的，即

$$波特率 = \frac{2^{SMOD}}{32} \times 定时器T1的溢出率$$

为灵活地设置通信波特率，应用中多使串行口工作在方式 1 和方式 3。为确定波特率，关键是要计算定时器 T1 的溢出率，对于 SMOD 的设置，仅需执行下列指令就可使 SMOD 为 0 或为 1：

```
MOV    PCON, #00H        ; 使 SMOD = 0
MOV    PCON, #80H        ; 使 SMOD = 1
```

定时器 T1 的溢出率是指定时器 T1 每秒溢出的次数，只要算出 T1 每溢出一次所需的时间 t，则 t 的倒数 $1/t$ 就是它的溢出率。单片机在串行通信时，波特率都较高，因此 T1 的溢出率也非常高。如果采用定时器的工作方式 1，当定时器计满溢出时，需要手动再次给定时器装载计数初值，此过程会产生时间上微小的误差，当多次操作时微小的误差不断积累，将会降低定时时间的精度。解决的方法是使用定时器 T1 的工作方式 2，可自动重新装载 8 位计数初值，定时器溢出的速率稳定，因而很好地解决这个问题。在串行通信时，常采用定时器 T1 的工作方式 2，作为波特率发生器，故下面仅讨论定时器 T1 工作在方式 2 时溢出率的计算。

定时器 T1 由两个 8 位计数器 TH1 和 TL1 构成，当处于方式 2 时，为 8 位自动重装载定时器，它使用 TL1 计数，计满溢出后自动地将 TH1 的初值装入 TL1 中，使 TL1 从初值重新开始计数。这里 TL1 和 TH1 装载的计数初值是相同的。

在定时器模式下，计数脉冲来自系统内部脉冲，每隔 1 个机器周期，内部电路将产生一个脉冲使 TL1 加 1，当 TL1 加至 FFH 时，再加 1，TL1 就产生溢出。可见，定时器 T1 的溢出率不仅与系统晶振频率 f_{osc} 有关，还与每次溢出后 TL1 的重装初值有关，初值越大，定时器 T1 的溢出率就越大。一种极限情况是：若计数初值为 FFH，则每隔 1 个机器周期，定时器 T1 就溢出一次。对于一般情况，定时器 T1 溢出一次所需要的时间 t 为：

$$t = (2^8 - N) \times 机器周期 = (2^8 - N) \times 12 \times \frac{1}{f_{osc}} 秒$$

式中：f_{osc} 为系统晶振频率；N 为时间常数，即 TH1 的计数初值。

则定时器每秒所溢出的次数，即：

$$定时器 1 的溢出率 = \frac{f_{osc}}{12 \times (2^8 - N)}$$

因此，当串行口工作在方式 1 和方式 3 时，波特率由下式决定：

$$波特率 = \frac{2^{SMOD}}{32} \times 定时器 1 的溢出率 = \frac{2^{SMOD}}{32} \times \frac{f_{osc}}{12 \times (2^8 - N)}$$

在实际应用中，通常是先给定波特率，而后计算时间常数 N，由上式可得：

$$N = 256 - \frac{2^{SMOD} \times f_{osc}}{波特率 \times 32 \times 12}$$

例如，若系统晶振频率 f_{osc} 为 6 MHz，当 SMOD = 1，波特率为 2400 b/s 时，时间常数为：

$$N = 256 - \frac{2^1 \times 6 \times 10^6}{2400 \times 32 \times 12} \approx 242.98 \approx F3H$$

设置波特率的初始化程序如下：

```
INIT:   MOV    TMOD, #20H        ; 设置定时器 1 工作在方式 2，定时模式
        MOV    TH1, #0F3H        ; 设置计数初值
        MOV    TL1, #0F3H
        SETB   TR1               ; 启动定时器 1 工作
        MOV    PCON, #80H        ; 设置 SMOD=1，波特率加倍
        MOV    SCON, #50H        ; 设置串口工作在方式 1
```

在上例中可以看到，当 $f_{osc}=6\,MHz$ 时，计算得到的定时初值不是整数，这将带来波特率误差，导致通信时产生积累误差，最终导致误码率增大。解决的方法只有调整单片机的晶振频率 f_{osc}，采用 $11.0592\,MHz$，能够精确地计算出 T1 的定时初值，得到精确的波特率。因此在串行通信系统设计中，MCS-51 系列单片机常采用 $11.0592\,MHz$ 晶振，而不采用 $12\,MHz$ 或 $6\,MHz$ 晶振。常用波特率通常按规范取为 300、600、1200、2400、4800、9600 等，表 8-3 列出了异步通信时常用波特率的设置，以及晶振频率在 $11.0592\,MHz$、$12\,MHz$ 不同条件下的计数初值和与之对应所产生的误差。

表 8-3　异步通信时常用波特率的设置

波特率/(b/s)	晶振频率/MHz	计数器 1 初值		误差/(%)	晶振频率/MHz	计数器 1 初值		误差/(%)	
		SMOD = 0	SMOD = 1			SMOD = 0	SMOD = 1	SMOD = 0	SMOD = 1
300	11.0592	0xA0	0x40	0	12	0x98	0x30	0.16	0.16
600	11.0592	0xD0	0xA0	0	12	0xCC	0x98	0.16	0.16
1200	11.0592	0xE8	0xD0	0	12	0xE6	0xCC	0.16	0.16
2400	11.0592	0xF4	0xE8	0	12	0xF3	0xE6	0.16	0.16
3600	11.0592	0xF8	0xF0	0	12	0xF7	0xEF	−3.55	2.12
4800	11.0592	0xFA	0xF4	0	12	0xF9	0xF3	−6.99	0.16
7200	11.0592	0xFC	0xF8	0	12	0xFC	0xF7	8.51	−3.55
9600	11.0592	0xFD	0xFA	0	12	0xFD	0xF9	8.51	−6.99
19200	11.0592	—	0xFD	0	12	—	0xFD	—	8.51

8.5　串口的应用

【例 8-1】　两个单片机的串口都工作在方式 1，单片机 1 通过串口向单片机 2 循环发送 0～9，单片机 2 通过串口接收单片机 1 发来的 0～9，并显示在 LED 数码管上，其电路原理图如图 8-20 所示，两个单片机均采用 $11.0592\,MHz$ 晶振，双方通信的速率为 9600 b/s。

程序分析：两个单片机完成的任务不同，单片机 1 发送数据，单片机 2 接收数据，只进行单向数据传输，发送方无须编写接收程序，接收方无须编写发送程序，因此它们的程序要分别编写。

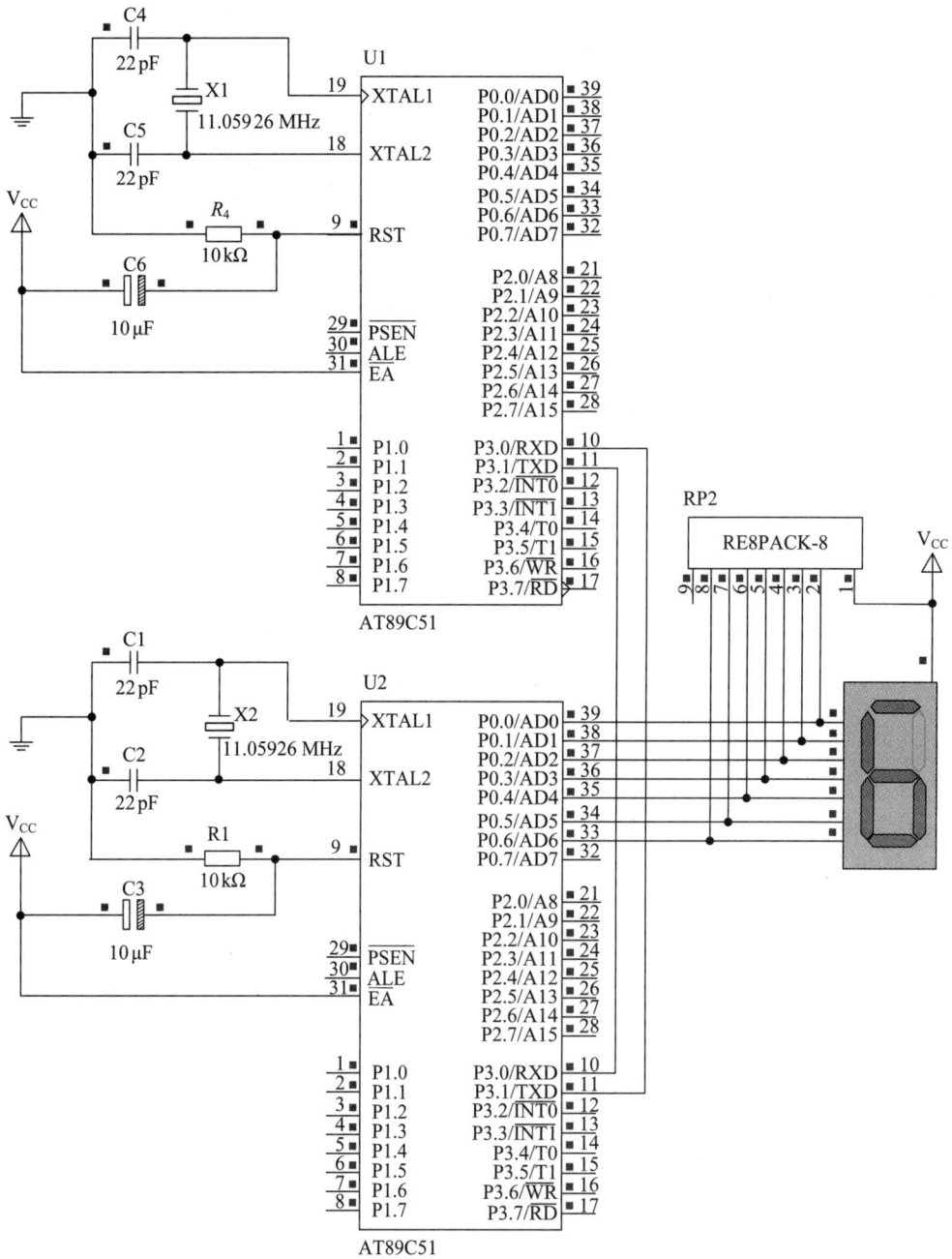

图 8-20　两个单片机串行通信的电路原理图

例 8-1 将采用查询和中断两种方式进行数据传输，与此对应编写的程序也不同。对于发送端的单片机 1 采用查询方式，分别用汇编语言与 C 语言编写程序。对于接收端的单片机 2，一方面采用查询方式分别用汇编语言与 C 语言编写程序；另一方面采用中断方式分别用汇编语言与 C 语言编写程序。采用查询方式的发送端程序流程图如图 8-21 所示，采用查询方式的接收端程序流程图如图 8-22 所示，采用中断方式的接收端主程序流程图如图 8-23 所示，其串行口中断服务程序流程图如图 8-24 所示。

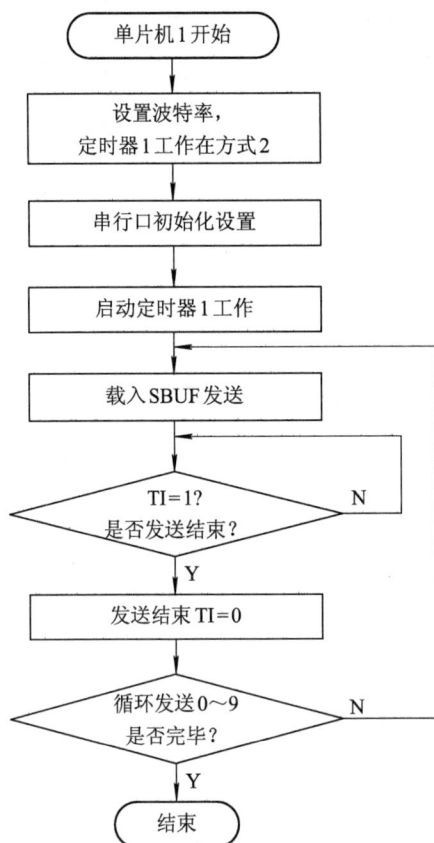

图 8-21　采用查询方式的发送端程序流程图

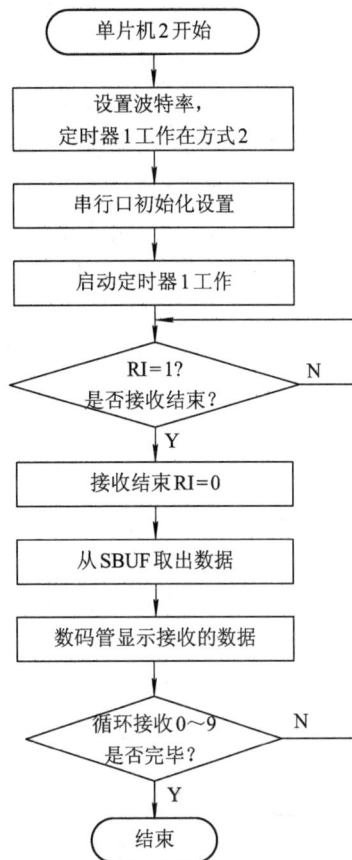

图 8-22　采用查询方式的接收端程序流程图

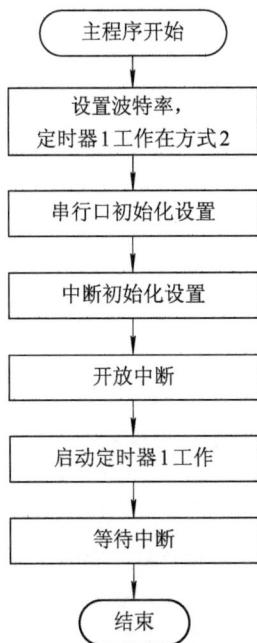

图 8-23　采用中断方式的接收端主程序流程图

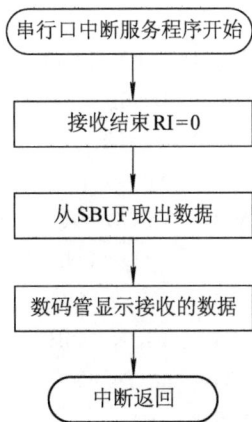

图 8-24　串行口中断服务程序流程图

例 8-1 中两个单片机的串口均工作于方式 1，即波特率可变的 8 位 UART。需要注意的是，必须保证两个单片机系统的波特率完全一致，否则将无法接收到正确的数据。

首先需要对单片机与串口有关的特殊功能寄存器进行初始化设置，主要任务是设置产生波特率的定时器 T1、串口控制和中断控制，具体步骤如下：

(1) 设置定时器 T1 的工作方式(TMOD)；

(2) 计算定时器 T1 的计数初值(TH1/TL1)；

(3) 设置串口工作方式(SCON)；

(4) 启动定时器 T1(TR1)；

(5) 如果串口工作在中断方式，还要进行中断设置(IE、IP)。

双方通信的波特率为 9600 b/s，采用 11.0592 MHz 晶振，定时器 T1 作为波特率发生器，工作在方式 2，为定时器模式，设 TMOD＝0x20，计数初值 TH1＝TL1＝0xFD。发送端的单片机 1 设 SCON＝0x40，接收端的单片机 2 设 SCON＝0x50，二者都将串口设为方式 1，但后者还将 REN(允许接收)位设为 1，因为单片机 2 要接收串口数据，而单片机 1 则不需要。随后主程序启动定时器 T1。

在查询方式下，发送与接收都是通过读/写 SBUF 及查询 TI/RI 标志完成。单片机 1 通过循环查询 TI 标志，判断是否发送完成，单片机 2 通过循环查询 RI 标志，判断是否接收到数据。发送前要将 TI 清零，接收前要将 RI 清零。如果发送成功，硬件会自动将 TI 置 1；如果接收到新字节，硬件也会自动将 RI 置 1。在每一次收发时都要注意通过程序将 TI 和 RI 再次清零。

在中断方式下，设置收发两个单片机 IE＝0x90，两个单片机都允许串行口中断，发送完成和接收到新字节都会触发串行口中断，中断服务程序在处理完毕后都应通过软件将 RI/TI 清零。

在发送数据时，当程序执行完"MOV SBUF,A"或"SBUF＝c"语句时，便自动开始将发送数据缓冲器 SBUF 中的数据一位一位顺序从串口发送出去。此为发送时的关键语句。

在接收数据时，当程序执行完"MOV A, SBUF"或"c＝SBUF"语句时，便自动开始将接收数据缓冲器 SBUF 中的数据取出送给变量 c。此为接收时的关键语句。

8.5.1　发送程序设计

单片机 1(发送端)在查询方式下的汇编语言源程序如下：

```
        ORG    0000H
        AJMP   START          ; 主程序入口
START:  MOV    SP, #60H        ; 设置堆栈
        MOV    TMOD, #20H      ; 定时器 1 为波特率发生器，工作在方式 2
        MOV    TH1, #0FDH      ; 波特率为 9600 b/s
        MOV    TL1, #0FDH
        MOV    SCON, #40H      ; 串口工作在方式 1，只发送不接收
        MOV    PCON, #00H      ; 波特率不倍增
        SETB   TR1            ; 启动定时器 1 工作
        MOV    R1, #0FFH       ; 计数器 R1 赋初值，FFH+1=00H
```

```
S1:     LCALL  DELAY
        INC    R1
        CJNE   R1, #10, S2          ; 比较 R1 的值是否为 10, 不是则跳转到 S2
        MOV    R1, #00H             ; 若是则 R1=00H
S2:     MOV    A, R1
        MOV    SBUF, A              ; 发送一个字符, 范围为 0~9
WAIT:   JBC    TI, S1               ; 查询 TI, TI=1 则发送结束, 跳转到 S1 并使 TI=0
        SJMP   WAIT                 ; 否则 TI=0 正在发送
DELAY:  MOV    R7, #30              ; 延时子程序
DA1:    MOV    R6, #100
DA2:    MOV    R5, #200
        DJNZ   R5, $
        DJNZ   R6, DA2
        DJNZ   R7, DA1
        RET
        END
```

单片机 1(发送端)在查询方式下的 C 语言源程序如下:

```c
#include "reg52.h"
unsigned int   i,t;
void delay(unsigned int n)          // 延时子程序
{
    for(i=0; i<n; i++);
}
void write_serial(unsigned char c)  // 发送子程序
{
    SBUF = c;                       // 发送的内容送给 SBUF
    while(TI == 0);                 // 等待发送结束, 直到 TI=1 发送成功
    TI = 0;                         // 发送结束, TI 标志清零
}
void   main(void)
{
    TMOD = 0x20;                    // T1 作为波特率发生器, 工作在方式 2
    TH1 = 0xFD;                     // 波特率为 9600 b/s
    TL1 = 0xFD;
    SCON = 0x40;                    // 串口工作在方式 1, 只发送不接收
    PCON = 0x00;                    // 波特率不倍增
    TR1 = 1;                        // 启动定时器 T1 工作
    while(1)
    {
        for(t=0; t<10; t++)
```

```
    {
        write_serial(t);              // 循环发送 0~9
        delay(45000);                 // 延时
    }
  }
}
```

8.5.2　接收程序设计

单片机 2(接收端)在查询方式下的汇编语言源程序如下:

```
        ORG    0000H
        AJMP   START              ; 主程序入口
START:  MOV    SP, #60H           ; 设置堆栈
        MOV    TMOD, #20H
        MOV    TH1, #0FDH
        MOV    TL1, #0FDH
        MOV    SCON, #50H         ; 串口工作在方式 1, 允许接收
        MOV    PCON, #00H
        MOV    DPTR, #TAB
        SETB   TR1
WAIT:   JBC    RI, NEXT           ; 查询, 若 RI = 1 则接收到字符, 跳转到 NEXT 并使 RI = 0
        SJMP   WAIT               ; 否则 RI=0 正在接收
NEXT:   MOV    A, SBUF            ; 读取接收到的数据
        MOVC   A, @A+DPTR         ; 查表得到字型码
        MOV    P0, A              ; 送给 LED 数码管显示
        LCALL  DELAY              ; 延时
        SJMP   WAIT
DELAY:  MOV    R7, #30            ; 延时子程序
DA1:    MOV    R6, #100
DA2:    MOV    R5, #200
        DJNZ   R5, $
        DJNZ   R6, DA2
        DJNZ   R7, DA1
        RET
TAB:    DB   0C0H,0F9H,0A4H,0B0H,99H,92H,82H,0F8H,80H,90H,0FFH   ; 0~9, 熄灭
        END
```

单片机 2(接收端)在查询方式下的 C 语言源程序如下:

```
#include "reg52.h"
unsigned char t;                    // 0~9, 熄灭
unsigned char    tab[]={0xC0, 0xF9, 0xA4, 0xB0, 0x99, 0x92, 0x82, 0xF8, 0x80, 0x90, 0xFF};
void    main(void)
```

```
{
    TMOD = 0x20;                    // 定时器 1 为波特率发生器，工作在方式 2
    TH1 = 0xFD;                     // 波特率为 9600 b/s
    TL1 = 0xFD;
    SCON = 0x50;                    // 串口工作在方式 1，允许接收
    PCON = 0x00;                    // 波特率不倍增
    TR1 = 1;                        // 启动定时器 T1 工作
    while(1)
    {
        while(RI != 1);             // 查询 RI，若 RI = 1 则接收到字符，等待接收结束
        RI = 0;                     // 接收结束，RI 标志清零
        t = SBUF;                   // 从 SBUF 取出接收的内容
        P0 = tab[t];                // LED 数码管显示接收的内容
    }
}
```

单片机 2(接收端)在中断方式下的汇编语言源程序如下：

```
        ORG    0000H
        AJMP   START              ; 主程序入口
        ORG    0023H              ; 串行口中断入口地址
        AJMP   RI_INT             ; 串行口中断服务程序
START:  MOV    SP, #60H           ; 设置堆栈
        MOV    TMOD, #20H
        MOV    TH1, #0FDH
        MOV    TL1, #0FDH
        MOV    SCON, #50H         ; 串行口工作在方式 1，允许接收
        MOV    PCON, #00H
        MOV    IE, #90H           ; 开放串行口中断和总中断
        MOV    DPTR, #TAB         ; 数据指针指向 TAB 表的首地址
        CLR    RI                 ; RI 标志清零
        SETB   TR1                ; 启动定时器 T1 工作
HERE:   SJMP   HERE               ; 等待中断
RI_INT: CLR    RI                 ; 清 RI 中断标志
        MOV    A, SBUF            ; 读取接收数据
        MOVC   A, @A+DPTR         ; 查表得到字型码
        MOV    P0, A              ; 送给 LED 数码管显示
        LCALL  DELAY              ; 延时
        RETI
DELAY:  MOV    R7, #30            ; 延时子程序
DA1:    MOV    R6, #100
DA2:    MOV    R5, #200
```

```
        DJNZ    R5, $
        DJNZ    R6, DA2
        DJNZ    R7, DA1
        RET
TAB:    DB    0C0H, 0F9H, 0A4H, 0B0H, 99H, 92H, 82H, 0F8H, 80H, 90H, 0FFH    ; 0~9，熄灭
        END
```

单片机 2(接收端)在中断方式下的 C 语言源程序如下：

```c
#include "reg52.h"
unsigned int   i;
unsigned char t = 0;                // 0~9，熄灭
unsigned char tab[]={0xC0, 0xF9, 0xA4, 0xB0, 0x99, 0x92, 0x82, 0xF8, 0x80, 0x90, 0xFF};
void delay(unsigned int n)
{
    for(i=0; i<n; i++);
}
void   main(void)
{
    TMOD = 0x20;
    TH1 = 0xFD;
    TL1 = 0xFD;
    SCON = 0x50;                    // 串行口工作在方式 1，允许接收
    PCON = 0x00;
    RI = 0;
    TR1 = 1;
    IE = 0x90;                      // 开放串行口中断和总中断
    while(1);                       // 等待中断
}
void serial_INT() interrupt 4       // 串行口中断服务程序
{
    RI = 0;                         // RI 标志清零
    t = SBUF;                       // 读取接收数据
    P0 = tab[t];                    // LED 数码管显示接收的数据
    delay(500);                     // 延时
}
```

在此次的串行口中断服务程序中主要完成三个任务：一是 RI 清零。当程序进入串行口中断服务程序时，意味着收到或发送了数据，此时 RI 或 TI 会被硬件置 1，必须通过软件对其清零，这样才能产生下一次中断，进行下一个数据的接收或发送。二是将 SBUF 中的接收数据取出送给变量 t，这是进入串行口中断服务程序中最重要的目的。三是 LED 数码管显示接收的数据。

【**例 8-2**】　两个单片机的串口都工作在方式 1，采用 11.0592 MHz 晶振，双方通信速率为 9600 b/s。单片机 1 的独立按键 K1 通过串口分别控制单片机 2 的两个 LED 指示灯 D2 和 D3。单片机 1 对单片机 2 完成以下四项控制：

(1) 单片机 1 发送 "9"，控制单片机 2 的 D2 和 D3 同时熄灭；

(2) 单片机 1 发送 "8"，控制单片机 2 的 D2 闪烁、D3 熄灭；

(3) 单片机 1 发送 "7"，控制单片机 2 的 D2 熄灭、D3 闪烁；

(4) 单片机 1 发送 "6"，控制单片机 2 的 D2 和 D3 同时闪烁。

为便于验证，单片机 1 的 D0、D1 分别与单片机 2 的 D2 和 D3 显示现象一致，单片机 1 通过串行口控制单片机 2 LED 闪烁的电路原理图如图 8-25 所示。

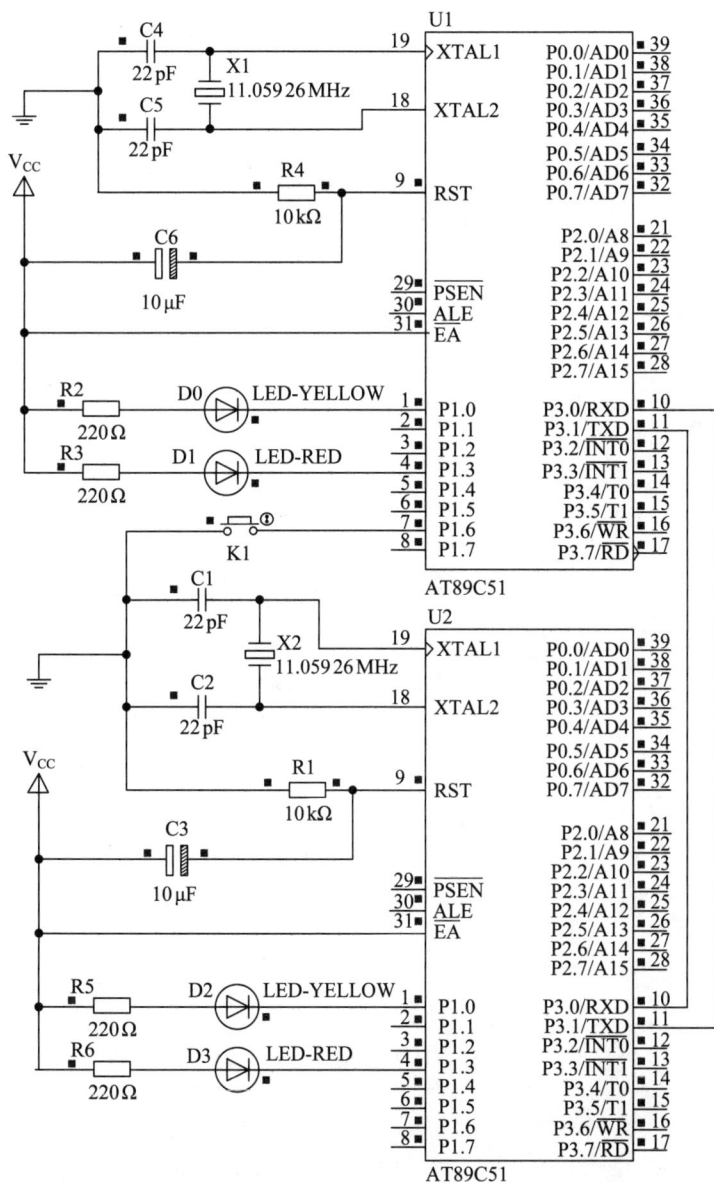

图 8-25　单片机通过串行口控制单片机 2 LED 闪烁的电路原理图

程序分析：由于两个单片机完成的任务不同，单片机 1 负责发送控制命令及数据，单片机 2 负责接收控制命令和数据，并控制 LED 指示灯完成不同动作，因此它们的程序要分别编写。

例 8-2 中，对于发送端的单片机 1 采用查询方式，用 C 语言编写程序；对于接收端的单片机 2 采用中断方式，用 C 语言编写程序。与串口有关的特殊功能寄存器的初始化设置可参考例 8-1 的相关内容，发送端和接收端的程序流程图可参考例 8-1 的相关内容。

例 8-2 的另一个要点在于独立按键的控制，即在一个按键上实现四重功能。使用查询方法，每次按下按键时，按键标志索引变量会在 0、1、2、3 四个数之间循环取值，其实现的语句如下：

KEY_NO = (KEY_NO + 1)% 4

单片机 1(发送端)在查询方式下的 C 语言源程序如下：

```
#include "reg52.h"
unsigned int   i;
sbit D1 = P1^0;                  // LED 指示灯引脚定义
sbit D2 = P1^3;
sbit K1 = P1^6;                  // 独立按键引脚定义
void delay(unsigned int n)       // 延时子程序
{
    for(i=0; i<n; i++);
}

void write_serial(unsigned char c)    // 发送子程序
{
    SBUF = c;                    // 发送的内容送给 SBUF
    while(TI == 0);              // 等待发送结束，直到 TI=1 发送成功
    TI = 0;                      // 发送结束，TI 标志清零
}

void   main(void)
{
    unsigned char KEY_NO = 0;    // 定义按键标志索引变量
    SCON = 0x40;
    PCON = 0x00;
    TMOD = 0x20;
    TH1 = 0xFD;                  // 波特率为 9600 b/s
    TL1 = 0xFD;
    TI = 0;
    TR1 = 1;
    while(1)
```

```
    {
        if(K1 == 0)                    // 按下 K1 时选择索引变量 0、1、2、3
        {
            while(K1 == 0);
            KEY_NO = ( KEY_NO + 1 ) % 4;
        }
        switch(KEY_NO)                 // 根据索引变量发送 9、8、7、6
        {
            case 0: write_serial(9);
                D1 = 1; D2 = 1;    break;
            case 1: write_serial(8);
                D1 = 0; D2 = 1;    break;
            case 2: write_serial(7);
                D1 = 1; D2 = 0;    break;
            case 3: write_serial(6);
                D1 = 0; D2 = 0;    break;
        }
        delay(200);
    }
}
```

单片机 2(接收端)在中断方式下的 C 语言源程序如下：

```
#include "reg52.h"
unsigned int    i;
sbit D1 = P1^0;
sbit D2 = P1^3;

void delay(unsigned int n)
{
    for(i=0; i<n; i++);
}

void    main(void)
{
    SCON = 0x50;
    PCON = 0x00;
    TMOD = 0x20;
    TH1 = 0xFD;
    TL1 = 0xFD;
    RI = 0;
```

```
      TR1 = 1;
      IE = 0x90;
      while(1);
}

void serial_INT() interrupt 4          // 接收中断服务程序
{
    if(RI == 1)                        // 接收到一帧数据
    {
       RI = 0;                         // RI 标志清零
       switch(SBUF)                    // 根据接收的不同命令字符，完成不同任务
       {
          case 9:    D1 = 1;    D2 = 1;         break;
          case 8:    D1 = 0;    D2 = 1;         break;
          case 7:    D1 = 1;    D2 = 0;         break;
          case 6:    D1 = 0;    D2 = 0;         break;
       }
       delay(200);
    }
}
```

在此次的串行口接收中断服务程序中主要完成两个任务：一是 RI 清零。二是根据接收到的控制命令和对应数据，控制 LED 指示灯完成不同的操作，这是进入串行口中断服务程序中最重要的目的。

串行通信接口实验

实验设备：计算机 1 台，Keil μVision 5 和 Proteus 软件。

实验报告要求：实验名称、实验目的、实验要求、软件流程图、程序调试过程及运行结果、实验中遇到的问题及解决方法。

实验一：甲机通过串行口控制乙机 LED 闪烁实验

实验目的：了解 MCS-51 单片机串行口(UART)的结构、工作方式，了解串行通信的原理和数据交换过程，掌握单片机之间进行串行通信的编程方法。

实验内容：将甲乙两个单片机串行口连接，即甲机的 TXD 与乙机的 RXD 相连，甲机的 RXD 与乙机的 TXD 相连，并实现双机共地。甲、乙两个单片机的串行口均工作在方式 1。甲机的 K1 按键可通过串行口分别控制乙机的 LED1 闪烁、LED2 闪烁、LED1 和 LED2 同时闪烁，或关闭 LED1 和 LED2。

实验二：两个单片机之间双向通信实验

实验目的：了解 MCS-51 单片机串行口(UART)的结构、工作方式，了解串行通信的原理和数据交换过程，掌握单片机之间进行串行通信的编程方法。

实验内容：将甲乙两个 MCS-51 单片机串行口连接，即甲机的 TXD 与乙机的 RXD 相连，甲机的 RXD 与乙机的 TXD 相连，并实现双机共地，整个系统实现双向通信。具体要求如下：

(1) 甲机的 K1 按键可通过串行口分别控制乙机的 LED1 点亮、LED2 点亮、LED1 和 LED2 全亮或全灭。

(2) 乙机的 K2 按键可通过串行口向甲机发送数字，甲机将接收到的数字显示在其 P0 端口的 LED 数码管显示器上。

本 章 小 结

本章详细介绍了串行数据通信的基本概念，MCS-51 单片机串行通信接口的结构、工作原理、软件编程及使用方法，并给出了接口实例及编程要点。

串行通信是单片机除外部总线之外最重要的外部数据交换手段，由于串行总线占用 I/O 口少、通信距离长，已经在许多产品设计中得到应用。同时，串行通信接口又是连接上位机和单片机的一个主要手段，采用单片机作为数据采集的前端，上位机作为数据处理的后端，两者通过串行口相连可以充分发挥单片机数据采集快速和上位机数据处理能力强的优势，给设计带来方便。

总之，串行通信应用广泛，如果能够掌握串行通信的设计和编程方法，将会加快设计、开发的速度，提高设计的实用价值。

习 题 八

8-1 简述串行通信和并行通信的特点。

8-2 简述同步通信和异步通信的区别。

8-3 MCS-51 单片机有(   )个全双工串行接口。

A. 1   B. 2   C. 3   D. 4

8-4 异步通信时，以帧为单位传送数据，每帧以(   )开始。

A. 高电平   B. 上升沿   C. 低电平   D. 下降沿

8-5 执行 (   )指令，会启动串口发送数据。

A. MOV A, SBUF   B. MOV SBUF, A

C. MOV A, SCON   D. MOV SCON, A

8-6 MCS-51 单片机的串行口控制/状态寄存器是(   )。

A. SBUF   B. TCON   C. SCON   D. TMOD

8-7 MCS-51 单片机的串行口有(   )种工作方式。

A. 1   B. 2   C. 3   D. 4

8-8 串行通信接口可将 CPU 输出的_____数据转换成串行数据输出到外设。

8-9 在串行通信中采用奇校验，若传送的数据是 42H，则其奇偶检验位为_____。

8-10　在异步通信中，若每帧数据有 10 位，波特率为 4800 b/s，则每秒钟可传输____个字符。

8-11　在异步通信中，每个字符有 8 位，1 位停止位，1 位校验位，每帧数据有(　　)位。

A. 9　　　　　　　　B. 10　　　　　　　　C. 11　　　　　　　　D. 12

8-12　MCS-51 单片机串行口中断的中断入口地址为(　　)。

A. 0003H　　　　　B. 000BH　　　　　C. 0013H　　　　　D. 0023H

8-13　当串行口发送完一帧数据时，标志位(　　)会置 1。

A. RI　　　　　　　B. TI　　　　　C. TB8　　　　　D. RB8

8-14　允许串口接收数据的控制位是(　　)。

A. SM2　　　　　B. SM1　　　　　C. REN　　　　　D. ES

8-15　若 RI 等于 1，则跳转到 L，同时将 RI 清零的指令是 (　　)。

A. JB　RI, L　　　　　　　　B. JNB　RI, L

C. JBC　RI, L　　　　　　　　D. JNC　RI, L

8-16　若 TI 等于 0，则等待的指令是(　　)。

A. JB　TI, $　　　　　　　　B. JNB　TI, $

C. JBC　TI, $　　　　　　　　D. JZ　TI, $

8-17　串行通信中，单工方式、半双工方式和全双工方式有什么区别？

8-18　什么是波特率？如何配置串口通信的波特率？

8-19　如何允许串行口中断？

8-20　单片机与微机串口通信时，如何解决 TTL 电平与 RS-232 电平不兼容的问题？

8-21　MCS-51 单片机的串行口有几种工作方式，各有什么特点？

第 9 章　键盘接口技术

本章教学目标

- 掌握键盘的工作原理和识别方法
- 掌握独立式键盘与 MCS-51 单片机的硬件连接方法
- 掌握矩阵式键盘与 MCS-51 单片机的硬件连接方法
- 掌握按键的扫描识别方式与软件编程方法

键盘是计算机系统中最常用的人机对话部分。在单片机应用系统中，为控制系统的工作状态以及向系统输入数据，一般均设有按键或键盘，如复位用的复位按键、功能转换的命令键、数据输入的数字键等。对于某些单片机应用系统，如各种智能测量仪表，键盘输入功能几乎是整个应用程序的核心部分。键盘可分为编码键盘和非编码键盘两种形式。

编码键盘通过专用的硬件编码器产生键码，能自动识别按下的键并产生相应的键码值，以并行或串行的方式发送给 CPU。这种键盘接口简单，响应速度快，使用比较方便，需要编写的键盘输入程序也比较简单，但需要专用的硬件电路，如计算机键盘，在单片机应用系统中使用不多。

非编码键盘是由若干个按键组合的开关矩阵，必须有一套相应的软件与之配合，才能产生出相应的键码。它不需要专用的硬件电路，且结构简单、成本低廉，但响应速度不如编码键盘快。为减少电路的复杂程度，节省单片机的 I/O 端口，在单片机组成的各种应用系统中，广泛使用非编码键盘。非编码键盘又分为独立式键盘和矩阵式键盘。

本章将介绍键盘的工作原理、键盘的识别过程和识别方法、键盘与单片机的接口技术和软件编程等。

9.1　键盘的工作原理

9.1.1　键盘的识别方法

键盘实质上是一组按键开关的集合。按键的闭合与否通常用高电平或低电平来检测，按键闭合时为低电平，按键断开时为高电平。因此，通过电平高低状态的检测，便可确认按键按下与否。

通常按键所用开关为机械弹性开关，利用的是机械触点的闭合与断开。电压信号通过机械触点，闭合、断开时的波形如图 9-1 所示。由于机械触点的弹性作用，按键开关在闭合时不会马上稳定地接通，在断开时也不会马上断开。因而在闭合及断开的瞬间均伴随有一连串的抖动，抖动时间的长短和按键的机械特性有关，一般为 5～10 ms。按键的稳定闭合时间由操作人员的按键动作决定，一般为十分之几秒到几秒。

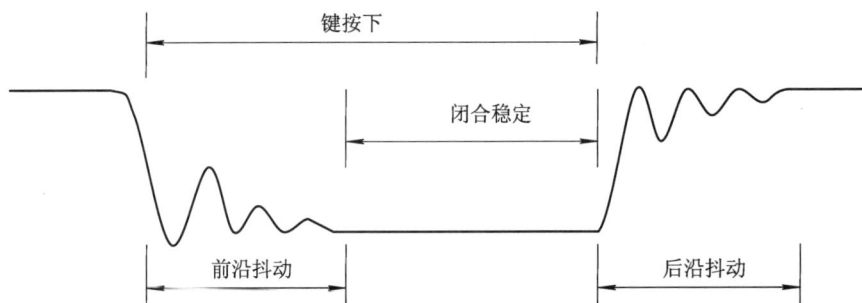

图 9-1　按键抖动信号波形

为了确保 CPU 对一次按键动作只确认一次按键，必须消除抖动的影响。可采用硬件、软件两种方式消除抖动。采用硬件方式消除抖动有两种方法，即双稳态消抖和 RC 滤波消抖。如果按键较多，硬件消抖将无法实现，因此常采用软件延时的方式解决抖动问题。其具体思路是：在第一次检测到有按键按下时，执行一段延时 10～15 ms 的子程序后，再确认该键电平是否仍保持闭合状态的电平，若保持闭合状态的电平，则确认真正有键按下，从而消除抖动的影响。

在键盘操作过程中，当有两个或两个以上的键被同时按下或先后按下时，哪个按键有效完全取决于系统开发者的设计。

9.1.2　键盘输入接口与软件应完成的任务

按键或键盘通过接口与 CPU 相连，在相应软件的配合下，CPU 可以采用中断或查询方式了解有无信息输入并检查是哪个键按下，然后执行该按键对应的功能程序，最后再回到原始状态。为可靠而快速地实现按键信息输入与执行按键功能任务，应解决下列问题。

(1) 按键开关状态的可靠输入。

(2) 对按键进行编码以给定键值或直接给出键号。

独立式键盘或矩阵式键盘都要通过 I/O 端口线查询按键的开关状态。根据键盘结构不同，采用不同的编码方法，并转换成对应的键值或键号，以实现按键功能程序的散转转移。

(3) 编写键盘控制程序。

一个完善的键盘控制程序应完成下述任务。

① 检测并判断是否有键按下。

② 有键按下后，在无硬件消抖电路的情况下，应用软件延时方法消除抖动影响。

③ 计算并确定按键的键值或键号。

④ 程序根据计算出的键值进行一系列的动作处理和执行。

9.2　独立式键盘接口设计与应用

9.2.1　独立式键盘的工作原理

独立式键盘是指直接用 I/O 端口线构成的单个按键电路。每个独立式键盘单独占有一根 I/O 端口线，每根 I/O 端口线的按键工作状态不会影响其他 I/O 端口线的工作状态。独立式键盘接口电路配置灵活，软件结构简单，按键数量少时可采用这种按键电路。

独立式键盘的硬件结构如图 9-2 所示，在此电路中，按键的一端接地，另一端与 MCS-51 单片机的某个 I/O 端口引脚相连，并通过片内上拉电阻与电源相连，上拉电阻保证按键断开时，I/O 端口线上有确定的高电平。

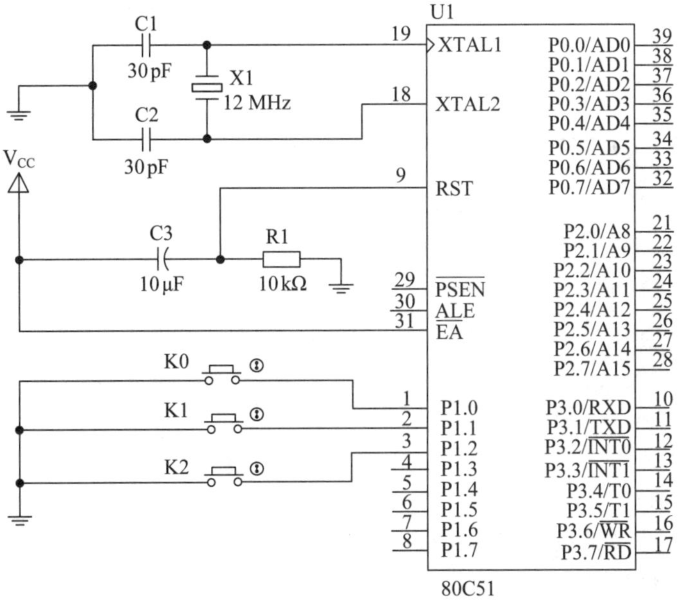

图 9-2　独立式键盘的硬件结构

独立式键盘检测的工作原理：按键输入采用低电平有效。当没有按下按键时，I/O 端口为高电平，单片机不断地检测该 I/O 端口线是否变为低电平；当按键闭合时，该 I/O 端口线通过按键与地相连，变成低电平，程序一旦检测到 I/O 端口变为低电平，则说明该按键被按下。

9.2.2　独立式键盘的应用

根据图 9-2 编写一简化的独立式键盘程序，KEY0～KEY2 分别是每个按键的功能处理程序。

K0	EQU P1.0	; K0 = P1.0
K1	EQU P1.1	; K1 = P1.1
K2	EQU P1.2	; K2 = P1.2
	ORG 0000H	; 程序执行开始地址
	LJMP START	; 跳转到标号 START 执行
	ORG 0100H	
START:	MOV SP, #60H	; 设置堆栈
	MOV A, #0FFH	
	MOV P1, A	; 置 P1 口为输入方式
LOOP:	JNB K0, KEY0	; 若 K0 = 0 即 K0 按键按下，则转向 KEY0 执行
	JNB K1, KEY1	; 若 K1 = 0 即 K1 按键按下，则转向 KEY1 执行
	JNB K2, KEY2	; 若 K2 = 0 即 K2 按键按下，则转向 KEY2 执行
	JMP LOOP	
KEY0:	LCALL DELAY_15MS	; 延时 15 ms 消除抖动
	JNB K0, $	; 判断 K0 是否放开，若 K0 = 0 则原地等待
	...	; K0 = 1 放开，执行 K_0 的功能
	JMP START	
KEY1:	LCALL DELAY_15MS	; 延时 15 ms 消除抖动
	JNB K1, $	; 判断 K1 是否放开，若 K1 = 0 则原地等待
	...	; K1 = 1 放开，执行 K1 的功能
	JMP START	
KEY2:	LCALL DELAY_15MS	; 延时 15 ms 消除抖动
	JNB K2, $	; 判断 K2 是否放开，若 K2 = 0 则原地等待
	...	; K2 = 1 放开，执行 K2 的功能
	JMP START	
DELAY_15MS: ...		; 延时 15 ms 子程序
	RET	

延时 15 ms 子程序此处省略。在按键功能较少的情况下，可采用顺序查询的方式；如果需要较好的实时性要求，也可以采用中断方式，将各个按键按下的逻辑电平按照 $\overline{INT0}$ 或 $\overline{INT1}$ 的有效逻辑组合，即只需要将全部的按键输出"与"后，直接和 $\overline{INT0}$ 或 $\overline{INT1}$ 相连即可实现。

由上可见，独立式键盘的识别和编程非常简单，故在按键数目较少的场合常被采用。

图 9-3 为独立式键盘的电路原理图，也是没有按下任何开关时的状态。四个独立按键 K0、K2、K4、K6 是状态开关，与 P1.0、P1.2、P1.4、P1.6 对应连接，分别控制四个 LED 指示灯 D0、D2、D4、D6，为显示不同颜色，使用黄、红、绿、蓝四种 LED，与 P0.0、P0.2、P0.4、P0.6 对应连接，并采用共阳极方式。由 P0 口的内部结构可知，P0 口作为 I/O 口使用时，需要加上拉电阻，在此使用排阻。程序运行时，按下 K0 键，黄灯 D0 闪烁，

如图 9-4 所示；按下 K2 键，红灯 D2 闪烁；按下 K4 键，绿灯 D4 闪烁……如此重复，实现四个独立按键分别控制四个 LED 指示灯。采用查询方式编写独立式键盘控制指示灯的程序流程图如图 9-5 所示。

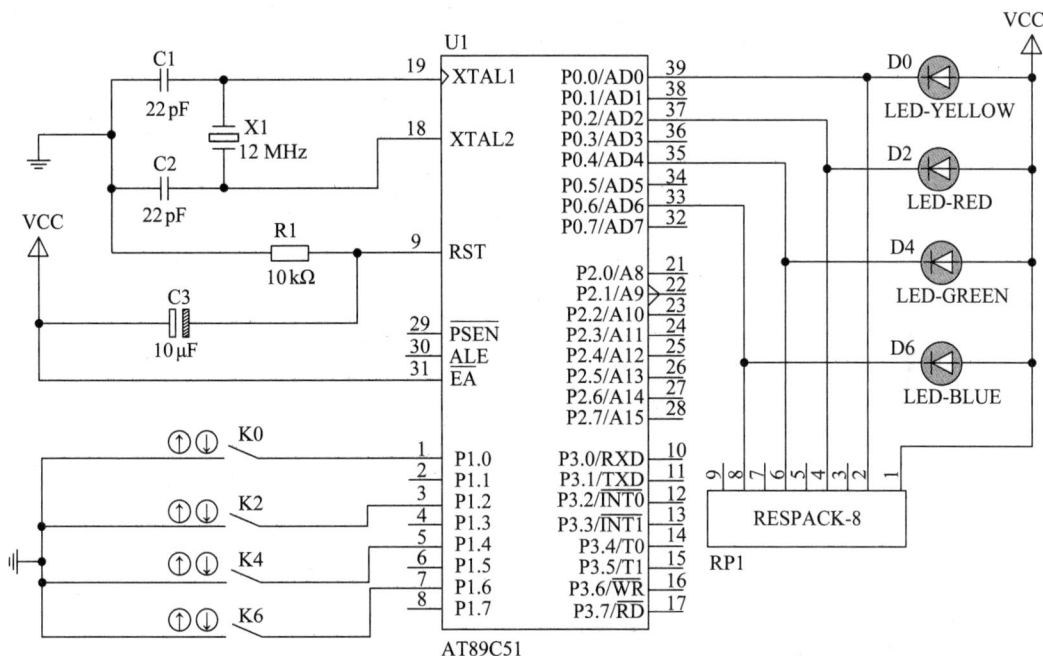

图 9-3　独立式键盘的电路原理图

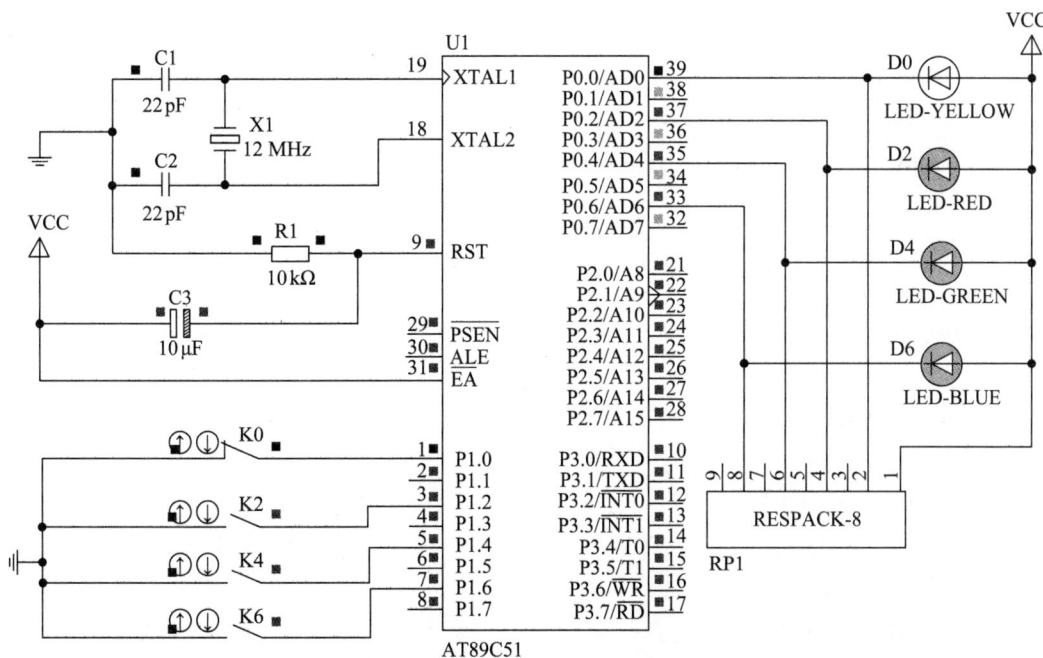

图 9-4　开关 K0 闭合时 D0 闪烁

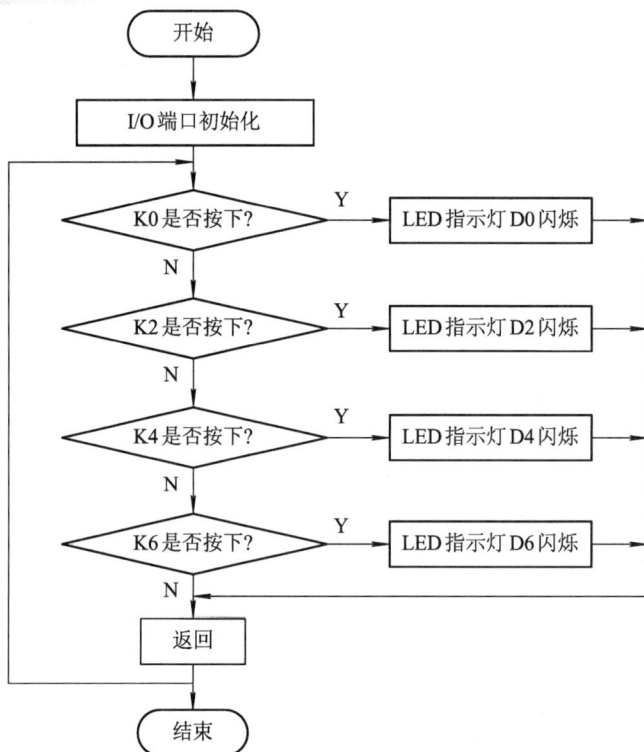

图 9-5 查询方式下独立式键盘的程序流程图

查询方式下独立式键盘的汇编语言源程序如下：

```
            ORG    0030H
            MOV    A, #0FFH
            MOV    P0, A           ; 初始化端口，置 P0 指示灯熄灭(共阳极)
            MOV    P1, A           ; 初始化端口，置 P1 为输入
START:  JB     P1.0, LOOP0     ; 若 P1.0 = 1，即 K0 键未按下，则转向 LOOP0 执行
            CPL    P0.0            ; 若 P1.0 = 0，即 K0 键按下，则 D0 取反闪烁
            LCALL  DELAY
            AJMP   NEXT
LOOP0:  JB     P1.2, LOOP2     ; 若 P1.2 = 1，即 K2 键未按下，则转向 LOOP2 执行
            CPL    P0.2            ; 若 P1.2 = 0，即 K2 键按下，则 D2 取反闪烁
            LCALL  DELAY           ; 延时
            AJMP   NEXT
LOOP2:  JB     P1.4, LOOP4     ; 若 P1.4 = 1，即 K4 键未按下，则转向 LOOP4 执行
            CPL    P0.4            ; 若 P1.4 = 0，即 K4 键按下，则 D4 取反闪烁
            LCALL  DELAY
            AJMP   NEXT
LOOP4:  JB     P1.6, LOOP6     ; 若 P1.6 = 1，即 K6 键未按下，则转向 LOOP6 执行
            CPL    P0.6            ; 若 P1.6 = 0，即 K6 键按下，则 D6 取反闪烁
```

```
        LCALL   DELAY
        AJMP    NEXT
LOOP6:  MOV     P0, #0FFH
NEXT:   AJMP    START
DELAY:  MOV     R3, #06H              ; 延时子程序
LP:     MOV     R4, #0A8H
LP1:    MOV     R5, #0A8H
LP2:    DJNZ    R5, LP2
        DJNZ    R4, LP1
        DJNZ    R3, LP
        RET
        END
```

查询方式下独立式键盘的 C 语言源程序如下：

```
#include "reg52.h"
unsigned int i;                      // 变量定义
sbit   K0 = P1^0;                    // I/O 端口定义
sbit   K2 = P1^2;
sbit   K4 = P1^4;
sbit   K6 = P1^6;
sbit   D0 = P0^0;
sbit   D2 = P0^2;
sbit   D4 = P0^4;
sbit   D6 = P0^6;

void   delay(unsigned int n)         // 延时子程序
{
    for(i=0;i<n;i++);
}

void   main(void)
{
    P0 = 0x0FF;                      // 初始化端口，置 P0 指示灯熄灭(共阳极)
    P1 = 0x0FF;                      // 初始化端口，置 P1 为输入
    while(1)
    {
        if(K0 == 0)                  // 如果 K0 键按下
        {
            D0=~D0;                  // D0 闪烁
```

```
            delay(500);                         // 延时
        }
        else if(K2 == 0)                        // 如果 K2 键按下
        {
            D2=~D2;                             // D2 闪烁
            delay(500);
        }
        else if(K4 == 0)                        // 如果 K4 键按下
        {
            D4=~D4;                             // D4 闪烁
            delay(500);
        }
        else if(K6 == 0)                        // 如果 K6 键按下
        {
            D6=~D6;                             // D6 闪烁
            delay(500);
        }
        else
        {
            P0 = 0x0FF;                         // 全部熄灭
            delay(500);
        }
    }
}
```

9.3　矩阵式键盘接口设计与应用

9.3.1　矩阵式键盘的结构与工作原理

矩阵式键盘又称行列式键盘，用 I/O 端口线组成行、列结构，按键设置在行列的交点上。例如，用 3×3 的行列结构可构成 9 个键的键盘，4×4 的行列结构可构成 16 个键的键盘，比直接将 I/O 端口线用于键盘多出一倍的容量，而且线数越多，区别越明显。因此在按键数量较多时，可以减少 I/O 端口线的占用。

矩阵式键盘的硬件结构如图 9-6 所示。矩阵式键盘检测的工作原理：按键设置在行列线的交叉点上，行、列线分别和按键开关两端相连，即矩阵式键盘两端都与单片机 I/O 端口相连，当按键被按下时，交点的行线和列线接通，使相应行线和列线上的电平发生变化，根据电平变化情况确定被按下的键。

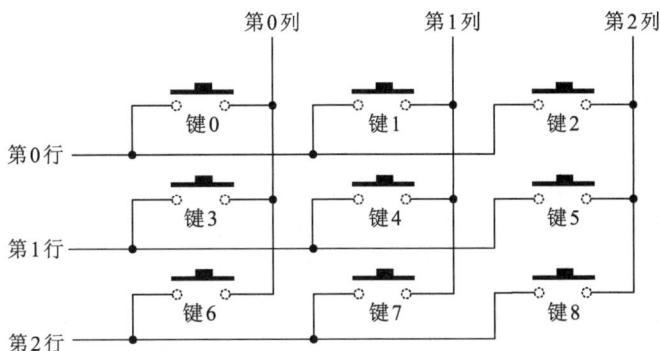

图 9-6　矩阵式键盘的硬件结构

矩阵式键盘所做的工作可分为以下三个层次。

(1) 监视键盘的输入：体现在键盘的工作方式上就是编程扫描工作方式、定时扫描工作方式、中断扫描工作方式。

(2) 确定具体按键：体现在按键的识别方法上就是行扫描法、线反转法。

(3) 键功能程序执行。

单片机应用系统中，键盘扫描只是 CPU 的工作内容之一。CPU 在忙于各项工作任务时，如何兼顾键盘的扫描？即既要保证能及时响应按键操作，又不过多占用 CPU 的工作时间。因此要根据实际应用系统中 CPU 的忙、闲情况，选择好键盘的工作方式。键盘的工作方式有三种，即编程扫描、定时扫描和中断扫描。

编程扫描工作方式是利用 CPU 在完成其他工作之余，调用键盘扫描子程序，来响应键盘输入的请求。即对键盘的扫描采取程序控制方式，一旦进入按键扫描状态，反复地扫描键盘，等待用户从键盘上输入。在执行键功能程序时，CPU 将不再响应键入要求，直到 CPU 返回重新扫描键盘为止。

定时扫描工作方式是利用单片机内部定时器产生定时中断(如 10 ms)，CPU 响应定时中断后对键盘进行扫描，在有键按下时识别出该键并执行相应键功能程序。定时扫描工作方式的键盘硬件电路与编程扫描工作方式相同。

计算机应用系统工作时，并不经常需要按键的输入，因此无论是编程扫描工作方式还是定时扫描工作方式，CPU 常处于空扫描状态。为进一步提高 CPU 工作效率，可采用中断扫描工作方式，即只有在键盘有键按下时，才执行键盘扫描并执行该键功能程序，如果无键按下，CPU 将不响应键。前两种扫描方式中 CPU 对键盘的监视是主动进行的，而后一种扫描方式中 CPU 对键盘的监视是被动进行的。

键盘检测识别流程图如图 9-7 所示。

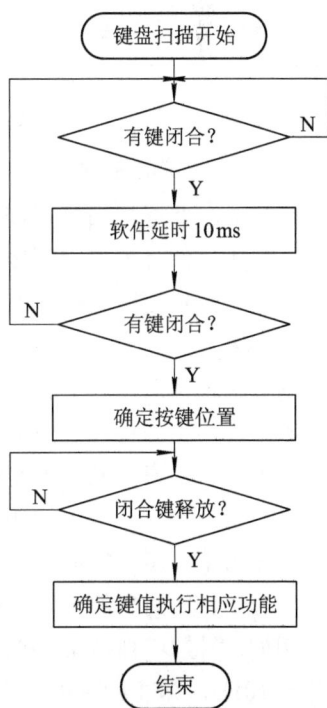

图 9-7　键盘检测识别流程图

9.3.2　矩阵式键盘的识别方式

矩阵式键盘的识别方法分两步进行：第一步，识别键盘有无键被按下；第二步，若有键被按下，则识别出具体的按键。

识别键盘有无键被按下的方法：将所有列线均置低电平，检查各行线电平是否有变化，若有变化，则说明有键被按下，若没有变化，则说明无键被按下。

识别具体按键常采用两种方法，即行扫描法和线反转法。这两种方法相当于查询法，需要反复查询按键的状态，会占用大量的 CPU 时间。

1. 行扫描法的原理

行扫描法是在判定有键按下后逐行置低电平，其余各行置为高电平，同时读入列状态。若列状态出现非全 1 状态，这时 0 状态的行、列交点的键就是所按下的键。行扫描法的特点就是逐行(逐列)扫描查询。

以图 9-6 中"键 7"被按下为例，说明行扫描法识别闭合键的原理。在此行线为输出，列线为输入。先使第 0 行输出"0"，其余行输出"1"，然后检查列线信号，若某列有低电平信号，则表明第 0 行和该列相交位置上的键被按下，否则说明没有被按下。此后再将第 1 行输出"0"，其余行输出"1"，然后再检查列线中是否有变为低电平的线。再将第 2 行输出"0"，其余行输出"1"，检查列线信号，当发现第 1 列为低电平，而第 0、2 列为高电平，即第 2 行和第 1 列均为低电平，据此可以确认第 2 行第 1 列交叉点处的按键即"键 7"被按下。

实际应用中，一般先快速检查键盘中是否有某个键已被按下，然后再确定具体按下了哪个键。为此，可以使所有各行同时为低电平，再检查是否有列线也处于低电平。这时，若列线上有一位为低电平，则说明必有键被按下，然后再用行扫描法来确定具体位置。

2. 线反转法的原理

行扫描法要逐行扫描查询，当被按下的键处于最后一行时，要经过多次扫描才能最后获得该键所处的行列值。而线反转法则显得很简练，无论被按键是处于第一行或是最后一行，均经过两步便能获得该键所在的行列值。线反转法的工作原理如图 9-8 所示，图中采用 8 位 I/O 端口构成一个 4×4 矩阵键盘，P1.0～P1.3 作为行线，P1.4～P1.7 作为列线，采用查询方式进行工作。下面介绍线反转法的具体操作步骤。

第一步，将列线编程为输入线，将行线编程为输出线，并使输出线输出为全零电平，则列线中电平由高到低发生变化的为按键所在列。

第二步，将第一步中的传送方向反转过来，即将行线编程为输入线，列线编程为输出线，并输出第一步中的输入列值，则行线中电平由高到低发生变化的为按键所在行。

综合一、二两步的结果，可确定按键所在的行和列，从而识别出所按下的键。

例如，"键 9"被按下，第一步在 P1.3～P1.0 行线输出全零，然后读入列线值为 P1.7～P1.4=1101B，即 P1.5=0，与 P1.5 相连的列线有键被按下。第二步从列线输出刚才读得的值，再读取行线的输入值，则闭合键所在的行线上必定为"0"，即从行线读得值为 P1.3～P1.0=1101B。于是行值和列值合起来得到唯一的一对行列值，即 11011101B(0DDH)，因此根据读得的行值和列值为 0DDH 便可确定按下的键为"键 9"。由此可见线反转法非常简单适用。

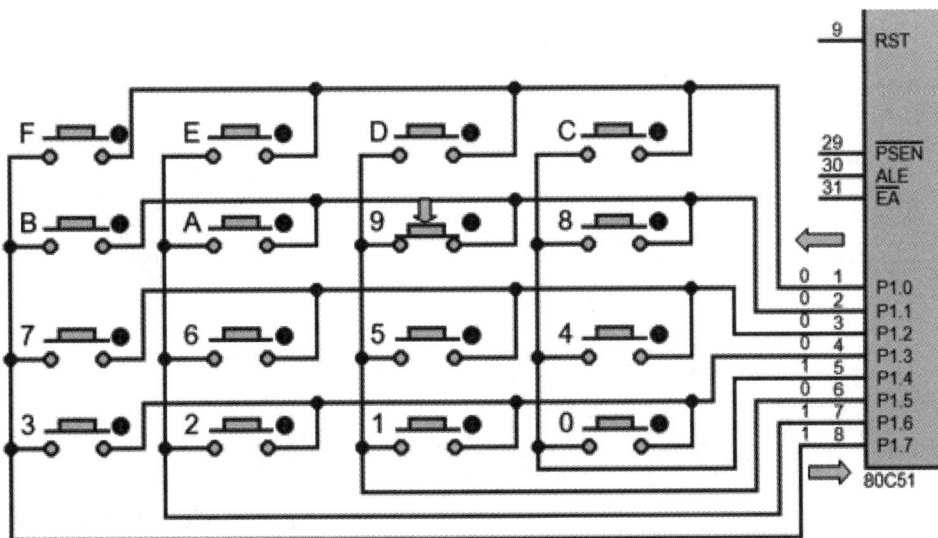

(a) 行线输出，列线输入

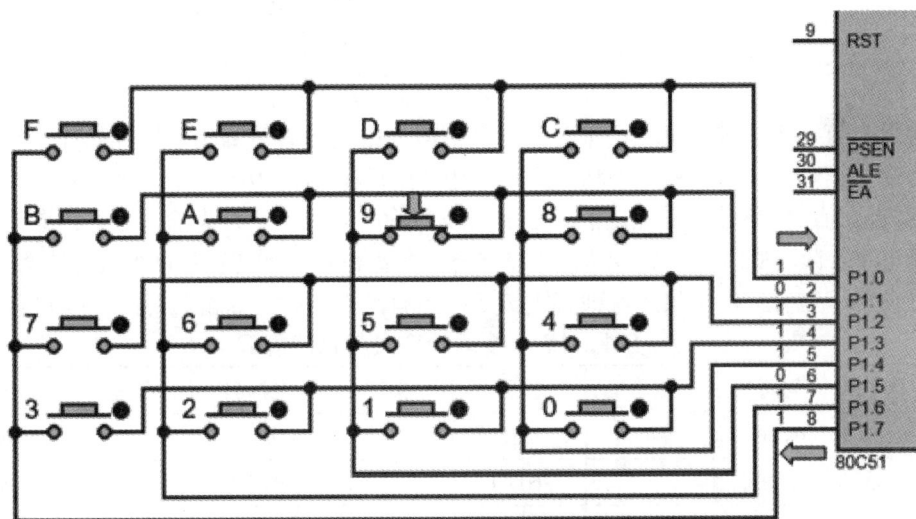

(b) 列线输出，行线输入

图 9-8 线反转法的工作原理

9.3.3 矩阵式键盘的应用

图 9-9 为矩阵式键盘的电路原理图，单片机的 P3 口接 4×4 矩阵键盘，低 4 位 P3.0～P3.3 用于行控制，作为输入线，高 4 位 P3.4～P3.7 用于列控制，作为输出线。通过软件控制使同一个并行口的不同引脚工作在不同的输入输出方式下，实现行扫描法的键盘识别工作。P2 口接一个数码管，以静态方式显示每个按键的"0～F"序号。

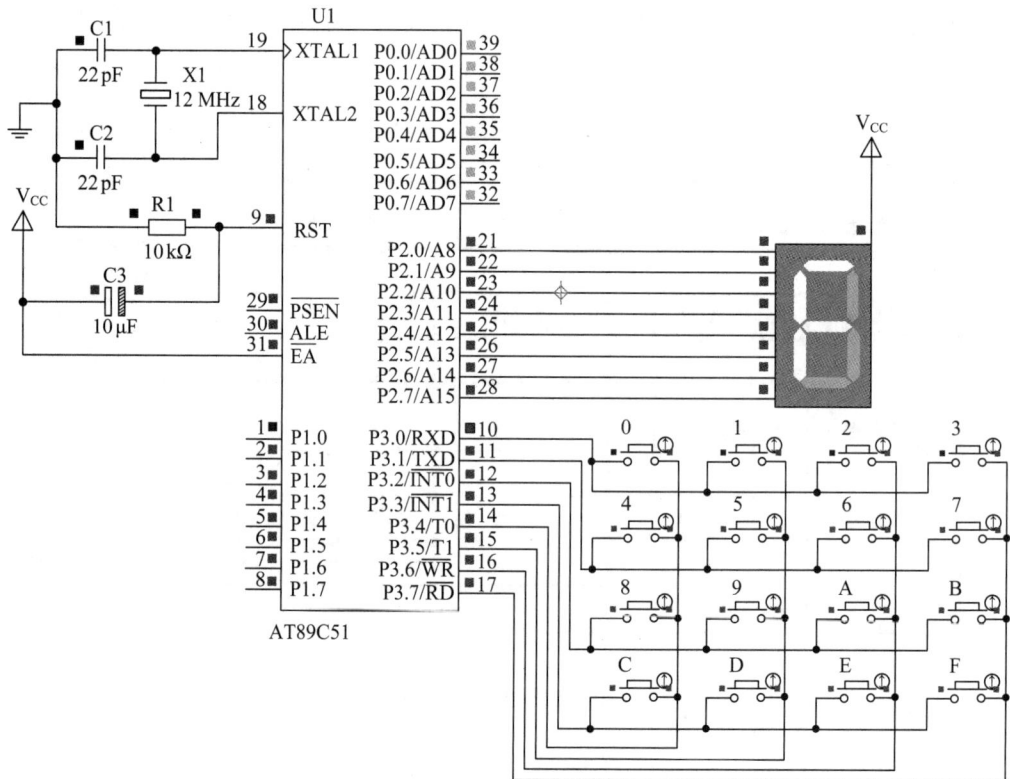

图 9-9　矩阵式键盘的电路原理图

　　键盘上有许多按键，每一个键对应一个键码，根据键码转到相应按键处理子程序，进一步实现数据输入和命令处理的功能。16 个按键的键码如表 9-1 所示，采用行扫描法实现的具体方法为：判断是否有键按下。设置列线为输出方式，行线为输入方式；向所有列线输出低电平；读取 P3 口状态，并从 P3 口状态中分离出行线状态；若行线状态皆为高电平，则无键按下，若有低电平状态，则有键按下；当有键按下时，保留此时的行线状态。

表 9-1　16 个按键的定义与相应键码

键号	键码	键号	键码	键号	键码	键号	键码
0	0xEE	4	0xED	8	0xEB	C	0xE7
1	0xDE	5	0xDD	9	0xDB	D	0xD7
2	0xBE	6	0xBD	A	0xBB	E	0xB7
3	0x7E	7	0x7D	B	0x7B	F	0x77

　　矩阵式键盘实现数据输入和命令处理功能的具体步骤如下。

　　(1) 消除抖动。按键本身是机械开关，在触点闭合或断开的瞬间会出现电压抖动的现象，必须消除抖动的影响，才能正确识别被按下的键。采用软件延时来消除抖动是较为简便可行的方法。延时 15～20 ms 读取所有列线输出低电平情况下的行线状态，若两次的行线状态相同，说明信号稳定，可以继续确定按键的物理位置。

　　(2) 确定物理位置得到键码。改变行线和列线的工作方式，由行线输出，列线输入。行列线输出前次读取的行线状态，由列线读取相应的列线状态。闭合键对应的行线和列线的状态均为低电平，其他键均为高电平状态。将此时的行线和列线状态组合即可得到该闭合键对应的键码。

(3) 等待键释放。得到闭合键对应的键码后，继续延时并判断按键状态，直到闭合的按键被释放，再根据键码转到相应的按键处理子程序中。

根据图 9-9，采用行扫描法编程实现 4×4 矩阵式键盘，以 P3.0～P3.3 作为行线，以 P3.4～P3.7 作为列线，在数码管上显示每个按键的"0～F"序号。

设计分析：若有键按下，则相应输入为低电平，否则为高电平。首先设置 P3.0 为低电平，检测列线 P3.4～P3.7 是否为低电平。若为低电平，则表明有按键按下，随即转入相应的显示子程序中。否则，再设置 P3.1 为低电平，检测列线 P3.4～P3.7 是否为低电平……如此循环。通过程序首先设置相应的行为低电平，然后再检测相应的列线是否为低电平的方式实现键盘的行扫描。当按键为低电平时，就转到相应的显示子程序中，矩阵式键盘的扫描识别程序流程图如图 9-10 所示。

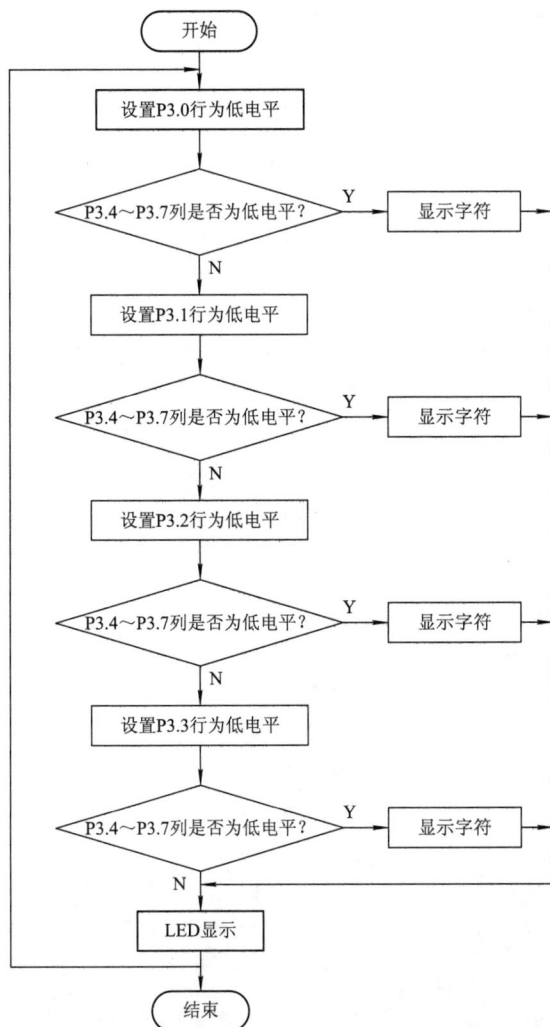

图 9-10　矩阵式键盘的扫描识别程序流程图

矩阵式键盘的扫描识别汇编语言源程序如下：

```
        ORG     0000H
        AJMP    START
        ORG     0100H
START:  MOV     SP, #60H        ; 设置堆栈
        MOV     P2, #0FFH       ; 数码管(共阳极)熄灭
KEY0:   MOV     P3, #0FEH       ; [11111110]FE，置 P3.0 为低电平，扫描 P3.4～P3.7
        JNB     P3.4, K0        ; 若 P3.4 = 0 则转移到 K0
        JNB     P3.5, K1        ; 若 P3.5 = 0 则转移到 K1
        JNB     P3.6, K2        ; 若 P3.6 = 0 则转移到 K2
        JNB     P3.7, K3        ; 若 P3.7 = 0 则转移到 K3
        MOV     P3, #0FDH       ; [11111101]FD，置 P3.1 为低电平，扫描 P3.4～P3.7
        JNB     P3.4, K4        ; 若 P3.4 = 0 则转移到 K4
        JNB     P3.5, K5        ; 若 P3.5 = 0 则转移到 K5
        JNB     P3.6, K6        ; 若 P3.6 = 0 则转移到 K6
        JNB     P3.7, K7        ; 若 P3.7 = 0 则转移到 K7
        MOV     P3, #0FBH       ; [11111011]FB，置 P3.2 为低电平，扫描 P3.4～P3.7
        JNB     P3.4, K8        ; 若 P3.4 = 0 则转移到 K8
        JNB     P3.5, K9        ; 若 P3.5 = 0 则转移到 K9
        JNB     P3.6, K10       ; 若 P3.6 = 0 则转移到 K10
        JNB     P3.7, K11       ; 若 P3.7 = 0 则转移到 K11
        MOV     P3, #0F7H       ; [11110111]F7，置 P3.3 为低电平，扫描 P3.4～P3.7
        JNB     P3.4, K12       ; 若 P3.4 = 0 则转移到 K12
        JNB     P3.5, K13       ; 若 P3.5 = 0 则转移到 K13
        JNB     P3.6, K14       ; 若 P3.6 = 0 则转移到 K14
        JNB     P3.7, K15       ; 若 P3.7 = 0 则转移到 K15
        LJMP    KEY0
```

键码显示汇编语言源程序如下：

```
K0:     MOV     P2, #0C0H           ; 显示 "0" (共阳极)
        LCALL   DELAY               ; 延时
        AJMP    KEY0
K1:     MOV     P2, #0F9H           ; 显示 "1"
        LCALL   DELAY               ; 延时
        AJMP    KEY0
K2:     MOV     P2, #0A4H           ; 显示 "2"
        LCALL   DELAY               ; 延时
        AJMP    KEY0
K3:     MOV     P2, #0B0H           ; 显示 "3"
        LCALL   DELAY               ; 延时
        AJMP    KEY0
```

```
K13:   MOV    P2, #0A1H        ; 显示 "D"
       LCALL  DELAY            ; 延时
       AJMP   KEY0
K14:   MOV    P2, #86H         ; 显示 "E"
       LCALL  DELAY            ; 延时
       AJMP   KEY0
K15:   MOV    P2, #8EH         ; 显示 "F"
       LCALL  DELAY            ; 延时
       AJMP   KEY0

DELAY: MOV    R3, #06H         ; 延时子程序
LP:    MOV    R4, #0A8H
LP1:   MOV    R5, #0A8H
LP2:   DJNZ   R5, LP2
       DJNZ   R4, LP1
       DJNZ   R3, LP
       RET
       END
```

C 语言源程序的设计思路是：先快速检查键盘中是否有某个键已被按下，然后再确定具体按下了哪个键。为此，使所有各行同时为低电平，再检查是否有列线也处于低电平。若列线上有一位为低电平，则说明必有键被按下，然后再用行扫描法来确定具体位置。

首先对 4 条行线 P3.0~P3.3 置低电平，即 P3 端口赋值 0x0F0，若有任一按键按下，则 4 条列线 P3.4~P3.7 上必有一位为 0。若已有按键按下，则进一步判断按键所在的行、列位置，并返回按键序号。程序中行扫描码的初值为 0x0FE(11111110B)，通过将该值循环右移，可对 P3.0~P3.3 对应的 4 行逐行发送 0，随后立即判断高 4 位是否有 0 出现，若有则说明按键在该行上，之后再查询矩阵键盘 16 个按键相应的键码，即可得到按键序号。需要注意的是，在程序中要用延时子程序对按键进行延时消抖。

矩阵式键盘的扫描识别 C 语言源程序如下：

```c
#include "reg52.h"
unsigned int i;
unsigned char keyvalue;
code unsigned char tab[]={0xC0, 0xF9, 0xA4, 0xB0, 0x99, 0x92, 0x82, 0xF8,   // 0~7
                          0x80, 0x90, 0x88, 0x83, 0xC6, 0xA1, 0x86, 0x8E};  // 8~F
void delay(unsigned int n)
{
    for(i=0; i<n; i++);
}
unsigned char keyscan()                  // 4×4 键盘矩阵扫描函数
{
```

```
        P3 = 0xF0;                          // P3 行线 P3.0～P3.3 置低电平，准备读列状态
        if((P3 & 0xF0) != 0xF0)             // 若 P3 列线 P3.4～P3.7 不全为 1，则可能有键按下
        {
            delay(1000);                    // 延时消抖
            if((P3 & 0xF0) != 0xF0)         // 重读高 4 位，若仍不全为 1，则确定有键按下
            {
                P3 = 0xFE;                              // P3.0=0，开始行扫描
                switch(P3)
                {
                    case 0xEE: keyvalue = 0;        break;      // key_0   P3.4=0
                    case 0xDE: keyvalue = 1;        break;      // key_1   P3.5=0
                    case 0xBE: keyvalue = 2;        reak;       // key_2   P3.6=0
                    case 0x7E: keyvalue = 3;        reak;       // key_3   P3.7=0
                    default: break;
                }
                P3 = 0xFD;                              // P3.1=0
                switch(P3)
                {
                    case 0xED: keyvalue = 4;        break;      // key_4   P3.4=0
                    case 0xDD: keyvalue = 5;        break;      // key_5   P3.5=0
                    case 0xBD: keyvalue = 6;        break;      // key_6   P3.6=0
                    case 0x7D: keyvalue = 7;        break;      // key_7   P3.7=0
                    default: break;
                }
                P3 = 0xFB;                              // P3.2 = 0
                switch(P3)
                {
                    case 0xEB: keyvalue = 8;        break;      // key_8   P3.4=0
                    case 0xDB: keyvalue = 9;        break;      // key_9   P3.5=0
                    case 0xBB: keyvalue = 10;       break;      // key_A   P3.6=0
                    case 0x7B: keyvalue = 11;       break;      // key_B   P3.7=0
                    default: break;
                }
                P3 = 0xF7;                              // P3.3 = 0
                switch(P3)
                {
                    case 0xE7: keyvalue = 12;       break;      // key_C     P3.4=0
                    case 0xD7: keyvalue = 13;       break;      // key_D     P3.5=0
                    case 0xB7: keyvalue = 14;       break;      // key_B     P3.6=0
```

```
                case 0x77: keyvalue = 15;      break;      // key_F      P3.7=0
                default: break;
            }
        }
    }
    return    keyvalue;
}


void    main()
{
    P2 = 0xFF;                                  // 数码管熄灭
    P3 = 0xFF;                                  // 按键未按下
    while(1)
    {
        if(P3 != 0xFF);                         // 等待按键按下
            keyvalue = keyscan();
        P2 = tab[keyvalue];
        delay(2000);
    }
}
```

键盘接口技术实验

实验设备：计算机 1 台，Keil μVision 5 和 Proteus 软件。

实验报告要求：实验名称、实验目的、实验要求、软件流程图、程序调试过程及运行结果、实验中遇到的问题及解决方法。

实验一：独立按键控制实验

实验目的：熟悉和掌握独立式键盘的工作原理、电路设计和软件编程方法；掌握键盘延时消抖的软件方法。

实验内容：采用独立按键进行键盘控制。4 个独立按键 K1～K4 分别连接到单片机的 P1.0～P1.3 端口，4 个 LED 指示灯 D1～D4 分别连接到单片机的 P0.0～P0.3 端口。编程实现：当按下 K1 或 K2 时，D1 或 D2 点亮；当松开时，D1 或 D2 熄灭。当按下 K3 或 K4 后释放时，D3 或 D4 点亮；再次按下并释放时 D3 或 D4 熄灭，如此重复。

实验二：数码管显示 4×4 键盘矩阵按键实验

实验目的：熟悉和掌握矩阵式键盘的工作原理、电路设计和软件编程方法；熟悉和掌握矩阵式键盘的行扫描法，键盘扫描识别方法；掌握键盘延时消抖的软件方法；掌握 LED 静态扫描显示方式。

实验内容：4×4 键盘矩阵的行线连接单片机的 P1.0～P1.3 端口，列线连接 P1.4～P1.7 端口；1 位 LED 数码管连接单片机的 P0 口。编程实现：当按下任意一个按键时，LED 数码管显示它在 4×4 键盘矩阵上的序号 0～F。

本 章 小 结

本章主要介绍了键盘的工作原理和输入特点；消除按键抖动的措施；独立式键盘的特点、接口设计与应用；矩阵式键盘的工作方式、识别方法与接口设计，矩阵式键盘接口实例及编程要点。

习 题 九

9-1　设独立按键的一端接端口 P1 引脚，另一端接地，按键断开时，引脚输入_____电平，按键闭合时，引脚输入_____电平，单片机通过引脚的电平可以检测按键状态。

9-2　消除按键抖动的方法是_____。

9-3　说明软件进行独立按键识别的主要步骤。

9-4　矩阵式键盘的识别方法主要有_____、_____。

9-5　键盘行扫描时，逐行输出 0，读列值，当读到的列值不全为_____时，说明有键闭合。

9-6　当按键接在 MCS-51 单片机的引脚_____、_____时，按键闭合可以产生中断求。

9-7　键盘输入有哪些特点？

9-8　设计 MCS-51 单片机与 4×4 矩阵式键盘的接口电路。

9-9　说明行扫描法识别闭合键的工作原理。

9-10　说明线反转法识别闭合键的基本工作原理。

第 10 章　显示接口技术

本章教学目标

- 理解 LED 数码管的工作原理
- 掌握 LED 数码管与单片机的接口技术
- 掌握静态 LED 显示与动态 LED 显示的编程实现
- 掌握 LCD 液晶显示器与单片机的接口技术

在单片机应用系统中，显示器可以反映系统工作状态和运行结果，是单片机与人对话的输出设备。常用的显示器主要有 LED(发光二极管)显示器和 LCD(液晶显示器)。这两种显示器具有结构简单、成本低廉、配置灵活、与单片机接口方便等特点。

LED 显示器又分为七段数码、多段字符和点阵字符 LED 显示器等。尽管种类繁多，但它们有共同的特点，即成本低、亮度高、寿命长、显示直观，可用于数字、字符、图形、图像显示，广泛用于各种参数及状态显示。近年来，点阵式单色和双色 LED 显示器广泛应用于电梯、大屏幕 LED 显示器、公共汽车报站器、车站显示屏等领域，特别是点阵式 LED 显示器，极大地方便了汉字和图形的显示。

LCD(Liquid Crystal Display，液晶显示器)是一种利用液晶的扭曲/向列效应制成的显示器。LCD 具有轻薄、体积小、功耗低、无辐射、平面直角显示以及影像稳定不闪烁等特点。因此，在许多系统中常用 LCD 作为人机界面，用于显示文本、图形、图像信息；LCD 在液晶电视、手机屏幕、计算机显示器、仪器仪表以及各种数码产品中都得到了广泛的应用。

本章主要介绍 LED 数码管显示器和 LCD 的基本工作原理，以及与 MCS-51 单片机的接口设计。

10.1　LED 数码管显示器

10.1.1　LED 数码管的结构与工作原理

LED 数码管显示器由发光二极管显示字段组成。当某一发光二极管导通时，相应地点亮某一点或某一笔画，通过发光二极管不同的亮暗组合形成不同的数字、字母和符号。

通常七段 LED 数码管显示器有 8 个发光二极管，其中 7 个发光二极管构成一个"日"

字，一个发光二极管用于显示小数点，这 8 个笔段分别用 a～h 表示。LED 数码管显示器分为共阴极和共阳极两种形式，如图 10-1 所示。共阴极 LED 显示器是将发光二极管的阴极连接在一起，形成共阴极 LED 显示器的公共端，通常此公共阴极接地，当发光二极管的阳极接高电平时，该发光二极管点亮。同样，共阳极 LED 显示器是将二极管的阳极连接在一起，形成共阳极 LED 显示器的公共端，通常此公共阳极接正电源，当发光二极管的阴极接低电平时，该发光二极管被点亮。

LED 数码管的发光二极管亮暗组合实质上就是不同电平的组合，为 LED 数码管提供不同的代码，这些代码称为字型代码(段码)。若一个字节中的 D0 位对应 a 笔段、D7 位对应 h 笔段，则显示字符的字型代码与十六进制数的对应关系如表 10-1 所示。从表 10-1 中可以看出共阳极与共阴极的字型代码是互补的。

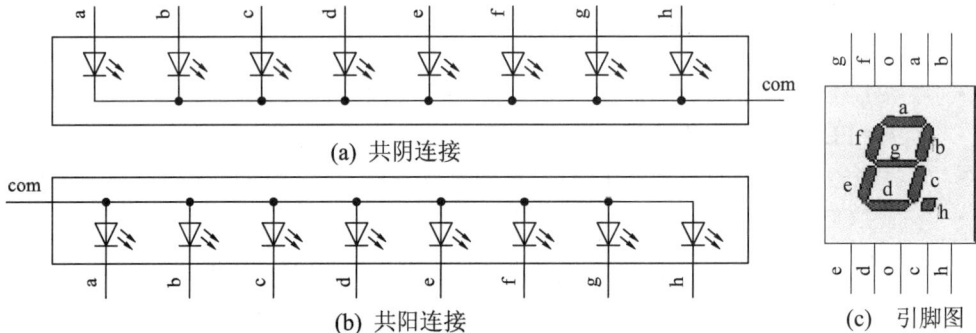

(a) 共阴连接

(b) 共阳连接

(c) 引脚图

图 10-1 七段 LED 显示器的结构及引脚

表 10-1 七段 LED 字型代码

显示字符	共阴极字型码	共阳极字型码	显示字符	共阴极字型码	共阳极字型码
0	3FH	C0H	A	77H	88H
1	06H	F9H	B	7CH	83H
2	5BH	A4H	C	39H	C6H
3	4FH	B0H	D	5EH	A1H
4	66H	99H	E	79H	86H
5	6DH	92H	F	71H	8EH
6	7DH	82H	P	73H	8CH
7	07H	F8H	U	3EH	C1H
8	7FH	80H	H	76H	89H
9	6FH	90H	"灭"	00H	FFH

10.1.2 LED 数码管的显示方式

在单片机应用系统中，一般需要使用多个 LED 数码管。N 位 LED 数码管显示器由 N 根位选线和 8×N 根段选线连接在一起。根据显示方式不同，位选线与段选线的连接方法也不相同，段选线控制字符的选择，位选线控制显示位的亮或暗。

用单片机驱动 LED 数码管有很多方法,按显示方式的不同,可分为静态显示和动态显示。

静态显示是当 LED 数码管要显示某一个字符时,相应的发光二极管恒定地导通或截止。单片机只需将所要显示的数据送出后就不再控制 LED 数码管,直到下一次显示时再传送一次新的显示数据。静态显示的数据稳定、亮度高,占用的 CPU 时间少。

动态显示是一位一位地轮流点亮各位数码管。对于每一位 LED 数码管而言,每隔一段时间点亮一次,即 CPU 时刻对 LED 数码管进行数据刷新,显示的数据具有闪烁感,占用 CPU 时间较多。

这两种显示方式各有利弊:静态显示虽然数据显示稳定,占用很少的 CPU 时间,但每个显示单元都需要单独的显示驱动电路,使用的电路硬件较多,所占用的 I/O 资源较多;动态显示虽然有闪烁感,占用的 CPU 时间多,但使用的硬件少,占用的 I/O 资源较少,节省印制板空间,是目前单片机数码管显示中较为常用的一种显示方法。

10.1.3　LED 显示器静态显示及应用实例

当 LED 显示器工作于静态显示方式时,各位的共阴极(共阳极)连接在一起并接地(或电源);每位的段选线(a~h)分别与一个 8 位的锁存器输出相连。之所以称为静态显示,是由于显示器中的各位相互独立,而且各位的显示字符一经确定,相应锁存器的输出将维持不变,直到显示另一个字符为止,正因如此,静态显示器的亮度都比较高。

图 10-2 为 1 位共阳极静态 LED 显示器的电路原理图,只要在段选线上保持段选码电平,就能保持相应的显示字符。由于 1 位数码管由一个 8 位 I/O 端口控制段选码,故在同一时间里,多个 I/O 端口可以控制显示多位不同字符。这种显示方式,编程容易,管理也容易,但占用 I/O 端口线资源较多。若显示器位数增多,则静态显示方式无法适应,因此在显示位数较多的情况下,一般采用动态显示方式。

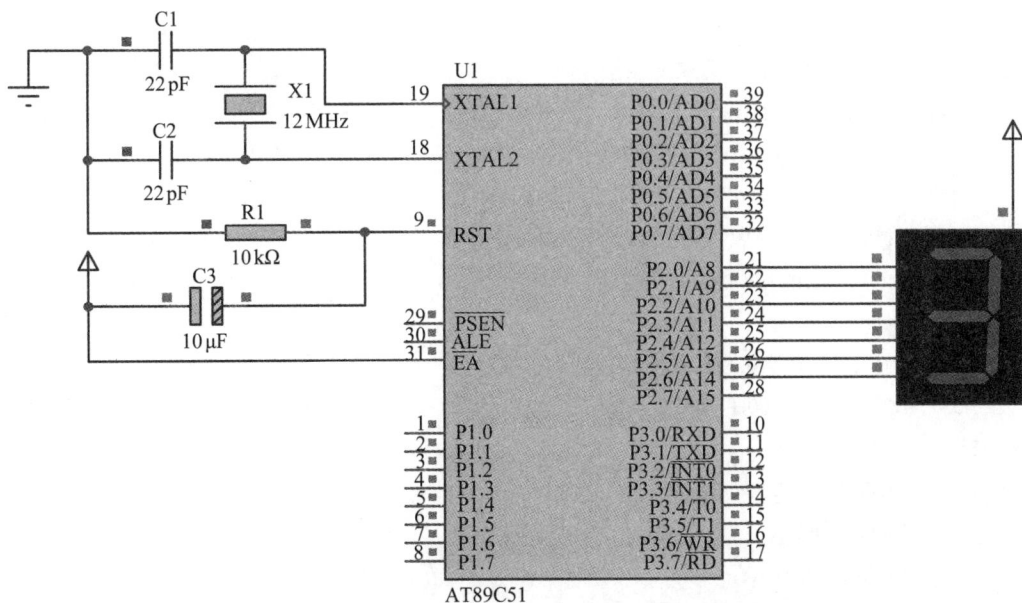

图 10-2　1 位共阳极静态 LED 显示器的电路原理图

从图 10-2 还可看出，1 位 LED 显示器的驱动电路相对独立，当需要 N 位显示时就必须有 N 个驱动电路，所以硬件资源占用较多。图 10-3 为循环显示 0～9 的 1 位共阳极静态显示汇编源程序流程图。

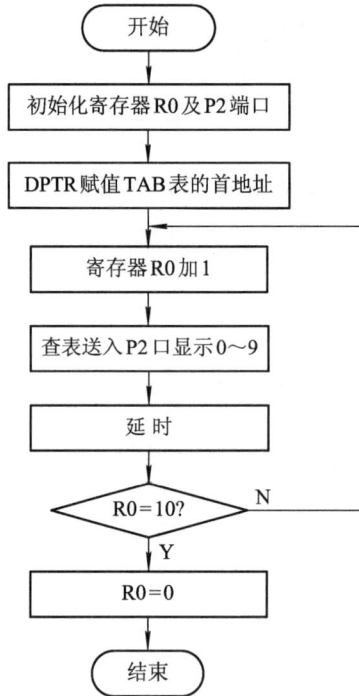

图 10-3　循环显示 0～9 的 1 位共阳极静态显示汇编程序流程图

循环显示 0～9 的 1 位共阳极静态显示汇编语言源程序如下：

```
        ORG    0000H
        AJMP   START
        ORG    0030H
START:  MOV    SP, #40H
        MOV    R0, #00H
        MOV    P2, #0C0H
        LCALL  DELAY
        MOV    DPTR, #TAB
S1:     INC    R0
        CJNE   R0, #10, S2
        MOV    R0, #00H
S2:     MOV    A, R0
        MOVC   A, @A + DPTR
        MOV    P2, A
        LCALL  DELAY
        SJMP   S1
```

```
DELAY: MOV    R7, #20              ; 延时子程序
DA1:   MOV    R6, #100
DA2:   MOV    R5, #200
       DJNZ   R5,$
       DJNZ   R6, DA2
       DJNZ   R7, DA1
       RET
TAB:   DB   0C0H, 0F9H, 0A4H, 0B0H, 99H, 92H, 82H, 0F8H, 80H, 90H, 0FFH      ; 0~9
       END
```

其对应的 C 语言源程序如下：

```c
#include <reg51.h>
unsigned char LED_DSY_BUFFER[] = {0xC0, 0xF9, 0xA4, 0xB0, 0x99, 0x92, 0x82, 0xF8,
                                  0x80,0x90,0xFF};

void DelayMS(unsigned int t)
{
    unsigned char i;
    while(t--)
    {
        for(i=0; i<120; i++);
    }
}


void main()
{
    unsigned char i = 0;
    P2 = 0x00;
    while(1)
    {
        P2 = LED_DSY_BUFFER[i];
        i = (i+1) % 10;
        DelayMS(200);
    }
}
```

10.1.4　LED 显示器动态显示及应用实例

在单片机应用系统中，由于单片机具有较强的逻辑控制能力，因此采用动态扫描软件译码并不复杂。而且软件译码的译码逻辑可随意编程设定，不受硬件译码逻辑限制。采用动态扫描软件译码的方式可简化硬件电路结构，降低成本，因此，在单片机应用系统中广

泛使用。

当多位 LED 显示时，为了简化硬件电路，通常将所有的段选线相应地并联在一起，由一个 8 位 I/O 端口控制，形成段选线的多路复用。而各位分别由相应的 I/O 线控制，实现各位的分时选通。图 10-4 为 8 位七段动态扫描 LED 显示器的电路原理图。其中段选线和位选线各占用一个 8 位 I/O 端口。由于各位的段选线并联，段选码的输出对各位来说都是相同的。同一时刻，若各位位选线都处于选通状态，则 8 位 LED 将显示相同字符。若要各位 LED 能够显示与本位相应的字符，则必须采用动态扫描显示方式。即在某一时刻，只让某一位的位选线处于选通状态，而其他各位的位选线处于关闭状态，同时段选线上输出相应位要显示字符的字型码，这样同一时刻，8 位 LED 中只有选通的那一位显示字符，而其他 7 位则熄灭。同样在下一时刻，只让下一位的位选线处于选通状态，其他各位的位选线处于关闭状态，同时在段选线上输出相应位要显示字符的字型码，则同一时刻，只有选通的一位显示出相应字符，而其他各位是熄灭的。如此循环，就可使各位显示出将要显示的字符。

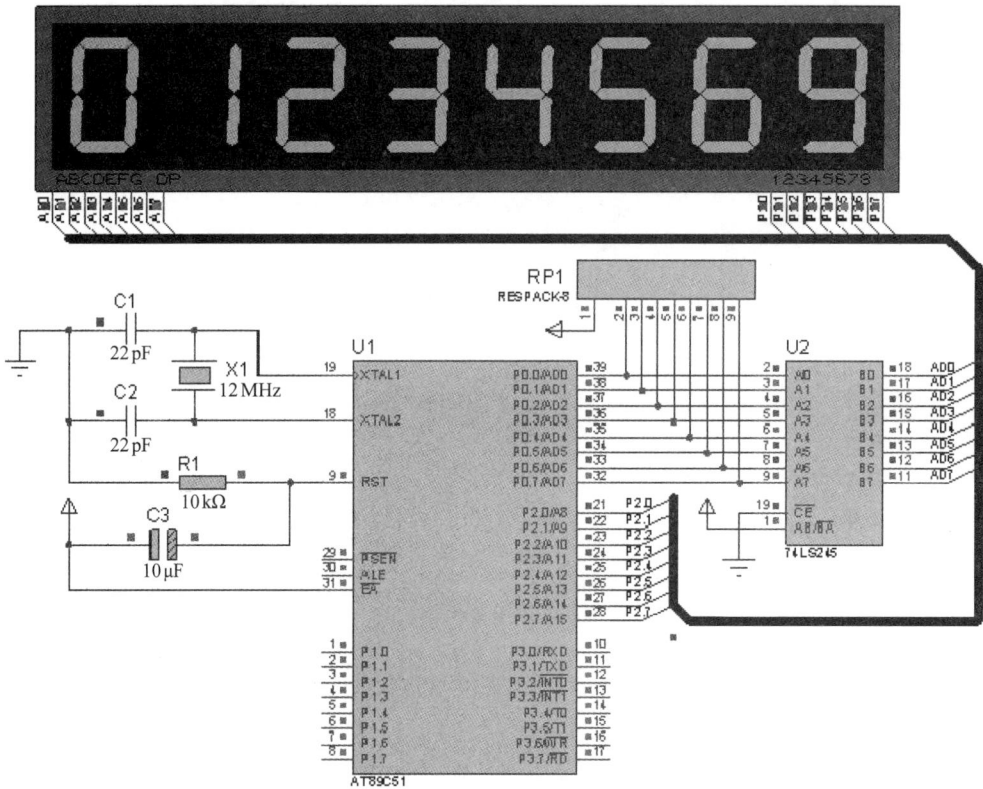

图 10-4   8 位七段动态扫描 LED 显示器的电路原理图

在轮流点亮扫描过程中，每位显示器的点亮时间极为短暂，约为 1 ms，但由于人眼具有视觉暂停现象以及发光二极管的余晖效应，尽管实际各位显示器并非同时点亮，但只要扫描速度足够快，给人的印象就是一组稳定的显示数据，造成多位同时点亮的假象，达到显示目的。为了避免当前显示影响到下一位，通常在显示前要先关显示(消隐)。

LED 不同位显示的时间间隔可通过定时中断完成。例如，8 位 LED 显示器，扫描频率为 50 Hz，若显示 1 位保持 1 ms 时间，则显示完 8 位，只需要 8 ms，因此另外 12 ms，CPU 完全可以处理其他工作。上述保持 1 ms 的时间应根据实际情况而定，不能太短，因为发光二极管从导通到发光有一定的延时，导通时间太短，发光太弱，人眼无法看清。但也不能太长，因为要受限于临界闪烁频率，而且该时间越长，占用 CPU 的时间也越多。此外，显示位数增多，也将占用大量的 CPU 时间，因此动态显示的实质是以牺牲 CPU 时间换取元器件和功耗的减少。

图 10-4 中，P0 口作为段选线(a~h)，P2 口作为位选线，74LS245 作为驱动器提高总线的驱动能力。根据图 10-4 的电路原理图，显示数字 0~9 的汇编语言源程序如下：

```
           ORG    0000H
           AJMP   START
           ORG    0030H
START:     MOV    SP, #40H
           MOV    P0, #0FFH
S1:        MOV    P2, #01H          ; 第 0 位显示 "0"
           MOV    P0, #0C0H
           LCALL  DELAY
           MOV    P0, #0FFH
           MOV    P2, #02H          ; 第 1 位显示 "1"
           MOV    P0, #0F9H
           LCALL  DELAY
           MOV    P0, #0FFH
           MOV    P2, #04H          ; 第 2 位显示 "2"
           MOV    P0, #0A4H
           LCALL  DELAY
           MOV    P0, #0FFH
           MOV    P2, #08H          ; 第 3 位显示 "3"
           MOV    P0, #0B0H
           LCALL  DELAY
           ...
           MOV    P0, #0FFH
           MOV    P2, #80H          ; 第 7 位显示 "9"
           MOV    P0, #90H
           LCALL  DELAY
           SJMP   S1
DELAY:     MOV    R7, #20           ; 延时子程序
DA1:       MOV    R6, #100
DA2:       DJNZ   R6, DA2
           DJNZ   R7, DA1
           RET
```

其对应的 C 语言源程序如下：

```c
#include <reg51.h>
sbit P20=P2^0;
sbit P21=P2^1;
sbit P22=P2^2;
sbit P23=P2^3;
sbit P24=P2^4;
sbit P25=P2^5;
sbit P26=P2^6;
sbit P27=P2^7;
unsigned charLED_tab[] = {0xC0, 0xF9, 0xA4, 0xB0, 0x99, 0x92, 0x82, 0xF8,
                          0x80, 0x90, 0xFF};
void Delay(unsigned int t)
{
    unsigned char i;
    while(t--)
    {
        for(i=0; i<120; i++);
    }
}
void main()
{
    P2 = 0x00;
    while(1)
    {
        P0 = LED_tab[0];            // 显示 "0"
        P20 = 1;                    // 选通第 0 位
        Delay(5);
        P20 = 0;                    // 关闭第 0 位
        P0 = LED_tab[1];            // 显示 "1"
        P21 = 1;
        Delay(5);
        P21 = 0;
        ...                         // 显示 "1" ～ "5"
        P0 = LED_tab[6];            // 显示 "6"
        P26 = 1;
        Delay(5);
        P26 = 0;
        P0 = LED_tab[9];            // 显示 "9"
```

```
        P27 = 1;
        Delay(5);
        P27 = 0;
    }
}
```

10.1.5　LED 的驱动能力

在 LED 显示器的设计中，驱动能力是非常重要的。若驱动器的驱动能力较小，则显示器亮度就较低；而若驱动器长期在超负荷下运行，则很容易损坏。在实际应用中要注意输出口的驱动能力，必要时加驱动电路。每个发光二极管均有额定工作电流(5～10 mA)，实际使用中在每个发光二极管回路中加限流电阻，使其工作在额定电流范围内。下面简要介绍选择 LED 驱动器时应注意的问题。

LED 显示分为静态显示和动态显示两种方式，由于这两种显示方式有本质的不同，因此在选择 LED 驱动器时，一定要分清显示方式。

若为静态显示，则 LED 驱动器的选择较为简单，只要驱动器的驱动能力与显示器工作电流相匹配即可。而且只需考虑段的驱动，因为共阳极接电源，共阴极接地，所以位的驱动无须考虑。动态显示则不然，由于 1 位数据的显示是由段选和位选信号共同配合完成的，因此必须同时考虑段和位的驱动能力，并且段的驱动能力决定位的驱动能力。

显示器的亮度由段的驱动能力决定，段的驱动能力越强，通过发光二极管的电流就越大，其亮度也越高。对于静态显示器，当某位点亮时，此位中点亮的段通过恒定的电流；而对于动态显示器，此电流是以一定的脉冲形式出现的，其峰值电流不能真实地反映二极管的发光亮度，而必须考虑与脉冲占空比有关的平均值电流。段的驱动能力确定之后，位的驱动能力也随之确定，位的驱动电流为各段驱动电流之和。

理论分析表明，同样的驱动器，当驱动静态显示器时，其亮度为驱动动态显示器的 n 倍，n 近似为显示位数。所以要使动态显示器达到静态显示器的亮度，必须将驱动器的驱动能力提高 n 倍。

常用的驱动器可采用达林顿电路，该电路具有较大的驱动电流；或采用集成驱动芯片如 ULN2003A，该芯片具有 7 个达林顿电路，可收集最大达 500 mA 的电流，耐压为 30 V，能驱动常规的 LED 显示器。

10.2　液晶显示器(LCD)

10.2.1　LCD 简介

1. LCD 的显示原理

液晶是介于固态和液态间的有机化合物。将其加热会变成透明液态，冷却后会变成结晶的混浊固态。其物理特性是：通电时液晶分子排列变得有秩序，使光线容易通过；不通电时排列混乱，阻止光线通过。由于液晶材料具有介电各向异性、电导各向异性及双折射性，因此外加电场可使液晶分子排列发生变化，进行光调制，显示出旋光性、光干涉性和光散射性等特殊的光学性质。这种现象被称作"电光效应"(electro-optic effect)。正是利用液晶的电光效应和偏光特性实现光被电信号调制，从而制成液晶显示器。

2. LCD 的分类

1) 按显示原理分

常见的液晶显示器按照显示原理主要分为扭曲向列型(TN)和有源矩阵型(AM)两大类。TN 型的 LCD 又分为 TN-LCD、STN-LCD、DSTN-LCD 三种类型，它们的基本显示原理都相同，只是液晶分子的扭曲角度不同而已。AM 型的 LCD 应用最为广泛的是 TFT-LCD，其工作原理与 TN 型 LCD 截然不同。

TN-LCD：扭曲向列型(Twisted Nematic)液晶分子扭曲角度为 90°。

STN-LCD：超扭曲向列型(Super Twisted Nematic)液晶分子的扭转角度加大，呈 180°或 270°，如此而达到更优越的显示效果(因对比度加大)。

DSTN-LCD：双层超扭曲向列型(Double layer Super Twisted Nematic)为双层，因此又比STN-LCD 更好些。因 DSTN-LCD 的显示面板结构已较 TN-LCD 与 STN-LCD 复杂，显示画质较之更为细腻。

TFT-LCD：薄膜晶体管(Thin Film Transistor)LCD，是有源矩阵型液晶显示器(AM-LCD)中的一种。TFT-LCD 的每个像素点都是由集成在自身的 TFT 来控制，是有源像素点，每个像素都可以通过点脉冲直接控制。因而每个节点都相对独立，并可以进行连续控制。这样的设计方法不仅提高了显示屏的反应速度，同时也可以精确控制显示灰度。TFT-LCD 通过有源开关的方式实现对各个像素的独立精确控制，即每个液晶像素点都是由集成在像素点后面的薄膜晶体管来驱动的，从而可以做到高速度、高亮度、高对比度显示信息，是目前液晶电视、笔记本电脑、台式机以及手机显示屏的主流显示设备。

2) 按显示方式分

液晶显示器按照显示方式又可分为字段式、字符点阵式、图形全点阵式等。除了黑白显示，还有多灰度和彩色显示。

字段式 LCD 是以长条笔画状显示像素组成的液晶显示器，类似笔段式 LED 显示器，主要用于数字及简单字符的显示，如便携式低功耗仪器、电子计算器、家用电器等。

字符点阵式 LCD 是一种专用于显示字母、数字、字符的液晶显示器。它由若干个 5×7 或 5×10 点阵块组成字符块，每一个字符块显示一个字母、数字或符号。每个点阵块之间有一定空隙，作为字符间的自然间隔，而整个显示屏上的像素并非等间隔排列，这就决定了它只能显示字符而不能显示连续的图形。字符点阵式 LCD 在使用中通常做成模块的形式，即将液晶显示屏和控制器、驱动器集成在一起，称为点阵字符液晶显示模块。

图形全点阵式 LCD 除可以显示字符外，还可以显示各种图形信息、汉字等。与字符点阵式 LCD 相比，图形全点阵式 LCD 的显示面积较大，点阵数较多，由于它的显示像素是连续排列的，因此不仅可以显示任意字符，而且可以显示各种曲线与图形。

3) 按采光方式分

液晶显示器按照采光方式可分为带背光源和不带背光源两类。不带背光源 LCD 是靠显示器背面的反射膜将射入的自然光从下面反射出来完成的。而大部分设备的 LCD 是采用自然光的光源，可选用不带背光的 LCD。若产品工作在弱光或黑暗条件下，则选择带背光的 LCD。

3. LCD 的性能参数

使用 LCD 时，主要考虑的性能参数有外形尺寸、分辨率、点距、色彩模式等。

LCD 的外形尺寸是指液晶面板对角线尺寸，以英寸为单位(1 英寸 = 2.54 cm)，主要有 15 英寸、17 英寸、19 英寸、23 英寸、24 英寸、32 英寸、40 英寸、42 英寸、45 英寸等。

LCD 的分辨率通常用水平像素点与垂直像素点的乘积表示，像素数越多，其分辨率就越高。因此分辨率通常是以像素数来表示，如 640 × 480 的分辨率，表示水平像素数为 640，垂直像素数为 480，像素数为 307200。LCD 的分辨率主要有 320 × 240、640 × 480、800 × 600、1024 × 768、1280 × 1024、1600 × 1280 及以上系列。

LCD 的点距是指两个液晶颗粒(光点)之间的距离，它影响画面的精细程度，即画质的细腻度由点距决定。点距越小，画面越精细，但字符也越细小；反之，点距越大，字体也越大，轮廓分明，越容易看清，但画面显得粗糙。因此，点距的选择需要在文本和图形/视频应用之间进行权衡，既不能太大，也不能太小，通常认为点距在 0.27~0.30 mm 之间是最舒适的。

LCD 的色彩模式。自然界的任何一种色彩都是由红、绿、蓝三种基本色组成的。LCD 中每个独立的像素色彩是由红、绿、蓝(R、G、B)三种基本色来控制的，每个基本色(R、G、B)达到 6 位，即 $2^6 = 64$ 种表现度，那么每个独立的像素就有 64 × 64 × 64 = 262 144 种色彩。全真色彩每个基本色(R、G、B)能达到 8 位，即 $2^8 = 256$ 种表现度，每个独立的像素有高达 256 × 256 × 256 = 16 777 216 种色彩。

4. LCD 的特点

在单片机应用系统中使用 LCD 作为输出器件具有以下优点。

(1) 显示质量高。由于 LCD 每一个点在收到信号后就一直保持相应的色彩和亮度，恒定发光，画面质量高而且不会闪烁。

(2) 数字式接口。LCD 是数字式的，和单片机系统的接口更简单，操作也更方便。

(3) 体积小、重量轻。LCD 通过显示屏上的电极控制液晶分子状态达到显示目的，在重量上比相同显示面积的传统显示器件要轻得多。

(4) 功率消耗小。LCD 的功耗主要消耗在内部的电极和驱动 IC 芯片上，因而耗电量比其他显示器件小得多。

10.2.2　1602 LCD 的应用

典型的字符点阵式 LCD 由控制器、驱动器、字符发生器 ROM、字符发生器 RAM 和液晶屏组成，字符由 5 × 7 点阵或 5 × 10 点阵组成。下面以具有代表性的常用字符点阵式液晶显示器 1602 LCD 为例，详细介绍 LCD 的结构、操作与编程。

1602 LCD 可以显示两行字符，每行 16 个字符，显示容量为 16 × 2 个字符；只能显示 ASCII 码字符，如数字、大小写字母、各种符号等；并带有背光源，采用时分割驱动形式，并行接口，可与单片机 I/O 端口直接相连。

1. 接口信号说明

1602 LCD 接口信号说明如表 10-2 所示。

表 10-2　1602 LCD 接口信号说明

引脚编号	符号	引脚说明	引脚编号	符号	引脚说明
1	V_{SS}	电源地	8	D1	数据口
2	V_{DD}	电源正极	9	D2	数据口
3	VO	液晶显示对比度调节端	10	D3	数据口
6	E	使能信号，下降沿触发	11	D4	数据口
7	D0	数据口	12	D5	数据口
15	BLA	背光电源正极	13	D6	数据口
16	BLK	背光电源负极	14	D7	数据口
4	RS	数据/命令选择端(H/L)：高电平，选择数据寄存器；低电平，选择命令寄存器	5	$R/\overline{W}$	读写选择端(H/L)：高电平，读操作；低电平，写操作

2. 主要技术参数

1602 LCD 的主要技术参数如表 10-3 所示。

表 10-3　1602 LCD 的主要技术参数

显示容量	16×2 个字符
芯片工作电压	4.5～5.5 V
工作电流	2.0 mA(5.0 V)
模块最佳工作电压	5.0 V
字符尺寸	$2.95 \times 4.35(W \times H)$ mm

3. 控制电路的结构

1602 LCD 的控制电路主要由指令寄存器(IR)、数据寄存器(DR)、忙标志(BF)、地址计数器(AC)、显示数据寄存器(DD RAM)、字符发生器和时序发生器组成。

(1) 指令寄存器(IR)：用于寄存指令码，如清除显示器指令等。

(2) 数据寄存器(DR)：用于寄存数据，DR 的数据由内部操作自动写入 DD RAM 和 CG RAM，或寄存从 DD RAM 和 CG RAM 读出的数据。

(3) 忙标志(BF)：BF=1 表示正在进行内部操作，此时 LCD 不接收任何外部指令和数据。当 RS=0，$R/\overline{W}$=1，E=1 时，BF 输出到 DB7，即读状态。

(4) 地址计数器(AC)：作为 DD RAM 或 CG RAM 的地址指针。如果地址码随指令写入 IR，IR 的地址码自动装入 AC，同时选择 DD RAM 或 CG RAM 单元。

(5) 显示数据寄存器(DD RAM)：用于存储显示数据。

(6) 字符发生器 ROM(CG ROM)：固化一些常用的字形与符号，通常是 ASCII 字符集，由 8 位字符码生成 5×7 点阵字符。

(7) 字符发生器 RAM(CG RAM)：用于存储用户自定义字符，功能与 CG ROM 相似，可存储 5×7 点阵字符 8 个。

4. 基本操作时序

读状态　输入：RS=0，R/$\overline{W}$=1，E=1　　　　　　　　　　　　输出：D0～D7=状态字
读数据　输入：RS=1，R/$\overline{W}$=1，E=1　　　　　　　　　　　　输出：D0～D7=数据
写命令　输入：RS=0，R/$\overline{W}$=0，D0～D7=命令码，E=正脉冲　　输出：无
写数据　输入：RS=1，R/$\overline{W}$=0，D0～D7=数据，E=正脉冲　　输出：无

5. 显示位与 RAM 地址映射的关系

1602 LCD 控制器内部带有 80×8 bit 的 RAM 缓冲区，显示位与 RAM 地址映射的对应关系如表 10-4 所示。当向表 10-4 中的 00～0F、40～4F 地址中的任一处写入显示数据时，LCD 都可立即显示出来；当写入到 10～27 或 50～67 地址时，必须通过移屏指令将它们移入可显示区域方可正常显示。

表 10-4　1602 LCD 显示位与 RAM 地址映射的对应关系

显示位序号		1	2	3	4	5	6	7	…	40
RAM 地址 (HEX)	第一行	00	01	02	03	04	05	06	…	27
	第二行	40	41	42	43	44	45	46	…	67

6. 各种命令的操作

1602 LCD 的各种命令操作包括显示模式设置、显示开关控制、输入模式控制、读/写数据、清屏、回车、数据指针设置等方面，具体如表 10-5 所示。

表 10-5　1602 LCD 的命令操作

指令名称	控制信号		指 令 代 码								功　能
	RS	R/$\overline{W}$	D7	D6	D5	D4	D3	D2	D1	D0	
显示模式设置	0	0	0	0	1	DL	N	F	0	0	设置 16×2 显示，5×7 点阵，8 位数据接口
显示开关控制	0	0	0	0	0	0	1	D	C	B	设置显示、光标、闪烁开关
输入模式控制	0	0	0	0	0	0	0	1	N	S	设置光标、显示画面移动方向
读数据	1	1	数据								从 RAM 中读取数据
写数据	1	0	数据								对 RAM 进行写数据
清屏	0	0	0	0	0	0	0	0	0	1	显示清屏：数据指针清零，所有显示清零
回车	0	0	0	0	0	0	0	0	1	0	显示回车，数据指针清零
数据指针设置	0	0	80H+地址码(0～27H，40～47H)								设置数据地址指针

在显示模式设置指令代码中：

DL=1，使用 8 位数据总线 D7～D0。

DL=0，使用 4 位数据总线 D7～D4，不使用 D3～D0。

N=1，为两行显示；N=0，为一行显示。

F=1，为 5×7 点阵；F=0，为 5×10 点阵。

在显示开关控制指令代码中：

D=1，开显示；D=0，关显示。

C=1，显示光标；C=0，不显示光标。

B=1，光标闪烁；B=0，不显示光标。

在输入模式控制指令代码中：

N=1，读或写一个字符后，地址指针加 1，光标加 1。

N=0，读或写一个字符后，地址指针减 1，光标减 1。

S=0，写一个字符后，整屏显示不移动。

S=1，写一个字符后，整屏显示左移(N=1)或右移(N=0)，达到光标不移而屏幕移动的效果。

7. 写操作时序

1602 LCD 写操作时序图如图 10-5 所示，通过分析时序图可知，1602 LCD 的操作过程如下。

(1) 通过 RS 确定是写数据还是写命令。写数据是指要显示什么内容；写命令包括使 LCD 的光标显示/不显示、光标闪烁/不闪烁、需要/不需要移屏、在 LCD 的什么位置显示等控制命令。

(2) 读/写控制端设置为写模式，即低电平。

(3) 将数据或命令送达数据线上。

(4) 给 E 一个正脉冲将数据送入 LCD 控制器，完成写操作。

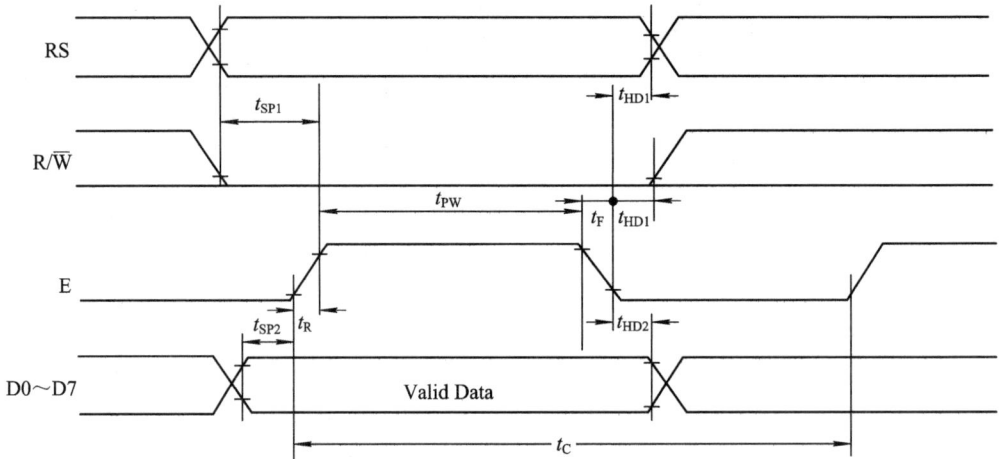

图 10-5　1602 LCD 写操作时序图

关于时序图中的各个延时，不同厂家生产的液晶延时不同，大多数为纳秒级，单片机操作最小单位为微秒级，因此在写程序时可不做延时。

8. LCD 的一般初始化过程

(1) 设置显示模式。

(2) 设置显示开关控制模式。

(3) 设置输入控制模式。

(4) 执行清除显示。

(5) 设置显示数据寄存器(DD RAM)的地址或字符发生器 RAM 的地址。

(6) 将要显示的数据写入显示数据寄存器(DD RAM)和字符发生器 RAM 中。

9. 软件实现

1602 LCD 与 MCS-51 单片机接口电路原理图如图 10-6 所示，其接口说明如下。

(1) LCD 的 1、2 引脚为电源；15、16 引脚为背光电源；为防止直接加 5V 电压烧坏背光灯，在 15 引脚需串接一个 100 Ω 电阻用于限流。

(2) LCD 的 3 引脚为显示对比度调节端，通过一个 10 kΩ 电位器接地来调节液晶显示对比度。首次使用时，在 LCD 上电状态下，调节至 LCD 上面一行显示出黑色小格为止。

(3) LCD 的 4 引脚为向 LCD 控制器写数据/写命令选择端，接单片机的 P2.0。

(4) LCD 的 5 引脚为读/写选择端，接单片机的 P2.1。因不需从 LCD 读取任何数据，而只向其写入命令和显示数据，所以该引脚始终选择为写状态。

(5) LCD 的 6 引脚为使能控制端，是操作时必需的控制信号，接单片机的 P2.2。

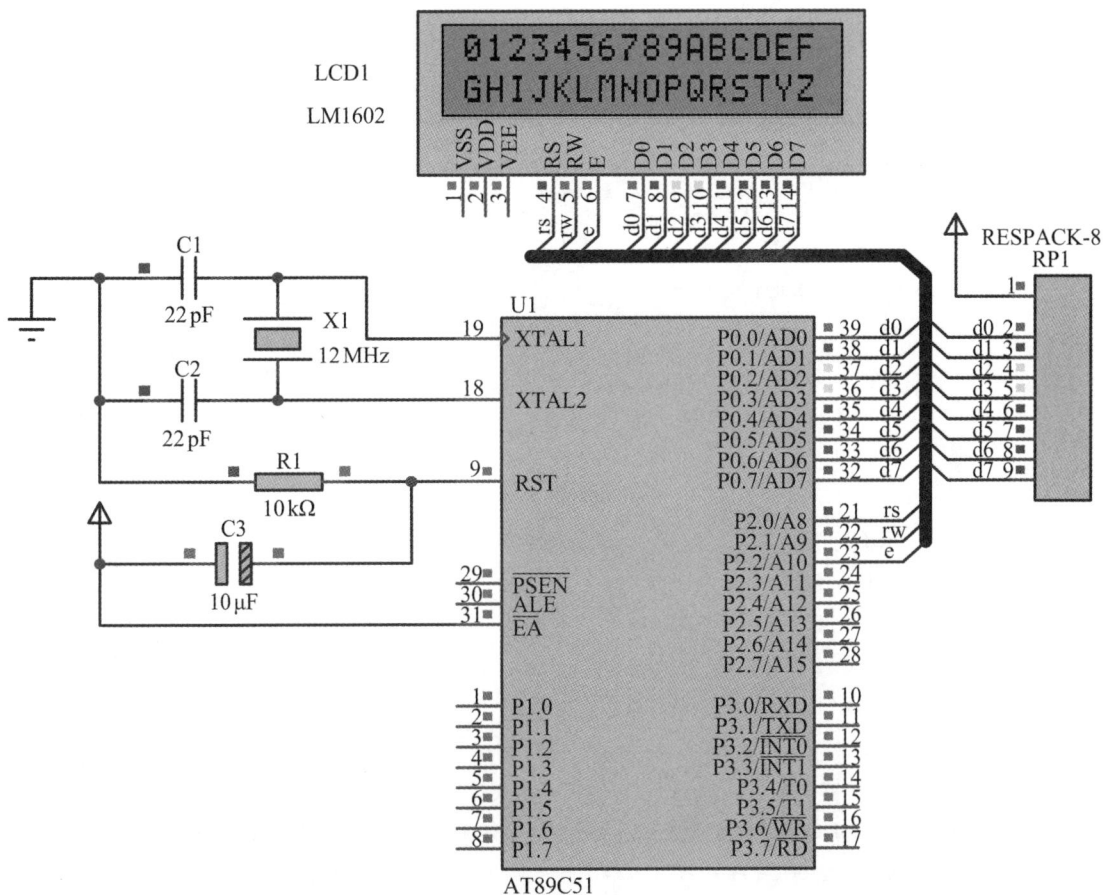

图 10-6　1602 LCD 与 MCS-51 单片机接口电路原理图

1602 LCD 汇编程序流程图如图 10-7 所示，汇编源程序如下：

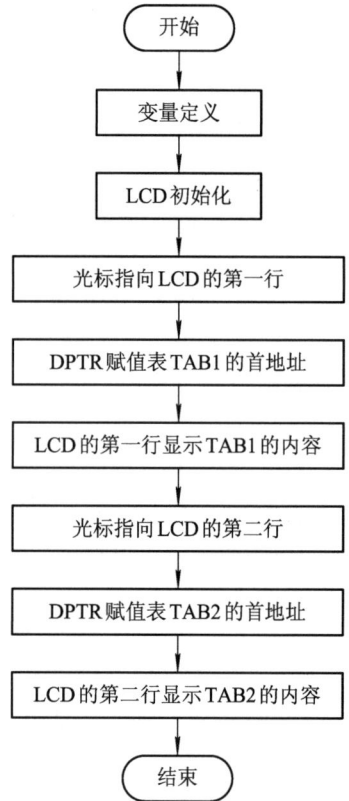

图 10-7　1602 LCD 汇编程序流程图

```
                RS      BIT  P2.0
                RW      BIT  P2.1
                E       BIT  P2.2
                DOUT    EQU  P0
                ORG     0030H
LOOP:   MOV     SP, #5FH
        ACALL   LCD_INIT        ; LCD 初始化程序
        MOV     DOUT, #80H
        ACALL   READY
        MOV     DPTR, #TAB1
        ACALL   WRITE
        MOV     DOUT, #0C0H
        ACALL   READY
        MOV     DPTR, #TAB2
        ACALL   WRITE
        AJMP    $

WRITE:  MOV     A, #00H
        MOVC    A, @A + DPTR
        CJNE    A, #0FFH, S1
        AJMP    EXIT
S1:     MOV     DOUT, A
        ACALL   WRITE1
        INC     DPTR
        AJMP    WRITE
EXIT:   RET

WRITE1: SETB    RS              ; 发送数据
        CLR     RW
        CLR     E
        ACALL   DELAY
        SETB    E
        RET

LCD_INIT: MOV   DOUT, #38H      ; 设置 16×2 显示，5×7 点阵，8 位数据接口
        ACALL   READY
        MOV     DOUT, #01H      ; 清屏，显示清零，数据指针清零
        ACALL   READY
```

```
           MOV     DOUT, #06H      ; 设置输入模式，写一个字符后，地址指针加 1，光标加 1
           ACALL   READY
           MOV     DOUT, #0CH      ; 设置显示开关控制，开显示，不显示光标
           ACALL   READY
           RET

READY:     CLR     RS              ; 写 LCD 命令
           CLR     RW
           CLR     E
           ACALL   DELAY
           SETB    E
           RET

DELAY:     MOV     DOUT, #0FFH
           CLR     RS
           SETB    RW
           CLR     E
           NOP
           SETB    E
           JB      DOUT.7, DELAY
           RET
TAB1:      DB      30H, 31H, 32H, 33H, 34H, 35H, 36H, 37H, 38H, 39H    ; 0~9
           DB      41H, 42H, 43H, 44H, 45H, 46H, 0FFH                  ; A~F
TAB2:      DB      47H, 48H, 49H, 4AH, 4BH, 4CH, 4DH, 4EH, 4FH         ; G~Z
           DB      50H, 51H, 52H, 53H, 54H, 55H, 56H, 0FFH
           END
```

其 C 语言源程序如下：

```c
#include <reg51.h>
#define uint unsigned int
#define uchar unsigned char
sbit RS = P2^0;
sbit RW = P2^1;
sbit EN = P2^2;
uchar LCD_DSY_BUFFER1[17] = {"0123456789ABCDEF"};
uchar LCD_DSY_BUFFER2[17] = {"GHIJKLMNOPQRSTYZ"};
void DelayMS(uint ms)
{
    uchar i;
    while(ms--)
```

```
    {
        for(i=0; i<120; i++);
    }
}


void Delay1us()
{
    uchar i;
    for(i=0; i<1; i++);
}


uchar Read_LCD_State()                      // 读 1602 LCD 状态
{
    uchar state;
    RS=0; RW=1; EN=1; DelayMS(1);
    state=P0;EN=0; DelayMS(1);
    return state;
}


void LCD_Busy_Wait()                        // 1602 LCD 忙等待
{
    while((Read_LCD_State()&0x80)==0x80);
    DelayMS(5);
}


void Write_LCD_Data(uchar dat)              // 写数据到 1602 LCD
{
    LCD_Busy_Wait();
    RS=1; RW=0; EN=0; P0=dat;
    EN=1; DelayMS(1); EN=0;
}


void Write_LCD_Command(uchar cmd)           // 1602 LCD 写命令
{
    LCD_Busy_Wait();
    RS=0; RW=0; EN=0; P0=cmd;
    EN=1; DelayMS(1); EN=0;
}
```

```
void Init_LCD()                                    // 1602 LCD 初始化
{
    Write_LCD_Command(0x38);                       // 设置 16×2 显示，5×7 点阵，8 位数据接口
    DelayMS(1);
    Write_LCD_Command(0x01);                       // 清屏，显示清零，数据指针清零
    DelayMS(1);
    Write_LCD_Command(0x06);                       // 设置输入模式，写一个字符后地址指针加1，光标加1
    DelayMS(1);
    Write_LCD_Command(0x0c);                       // 设置显示开关控制，开显示，不显示光标
    DelayMS(1);
}


void Set_LCD_POS(uchar p)
{
    Write_LCD_Command(p|0x80);
}


void Display_LCD_String(uchar p,uchar *s)          //  1602 LCD 显示字符串
{
    uchar i;
    Set_LCD_POS(p);
    for(i=0; i<16; i++)
    {
        Write_LCD_Data(s[i]);
        DelayMS(1);
    }
}


void main()
{
    Init_LCD();
    while(1)
    {
        Display_LCD_String(0x00,LCD_DSY_BUFFER1);
        Display_LCD_String(0x40,LCD_DSY_BUFFER2);
    }
}
```

显示接口技术实验

实验设备：计算机 1 台，Keil μVision 5 和 Proteus 软件。

实验报告要求：实验名称、实验目的、实验要求、软件流程图、源程序、程序调试过程及运行结果、实验中遇到的问题及解决方法。

实验一：LED 静态扫描显示实验

实验目的：了解和掌握七段 LED 数码管显示器的工作原理；掌握 LED 显示器静态扫描显示的方法和电路设计；掌握共阳极和共阴极数码管的电路设计与软件编程；掌握单片机控制 LED 的软件编程方法。

实验内容：单片机的 P0 口连接到 LED 数码管显示器。1 位 LED 数码管循环显示 0～9 和字母 A～F，间隔时间为 1 秒钟。

实验二：LED 动态扫描显示实验

实验目的：了解和掌握七段 LED 数码管显示器的工作原理；掌握 LED 显示器动态显示的方法和电路设计；掌握共阳极和共阴极数码管的电路设计与软件编程；掌握单片机控制 LED 的编程方法。

实验内容：用 8 位 LED 数码管进行动态显示，8 只 LED 数码管同时显示多个不同字符。

实验三：LCD 显示实验

实验目的：了解和掌握 LCD 的工作原理；了解和掌握 1602 LCD 的特点、初始化与控制命令；了解和掌握单片机与 1602 LCD 的接口电路设计，以及控制 LCD 的软件编程方法。

实验内容：用 1602 LCD 显示 0～9 和字母 A～Z。

本 章 小 结

本章详细介绍了 LED 数码管的工作原理与结构，LED 数码管的静态显示和动态显示的特点以及应用实例。在 LED 显示器的设计中，LED 的驱动能力是需要考虑的问题。同时，本章也详细介绍了 LCD 的显示原理、分类和特点；并以具有代表性的常用字符点阵式液晶显示器 1602 LCD 为例，详细介绍了 LCD 的操作与软件编程。

习 题 十

10-1 LED 显示器有哪些特点？

10-2 七段数码显示器的连接方式有哪些？各有什么特点？

10-3 LED 数码管显示器的显示方式有哪几种？各有什么特点？

10-4 对于共阴极的数码管来说，3 的段码是_____。

10-5 对于共阳极的数码管来说，若显示 8，则需要向数码管输出数字_____；若不显示数字，则向数码管输出_____。

10-6 静态显示时，每个数码管要占用_____个 8 位并行端口。

10-7 动态数码显示 8 位数，8 个数码管只需要占用(   )个 8 位并行端口。

A. 1　　　　　　　B. 2　　　　　　　C. 4　　　　　　　D. 8

10-8 多位数据动态显示时，一次只显示_____位数字。

10-9 多位数据动态显示时，需要_____，避免前一次显示的残留会影响下一次显示。

10-10 数码管消隐就是(   )。

A. 关显示器　　　B. 开显示器　　　C. 延长显示时间

10-11 MCS-51 单片机的查表指令是_____，借此可以从段码表中取到段码。

10-12 设计单片机与数码管的接口电路，并编写程序将内部 RAM 30H 单元的内容以十进制数形式显示在数码管上。

10-13 LCD 有哪些分类和特点？

10-14 LCD 常应用在哪些场合？

10-15 LCD 的性能参数主要有哪些？

第 11 章　模拟接口技术

本章教学目标

- 了解 A/D 转换器的主要技术指标
- 了解 A/D 转换器 ADC0809 的结构
- 掌握 ADC0809 与单片机的接口技术
- 了解 D/A 转换器的主要技术指标
- 了解 D/A 转换器 DAC0832 的结构
- 掌握 DAC0832 与单片机的硬件接口技术
- 掌握利用 DAC0832 编程实现信号输出的方法

在单片机应用系统中，常常需要首先将检测到的连续变化的模拟量如温度、压力、流量、速度、位移等转换成离散的数字量，然后才能输入到 CPU 中进行处理，再将处理结果 (数字量)转换成模拟量输出，实现对被控对象如仪器、仪表、机电设备、装置的控制。如果输入的是非电的模拟信号，还需要经过传感器转换为电信号。实现模拟量变换成数字量的设备称为模/数转换器即 A/D 转换器；实现数字量变换成模拟量的设备称为数/模转换器即 D/A 转换器。

图 11-1 为单片机应用系统完成测量与控制任务的工作过程。外界的各种非电物理量通过传感器转变为电信号，通常这些信号很小，需要先经过放大电路进行放大，再经过滤波电路滤除噪声。这种输入信号还是连续变化的模拟量，要先通过采样保持电路进行离散化，再经过 A/D 转换器将离散的模拟信号转换为离散的数字信号(数字序列)。若输入模拟信号的变化速度比 A/D 转换速度慢得多，则可以省去采样保持器直接进行 A/D 转换。单片机对这些数字信号进行各种计算和处理，将信号的变化进行显示和记录，并按照一定控制算法得到相应的控制输出。这些输出量需要经过 D/A 转换器转换为模拟量，再经过功率放大驱动执行机构，调节被控制的物理量向所希望的方向变化。由此可见，模拟量的输入输出技术在单片机的应用技术中占有十分重要的地位。

在大规模集成电路技术飞速发展的今天，对于单片机应用系统的设计、开发人员而言，重要的是正确、合理地选用 A/D 和 D/A 转换芯片，了解它们的应用功能以及与单片机的接口方法。本章将从应用的角度，以常用的 A/D、D/A 转换芯片为例，着重论述 MCS-51 单片机配置 A/D、D/A 转换器硬件接口、软件设置等基本原理。

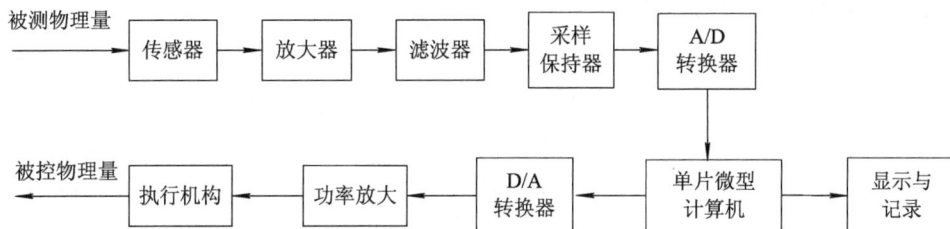

图 11-1　单片机应用系统完成测量与控制任务的工作过程

11.1　A/D 转换器与 MCS-51 单片机的接口技术

在单片机应用系统中，A/D 转换技术得到了广泛的应用，特别是利用 A/D 转换技术制成的各种测量仪器，因其使用灵活、操作简便、体积小、重量轻、便于携带、测量结果准确等特点而普遍受到欢迎。随着大规模、超大规模集成电路技术的飞速发展，A/D 转换器的设计思想和制造技术层出不穷。为满足各种不同的检测及控制任务的需要，大量结构不同、性能各异的 A/D 转换电路应运而生。尽管 A/D 转换器的种类很多，但目前应用较广泛的主要有三种类型，即逐次逼近型 A/D 转换器、双积分型 A/D 转换器和 V/F 变换型 A/D 转换器。下面简要介绍这三种 A/D 转换器的基本原理。

11.1.1　A/D 转换器的分类和特点

根据 A/D 转换器的原理，可将 A/D 转换器分成两大类，一类是直接型 A/D 转换器，另一类是间接型 A/D 转换器。在直接型 A/D 转换器中，输入的模拟电压被直接转换成数字量，不经过任何中间变量；在间接型 A/D 转换器中，首先把输入的模拟电压转换成某种中间变量(如时间、频率、脉冲宽度等)，然后再把中间变量转换成数字量输出。A/D 转换器的分类如图 11-2 所示。

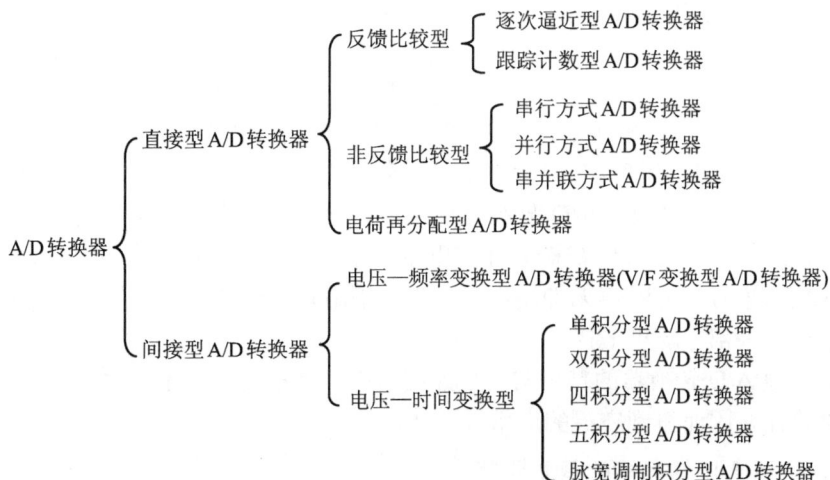

图 11-2　A/D 转换器的分类

1. 逐次逼近型 A/D 转换器的基本原理

逐次逼近型 A/D 转换器是较为常用的一种 A/D 转换器。它由比较器、参考电源、D/A 转换器、逐次逼近寄存器与控制逻辑等部分组成。其主要工作原理是：将一待转换的模拟输入信号 V_{in} 与一个推测信号 V_i 相比较，根据推测信号大于还是小于输入信号来决定增大还是减小该推测信号，以便向模拟输入信号逼近。推测信号由 D/A 转换器的输出获得，当推测信号与模拟输入信号相等时，向 D/A 转换器输入的数字就是对应的模拟输入量的数字量。

其"推测"值的算法如下：使二进制计数器中(输出锁存器)的每一位从最高位起依次置 1，每接一位时都要进行测试。若模拟输入信号 V_{in} 小于推测信号 V_i，则比较器输出为零，并使该位清零；若模拟输入信号 V_{in} 大于推测信号 V_i，比较器输出为 1，并使该位保持为 1。无论哪种情况，均应继续比较下一位，直到最末位为止。此时 D/A 转换器的数字输入即对应的模拟输入信号的数字量，将此数字量输出就完成了 A/D 转换的过程。

逐次逼近型 A/D 转换器的工作原理如图 11-3 所示。其具体的操作过程如下：首先由 START 信号启动转换，逐次逼近寄存器将最高位置 1，其余位均为 0；此时 D/A 变换器的输出 V_{out} 为满量程的 1/2；比较器将 V_{out} 与模拟输入信号 V_{in} 相比较，若 V_{out} 小于 V_{in}，则保持最高位为 1，反之则使该位清零，这样就确定了输入信号是否大于满量程的 1/2。假设 V_{in} 小于满量程的 1/2，然后再将次高位置 1，此时 D/A 变换器的输出为 1/4 满量程，这样便可以根据比较器的输出判断 V_{in} 是否大于 1/4 满量程。如此递推，8 位的 A/D 转换只需要 8 次比较即可完成。比较完成后控制器输出转换结束信号 EOC(End Of Conversion)将逐次逼近型 A/D 寄存器的内容送入锁存器作为转换结果。由此可见，逐次逼近型 A/D 转换是一个对分搜索的过程。

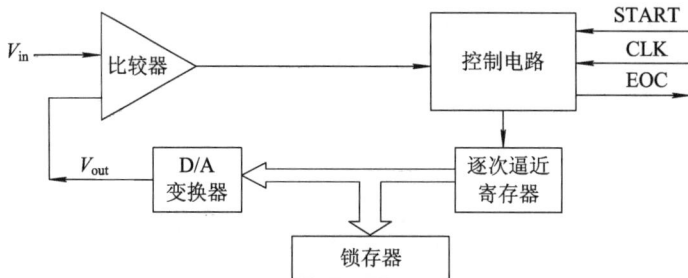

图 11-3　逐次逼近型 A/D 转换器的工作原理

在逐次逼近型 A/D 转换器中，逐次逼近寄存器的位数是转换精度的决定因素。寄存器的位数越多，转换精度越高。A/D 转换器所用参考电源的精度对转换精度有直接影响；对快速变化的输入信号，还应配备采样-保持电路，才能保证转换精度的要求。此外，A/D 转换器本身对输入信号中的噪声无抑制作用，必须采用外加硬件、软件抗干扰措施，才可以抑制输入信号中大部分随机干扰。

逐次逼近型 A/D 转换器的精度与转换速度居中，外接元器件不多，电路较为简单，具有较高的性价比，因而得到广泛的应用。

2. 双积分型 A/D 转换器的基本原理

双积分型 A/D 转换器是一种高精度、低速度的转换器件，在各种实时性要求不高的测量仪表中有着广泛的应用。其基本原理是：把待转换的模拟电压 V 变换成与之成比例的时间 Δt，并在 Δt 时间内，用恒定频率的脉冲去计数，这样就将 Δt 转换为数字 N；N 和 V 也成正比，该原理也称为模拟电压—时间间隔—数字量转换原理。双积分型 A/D 转换器的电路结构如图 11-4 所示，它由积分器、计数器、比较器和控制逻辑电路组成。

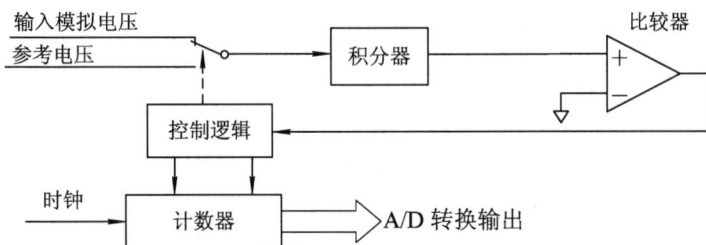

图 11-4　双积分型 A/D 转换器的电路结构

双积分型 A/D 转换器的工作原理如图 11-5 所示。转换器先将计数器复位、积分电容 C 完全放电后，其工作分为两个阶段：首先对输入模拟电压进行固定时间的第一段积分，积分结束后积分器的输出电压为 V。其次在此基础上对该电压按照一个固定的斜率(取决于参考电压)进行第二段的反向积分，并记录积分器输出由 V 降至 0 的时间。图 11-5 中画出了对应于两个模拟输入电压 v_1 和 v_2 的积分过程。若 v_1 和 v_2 为常数，则第一段积分结束后积分器的输出 V_1 和 V_2 分别与 v_1 和 v_2 成正比，即 $V_1=k_1Tv_1$，$V_2=k_1Tv_2$。其中，T 为固定积分时间，k_1 为一积分常数。由于第二段的积分斜率是固定的，因此第二段的积分时间 t_1 和 t_2 分别与 V_1 和 V_2 成正比，即 $t_1=k_2V_1$，$t_2=k_2V_2$。其中，k_2 为一积分常数。这样，只要对第二段的积分时间进行处理就能得到相应的 A/D 转换结果(实际应用电路中为了消除系统误差采用正反向计数法，即对第一段进行加计数，对第二段进行减计数)。在双积分型 A/D 转换的基础上，还有精度更高的三积分型、四积分型 A/D 转换。但它们在使用上没有双积分型 A/D 转换那样广泛。

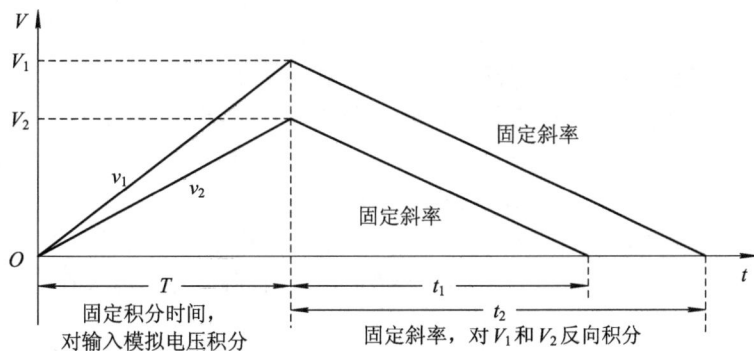

图 11-5　双积分型 A/D 转换器的工作原理

双积分型 A/D 转换过程中进行两次积分，这一特性使其具有如下优点。

(1) 抗干扰能力强。尤其对工频干扰有较强的抑制能力，只要选择定时积分时间为 50 Hz 整数倍即可。

(2) 具有较高的转换精度。这主要取决于计数脉冲周期，计数脉冲频率越高，计数精度也就越高。

(3) 电路结构简单。对积分元件 R、C 参数精度要求不高，只要稳定性好即可。

(4) 编码方便。数字量输出既可以是二进制，也可以是 BCD 码，仅取决于计数器的计数规律。

双积分型 A/D 转换器的缺点是转换速度低，常用于速度要求不高、精度要求较高的测量仪器仪表、工业测控系统中。

3. V/F 变换型 A/D 转换器的基本原理

V/F 变换是把电压信号转变为频率信号，其核心部件是电压-频率(V/F)转换器。它是将待转换的模拟电压信号先变换为脉冲信号，该脉冲信号的重复频率与信号幅值成正比，然后在一段标准时间内，用计数器累计所产生的脉冲数，从而实现 A/D 转换，这就是电压—频率—数字转换原理。

V/F 变换器的电路结构如图 11-6 所示。该电路由积分器、比较器、恒流源、单脉冲发生器和模拟开关组成。转换开始时，开关 K 断开，V_A 单独作用于积分器，输出负斜波电压 V_o，当 $V_o \leqslant V_R$ 时输出一个负脉冲，触发单脉冲发生器产生一个宽度为 T_2 的控制脉冲，该信号通过开关 K 使恒流源与积分器的 Σ 点接通。由于设计上保证了恒流源 $|I_0| > |I_i|$，而 $I_i = V_A/R$ 且两者极性相反，所以此时 V_o 波形开始回扫，经过 T_2 时间，单脉冲发生器恢复原态，K 又断开，积分器在 I_i 的作用下输出负斜波。

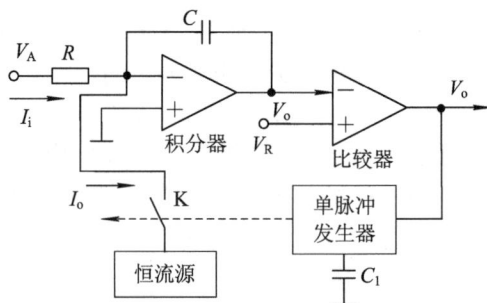

图 11-6   V/F 变换器的电路结构

上述过程周而复始进行，在比较器输出端得到一系列的负脉冲。

V/F 变换器只是整个 V/F 变换型 A/D 转换器的核心部分，它输出的仅是频率与输入信号成正比的脉冲串。为实现 A/D 转换，还需要增加时基电路、计数器和相应的控制逻辑，以便把脉冲串转换为二进制码或 BCD 码数字量。

图 11-7 给出了完整的 V/F 变换型 A/D 转换器的工作原理。时基电路产生若干精确的时间间隔，即时基信号，通常取 10 s、1 s 或 0.1 s 等。计数器输出经锁存器输出的数字量，完成 A/D 转换全部过程。

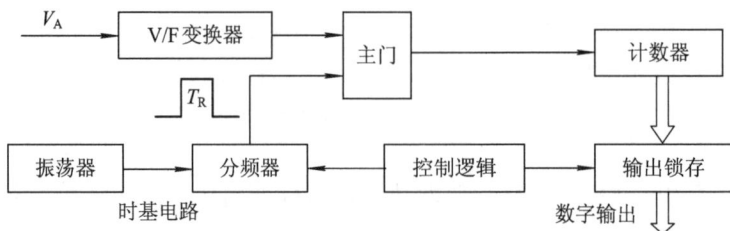

图 11-7   V/F 变换型 A/D 转换器的工作原理

V/F 变换型 A/D 转换器具有以下优点。

(1) 由于应用了积分电容，因此具有很好的抗干扰性。V/F 变换本身是一个积分过程，用 V/F 变换器实现 A/D 转换，就是频率计数过程，相当于在计数时间内对频率信号进行积分，因而有较强的抗干扰能力。

(2) 具有良好的线性度和较高的分辨率，数字位数与时基信号持续时间 T 有关，T 越长，则转换数字量的位数越多。

(3) 电路结构简单。对外接电容 C 要求不高，只要求保持良好的稳定性即可。

(4) 接口简单、占用计算机硬件资源少。频率信号可输入 CPU 的任一个 I/O 口或作为中断及计数输入等。

(5) 便于远距离传输。由于频率量是开关信号，因此可以长距离传输而不受干扰。

由于以上特点，V/F 变换型 A/D 转换器适用于一些非快速而需进行远距离信号传输的 A/D 转换过程，此外还可以简化电路、降低成本、提高性价比。

上述三种 A/D 转换方法各有特点，不同的性能使它们各自适用于不同的应用场合。双积分型 A/D 转换器属于间接转换，其特点是精度较高、价格便宜，抗干扰能力强，但转换速率较低。由于双积分型 A/D 转换器是利用平均值转换的，因此对于常态干扰的抑制能力较强，常用于数字电压表等低速场合。

逐次逼近型 A/D 转换器的转换速度比双积分型要高得多，精度目前也可以做得较高。因为它是对瞬时值进行转换的，所以对于常态干扰的抑制能力较差，适用于转换速度较高的场合。

V/F 变换型 A/D 转换器的精度较高、成本较低、抗干扰能力强，但速度较低，特别适用于长距离信号传输和必须进行光电隔离的场合。

11.1.2 A/D 转换器的主要技术指标

我们已经了解 A/D 转换可以有多种方法实现，它们的性能特点和价格有很大的差异，因此在选用时应注意各种类型芯片的主要性能是否能够满足应用要求，以及在价格上是否合理。A/D 转换器的性能指标主要有以下几个。

1. 分辨率(Resolution)

A/D 转换器的分辨率是指能分辨的输入模拟量的最小值，即使输出数字量最低位 LSB 发生由 1→0 或由 0→1 变化时输入模拟量变化的最小值。

A/D 转换器的分辨率定义为满量程电压与 2^n 之比值，其中 n 为 A/D 转换器输出的数字编码位数。例如，具有 10 位分辨率的 A/D 转换器能够分辨出满量程的 $1/2^{10} = 1/1024$，对于 10 V 的满量程能够分辨输入模拟电压变化的最小值约为 10 mV。显然，A/D 转换器数字编码的位数越多，其分辨率越高。

2. 转换速率(Conversion Rate)

A/D 转换器的转换速率就是能够重复进行数据转换的速度，即每秒转换的次数。而完成一次 A/D 转换所需要的时间，则是转换速率的倒数。A/D 转换器的转换速率与 A/D 转换原理相关，双积分型 A/D 转换器转换速率较慢，而逐次逼近型 A/D 转换器转换速率较快。

3. 量化误差(Quantizing Error)

量化误差是由 A/D 转换器的有限分辨率所引起的误差。A/D 转换的结果只能是有限数量的定值，而模拟信号的取值则是无限的。一个分辨率有限的 A/D 转换器的阶梯状输入输出特性曲线与具有无限分辨率的 A/D 转换器输入输出特性曲线(直线)之间的最大偏差，称为量化误差，如图 11-8 所示。图 11-8 中，虚线代表输入模拟量，实线代表量化后数字量对应的模拟量。

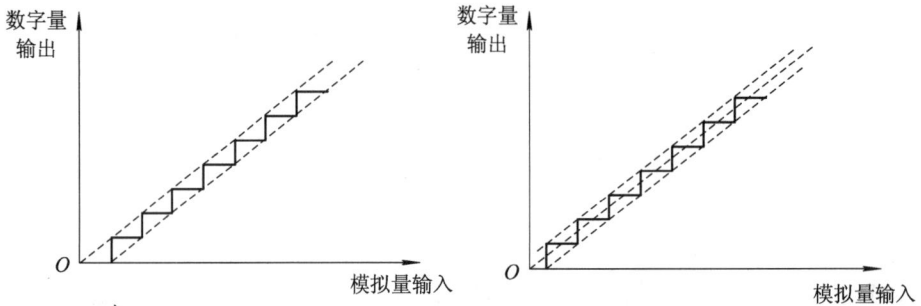

图 11-8　A/D 转换器的输入输出特性与量化误差

由图 11-8 可见，量化误差的大小总不会超过量化级的大小。量化误差的绝对值与满量程刻度值和分辨率有关。满量程刻度值越大，量化误差越大；分辨率越高，量化误差越小。但在同样的分辨率下，对输入输出特性加上适当的偏移，可使量化误差减少一半。量化误差有时也称为量化噪声，量化噪声的大小用分贝表示。分辨率每增加一位，量化所产生的噪声就减少 6 dB。因此，分辨率高的 A/D 转换器具有较小的量化误差。

4. 转换精度(Accuracy)

A/D 转换器的精度有绝对精度和相对精度之分。所谓绝对精度，是指为了产生某个数字码，所对应的模拟信号值与实际值之差的最大值。它包括所有的误差，也包括量化误差。A/D 转换器的绝对误差可以在每一个阶梯的中心点进行测量。相对精度是绝对精度与满量程输入信号的百分比。它通常不包括能够被用户消除的刻度误差。对于线性编码的 A/D 转换器，相对精度就是非线性度。

应当注意的是，精度和分辨率是两个不同的概念。精度是指转换后所得到的实际值对于理论值的误差或接近程度；而分辨率则是指能够对转换结果产生影响的最小输入量。

引起 A/D 转换器误差的原因除了量化误差以外，还有设备误差。由 A/D 转换器各种元件的非理想特性造成的误差称为设备误差，主要有以下几种。

1) 偏移误差(Offset Error)

偏移误差是指输入信号为 0 时，输出信号不为 0 的值，所以有时又称为零值误差。偏移误差通常是由于放大器或比较器输入的偏移电压或电流所引起的。有的 A/D 转换器具有偏移误差调整电路，通过调整外接电位器可以使偏移误差最小。

2) 满刻度误差(Full Scale Error)

满刻度误差又称为增益误差(Gain Error)。A/D 转换器的满刻度误差是指满刻度输出数码所对应的实际输入电压与理想输入电压之差，一般满刻度误差的调节在偏移误差调整后进行。

3) 线性度(Linearity)

线性度有时也称为非线性度，它是指 A/D 转换器实际的输入输出特性曲线与理想直线的最大偏差。线性度不包括量化误差与偏移误差，其典型值为±1/2 LSB。线性度有时也用满量程的百分比表示。

11.1.3　A/D 转换器的选择要点

单片集成 A/D 转换器体积小、成本低，其控制逻辑大多与微处理器相兼容，在微机数据采集和控制系统中有着广泛的应用。A/D 转换器按照输出代码的有效位数分为二进制 4 位、6 位、8 位、10 位、12 位、14 位、16 位甚至高于 16 位，以及 BCD 码输出的 $3\frac{1}{2}$ 位、$4\frac{1}{2}$ 位、$5\frac{1}{2}$ 位等多种；按照转换速度可以分为超高速(转换时间≤1 ns)、高速(转换时间≤1 μs)、中速(转换时间≤1 ms)、低速(转换时间≤1 s)等几种不同转换速度的芯片。为了适应系统集成的需要，有些转换器还将多路转换开关、时钟电路、基准电源等电路集成在一个芯片内，超越了单纯的 A/D 转换功能，在构成应用系统时为用户提供了很多便利。

A/D 转换器的种类很多，其应用特性也有很大的差别，随着微电子技术的不断发展，各种新型的 A/D 转换器产品也在不断涌现。目前可以选用的 A/D 转换器产品种类已经有近千种。在设计数据采集系统、测控系统和智能仪表时，首先面对的就是如何选择合适的 A/D 转换器件以满足应用系统的设计要求。下面就从不同的角度介绍 A/D 转换器的选用要点。

1. 确定 A/D 转换器的位数

A/D 转换器的位数与整个系统所要测量和控制的范围与精度有关，但又不是唯一确定系统精度的因素。因为系统精度所涉及的环节与因素较多，从传感器的精度、信号预处理电路，到 A/D 转换器、输出电路与执行机构的精度都有关，甚至还包括软件算法。然而在选择 A/D 转换器时，其位数至少应当比系统总精度所要求的最低分辨率多一位。这是因为没有基本的分辨率就谈不上转换精度，虽然分辨率与转换精度是两个不同的概念。实际选取的 A/D 转换器要与其他环节的精度相适应，选得太高既无意义，价格也要高得多。

另外要考虑的是，若微处理器是 8 位的，则采用 8 位以下的 A/D 转换器与单片机的接口最为简单。如果采用 8 位以上的 A/D 转换器，就要增加缓冲器接口，数据要分两次读出。而如果采用 16 位的微处理器，就不必考虑这个问题。

2. 确定 A/D 转换器的转换速率

A/D 转换器从启动转换到转换结束，输出稳定的数字量需要一定的时间，这就是 A/D 转换器的转换时间；其倒数就是每秒钟完成的转换次数，又称为转换速率。采用不同原理实现的 A/D 转换器的转换时间各不相同。积分型 A/D 转换器的转换速度较慢，转换时间为毫秒级，只能构成低速 A/D 转换器，适用于对温度、压力和流量等缓变参量的检测与控制。逐次逼近型 A/D 转换器的转换时间为微秒级，属于中速 A/D 转换器，常用于工业多通道控制系统和音频数字转换系统等。采用双极型或 COMS 工艺的 A/D 转换器的转换时间为纳秒级，转换速率可达 10～50 MSPS，属于高速 A/D 转换器，适用于雷达、数字通信、实时记录、实时分析、视频数字转换等高速应用场合。

选用高速 A/D 转换器还要注意与微处理器的配合。采用转换时间为 100 μs 的 A/D 转换器，其转换速率为 10 千次/秒。根据采样定理和实际需要，一个周期的波形需要采样 10 个点，那么这样的系统最高能够处理 1 kHz 的信号。若采用 10 μs 的 A/D 转换器，信号频率可以提高到 100 kHz，但对一般微处理器来说，要在 10 μs 内完成 A/D 转换的启动、读数、存储、数据处理等工作已经比较困难。要继续提高采样速率就必须采用高速 CPU，或采用 DMA 技术来实现信号采样。

3. 确定是否要加采样保持器

原则上直流和变化非常缓慢的信号可不用采样保持器，其他情况则需要加采样保持器。对于快速变化的信号，为了保证转换精度，通常要加采样保持器。以下数据可作为是否要加采样保持器的参考：若 A/D 转换器的转换时间是 100 ms，则对 8 位 A/D 转换器可以不加采样保持器的信号频率是 0.12 Hz，对 12 位 A/D 转换器可以不加采样保持器的信号频率是 0.0077 Hz。若 A/D 转换器的转换时间是 100 μs，则对 8 位 A/D 转换器可以不加采样保持器的信号频率是 12 Hz，对 12 位 A/D 转换器可以不加采样保持器的信号频率是 0.77 Hz。

4. 工作电压和基准电压

不同的集成 A/D 转换器需要的工作电压不同，通常在 -15 V ～ +5 V 之间，有些需要 ±12 V 或 ±15 V，这就需要多种电源。通常模拟信号为双极性的 A/D 转换器，其工作电源也需要双电源；模拟信号为单极性的 A/D 转换器，其工作电源只需要单电源。若选择使用单一 +5 V 工作电压的芯片，则与单片机系统可共用一个电源就较为方便。

基准电压源是提供给 A/D 转换器在转换时所需要的参考电压，是保证转换精度的基本条件。对于高精度的 A/D 转换器，基准电压源要用单独的高精度稳压电源供给，否则会影响转换精度。

5. 正确选用 A/D 转换器有关量程的引脚

A/D 转换器的模拟量输入有时需要双极性的，有时需要单极性的；输入信号最小值有从零开始，也有从非零开始；有的 A/D 转换器提供了不同量程的引脚，只有正确使用，才能保证转换精度。

1) 变换量程的双模拟输入引脚和双极性偏置引脚的正确使用

有的 A/D 转换器如 AD574 等提供两个模拟输入引脚，分别是 $10V_{in}$ 和 $20V_{in}$，不同量程的输入电压可从不同引脚输入。有的 A/D 转换器如 AD573、AD574 等还提供双极性偏置控制引脚 BOC(Bipolar Offset Control)，当此引脚接地时，信号为单极性输入方式；当此引脚接参考电压时，信号为双极性输入方式。

2) 双参考电压引脚的正确使用

有的 A/D 转换器如 ADC0809 提供两个参考电压引脚，一个为 $V_{ref(+)}$，另一个为 $V_{ref(-)}$。通常情况下可将 $V_{ref(-)}$ 接地。当输入的模拟量不是从零开始，最大值也不是满量程时，可按对称参考电压接法连接这两个参考电压引脚。例如，输入模拟量来自压力传感器，压力为零时模拟电压值为 1.25 V；压力为额定值时模拟电压值为 3.75 V。当使用对称参考电压接法时，可使压力为零时的 A/D 转换器的输出字为 00H，压力为额定值时的输出字为 FFH，这种接法可提高测量精度。

6. A/D 转换器接口与外围电路

不同型号的 A/D 转换器的接口有很大的不同。大部分 A/D 转换器具有三态输出,能够与微处理器直接连接,但有些却不具备;高于 8 位的 A/D 转换器与微处理器接口时通常要分两次输出数据,有些 A/D 转换器可以一次读出数据,以便与 16 位微处理器接口。

对于具有多路模拟开关的 A/D 转换器,在接口时要注意先选择通道地址,再启动 A/D 转换。但对于缓慢变化的信号,为了节省时间两者也可以同时进行。

A/D 转换器的外围电路包括时钟电路、参考电源、补偿电路、量程变换电路等。有些 A/D 转换器很少或没有外围电路,因此电路设计较简单。各种 A/D 转换器的外围电路各不相同,需根据具体电路正确地进行连接。

11.1.4　A/D 转换器与单片机接口逻辑设计要点

各种型号的 A/D 转换器均设有数据输出、启动转换、转换结束等控制引脚。MCS-51 单片机与 A/D 转换器的硬件接口设计,就是要处理好上述引脚与 MCS-51 单片机的硬件连接。有些 A/D 转换器注明能直接和 CPU 连接,是指 A/D 转换器的输出线可直接接到 CPU 的数据总线上,表明该转换器的数据输出寄存器具有可控的三态输出功能,转换结束后,CPU 可用输入指令读入数据。一般的 8 位 A/D 转换器均属于此类。而 10 位以上的 A/D 转换器,为了能和 8 位的 CPU 直接连接,输出寄存器增加了读数据控制逻辑电路,把 10 位以上的数据分时读出。对于内部不包含读数据控制逻辑电路的 A/D 转换器,在和 8 位的 CPU 连接时,应增设三态门对转换后的数据进行锁存,以便控制 10 位以上的数据分二次进行读取。

A/D 转换器需要外部控制启动转换信号方能进行转换,这一启动信号可由 CPU 提供。A/D 转换器的启动转换信号分为脉冲启动和电平控制启动两种。脉冲启动转换,只需给 A/D 转换器的启动控制转换的输入引脚加上符合要求的脉冲信号,即可启动 A/D 转换。例如,ADC0809 等均属此列。电平控制启动转换,当把符合要求的电平加到控制转换的输入引脚上时,立即开始转换。此电平在 A/D 转换的全过程中始终保持有效,否则将会终止转换的进行。因此该电平一般需由 D 触发器锁存提供。例如,AD574 等均属此列。

转换结束信号的处理方法是:由 A/D 转换器内部转换结束信号触发器置位,并输出转换结束标志电平,以通知 CPU 读取转换的数字量。CPU 从 A/D 转换器读取转换数据的联络方式,可以是中断、查询或延时三种方式。这三种方式的选择常取决于 A/D 转换器的速度和应用系统总体设计要求。

11.1.5　ADC0809 与 MCS-51 单片机的接口设计

1. ADC0809 的内部结构及引脚功能

8 位逐次逼近型 A/D 转换器 ADC0809 是一种单片 CMOS 器件,包括 8 位 A/D 转换器、8 通道多路转换器和与微处理器兼容的控制逻辑。8 通道多路转换器能直接连通 8 个单端模拟信号中的任何一个。ADC0809 的内部结构如图 11-9 所示。

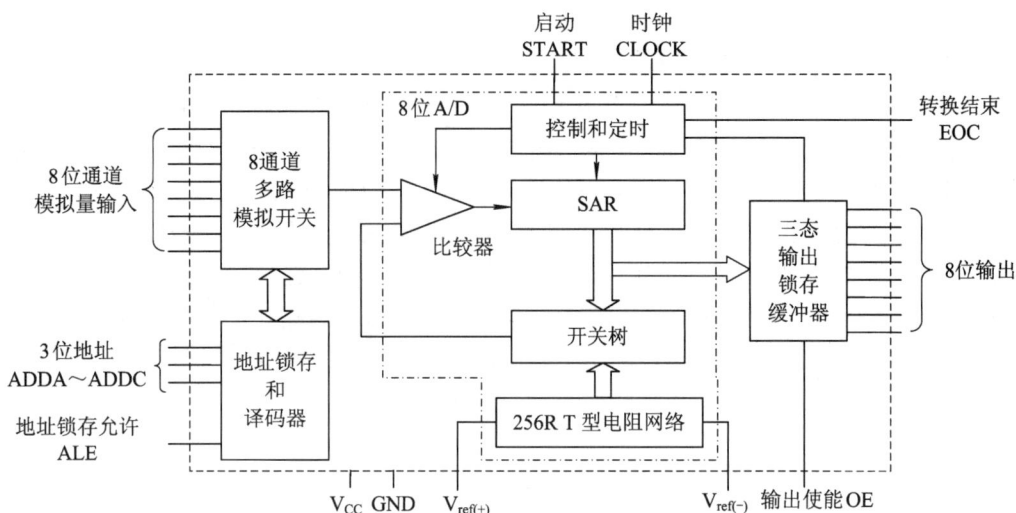

图 11-9　ADC0809 的内部结构

　　片内带有锁存功能的 8 通道多路模拟开关，可对 8 路 0～5 V 的输入模拟电压信号进行分时转换；片内具有多路开关的地址锁存和译码器电路、比较器、256R T 型电阻网络、树状电子开关、逐次逼近寄存器 SAR、控制和定时电路等；TTL 三态输出锁存缓冲器，可直接连接到单片机数据总线上。通过适当的外接电路，还可对 0～5 V 的双极性模拟信号进行 A/D 转换。其主要技术指标如下。

　　(1) 分辨率为 8 位。

　　(2) 转换速率取决于芯片的时钟频率。时钟频率的范围为 10～1280 kHz，当 CLK = 500 kHz 时，转换速率为 128 μs。

　　(3) 最大不可调误差小于 ±1 LSB。

　　(4) 可锁存三态输出，输出与 TTL 兼容。

　　(5) 功耗为 15 mW。

　　(6) 具有锁存控制的 8 通道多路模拟开关。

　　(7) 单一 +5 V 供电，模拟输入范围为 0～5 V、±5 V、±10 V。

　　(8) 不必进行零点和满刻度调整。

　　ADC0809 芯片引脚如图 11-10 所示，各引脚功能如下。

　　IN0～IN7：8 路输入通道的模拟量输入端口。

　　D0～D7：8 位二进制数字量输出端口。

　　START：A/D 转换启动信号输入控制端口，高电平有效。

　　ALE：地址锁存允许信号输入端口，ALE 的下降沿将地址打入锁存器。

　　START 和 ALE 两个控制信号端可连在一起，当由软件输入一个正脉冲时，便立即启动 A/D 转换。

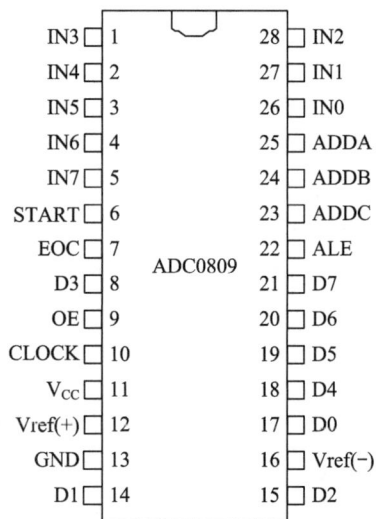

图 11-10　ADC0809 芯片引脚图

EOC：A/D 转换结束信号输出端口，开始转换时为低电平，一旦转换结束则输出高电平。该信号可作为 A/D 转换器的状态信号供查询，也可用作中断请求信号。

OE：完成转换后输出允许控制端，高电平有效，用于打开三态数据锁存器的输出。

EOC 和 OE 两个控制信号端亦可连接在一起，表示 A/D 转换结束。OE 端的电平由低变高，打开三态输出锁存器，将转换结果的数字量输出到数据总线。

CLOCK：时钟输入端。

Vref(+)、Vref(-)、V_{CC}、GND：Vref(+)和 Vref(-)为参考电压输入端，Vcc 为主电源输入端，GND 为接地端。一般 Vref(+)与 V_{CC} 连接在一起，Vref(-)与 GND 连接在一起。

ADDA、ADDB、ADDC：8 路模拟开关的三位地址选通输入端，以选择对应的输入通道。其对应关系如表 11-1 所示。

表 11-1　地址码与输入通道对应关系

地址码			对应的输入通道
ADDC	ADDB	ADDA	
0	0	0	IN0
0	0	1	IN1
0	1	0	IN2
0	1	1	IN3
1	0	0	IN4
1	0	1	IN5
1	1	0	IN6
1	1	1	IN7

ADC0809 的工作时序图如图 11-11 所示。由时序图可看出，当送入启动信号后，EOC 有一段高电平保持时间，表示上一次转换结束。实际应用中它容易引起误控。因此，在启动转换后应经一段延迟时间(延迟时间应大于 t_{EOC})后，再进行查询或开中断。

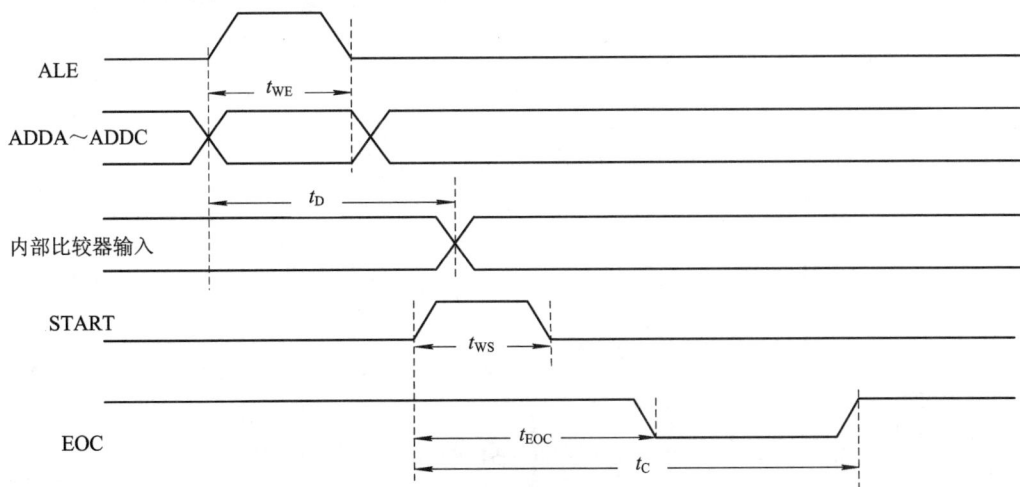

图 11-11　ADC0809 的工作时序图

图 11-11 中，t_{WS} 为最小启动脉宽，典型值为 100 ns，最大值为 200 ns。t_{WE} 为最小 ALE 脉宽，典型值为 100 ns，最大值为 200 ns。t_D 为模拟开关延时，典型值为 1 μs，最大值为 2.5 μs。t_C 为转换时间，当 f_{CLOCK} = 640 kHz 时，典型值为 100 μs，最大值为 116 μs。t_{EOC} 为转换结束延时，最大为 8 个时钟周期+2 μs。

2. ADC0809 与 MCS-51 单片机的硬件接口电路设计

ADC0809 转换完成后要和单片机进行通信联系，以便及时取走转换结果。联系方式可采用查询方式、中断方式和延时方式。究竟采用何种方式，应视具体情况按总体要求选择。ADC0809 与 MCS-51 单片机的硬件接口电路如图 11-12 所示。下面介绍这三种接口方式。

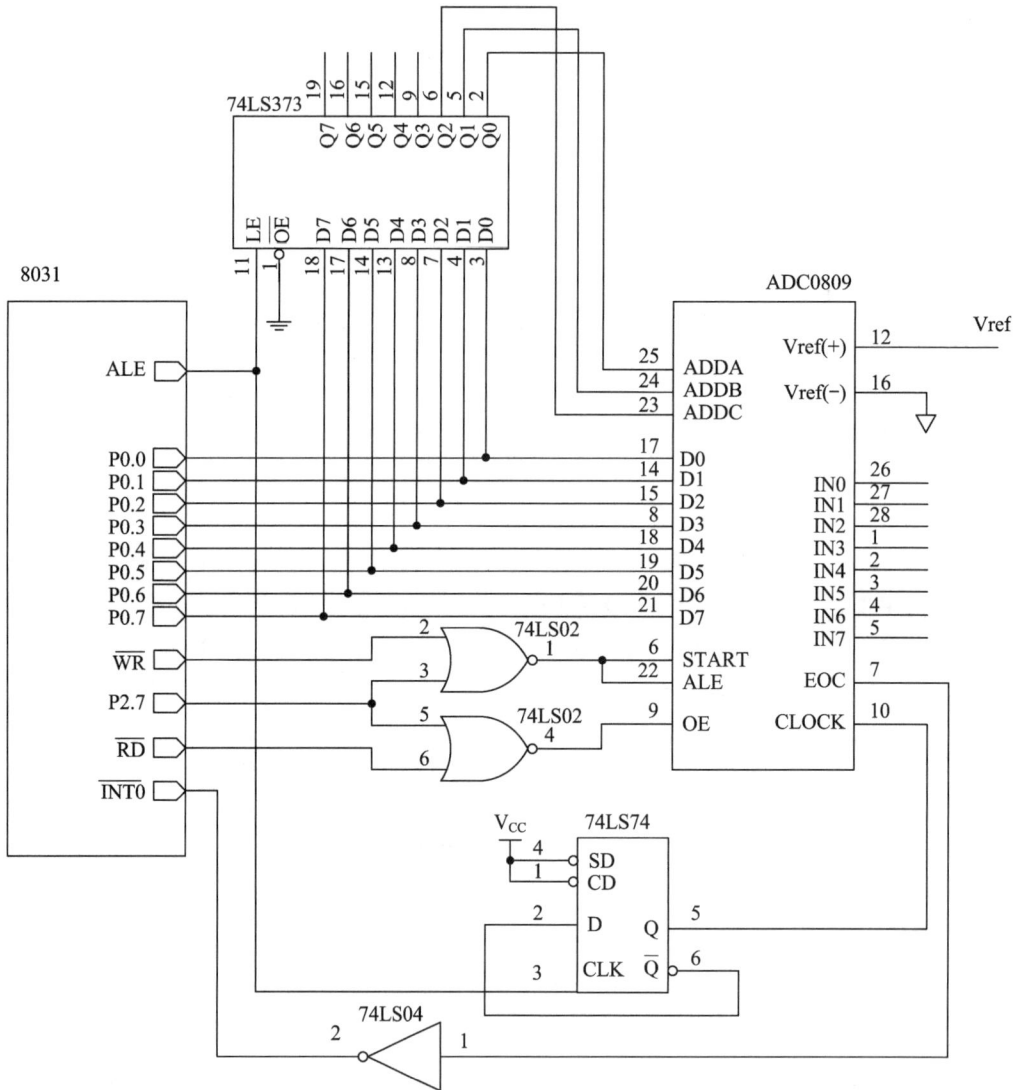

图 11-12　ADC0809 与 MCS-51 单片机的硬件接口电路

由于 ADC0809 片内无时钟，可利用 MCS-51 提供的地址锁存允许信号 ALE 经 D 触发器二分频后获得，ALE 脚的频率是 MCS-51 单片机时钟频率的 1/6。若单片机的时钟频率为 6 MHz，则 ALE 引脚的输出频率为 1 MHz，再二分频后为 500 kHz，符合 ADC0809 对时钟频率的要求。由于 ADC0809 具有输出三态锁存器，故其 8 位数据输出引脚可直接与数据总线相连。地址译码引脚 ADDA、ADDB、ADDC 分别与地址总线的低 3 位 A0、A1、A2 相连，以选通 IN0～IN7 中的一个通道。在 ALE 的上升沿，将通道地址锁存到地址锁存器。将 P2.7(地址总线的最高位 A_{15})作为片选信号，在启动 A/D 转换时，由单片机的写信号 $\overline{WR}$ 和 P2.7 控制 A/D 转换器的地址锁存和转换启动。由于 ALE 和 START 连在一起，因此 ADC0809 在锁存通道地址的同时也启动转换。在读取转换结果时，用单片机的读信号 $\overline{RD}$ 和 P2.7 引脚经或非门后，产生的正脉冲作为输出允许 OE 信号，用于打开三态输出锁存器。EOC 作为 A/D 转换结束标志，可作为转换结束的状态查询信号或中断请求信号，高电平时可读取转换结果。

1) 查询方式

由图 11-12 及以上分析可知，在软件编写时，应令 P2.7＝A15＝0；由 A0、A1、A2 给出被选择的模拟通道地址；每执行一条输出指令，启动一次 A/D 转换。引脚 EOC 经过反相后接到 MCS-51 的 P3.2 端，作为 A/D 转换结束的状态信号。采用软件查询方式，分别对 8 路模拟信号轮流采样一次，并依次将转换结果存到首地址为 30H 的片内数据存储区中。相应的程序段如下：

```
        ORG     0000H
MAIN: MOV     DPTR, #7FF8H     ; P2.7 = 0 且指向通道 0
      MOV     R1, #30H        ; 置外部数据存储区的首地址
      MOV     R7, #08H        ; 置通道数
READ: MOVX    @DPTR, A        ; 启动 A/D 转换
HERE: JB      P3.2, HERE      ; 查询 A/D 转换是否完成，P3.2=1 未结束则等待
      MOVX    A, @DPTR        ; P3.2=0，A/D 转换结束，读取转换结果
      MOV     @R1, A          ; 存放转换的数据
      INC     R1              ; 指向下一个存储单元
      INC     DPTR            ; 指向下一个通道
      DJNZ    R7, READ        ; 若循环未结束，则继续进行 A/D 转换
      END
```

2) 中断方式

采用中断方式，分别对 8 路模拟信号轮流采样一次，并依次将转换结果存到首地址为 30H 的内部数据存储区中。将引脚 EOC 经过反相后接到 MCS-51 的 $\overline{INT0}$(也可接 $\overline{INT1}$)端。由主程序启动 A/D 转换，转换结束后 A/D 转换器通过 EOC 向 CPU 申请中断，CPU 则用中断方式读取转换结果。相应的程序段如下：

```
        ORG     0000H
        SJMP    MAIN
        ORG     0003H           ; 外部中断 0 的中断入口地址
        SJMP    E_INT0          ; 外部中断 0 的中断服务程序
```

```
MAIN: MOV   DPTR, #7FF8H        ; P2.7=0 且指向通道 0
      MOV   R1, #30H            ; 置外部数据存储区的首地址
      MOV   R7, #08H            ; 置通道数
      SETB  IT0                 ; 置INT0为边沿触发方式
      SETB  EX0                 ; 允许INT0中断
      SETB  EA                  ; 开放总中断
READ: MOVX  @DPTR, A            ; 启动 A/D 转换
HERE: SJMP  HERE                ; 等待中断
E_INT0: MOVX A, @DPTR           ; 读取转换结果
      MOV   @R1, A              ; 存放转换的数据
      INC   R1                  ; 指向下一个存储单元
      INC   DPTR                ; 指向下一个通道
      DJNZ  R7, NEXT            ; 若循环未结束，则继续进行 A/D 转换
      LJMP  EXIT
NEXT: MOVX  @DPTR, A
EXIT: RETI                      ; 中断返回
      END
```

3) 延时方式

在图 11-12 中，当 ADC0809 的引脚 EOC 不与 CPU 连接时，便构成在延时方式下 ADC0809 与 MCS-51 单片机的接口电路。采用延时等待方式时，经过足够长的延时时间后，执行一条输入指令，读取 A/D 转换结果。下面的程序是采用延时方式，分别对 8 路模拟信号轮流采样一次，并依次将结果存放到首地址为 30H 的内部数据存储区中。

```
      ORG   0000H
MAIN: MOV   DPTR, #7FF8H        ; P2.7=0 且指向通道 0
      MOV   R1, #30H            ; 置外部数据存储区的首地址
      MOV   R7, #08H            ; 置通道数
READ: MOVX  @DPTR, A            ; 启动 A/D 转换
      MOV   R6, #100            ; 软件延时
DELAY: NOP
      DJNZ  R6, DELAY
      MOVX  A, @DPTR            ; A/D 转换结束，读取转换结果
      MOV   @R1, A              ; 存放转换的数据
      INC   R1                  ; 指向下一个存储单元
      INC   DPTR                ; 指向下一个通道
      DJNZ  R7, READ            ; 若循环未结束，则继续进行 A/D 转换
      END
```

【例 11-1】 ADC0809 与单片机的接口电路原理图如图 11-13 所示，P1 口接数码管段选，P2.0～P2.3 接数码管位选，编写程序实现将 A/D 转换结果显示在数码管上。

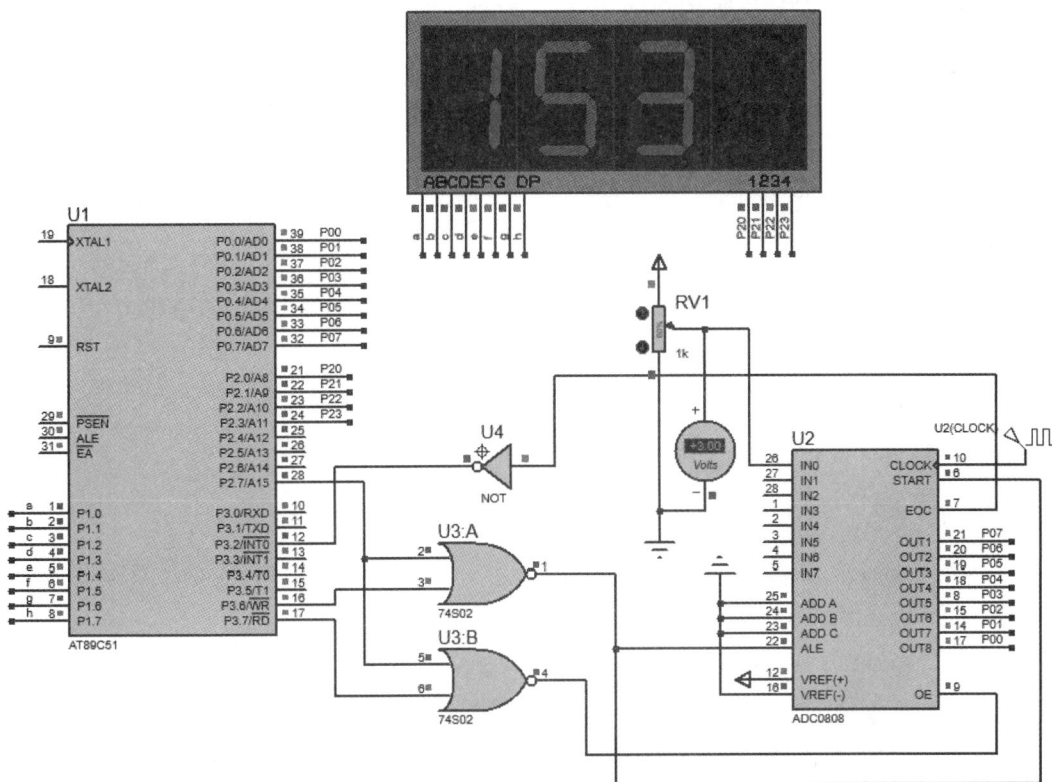

图 11-13　ADC0809 与单片机的接口电路原理图

汇编语言源程序如下：

```
           ORG    0000H
MAIN:      MOV    DPTR, #7FF8H      ; 主程序
READ:      MOVX   @DPTR, A
WAIT:      JB     P3.2, WAIT
           MOVX   A, @DPTR
           MOV    30H, A
           LCALL  BIN2BCD
           LCALL  DISP
           SJMP   READ
BIN2BCD:   MOV    A, 30H           ; 二进制数转换成 BCD 码
           MOV    B, #100
           DIV    AB
           MOV    31H, A
           MOV    A, B
           MOV    B, #10
           DIV    AB
           MOV    32H, A
```

```
               MOV    33H, B
               RET
DISP:    MOV    DPTR, #TAB1              ; 显示子程序
         MOV    A, 31H
         MOVC   A, @A + DPTR
         MOV    P1, #0FFH
         MOV    P2, #01H
         MOV    P1, A
         LCALL  DELAY
         MOV    DPTR, #TAB1
         MOV    A, 32H
         MOVC   A, @A + DPTR
         MOV    P1, #0FFH
         MOV    P2, #02H
         MOV    P1, A
         LCALL  DELAY
         MOV    DPTR, #TAB1
         MOV    A, 33H
         MOVC   A, @A + DPTR
         MOV    P1, #0FFH
         MOV    P2, #04H
         MOV    P1, A
         LCALL  DELAY
         RET
DELAY:   MOV    R6, #0                   ; 延时子程序
         DJNZ   R6, $
         RET
TAB1:    DB     0C0H, 0F9H, 0A4H, 0B0H, 99H, 92H    ; 段码表
         DB     82H, 0F8H, 80H, 90H, 0FFH, 0BFH
         END
```

C 语言源程序如下：

```
#include "reg52.h"
#include "absacc.h"
code unsigned char seg[]={0xC0,0xF9,0xA4,0xB0,0x99,0x92,0x82,0xF8,0x80,0x90};
unsigned char adc_buffer[3]={0,0,0};
unsigned char ad_value;
void display(void);
void Delay2ms();
```

```
sbit P32=P3^2;
void main(void)
{
    while(1)
    {
        XBYTE[0x0000]=0x00;
        while(P32==1);
        ad_value=XBYTE[0x0000];
        adc_buffer[0] = ad_value/100;
        adc_buffer[1] = ad_value%100/10;
        adc_buffer[2] = ad_value%10;
        display();
    }
}
void display(void)
{
    P1 = 0xff;
    P2 = 0x01;
    P1 = seg[adc_buffer[0]];
    Delay2ms();
    P1 = 0xff;
    P2 = 0x02;
    P1 = seg[adc_buffer[1]];
    Delay2ms();
    P1 = 0xff;
    P2 = 0x04;
    P1 = seg[adc_buffer[2]];
    Delay2ms();
}
void Delay2ms() //2ms@12.000MHz
{
    unsigned char i, j;
    i = 4;
    j = 225;
    do
    {
        while (--j);
    } while (--i);
}
```

11.2　D/A 转换器与 MCS-51 单片机的接口技术

在自动控制系统中，经常需要对现场中变化的模拟量进行调节和控制，这就必须使用 D/A 转换器把 CPU 输出的数字量转换成电压或电流，使执行机构动作，从而达到控制和调节的目的。本节首先简要介绍 D/A 转换器的基本原理和主要技术指标，以及 D/A 转换器的选择要点；其次介绍 DAC0832 的特性及引脚功能，以及 DAC0832 与 MCS-51 单片机的硬件接口电路设计。

11.2.1　D/A 转换器的基本原理

D/A 转换器用于将数字量转换成模拟量，它的基本要求是输出电压 V_o 应和输入数字量 D 成正比，即

$$V_o = D \times V_{ref}$$

式中，V_{ref} 为参考电压。

$$D = d_{n-1} \times 2^{n-1} + d_{n-2} \times 2^{n-2} + \cdots + d_1 \times 2^1 + d_0 \times 2^0$$

每一个数字量都是数字代码的按位组合，每一位数字代码都有一定的"权"，对应一定大小的模拟量。为将数字量转换成模拟量，应将其每一位都转换成相应的模拟量，然后求和即可得到与数字量成正比的模拟量。实现 D/A 转换的方法有多种，最为常用的是电阻网络转换法。电阻网络转换法的实质是根据数字量不同位的权重，对各位数字量对应的输出进行求和，其结果就是相应的模拟输出。

图 11-14 为 4 位二进制 D/A 转换的典型电路。由于各输入电阻按照 8∶4∶2∶1 的比例配置，根据运算放大器的工作原理，放大器输入电流应为通过各个电阻的电流之和。而通过各电阻的电流又是由各位二进制数字对应的开关控制的。

放大器的输出电压应为：

$$V_{out} = \left(\frac{d_0}{16R} + \frac{d_1}{8R} + \frac{d_2}{4R} + \frac{d_3}{2R} \right) \times R_f \times V_{ref}$$

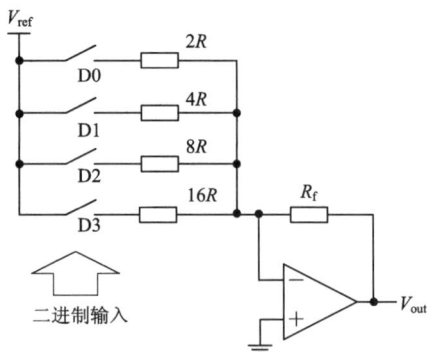

图 11-14　4 位二进制 D/A 转换的典型电路

式中：V_{ref} 为参考电压；$d_0 \sim d_3$ 为输入的二进制数字，其取值为 0 时相应的开关断开，实际电路中的开关是 CMOS 电子开关。由此可见，增加输入电阻的数量，就可以增加 D/A 转换的精度。若要求 8 位精度，则需要 8 个输入电阻，最大电阻为 $2^8 R$，最小电阻为 $2R$。在位数较多的情况下，权电阻的阻值分散性增大，在制作集成电路时较困难。因此，在实际应用中一般不用这种 D/A 转换电路，而采用如图 11-15 所示的 T 型电阻网络 D/A 转换电路。

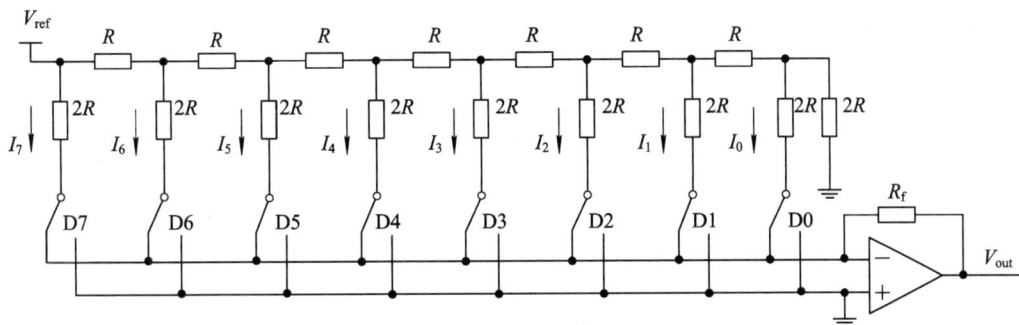

图 11-15 T 型电阻网络 D/A 转换电路

T 型电阻网络采用分流的原理实现对输入数字量的转换。在图 11-14 中把运放的反向输入端看作虚地，则各个节点对地的等效电阻都是 R。若开关状态如图 11-14 所示，则流经各个开关的电流大小满足如下关系：

$$I_0 = \frac{I_1}{2}; I_1 = \frac{I_2}{2}; I_2 = \frac{I_3}{2}; I_3 = \frac{I_4}{2}; I_4 = \frac{I_5}{2}; I_5 = \frac{I_6}{2}; I_6 = \frac{I_7}{2}; I_7 = -\frac{V_{ref}}{2}$$

取反馈电阻 R_f 等于输入电阻 R，则输出电压为

$$V_{out} = -R_f \times \sum I_i = -\frac{R_f}{R} \times V_{ref} \times \left(\frac{1}{2} + \frac{1}{4} + \cdots + \frac{1}{256} \right)$$

实际电路中各开关由输入数字量的各位来控制。因此，对于任意的二进制数字输出，对应的模拟输出电压为

$$V_{out} = -R_{ref} \times \left(\frac{1}{2}d_7 + \frac{1}{4}d_6 + \cdots + \frac{1}{256}d_0 \right)$$

式中：最高位 d_7 称为 MSB(Maximum Significant Bit)；最低位 d_0 称为 LSB(Least Significant Bit)。从而实现了 D/A 转换的基本要求，即输出模拟量与输入数字量成正比。以上分析是在理想情况下进行的，在实际电路中，由于参考电压偏离标准值，运算放大器的温度误差、零点漂移、模拟开关的不理想所造成的传输误差，以及电阻阻值误差等都会产生转换误差，使得输出模拟量与输入数字量不完全成比例。

上面介绍的 D/A 转换器都是并行工作的，即各位代码的输入是并行的，各位代码转换成模拟量也是同时开始的。因此，D/A 转换的速度是比较快的。这类电路若和单片机及其微处理器连接，速度配合较为简单，信息传递可采用无条件传送方式，而不必采用查询或中断方式。

D/A 转换器有很多类型，按照数字量的输入方式可分为串行 D/A 转换器和并行 D/A 转换器，一般并行 D/A 转换器的转换速度较快，而串行 D/A 转换器的转换速度较慢。按照模拟量的输出方式可分为电流输出型和电压输出型，通常电流输出型的 D/A 转换器的转换速度较快，而电压输出型的 D/A 转换器的转换速度较慢。按照工作原理的不同可分为直接 D/A 转换器和间接 D/A 转换器。直接 D/A 转换器是指直接将输入的数字信号转换为输出的模拟信号；而间接 D/A 转换器则是先将输入的数字信号转换为某种中间量，然后再把中间量转换成输出的模拟信号。直接 D/A 转换器通常由电阻网络与控制开关组成，应用较为广泛，而间接 D/A 转换器则很少采用。

11.2.2　D/A 转换器的主要技术指标

由电阻网络所构造的 D/A 转换器是提供电流的器件。如果要把电流转换为电压还要增加运放电路。因此 D/A 转换器分为电流输出型与电压输出型。

D/A 转换器的输出不仅与输入的二进制代码有关，而且与运放电路的形式、反馈电阻和参考电压有关，可以分为单极性输出和双极性输出两种。运放电路的参数还决定了 D/A 转换器的输出满量程范围。

为了便于与计算机连接，D/A 转换器通常都带有数据锁存器，但也有一些不带数据锁存器，使用时要加以区别。

D/A 转换器从输入二进制数据到转换成模拟电压量输出的过程需要经历一定的时间，这就是 D/A 转换时间。根据转换时间的大小，可以将 D/A 转换器分为低速型、中速型和高速型。高速型 D/A 转换器的转换时间小于 1 μs，低速型的转换时间大于 100 μs，居中的则属于中速型。

D/A 转换器的性能指标主要有以下几个。

1. 分辨率

分辨率是 D/A 转换器最重要的性能指标，表示 D/A 转换器输出模拟量的分辨能力。其定义为当输入数字发生单位数码变化，即 1 LSB 位产生一次变化时，所对应输出模拟量的变化量，通常用最小非零输出电压与最大的输出电压的比值表示。对于线性 D/A 转换器来说，其分辨率 Δ 与数字量输出位数 n 呈下列关系：

$$\Delta = \frac{模拟输出满量程值}{2^n}$$

分辨率越高，进行转换时对应数字输入信号最低位的模拟信号模拟量变化就越小，也就越灵敏。分辨率与 D/A 转换器的位数有着直接的关系，位数越多，分辨率就越高，因此有时也用有效输入数字信号的位数来表示分辨率。例如，对于 10 位 D/A 转换器，其最小非零输出电压为 $V_{ref}/(2^{10}-1)$，最大输出电压为 $1 \times V_{ref}$，则分辨率约为 0.001；8 位 D/A 转换器 DAC0832 的分辨率为 8 位。

2. 转换精度

D/A 转换器的转换精度与 D/A 转换芯片的结构和接口配置电路有关。当不考虑其他 D/A 转换误差时，D/A 转换器的转换精度即分辨率的大小，所以要获得高精度的 D/A 转换结果，首先要保证选择有足够分辨率的 D/A 转换器。但是 D/A 转换精度还与外接电路的配置有关，当外接电路的器件或电源误差较大时，会造成较大的 D/A 转换误差，当这些误差超过一定程度时，会使增加 D/A 转换位数失去意义。在 D/A 转换中，影响转换精度的主要误差因素有非线性误差、增益误差、失调误差、微分非线性误差等综合误差。

1) 非线性误差

非线性误差也称为 D/A 转换器的线性度。其定义为实际转换特性曲线与理想特性曲线之间的最大偏差，并以该偏差相对于满量程的百分数度量。在设计时，一般要求非线性误差不大于 ±1/2 LSB。

2) 增益误差

D/A 转换器的输出与输入传递特性曲线的斜率称为 D/A 转换增益系数，实际的增益与理想增益之间的偏差值称为增益误差，一般用偏差值相对于满量程的百分数表示。

3) 失调误差

失调误差又称为零点误差，其定义为数字输入为全 0 码时，模拟输出值与理想输出值之间的偏差值。对于单极性 D/A 转换，模拟输出的理想值为零伏点，对于双极性 D/A 转换，此理想值为负域满量程偏差值的大小，一般用偏差值相对于满量程的百分数表示。

4) 微分非线性误差

微分非线性误差是指任意两个相邻数码所对应的模拟量间隔(称为步长)与标准值之间的偏差。若步长为 1 LSB 增量，则该转换器的微分非线性误差为零；若步长为 ±1 LSB 增量，则称为微分非线性误差。通常要求 D/A 转换器的微分非线性误差小于 ±1/2 LSB。

应该注意的是，精度和分辨率是两个不同的概念。精度是指转换后所得到的实际值相对于理想值的误差或接近程度，而分辨率则是指能够对转换结果产生影响的最小输入量。分辨率很高的 D/A 转换器不一定具有很高的精度，分辨率不高的 D/A 转换器则肯定不会有很高的精度。

3. 建立时间

建立时间是描述 D/A 转换速率快慢的一个主要参数。其定义为，当输入数据从零变化到满量程，其输出模拟信号达到满量程刻度值的 ±1/2 LSB 时(或指定与满量程相对误差)所需要的时间。不同的 D/A 转换器，其建立时间不同。实际 D/A 转换电路中的电阻网络、电容、电感和开关电路都会产生电路的时间延迟，造成有限的转换速率，从而使 D/A 转换器产生过渡过程。通常电流输出型 D/A 转换器建立时间是很短的，电压输出型 D/A 转换器因内部带有相应的运算放大器，其建立时间往往比较长。根据建立时间的长短，D/A 转换器可分为：超高速，建立时间＜100 ns；较高速，建立时间为 1 μs～100 ns；高速，建立时间为 1～10 μs；中速，建立时间为 10～100 ms；低速，建立时间＞100 ms。

4. 环境及工作条件影响指标

一般情况下，影响 D/A 转换精度的主要环境和工作条件因素是温度和电源电压的变化。D/A 转换器的工作温度按照产品等级分为军级、工业级和普通级。标准军级品可工作于 −55℃～+125℃；工业级的工作温度为 −25℃～+85℃；而普通级的工作温度为 0℃～+70℃。环境温度对各项精度指标的影响可用温度系数来描述。温度系数反映了 D/A 转换器的输出随温度变化的情况。其定义为在满量程刻度输出的条件下，温度每升高 1℃，输出变化相对于满量程的百分数。

对于高质量的 D/A 转换器，要求开关电路以及运算放大器所用的电源电压发生变化时，对输出电压的影响要小。D/A 转换器受电源变化影响的指标为电源变化抑制比(PSRR)，其定义为满量程电压变化的百分数与电压变化的百分数之比。

5. D/A 转换器的输入、输出形式

D/A 转换器的数字量输入形式通常为二进制码，也有的是 BCD 码或特殊形式的编码。多数 D/A 转换器的输入采用并行输入，也有部分厂家的产品采用串行输入。因为串行输入可

以节省引脚，因此很多新型的 D/A 转换器都采用这种输入方式。为了便于使用，大多数 D/A 转换器都带有输入锁存器。但是也有少数产品不带锁存器，在使用时要加以注意。

D/A 转换器按照输出信号形式可分为电流输出型和电压输出型。按照输出通道的数量可分为单路输出型和多路输出型。多路输出的 D/A 转换器有双路、四路和八路输出几种。

11.2.3　D/A 转换器的选择要点

在单片机应用系统中，D/A 转换接口设计的主要任务是选择 D/A 转换芯片，配置外围电路及器件，实现数字量到模拟量的线性转换。配置外围电路时主要考虑数字量的码输入及模拟量的极性输出、参考电压电流源、模拟电量输出的调整与分配等。近年来，随着超大规模集成电路的发展，特别是 CMOS 工艺的发展，已经生产出各种单片 D/A 转换器芯片。但在选用 D/A 转换器芯片时，必须了解其内部结构，如它是电流输出型 D/A 转换器还是电压输出型 D/A 转换器，内部是否带有便于微型机接口的锁存器，有几级锁存器等。另外在选用 D/A 转换器集成芯片时，要根据任务精度要求，适当选择合适位数芯片，当 8 位 D/A 转换器达不到精度要求时，再考虑 10 位或 12 位 D/A 转换器芯片。

D/A 转换器的选择主要考虑以下几个因素。

(1) D/A 转换器芯片的选择原则。选择 D/A 转换芯片时，主要考虑芯片的性能、结构和应用特性。在性能上必须满足 D/A 转换的技术要求；在结构和应用特性上应满足接口方便、外围电路简单、价格低廉等要求。

(2) D/A 转换器芯片主要性能指标的选择。在 D/A 接口设计的实际应用中，选择 D/A 转换器芯片时主要考虑用位数(8 位、12 位)表示的转换精度。

(3) D/A 转换器芯片主要结构和应用特性的选择。D/A 转换器的特性虽然主要表现为芯片内部结构的配置状况，但这些配置状况对 D/A 转换接口电路设计带来很大影响，主要表现在以下方面。

① 数字输入特性。数字输入特性包括接收数的码制、数据格式、逻辑电平等。D/A 转换器通常只能接收二进制数字代码。输入数据格式通常为并行码，对于芯片内部配置有移位寄存器的 D/A 转换器，可以接收串行码输入。对于不同的 D/A 转换器芯片，输入逻辑电平要求不同。对于固定阈值电平的 D/A 转换器一般只能和 TTL 或低压 CMOS 电路相连。

② 数字输出特性。D/A 转换器的输出特性从以下几个方面考虑：输出方式是电流输出还是电压输出，或是两者均可；内部是否带有输出缓冲放大器；输出极性是单极性还是双极性，或是两者均可；若为单极性，是正极性还是负极性；输出电流(或电压)的最大值或最小值的范围等。

很多 D/A 转换器是电流输出，对于输出特性具有电流性质的 D/A 转换器，用输出电压允许范围来表示由输出电路(包括简单电阻负载或者运算放大器电路)造成的输出端电压的可变动范围。只要输出端的电压小于输出电压允许范围，输出电流和输入数字之间保持正确的转换关系，而与输出端的电压大小无关。对于输出特性为非电流性质的 D/A 转换器，无输出电压允许范围指标，电流输出端应保持公共端电位或虚地，否则将破坏其转换关系。

③ 锁存特性和转换控制。D/A 转换器对数字量输入是否有锁存功能将直接影响与 CPU

的接口设计。若 D/A 转换器没有输入锁存器，则通过 CPU 数据总线传送数字量时，必须外加锁存器，否则只能通过具有输出锁存功能的 I/O 口给 D/A 送入数字量。有些 D/A 转换器并不对锁存输入的数字量立即进行 D/A 转换，而是只要在外部施加转换控制信号后才开始转换和输出。具有这种输入锁存及转换控制功能的 D/A 转换器，在 CPU 分时控制多路 D/A 输出时，可以做到多路 D/A 转换的同步输出。

④ 参考电源。在 D/A 转换中，参考电源是唯一影响输出结果的模拟量，是 D/A 转换接口中的重要电路，对接口电路的工作性能、电路结构有很大影响。设计时主要考虑的因素有需要电源的数量、电源电压的允许范围、各个电源消耗的电流、是否需要精密电源等。使用内部带有低漂移精密参考电压源的 D/A 转换器不仅能保证有较好的转换精度，而且可以简化接口电路。

11.2.4　DAC0832 与 MCS–51 单片机的接口设计

1. DAC0832 的特性及引脚功能

DAC0832 是 8 位分辨率、双缓冲的集成 D/A 转换器，可与微处理器完全兼容，具有价格低廉、接口简单、转换控制容易等优点，在单片机应用系统中得到广泛的应用。其内部逻辑结构如图 11-16 所示。它由 8 位输入寄存器、8 位 DAC 寄存器、8 位 D/A 转换器及转换控制电路构成。使用 2 个寄存器的好处是可以进行两次缓冲操作，以至能简化某些应用系统中的硬件接口电路设计。

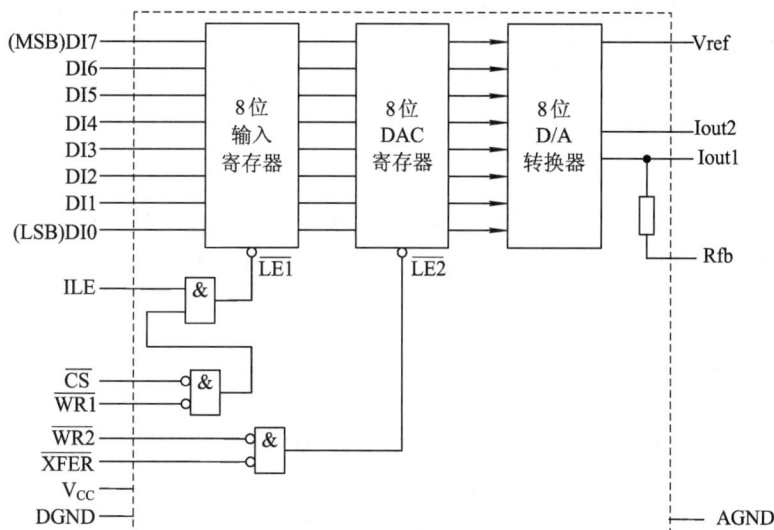

图 11-16　DAC0832 芯片的内部逻辑结构

1) DAC0832 的特性参数

DAC0832 芯片的主要特性参数如下。

(1) 分辨率为 8 位。

(2) 电流稳定时间为 1 μs。

(3) 可以单缓冲、双缓冲或直接数字输入。

(4) 只需要在满量程下调整其线性度。

(5) 单一电源供电(+5～+15 V)。

(6) 低功耗(200 mW)。

2) DAC0832 的引脚功能

DAC0832 芯片的引脚如图 11-17 所示。

DAC0832 芯片的引脚功能如下。

DI0～DI7：数据输入线。

ILE：数据允许锁存信号，高电平有效。

$\overline{CS}$：输入寄存器选择信号，低电平有效。

$\overline{WR1}$：输入寄存器的写选通信号，低电平有效。

$\overline{XFER}$：数据传送信号，低电平有效。

$\overline{WR2}$：DAC 寄存器写选通信号。

Vref：基准电源输入引脚。

Rfb：反馈信号输入引脚，反馈电阻在芯片内部。

Iout1、Iout2：电流输出引脚。电流 Iout1、Iout2 之和为常数。

V_{CC}：电源输入引脚。

AGND：模拟信号地。

DGND：数字信号地。

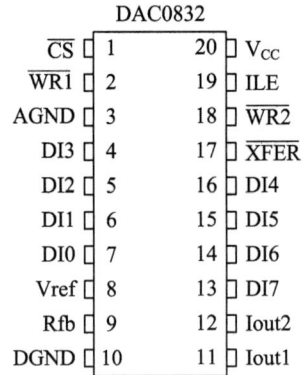

图 11-17　DAC0832 芯片的引脚

输入寄存器的锁存信号 $\overline{LE1}$ 由 ILE、$\overline{CS}$、$\overline{WR1}$ 的逻辑组合产生。当 ILE 为高电平、$\overline{CS}$ 为低电平、$\overline{WR1}$ 输入负脉冲时，在 $\overline{LE1}$ 产生正脉冲；当 $\overline{LE1}$ 为高电平时，输入锁存器的状态随数据输入线的状态变化；$\overline{LE1}$ 的负跳变将数据线上的信息锁存入输入寄存器。

DAC 寄存器的锁存信号 $\overline{LE2}$ 由 $\overline{XFER}$ 和 $\overline{WR2}$ 的逻辑组合产生。当 $\overline{XFER}$ 为低电平、$\overline{WR2}$ 输入负脉冲时，在 $\overline{LE2}$ 产生正脉冲；当 $\overline{LE2}$ 为高电平时，DAC 寄存器的输出和输入寄存器的状态一致；$\overline{LE2}$ 的负跳变，使输入寄存器的内容打入 DAC 寄存器。

3) DAC0832 的应用特性

为便于 DAC0832 的使用，现将其应用特性总结如下。

(1) DAC0832 是微处理器兼容型 D/A 转换器，即可充分利用微处理器的控制能力实现对 D/A 转换的控制。这类芯片往往有许多控制引脚，可以和微处理器的控制线相连接，接受相应的控制信号。DAC0832 使用 ILE、$\overline{CS}$ 和 $\overline{WR1}$ 控制输入寄存器的数据写入；使用 $\overline{WR2}$ 和 $\overline{XFER}$ 控制锁存寄存器的数据到 DAC 寄存器的传送。一旦数据送入 DAC 寄存器，将立刻开始 D/A 转换，相应的模拟输出在转换结束后出现在输出端。

(2) DAC0832 有两级锁存控制功能，便于实现多通道 D/A 的同步转换输出。这时应将所有 DAC 数据传送端连接在一起。转换时可以将各个通道的转换数据先写入输入锁存寄存器，再发出数据传送控制信号启动各通道的 D/A 转换。

(3) DAC0832 内部无参考电压源，必须外接参考电压源。

(4) DAC0832 为电流输出型 D/A 转换器，要获得电压输出时，需要外加转换电路。图 11-18 为由两级运算放大器组成的电流/电压转换电路。该电路从 A 点输出单极性模拟电压，从 B 点输出双极性模拟电压。若参考电压为+5 V，则 A 点的输出电压为 0～−5 V，B 点输

出的电压为 −5～+5 V。

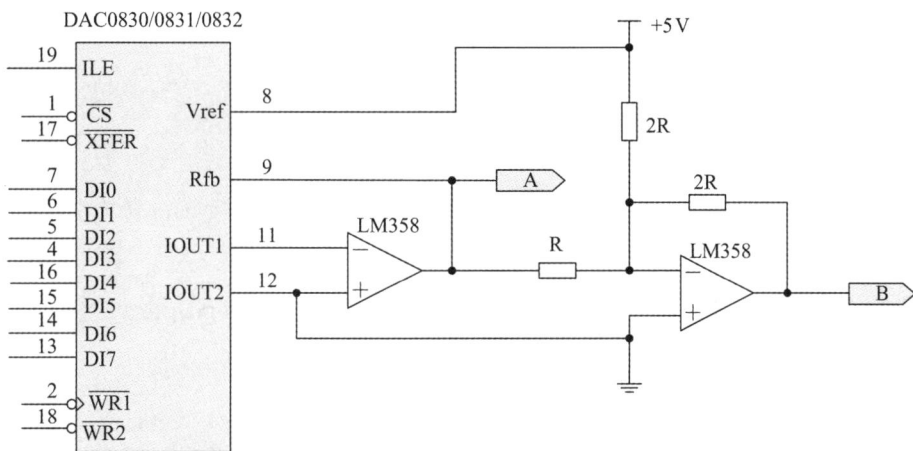

图 11-18　由两级运算放大器组成的电流/电压转换电路

2. DAC0832 与 MCS-51 单片机的硬件接口电路设计

DAC0832 与 MCS-51 单片机有两种基本的接口方法,即单缓冲器方式和双缓冲器同步方式。

1) 单缓冲器方式

若应用系统中只有一路 D/A 转换,或虽是多路 D/A 转换,但并不要求同步输出,则可以采用单缓冲器方式接口,如图 11-19 所示。在这种方式下,ILE 直接接高电平,$\overline{CS}$ 与地址总线 P2.7 相连接,$\overline{WR1}$ 由 MCS-51 的写信号 $\overline{WR}$ 控制,当地址线选通 DAC0832 后,随即输出 $\overline{WR}$ 信号,DAC0832 就能一步完成输入量的锁存和 D/A 转换输出。

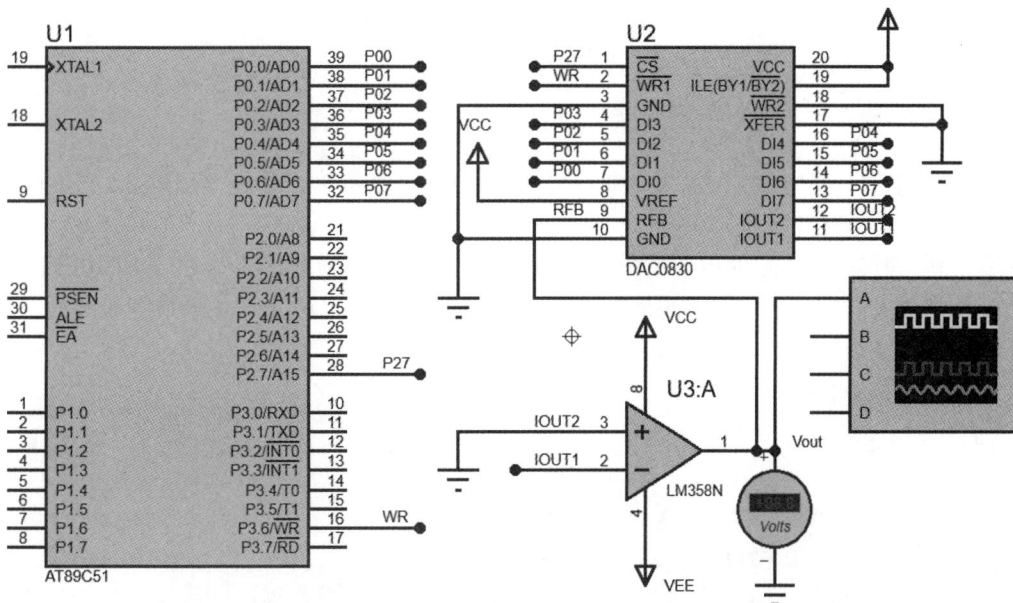

图 11-19　DAC0832 与 MCS-51 的单缓冲器方式接口电路

由于 DAC0832 具有输入锁存功能,数字量可以直接由 MCS-51 单片机数据总线 P0 口送出。且由于地址选择线接 P2.7，DAC0832 的地址范围为 0000H～7FFFH。在图 11-19 的连接方式下，执行下面几条指令就能完成一次 D/A 转换：

```
MOV    DPTR, #7FFFH        ; 指向 DAC0832
MOV    A, #data            ; 取转换数据
MOVX   @DPTR, A            ; 输出转换数据
```

当外接运算放大器时，其输出电压 $V_{\text{out}} = -\dfrac{\text{data} \times V_{\text{ref}}}{2^8}$，将数字量 data 转换成模拟电压信号输出。

【例 11-2】 电路如图 11-19 所示，编写 D/A 转换程序，通过 DAC0832 输出 −4 ～−1 V 的方波信号，设参考电压 V_{ref} 为 5 V。

解   生成方波的汇编语言源程序如下：

```
        ORG    0000H
        MOV    DPTR, #7FFFH
LOOP:   MOV    A, #51
        MOVX   @DPTR, A
        LCALL  DELAY
        MOV    A, #204
        MOVX   @DPTR, A
        LCALL  DELAY
        LCALL  DELAY
        LJMP   LOOP
        SJMP   $
DELAY:  MOV    R6, #200
        DJNZ   R6, $
        RET
        END
```

【例 11-3】 电路如图 11-19 所示，编写 D/A 转换程序，通过 DAC0832 产生锯齿波信号，设参考电压 V_{ref} 为 −5 V。

解   若累加器 A 的值不断增加，则输出电压值不断增加，当 A 的值加到 FFH 时，可以获得最大的电压输出，A 的值再加 1，则回到 0，输出电压又从 0 开始逐渐增加，形成锯齿波。生成锯齿波的汇编语言源程序如下：

```
        ORG    0000H
        MOV    DPTR, #7FFFH
        MOV    A, #0
LOOP:   MOVX   @DPTR, A
        LCALL  DELAY
        INC    A
        LJMP   LOOP
        SJMP   $
```

```
DELAY: MOV    R6, #200
       DJNZ   R6,$
       RET
       END
```

生成锯齿波的 C 语言源程序如下：

```
#include "reg52.h"
#include "intrins.h"
#include "absacc.h"
void Delay100us();
void main(void)
{
    while(1)
    {
        XBYTE[0x7fff]=ACC;
        ACC++;
        Delay100us();
    }
}
void Delay100us()          //@12.000 MHz
{
    unsigned char i;
    _nop_();
    i = 47;
    while (--i);
}
```

2) 双缓冲器同步方式

对于多路 D/A 转换要求同步输出时，必须采用双缓冲器同步方式接口。在这种方式下，D/A 转换分两步完成，即先分别将转换数据送入相对应的 DAC 输入寄存器，再将各个 DAC 输入寄存器中的数据同时打入 DAC 寄存器，使各 D/A 转换器同时开始转换并输出相应的模拟信号。

图 11-20 为 DAC0832 与 MCS-51 的双缓冲器同步方式接口电路，它是一个双路同步输出的 D/A 转换接口电路。MCS-51 的 P2.5 和 P2.6 分别接到两路 D/A 转换器的输入寄存器地址线 $\overline{CS}$，而 P2.7 则连接到两路 D/A 转换器的 $\overline{XFER}$ 端以控制同步转换；MCS-51 的 $\overline{WR}$ 端与两个 D/A 转换器的 $\overline{WR1}$ 和 $\overline{WR2}$ 相连接，在执行 MOVX 指令时，MCS-51 自动输出 $\overline{WR}$ 控制信号。

根据图 11-20 的连线可知，第一个 D/A 转换器的输入寄存器地址可以是 0DFFFH(只要 P2.5 为 0 即可)；第二个 D/A 转换器的输入寄存器地址可以是 0BFFFH(只要 P2.6 为 0 即可)，$\overline{XFER}$ 的地址则可以为 7FFFH(只要 P2.7 为 0 即可)。因此执行以下程序就可以完成两路

D/A 转换器的同步转换输出，由最后一条指令将两个输入寄存器中的数据同时送入各自
DAC 寄存器中，进行 D/A 转换，最后在输出端可同时得到两个模拟电压信号。当需要同步
输出多路模拟信号时，可利用双缓冲器同步方式。

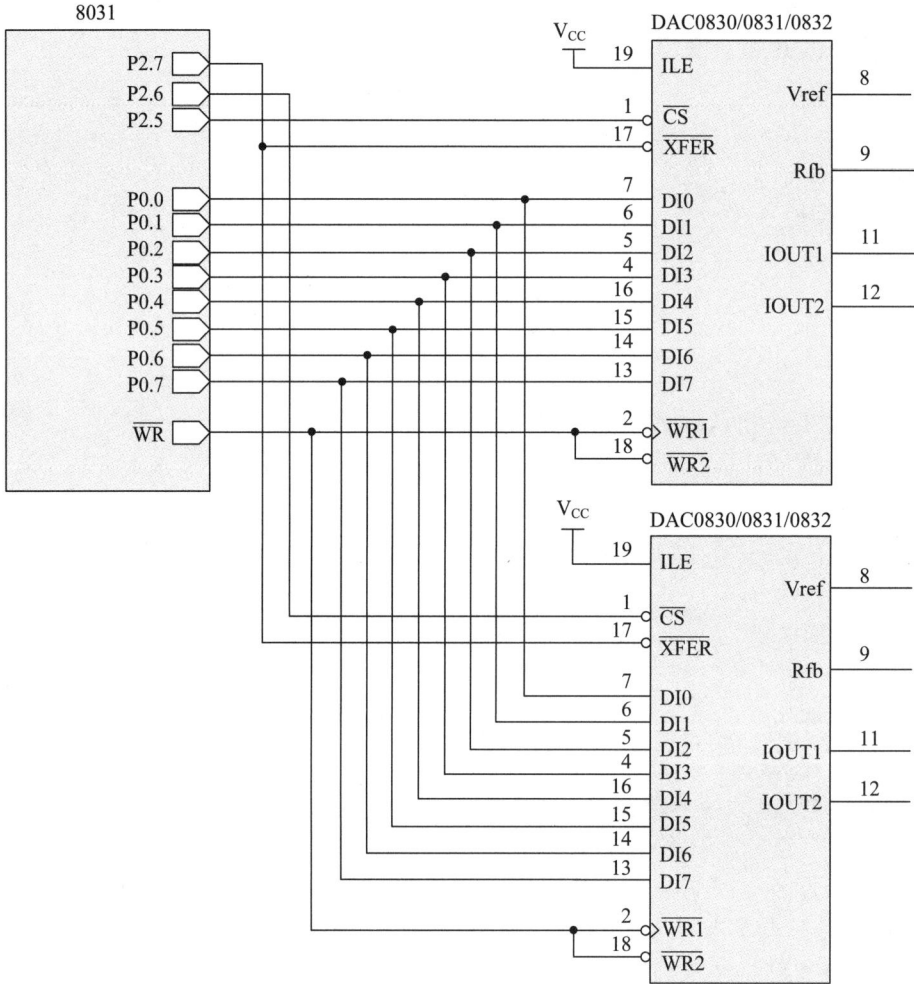

图 11-20   DAC0832 与 MCS-51 的双缓冲器同步方式接口电路

```
MOV    DPTR, #0DFFFH      ; 指向第一个 DAC0832
MOV    A, #DATA1          ; DATA1 数据送入第一个 DAC0832 中锁存
MOVX   @DPTR, A           ; 不做 D/A 转换
MOV    DPTR, #0BFFFH      ; 指向第二个 DAC0832
MOV    A, #DATA2          ; DATA2 数据送入第二个 DAC0832 中锁存
MOVX   @DPTR, A           ; 不做 D/A 转换
MOV    DPTR, #7FFFH       ; 指向两个 D/A 转换器的 XFER
MOVX   @DPTR, A           ; 启动两路 D/A 转换器的转换，同时完成 D/A 转换输出
```

    了解两路 D/A 转换器同步转换原理，就不难掌握多路 D/A 转换器的同步转换技术。实
际应用中需要注意下列问题。
    第一，关于零点和满度的调节。当输入数字信号为全"0"时，D/A 转换器输出的模拟

电压应该为 0 V。但是由于运算放大器的偏差，模拟输出可能不为 0 V，调零的目的就是使此时 D/A 转换器的输出电压尽可能接近 0 V。同理，当输入数字信号为全"1"时，D/A 转换器输出的模拟电压应该为满量程，而实际的输出可能会有偏差。

具有零点和满度调节功能的 D/A 转换电路如图 11-21 所示，通过电位器 W_1 可以调整零点，而通过电位器 W_2 则可以调整满度。

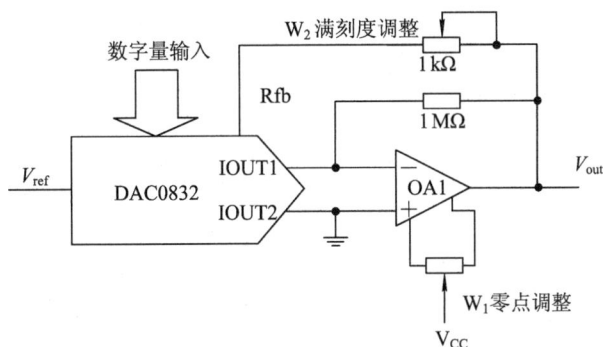

图 11-21　具有零点和满度调节功能的 D/A 转换电路

第二，关于 D/A 转换器的输出极性。前面已介绍 DAC0832 可输出单极性也可以输出双极性模拟电压。通常 D/A 转换器的输出电压范围不仅与运算放大器的接法有关，还与参考电压有关。所有 D/A 转换器件的输出模拟电压 V_{out} 都可表示为输入数字量 D 和模拟参考电压 V_{ref} 的乘积，即

$$V_{out} = -V_{ref} \times \frac{D}{2^n - 1}$$

二进制代码 D 可以表示为

$$D = d_0 \times 2^0 + d_1 \times 2^1 + d_2 \times 2^2 + \cdots + d_{n-1} \times 2^{n-1}$$

式中：n 为二进制位数；d_i 为二进制数字；d_0 为最低有效位；d_{n-1} 为最高有效位。

和 DAC0832 芯片一样，目前大多数 D/A 转换器的输出均为电流量。这个电流量要经过一个反向输入的运算放大器才能转换成模拟电压输出，如图 11-21 所示电路。该电路是一种工作范围为二象限的 D/A 转换电路，即单值数字量 D 和正负参考电压 $\pm V_{ref}$(称为模拟二象限)。当参考电压的极性不变时，只能获得单极性的模拟电压输出。单极性输出的模拟电压 V_0 的正负极性由 V_{ref} 的极性确定。当 V_{ref} 的极性为正时，V_0 为负；当 V_{ref} 的极性为负时，V_0 为正。

当参考电压的极性不变时，要想获得双极性的模拟电压输出，就必须采用如图 11-18 所示的四象限工作的 D/A 转换电路。该电路的模拟输出电压可以表示为

$$V_{out} = V_{ref} \times \frac{D - 128}{128}$$

在这种情况下，无论参考电压的极性如何，都可以获得双极性的模拟电压输出。在参考电压不变的情况下，输出模拟电压的极性取决于输入数字量二进制码的最高位(MSB)。这样一来，对应于 MSB 的 0 或 1 和参考电压的正或负，模拟输出电压可以有四种组合方式，因此称为四象限工作方式转换电路。显然，双极性模拟输出时，同样的数字量每变化一个LSB，所对应的模拟量输出比单极性输出时要增加 1 倍。

模拟接口技术实验

实验设备：计算机 1 台，Keil μVision 4 和 Proteus 软件。

实验报告要求：实验名称、实验目的、实验要求、软件流程图、程序调试过程及运行结果、实验中遇到的问题及解决方法。

实验一：ADC0809 采用查询方式的实验

实验目的：了解和掌握 A/D 转换器的基本工作原理和主要技术指标；掌握 8 位 A/D 转换器 ADC0809 的内部结构、工作原理和引脚功能；掌握 ADC0809 与 MCS-51 单片机的接口电路设计、三种接口方式与软件编程。

实验内容：采用查询方式对 1 路模拟信号进行采集，并将转换的数字量显示在 LED 显示器上。

实验二：ADC0809 采用中断方式的实验

实验目的：了解和掌握 A/D 转换器的基本工作原理和主要技术指标；掌握 8 位 A/D 转换器 ADC0809 的内部结构、工作原理和引脚功能；掌握 ADC0809 与 MCS-51 单片机的接口电路设计、三种接口方式与软件编程。

实验内容：采用中断方式分别对 8 路模拟信号轮流进行采集，并将转换结果显示在 LED 显示器上。

实验三：DAC0832 采用单缓冲器方式的实验

实验目的：了解和掌握 D/A 转换器的基本工作原理和主要技术指标；掌握 8 位 D/A 转换器 DAC0832 的内部结构、工作原理和引脚功能；掌握 DAC0832 与 MCS-51 单片机单缓冲器方式和双缓冲器同步方式的接口电路设计与软件编程。

实验内容：采用单缓冲方式进行 D/A 转换，输出正弦波、锯齿波、三角波形，并用示波器观察输出的波形。

本 章 小 结

本章详细介绍了 A/D 转换器和 D/A 转换器的基本工作原理与分类、主要技术指标、选择要点，A/D 转换器、D/A 转换器与 MCS-51 单片机接口逻辑设计要点，以典型 A/D 转换芯片 ADC0809、D/A 转换芯片 DAC0832 为例，详细介绍了它们与 MCS-51 单片机的接口设计。

本章的重点在于 A/D 转换和 D/A 转换电路的设计方法，尤其是 A/D 转换器种类繁多，原理各异，各种类型的适应场合亦有不同，要求灵活掌握，而 D/A 转换电路因控制对象的不同以及一些不确定性因素等，在实际控制中的难度也比较大，在设计中需加以注意。

习 题 十 一

11-1 A/D 转换器的主要性能指标是什么？

11-2 ADC0809 是 _____位分辨率的 A/D 转换器，可以将 0～5 V 的电压转换成数据区间 _____。

11-3 若模拟信号从通道 3 输入，则 ADC0809 的三个选择端 ADDC、ADDB、ADDA 的状态为(   )。

A. 1, 1, 0   B. 0, 0, 1   C. 0, 1, 0   D. 0, 1, 1

11-4 启动 ADC0809 芯片开始进行 A/D 转换的方法是 START 引脚输入 _____。

11-5 ADC0809 采用的 A/D 转换原理是 _____。

11-6 A/D 转换结束时，ADC0809 的引脚(   )由低电平变成高电平。

A. OE   B. EOC   C. ALE   D. START

11-7 ADC0809 为 8 位的 A/D 转换器，其分辨率为满量程电压的 _____。

11-8 当输入到 ADC0809 的模拟电压为 2 V 时，A/D 转换的结果是 _____。

11-9 A/D 转换器与单片机的接口方式主要有查询方式、延时和 _____。

11-10 根据图 11-13，编写程序，连续采集 100 个数据，保存到内部 RAM 30H 开始的单元中。

11-11 DAC0832 是_____位的 D/A 转换器芯片。

11-12 D/A 转换器的输出形式有两种，分别是电流和电压，DAC0832 的输出形式是_____。

11-13 设 DAC0832 经反相放大器输出最大模拟电压为 +5 V，若要输出 +3 V 的电压，则对应输入的数字量为 _____H。

11-14 DAC0832 内部有 _____个 8 位的数据寄存器，这种结构可以实现同时多路 D/A 转换。

11-15 DAC0832 上用来控制 DAC 寄存器的信号是 _____。

11-16 DAC0832 有三种工作方式，分别是直通方式、单缓冲方式和 _____。

11-17 设 DAC0832 参考电压为 +5 V，外接两级运算放大器后，可以使输出的电压范围为 _____。

11-18 D/A 转换器的主要性能指标是什么？

11-19 DAC0832 工作在单缓冲、双缓冲同步方式下时有什么区别？

第12章 基于MCS-51单片机的数据采集与传输系统的应用

本章教学目标

- 了解DS18B20的工作特点
- 理解单总线数据传送的原理
- 掌握数据采集系统设计方法
- 了解近距无线收发芯片nRF24L01的特点及工作原理
- 掌握nRF24L01的软件设计及应用

数据采集与信息传输是计算机信息处理的一个重要组成部分,人们通过数据采集、数据处理、数据控制以及数据管理,对各种生产活动进行综合的一体化控制,通过无线数据传输可以对设备进行远程控制。数据采集与传输系统通常由硬件和软件两部分共同组成,硬件是系统的基础,软件是系统的灵魂,通过软件对硬件合理的调配和使用,完成系统的任务。

本章通过基于DS18B20的数字温度计和基于nRF24L01的无线数据传输系统两个应用实例,介绍单片机应用系统硬件与软件的设计与开发过程。

12.1 基于MCS-51单片机和DS18B20的数字温度计

基于MCS-51单片机和DS18B20的数字湿度计以单片机为主控,外接DS18B20和数码显示器,编程实现实时温度数据采集,将温度显示在数码管上。温度数据采集系统的结构框图如图12-1所示。

图12-1 温度数据采集系统的结构框图

12.1.1　DS18B20 的工作原理

1. DS18B20 的特点

单总线接口的数字式温度传感器 DS18B20 的主要特点如下。

(1) 可编程的分辨率为 9～12 位，可分辨温度分别为 0.5℃、0.25℃、0.125℃和 0.0625℃。

(2) 测温范围为 −55℃～+125℃，在 −10℃～+85℃时精度为 ±0.5℃。

(3) 只通过一条数据线即可实现通信。

(4) 每个 DS18B20 器件上都有独一无二的序列号，所以一条数据线上可以挂接很多该器件。

(5) 内部有温度上、下限报警功能。

2. DS18B20 的结构

1) DS18B20 的内部结构

DS18B20 的内部结构如图 12-2 所示。内部的 64-BIT ROM 存储其独一无二的序列号，暂存器(scratchpad)包含了 2 字节的温度寄存器、2 字节的阈值寄存器(T_H 和 T_L)和 1 字节的配置寄存器，如表 12-1 所示。

表 12-1　暂　存　器

字节地址	暂　存　器
0	温度值低位(Temperature LSB)
1	温度值高位(Temperature MSB)
2	温度上限值寄存器(T_H Register)
3	温度下限值寄存器(T_L Register)
4	配置寄存器(Configuration Register)
5	保留(Reserved)
6	保留(Reserved)
7	保留(Reserved)
8	校验值(CRC)

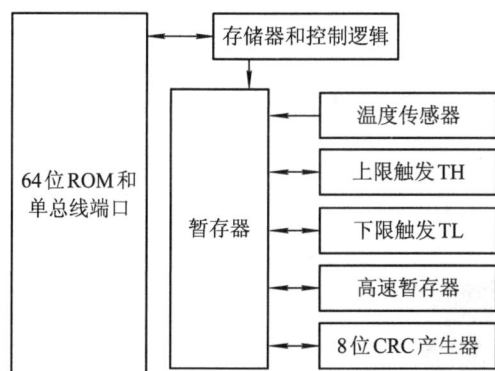

图 12-2　DS18B20 的内部结构

温度数据寄存器的格式如图 12-3 所示，2 字节，S 表示符号位，当 S 位为 0 时，读取的温度为正数；当 S 位为 1 时，读取的温度为负数。当温度为正时，将十六进制数转换成十进制即当前温度值，如 0191H = +25.0625 ℃；当温度为负时，将十六进制数取反后加 1，再转换成十进制即可，如 FC90H = −55℃。温度与湿度数据的关系如表 12-2 所示。DS18B20 复位时，温度寄存器的初值是 0550H。

	D7	D6	D5	D4	D3	D2	D1	D0
LS BYTE	2^3	2^2	2^1	2^0	2^{-1}	2^{-2}	2^{-3}	2^{-4}
	D15	D14	D13	D12	D11	D10	D9	D8
MS BYTE	S	S	S	S	S	2^6	2^5	2^4

图 12-3　温度数据寄存器的格式

表 12-2 温度与湿度数据的关系

温度/℃	温度寄存器值(二进制)	温度数据(十六进制)
+85	0000 0101 0101 0000	0550H
+25.0625	0000 0001 1001 0001	0191H
−10.125	1111 1111 0101 1110	FF5EH
−55	1111 1100 1001 0000	FC90H

配置寄存器的格式如图 12-4 所示。当 R1R0 = 00 时，分辨率为 9 位；当 R1R0 = 01 时，分辨率为 10 位；当 R1R0 = 10 时，分辨率为 11 位；当 R1R0 = 11 时，分辨率为 12 位。在出厂时分辨率配置为 12 位，温度最大转换时间为 750 ms。

D7	D6	D5	D4	D3	D2	D1	D0
0	R1	R0	1	1	1	1	1

图 12-4 配置寄存器的格式

2) DS18B20 的引脚

DS18B20 的引脚结构如图 12-5 所示，引脚定义如下。

(1) DQ：数字信号输入/输出端，启动转换之后 DQ 为低电平，转换结束 DQ 变为高电平。

(2) GND：接地端。

(3) V_{DD}：外接供电电源输入端(在寄生电源接线方式时接地)。

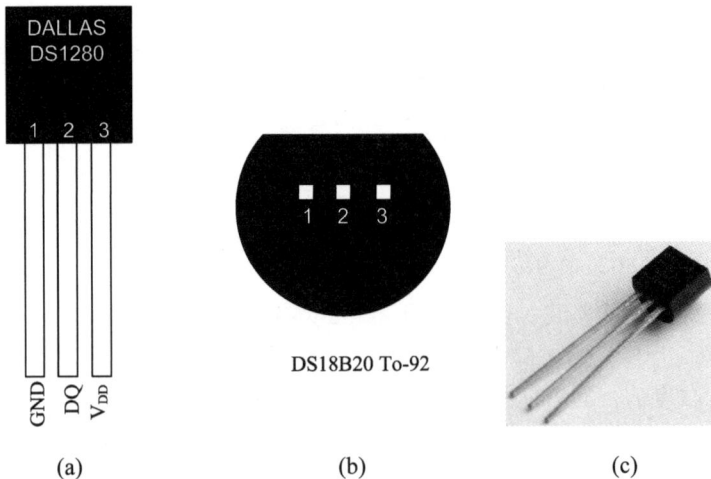

图 12-5 DS18B20 的引脚结构

3. DS18B20 的操作时序

1) 初始化时序

单总线接口的 DS18B20 所有数据传送都是由初始化时序开始的，该时序由从主设备发出的复位脉冲(reset pulse)及从 DS18B20 响应的在线脉冲(presence pulse)组成，如图 12-6 所示。若 DS18B20 发送应答脉冲，则表示已经准备好和主机进行数据交互(读、写操作)。在主机(master)发起初始化时序之前，主机和从机(DS18B20)均处于释放总线的状态。

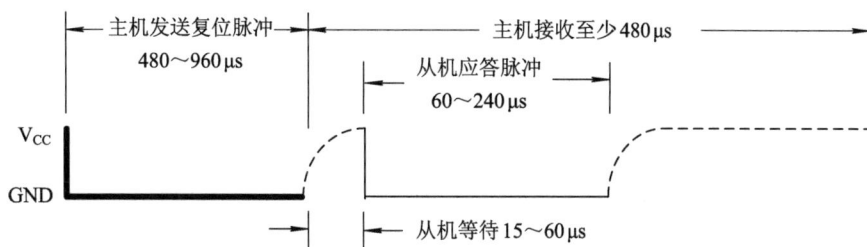

图 12-6　DS18B20 复位时序

2) 写操作和读操作

图 12-7 为 DS18B20 的写操作和读操作时序，总线操作分为读/写"0"和读/写"1"。

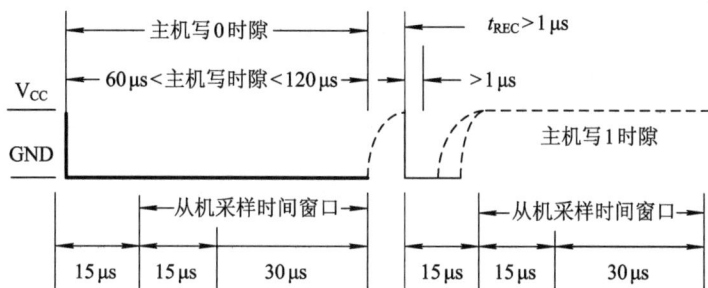

(a) 写操作时序

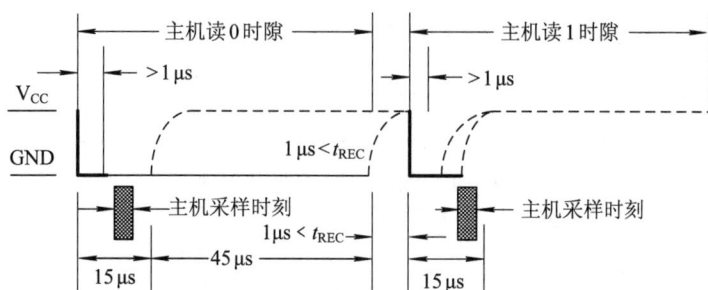

(b) 读操作时序

图 12-7　DS18B20 的写操作和读操作时序

　　主机向从机写"0"时，在主机发起初始化时序(开始时隙)前，主机和从机均处于释放总线的状态，从主机发起"开始时隙"到从机开始采集数据的间隔是 15 μs，也就是说主机必须在发起"开始时隙"后拉低电平，且"开始时隙"加上拉低电平时间必须在 15 μs 内。整个写"0"的时间间隔为 60 μs。

　　主机向从机写"1"时，在主机发起开始时隙前，主机和从机均处于释放总线的状态，从主机发起"开始时隙"到从机开始采集数据的间隔是 15 μs，也就是说主机必须在发起"开始时隙"后释放总线，且"开始时隙"加上释放总线时间必须在 15 μs 内。整个写"1"的时间间隔为 60 μs。需要注意的是，"写时隙"大于等于 1 μs。

　　主机读"0"时，在主机发起"开始时隙"前，主机和从机均处于释放总线的状态，从主机发起"开始时隙"到主机开始读取从机数据的间隔是 15 μs, 也就是说主机必须在发起"开始时隙"后释放总线, 等待从机的数据, 且"开始时隙"加上从机拉低总线时间必须在 15 μs 内。整个读"0"的时间间隔为 60 μs。

主机读"1"时, 在主机发起"开始时隙"前, 主机和从机均处于释放总线的状态, 从主机发起"开始时隙"到主机开始读取从机数据的间隔是 15 μs, 也就是说主机必须在发起"开始时隙"后释放总线, 等待从机的数据, 且"开始时隙"加上从机释放总线时间必须在 15 μs 内。整个读"1"的时间间隔为 60 μs。

4. DS18B20 的通信协议

主机通过单总线端口与 DS18B20 从机进行数据交互的协议有初始化、ROM 操作指令(如表 12-3 所示)、DS18B20 功能指令(如表 12-4 所示)。这样才能对 DS18B20 进行预定的操作。

表 12-3　ROM 命令表

指令说明	指令码	功　　　　能
读 ROM	33H	读 DS18B20 温度传感器 ROM 中的编码(即 64 位地址)
匹配 ROM	55H	发出此命令之后, 接着发出 64 位 ROM 编码, 访问单总线上与该编码相对应的 DS18B20 使之作出响应, 为下一步对该 DS18B20 的读写做准备
搜索 ROM	FOH	用于确定挂接在同一总线上 DS18B20 的个数和识别 64 位 ROM 地址
跳过 ROM	CCH	忽略 64 位 ROM 地址, 直接向 DS18B20 发温度变换命令, 适用于单片工作
告警搜索	ECH	执行后只有温度超过设定值上限或下限的芯片才作出响应

表 12-4　DS18B20 功能指令

指令说明	指令码	功　　　　能
启动温度变换	44H	启动 DS18B20 进行温度转换, 结果存入暂存器第 0、1 字节中
读暂存器	BEH	连续读取内部 RAM 中 9 字节的内容
写暂存器	4EH	发出向内部 RAM 的第 2、3 和 4 字节写上、下限温度数据命令
备份设置	48H	将 RAM 中第 2、3 和 4 字节的内容复制到 EEPROM 中
恢复设置	B8H	将 EEPROM 中内容恢复到 RAM 中的第 2、3 和 4 字节
读供电方式	B4H	读 DS18B20 的供电模式, 寄生供电为"0", 外接电源供电为"1"

12.1.2　基于 DS18B20 的温度数据采集电路设计

数字温度计的接口电路如图 12-8 所示, 单片机外接两个锁存器 74HC573, 其中一个接共阳极数码管的段选, 另一个接共阳极数码管的位选, P2.6 和 P2.7 用来控制选通锁存器, DS18B20 的数据端 DQ 连接单片机的 P3.0。

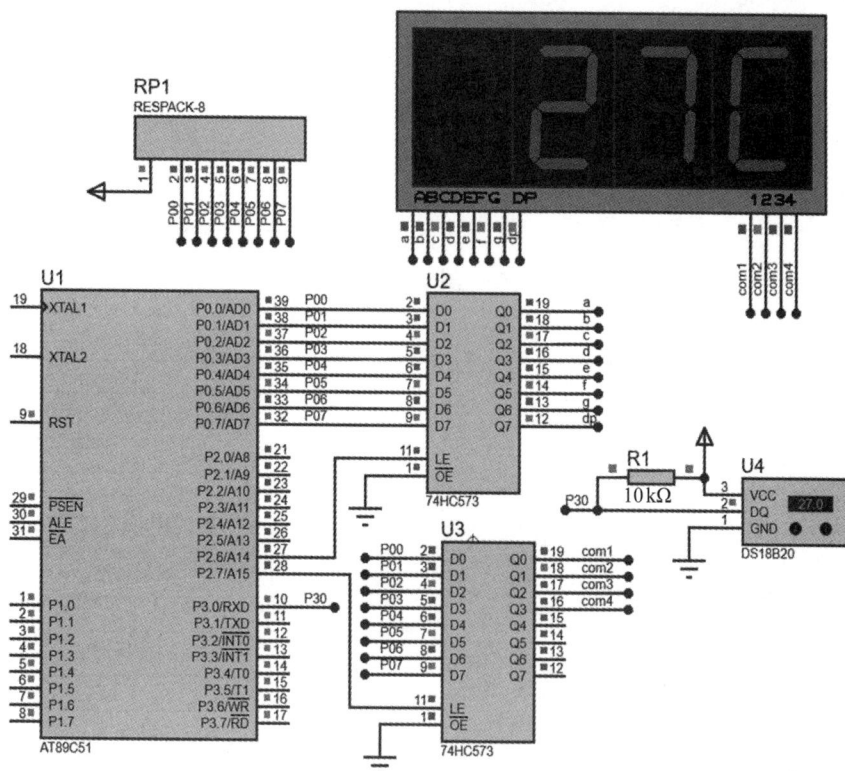

图 12-8　数字温度计的接口电路

12.1.3　温度数据采集程序设计

1. 程序流程图

温度数据采集的主程序流程图如图 12-9 所示。定时器初始化时间为 2 ms，允许定时器中断，每 200 ms 启动一次数据采集；按照 DS18B20 的操作协议，读数据之前要启动温度转换，等待温度转化结束；读数据时先读低 8 位，再读高位。如果只保留温度的整数部分，那么需要把高字节左移 4 位、低字节右移 4 位，再把两个数据相或。

2. 源代码

主程序 main.c 的代码如下：

```c
#include "reg52.h"
#include "ds18b20.h"
code unsigned char tab[] ={0xc0, 0xf9, 0xa4, 0xb0, 0x99, 0x92, 0x82, 0xf8, 0x80, 0x90, 0xff, 0xc6};
unsigned char dspbuf[4] = {10, 0, 0, 0};          // 显示缓冲区
bit    temper_flag = 0;                           // 温度读取标志
sbit DQ = P3^0;                                   // DS18B20 的数据口位 P3.0
unsigned char t_high;                             // 存放温度值的高字节
unsigned char t_low;                              // 存放温度值的低字节
void Timer0_init(void)                            // 定时器初始化函数，定时时间 2 ms
```

```
{
    TMOD = 0x01;
    TH0 = (65536-2000)/256;
    TL0 = (65536-2000)%256;
    EA = 1;
    ET0 = 1;
    TR0 = 1;
}
void display(void)                  // 显示函数
{
    static unsigned char com = 0;
    P2 = 0x40;
    P0 = 0xff;
    P2 = 0x00;
    P2 =    0x80;
    P0 = 1<<com;
    P2 = 0x00;
    P2 = 0x40;
    P0 = tab[dspbuf[com]];
    P2 = 0x00;
    if(++com == 4){
        com = 0;
    }
}
void main()                         // 主函数
{
    unsigned char temperature;
    Timer0_init();
    while (1)
    {
        if(temper_flag)
        {
            temper_flag = 0;
            init_ds18b20();                     // 设备复位
            Write_DS18B20(0xCC);                // 跳过 ROM 命令
            Write_DS18B20(0x44);                // 启动转换命令
            while (!DQ);                        // 等待转换完成
            init_ds18b20();                     // 设备复位
            Write_DS18B20(0xCC);                // 跳过 ROM 命令
```

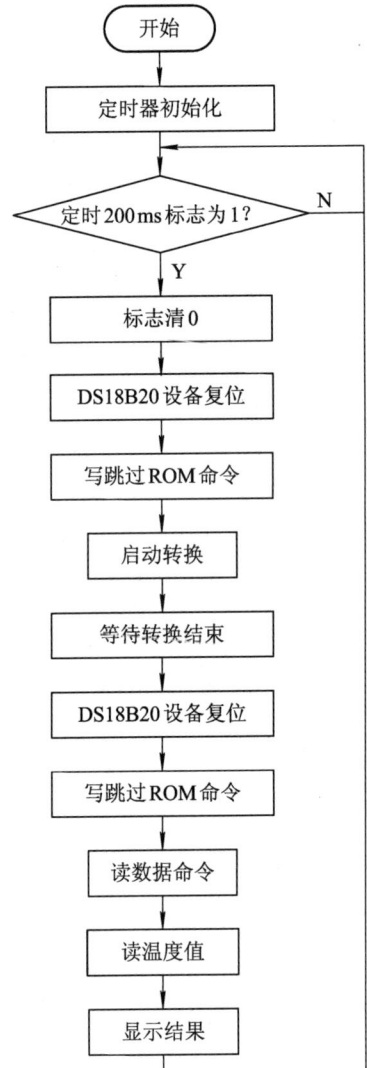

图 12-9   温度数据采集的主程序流程图

```
            Write_DS18B20(0xBE);                // 读暂存器命令
            t_low = Read_DS18B20();             // 读温度低字节
            t_high = Read_DS18B20();            // 读温度高字节
            temperature=(t_low>>4)|(t_high<<4); // 计算温度的整数部分
            dspbuf[1] = temperature/10;
            dspbuf[2] = temperature%10;
            dspbuf[3] = 11;                     // 显示温度符号
        }
    }
}
//定时器 0 中断服务函数
void isr_timer_0(void) interrupt 1
{
    static unsigned char intr;
    TH0 = (65536-2000)/256;                     // 定时器重载初值
    TL0 = (65536-2000)%256;
    display();                                  // 2 ms 执行一次
    if(++intr == 100)                           // 200 ms 温度读取标志置 1
    {
        intr = 0;
        temper_flag = 1;
    }
}
```

单总线驱动程序 ds18b20.c 如下：

```
#include "reg52.h"
sbit DQ = P3^0;
//单总线延时函数
void Delay_OneWire(unsigned int t)
{
    unsigned char i;
    while(t--);
}
//向 DS18B20 写 1 字节
void Write_DS18B20(unsigned char dat)
{
    unsigned char i;
    for(i = 0; I < 8; i++)
    {
        DQ = 0;
```

```
        DQ = dat&0x01;
        Delay_OneWire(5);
        DQ = 1;
        dat >>= 1;
    }
    Delay_OneWire(5);
}
// 从 DS18B20 读取 1 字节
unsigned char Read_DS18B20(void)
{
    unsigned char i;
    unsigned char dat;
    for(i=0;i<8;i++)
    {
        DQ = 0;
        dat >>= 1;
        DQ = 1;
        if(DQ)
        {
            dat |= 0x80;
        }
        Delay_OneWire(5);
    }
    return dat;
}
// DS18B20 设备初始化
bit init_ds18b20(void)
{
    bit initflag = 0;
    DQ = 1;
    Delay_OneWire(12);
    DQ = 0;
    Delay_OneWire(80);
    DQ = 1;
    Delay_OneWire(10);
    initflag = DQ;
    Delay_OneWire(5);
    return initflag;
}
```

12.2　无线数据传输系统

12.2.1　近距无线收发芯片 nRF24L01 概述

nRF24L01 是由挪威 Nordic 公司推出的单片无线收发芯片,工作于全球开放的 2.4～2.5 GHz ISM 频段,集无线收发于一体,用于近距无线数据传输。nRF24L01 内置频率合成器、增强型 ShockBurst TM 模式控制器、功率放大器、晶体振荡器、调制解调器等功能模块,其中输出功率和通信频道可通过程序进行配置。nRF24L01 功耗低,以 −6 dBm 功率发射时,工作电流只有 9 mA;接收时工作电流只有 12.3 mA;在多种低功率工作模式(掉电模式和待机模式)下电流消耗更低,使节能设计更方便。

1. nRF24L01 的特点

nRF24L01 支持点对点、点对多点(1 对 6)之间的通信,它没有复杂的通信协议,对用户完全透明,同种产品之间可自由通信。其输出功率、频道选择可通过 SPI 接口进行设置,几乎可连接到各种 MCU,并完成无线数据传输工作。nRF24L01 通过增强型 ShockBurst TM 收发模式进行无线传输,收发可靠,外形尺寸小,需要的外围元器件少,因此使用方便。nRF24L01 在工业控制、消费电子等领域具有广阔的应用前景,适用于多种近距无线通信的场合,如无线数据传输系统、无线门禁、安防系统、智能运动设备、工业传感器、无线鼠标、键盘、游戏机操纵杆、遥控电子产品等。其主要特点如下。

(1) 高效的 GFSK 调制,抗干扰能力强。

(2) 硬件集成 OSI 链路层。

(3) 具有自动应答和自动重发功能。

(4) 片内自动生成报头和 CRC 校验功能。

(5) 数据传输率为 1 Mb/s 或 2 Mb/s。

(6) 采用 SPI 总线通信可方便地连接到 MCU,进行芯片配置和数据传输,SPI 速率为 0～10 Mb/s。

(7) 具有 125 个可选的工作通道,满足多点通信和调频通信的需要;很短的频道切换时间,可用于跳频。

(8) 供电电压为 1.9～3.6 V。

(9) QFN20 引脚 4 mm × 4 mm 封装。

2. nRF24L01 的工作原理

nRF24L01 有四种工作模式,分别为发送模式、接收模式、待机模式和掉电模式。其中,收发模式有 ShockBurst TM 收发模式和直接收发模式两种,由 CE 和 CONFIG 寄存器的 PWR_UP(第 1 位)和 PRIM_RX(第 0 位)位共同控制。nRF24L01 的主要工作模式如表 12-5 所示。

表 12-5　nRF24L01 的主要工作模式

工作模式	PWR_UP	PRIM_RX	CE	FIFO 寄存器状态
接收模式	1	1	1	—
发送模式	1	0	1	数据在 TX FIFO 寄存器中
发送模式	1	0	1→0	停留在发送模式，直到数据发送完
待机模式 II	1	0	1	TX FIFO 为空
待机模式 I	1	—	0	无数据传输
掉电模式	0	—	—	

在 ShockBurst TM 收发模式下，使用片内的 FIFO 堆栈区，数据低速从微控制器输入而高速发射，与射频协议相关的所有高速信号处理都在片内进行，这带来三大好处：尽量节能；系统费用低(低速微控制器也能进行高速射频发射)；数据在空中停留时间短，抗干扰性强，也减小了整个系统的平均工作电流。在该模式下，nRF24L01 自动处理字头和 CRC 校验码：在接收数据时，自动把字头和 CRC 校验码移去；在发送数据时，自动加上字头和 CRC 校验码。当发送过程完成后，数据准备好引脚通知微处理器数据发射完毕。nRF24L01 通常工作在 ShockBurst TM 收发模式下，这样系统程序的编写更加简单和方便，并且稳定性会更高。

1) 数据的发送

在 ShockBurst TM 收发模式下，nRF24L01 发送数据的流程如下。

(1) 配置寄存器位：PRIM_RX 为低。

(2) 设置 CE 为高，使能 nRF24L01 工作。

(3) 当 MCU 有数据要发送时，接收节点地址和要发送的有效数据通过 SPI 总线写入 nRF24L01，当 CSN 为低时发送数据被不断地写入。

(4) 设置 CE 为低，激发 nRF24L01 启动发射，CE 高电平持续时间最小为 10 μs。

(5) 启动内部 16 MHz 时钟，MCU 设置发送速度为 1 Mb/s 或 2 Mb/s，射频数据打包(加字头、CRC 校验码)；高速发射数据包；发射完成，nRF24L01 进入空闲状态。

(6) 若启动了自动应答模式，则 nRF24L01 立即进入接收模式。

(7) 若 CE 置低，则系统进入待机模式。

2) 数据的接收

在 ShockBurst TM 收发模式下，nRF24L01 接收数据的流程如下。

(1) 配置寄存器位：PRIM_RX 为高。

(2) 打开所使用的接收数据通道，自动应答功能，配置本机地址和要接收的数据包大小。

(3) 设置 CE 为高，启动接收模式。

(4) 130 μs 后 nRF24L01 进入监视状态，开始检测空中信息，等待数据包的到来。

(5) 当接收到有效数据包(正确的地址和 CRC 校验码)后，nRF24L01 自动将字头、地址和 CRC 校验码位移去，数据存储在 RX_FIFO 中，同时 RX_DR 位置高，通知微控制器。

(6) 微控制器把数据从 nRF24L01 移出。

(7) 若启动自动应答功能，则发送应答信号。

(8) 所有数据移完，nRF24L01 将 RX_DR 位置低。此时若 CE 为高，则等待下一个数据包；若 CE 为低，则开始其他工作流程。

3. nRF24L01 的引脚功能

nRF24L01 的模块实物与引脚排列如图 12-10 所示。nRF24L01 各引脚功能具体如下。

CE：模式控制信号线(输入)，RX 或 TX 模式选择。

CSN：SPI 片选使能(输入)，当 CSN 为低电平时使能芯片工作。

SCK：SPI 时钟信号线(输入)。

MOSI：SPI 输入数据线(输入；主机输出，从机输入)。

MISO：SPI 输出数据线(三态输出；主机输入，从机输出)。

IRQ：可屏蔽中断信号线(输出)，中断时变为低电平。无线通信过程中 MCU 主要是通过 IRQ 与 nRF24L01 进行通信。

注意：写指令前先拉低 CSN，写一条指令后拉高 CSN。每写一次指令都必须经历"拉低 CSN""写入指令""拉高 CSN"三个步骤。

　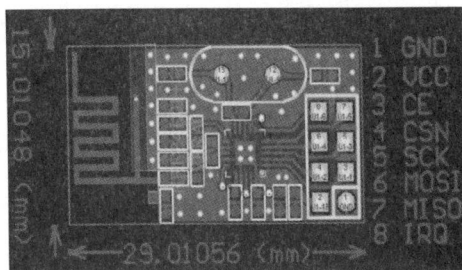

(a) 模块实物　　　　　　　　　　　　　　　　(b) 引脚排列

图 12-10　nRF24L01 的模块实物与引脚排列

4. SPI 总线简介

SPI(Serial Peripheral Interface)是由 Motorola 公司提出的一种同步串行总线，采用 3 根或 4 根信号线进行数据传输，其信号包括使能信号、同步时钟、同步数据(输入和输出)。它允许 MCU 与各种外设以串行方式进行通信。采用 SPI 串行总线可简化系统结构，降低成本，使系统具有灵活的可扩展性，此外还可用于多 MCU 间的通信。SPI 串行总线具有以下主要特点。

(1) 全双工，三线或四线同步传输。

(2) 可工作在主模式下或从模式下。

(3) 1.05 Mb/s 的最大主机数据传输速率。

(4) 4 种可编程串行时钟极性与相位。

(5) 发送结束中断标志。

(6) 总线竞争保护。

SPI 串行接口设备既可以工作在主设备模式下，也可以工作在从设备模式下。系统主设备为 SPI 总线通信提供同步时钟信号，并决定从设备片选信号的状态，使能将要进行通信的 SPI 从器件。SPI 从器件则由系统主设备获取时钟及片选信号，因此从器件的控制信号 CS、SCLK 都是输入信号。

SPI 串行总线使用两条控制信号线 CS 和 SCLK，一条或两条数据信号线 SDI、SDO。

在 Motorola 公司的 SPI 技术规范中将数据信号线 SDI 称为 MISO(Master-In-Slave-Out)，数据信号线 SDO 称为 MOSI(Master-Out-Slave-In)，控制信号线 CS 称为 SS(Slave Select)，时钟信号线 SCLK 称为 SCK(Serial Clock)。

在 SPI 串行总线通信中，CS 用来控制外设的选通(低电平有效)，未选通器件的 SDO 信号线将处于高阻态。SCLK 则用来为数据通信提供同步时钟，不论 SPI 从设备是否处于选通状态，系统主设备都会为所有的 SPI 从设备提供 SCLK 信号。多数 SPI 串行接口设备会提供 4 条信号线，但也有部分器件会采用分时复用的方式使用数据信号线 SDI 和 SDO。通过对同步时钟信号的相位和极性进行设置，SPI 串行数据通信接口可以工作在四种不同的工作模式下。

SPI 串行总线除用于连接一个处理器(系统主机)和若干个 SPI 从设备外，还可用于一个主处理器与多个从处理器之间、多个处理器与若干个 SPI 从设备之间的连接。普通的应用场合是采用一个处理器作为系统主机，来控制一个或多个 SPI 从器件从主机读取数据或向主机写入数据。

目前采用 SPI 串行总线接口的器件非常多，有 A/D 与 D/A 转换器、存储器(EEPROM/FLASH)、实时时钟(RTC)、LCD 控制器、温度传感器、压力传感器等。

5. 通信地址的设置

nRF24L01 支持点对点、点对多点之间的通信。在点对点通信方式下，发送端和接收端使用相同地址。在发送端，通道 0 被用作接收应答信号，因此通道 0 的接收地址要与发送端地址相等，以确保接收到正确的应答信号。在接收端，确认收到数据后记录地址，并以此地址为目标地址发送应答信号。在接收模式下，最多可接收 6 路不同的数据，每一个数据通道使用不同的地址，但共用相同的通道。即 6 个不同的 nRF24L01 设为发送模式后，可与同一设为接收模式的 nRF24L01 进行通信，而设为接收模式的 nRF24L01 可对这 6 个发射节点进行识别。数据通道 0 是唯一可配置为 40 位自身地址的数据通道，1~5 数据通道均为 8 位自身地址和 32 位共用地址(由通道 1 设置)。

对于多点通信或组网，可采用一主多从结构。如 7 个工作节点，其中 1 个作为主机，其他 6 个作为从机。采用主机地址查询的方式，6 个从机的地址均不同，而主机知道所有从机的地址，每次通过地址查询从机，只有地址符合的从机才作出应答，这样主机就可以和任意一个从机通信，而且不受其他从机的干扰。nRF24L01 实现多点通信的主要步骤如下。

1) 接收端和发送端共同的设置

(1) 设置信道工作频率(接收端和发送端必须一致)。如：
　　SPI_RW_Reg(WRITE_REG+RF_CH, 40);

(2) 设置发射速率(2 Mb/s 或 1 Mb/s)和发射功率(收发必须一致)。如：
　　SPI_RW_Reg(WRITE_REG+RF_SETUP, 0x0f);　　// 发射速率为 2Mb/s，发射功率最大为 0 dB

2) 接收端的设置

(1) 设置通道 0~5，自动 ACK 应答允许。如：
　　SPI_RW_Reg(WRITE_REG+EN_AA, 0x3f);

(2) 设置接收通道全部允许。如：
　　SPI_RW_Reg(WRITE_REG+EN_RXADDR, 0x3f);

(3) 向发送地址寄存器写入本地地址(5 Byte)。

(4) 向各个通道的接收地址寄存器写入接收地址。

通道 0：5 字节的地址。

通道 1：5 字节的地址(必须和通道 0 的地址不同)。

通道 2：1 字节的地址(为该通道发射机地址的第一个字节)。

若有一个配置为发射模式的 nRF24L01，要通过该通道与接收机通信，发射机的本地地址为{0x37, 0xa1, 0xb3, 0xc9, 0xda}，则接收机通道 2 的地址为(0x37)。

通道 3：1 字节的地址(同上)。

通道 4：1 字节的地址(同上)。

通道 5：1 字节的地址(同上)。

(5) 向各通道接收数据长度寄存器写入接收数据宽度(最宽均为 32)。

通道 n：

　　SPI_RW_Reg(WRITE_REG+RX_PW_Pn, RX_PLOAD_WIDTH);

如通道 5：

　　SPI_RW_Reg(WRITE_REG+RX_PW_P5，RX_PLOAD_WIDTH);

(6) 配置为接收模式。如：

　　SPI_RW_Reg(WRITE_REG+CONFIG, 0x0f);

3) 发射端的设置

(1) 向发送地址寄存器写入本地地址(5 Byte)。

对发给接收机通道 0 的发射机：发射机本地地址必须和接收机写入该通道的接收地址一致。

对发给接收机通道 1 的发射机：发射机本地地址必须和接收机写入该通道的接收地址一致。

对发给接收机通道 2 的发射机：发射机本地地址的第 1 个字节必须和接收机写入该通道的接收地址一致；后 4 个字节必须和接收机写入通道 1 的接收地址的后 4 个字节一致。

其他通道类同通道 2，接收机地址如下：

```
uchar RX_ADDRESS0[RX_ADR_WIDTH]={0x34, 0x43, 0x10, 0x10, 0x00};// 通道 0 接收地址
uchar RX_ADDRESS1[RX_ADR_WIDTH]={0x35, 0xa1, 0xb3, 0xc9, 0xda};// 通道 1 接收地址
uchar RX_ADDRESS2[1]={0x36};                                   // 通道 2 接收地址
uchar RX_ADDRESS3[1]={0x37};                                   // 通道 3 接收地址
uchar RX_ADDRESS4[1]={0x38};                                   // 通道 4 接收地址
uchar RX_ADDRESS5[1]={0x39};                                   // 通道 5 接收地址
```

对发给接收机通道 0 的发射机：

```
uchar TX_ADDRESS[TX_ADR_WIDTH]= {0x34, 0x43, 0x10, 0x10, 0x00}; //本地地址
```

对发给接收机通道 1 的发射机：

```
uchar TX_ADDRESS[TX_ADR_WIDTH]={0x35, 0xa1, 0xb3, 0xc9, 0xda}; //本地地址
```

对发给接收机通道 2 的发射机：

```
uchar TX_ADDRESS[TX_ADR_WIDTH]={0x36, 0xa1, 0xb3, 0xc9, 0xda}; //本地地址
```

对发给接收机通道 3 的发射机：

    uchar TX_ADDRESS[TX_ADR_WIDTH] = {0x37, 0xa1, 0xb3, 0xc9, 0xda}; //本地地址

对发给接收机通道 4 的发射机：

    uchar TX_ADDRESS[TX_ADR_WIDTH] = {0x38, 0xa1, 0xb3, 0xc9, 0xda}; //本地地址

对发给接收机通道 5 的发射机：

    uchar TX_ADDRESS[TX_ADR_WIDTH] = {0x39, 0xa1, 0xb3, 0xc9, 0xda}; //本地地址

(2) 向接收地址寄存器写入接收地址(5 Byte)，均写接收机的本地地址。

(3) 设置为发送模式。如：

    SPI_RW_Reg(WRITE_REG+CONFIG, 0x0e);

(4) 设置自动重发。如：

    SPI_RW_Reg(WRITE_REG+SETUP_RETR,　0x3f); //自动重发 15 次，等待最长时间

12.2.2　系统总体结构

本设计基于 MCS-51 微处理器，结合 nRF24L01 模块构建一个无线数据传输系统，包含发送和接收两个节点，在发送节点一侧发送数据，在接收节点一侧接收数据，从而实现近距无线通信。在发送节点的矩阵键盘上按下按键，通过 LED 数码管显示按键的值，同时将按键值传输到接收节点并显示在 LED 数码管上。本系统具有双向传输的功能，两个节点均可实现数据的无线发送和接收。

1. 系统功能

无线数据传输系统主要实现以下三个功能：

(1) 实现两个节点之间的点对点近距无线通信，无线通信距离为 50～100 米。

(2) 两个节点可以互为主机或从机进行发送和接收。

(3) 发送节点通过矩阵键盘分别发送 "0～9，A，B"，接收节点接收到相应的字符，并显示在 LED 数码管上。

2. 系统组成

无线数据传输系统由发送节点和接收节点两部分组成，二者结构相同，均主要由 MCS-51 单片机、nRF24L01 无线收发模块、矩阵键盘、LED 显示器四部分组成，在 MCS-51 MCU 控制下进行无线数据的发送、接收和实时显示。

(1) MCS-51 单片机：作为系统的主控模块，对系统各模块进行调度、协调，控制各模块的工作。

(2) nRF24L01 无线收发模块：负责无线数据的发送和接收。

(3) 矩阵键盘：负责控制输入指定的字符数据。

(4) LED 显示器：负责显示发送或接收的字符数据。

(5) LED 指示灯 D1：负责发送模式或接收模式的工作状态显示。

3. 总体设计

基于 nRF24L01 无线数据传输系统的设计，结合 MCS-51 单片机、nRF24L01 无线收发模块、矩阵键盘、LED 显示器，实现无线数据传输功能。该系统由一个发送节点和一个接

收节点组成，构成一个点对点无线传输系统，收发节点结构相同。该系统采用 MCS-51 MCU 作为主控制器，在它的控制下进行数据的无线发送、接收和显示；发送节点和接收节点通过各自的 nRF24L01 无线收发模块，进行点对点无线数据传输；矩阵键盘控制输入要发送的字符数据；LED 显示器实时显示发送或接收的字符数据。系统收发节点总体设计框图如图 12-11 所示。

图 12-11　系统收发节点总体设计框图

12.2.3　系统硬件设计

收发节点的硬件由基于 MCS-51 内核的 STC89C52 芯片、nRF24L01 模块、矩阵键盘和 LED 显示器等组成。STC89C52 的 I/O 端口 P1.4～P1.7 模拟 SPI 串行总线，通过 SPI 总线控制 nRF24L01 的读写操作；nRF24L01 的片选线 CSN 连接到 STC89C52 的 P3.3，中断信号线 IRQ 连接到 STC89C52 的 P1.3；LED 指示灯 D1 连接到 STC89C52 的 P1.0。矩阵键盘中，P3.0～P3.2 作为行线，P3.4～P3.7 作为列线，3 根行线和 4 根列线，可识别 12 个按键。LED 显示器中，P0 口连接段码 a～h，P2.6 作为段选信号线，P2.7 作为位选信号线，采用 LED 动态扫描显示方式。收发节点硬件设计框图如图 12-12 所示。

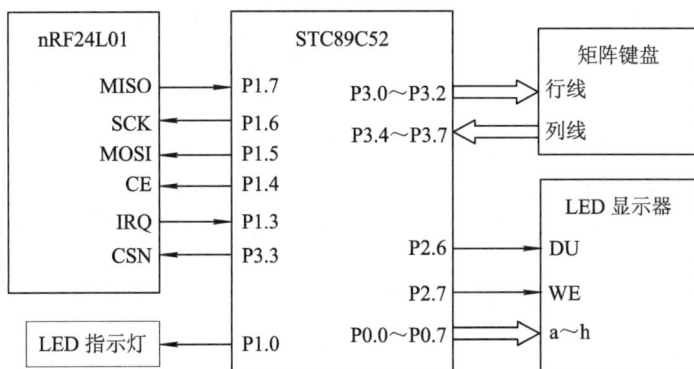

图 12-12　收发节点硬件设计框图

12.2.4　系统软件设计

系统软件设计主要包括主控软件 main.c 和 nRF24L01 软件两大部分。nRF24L01 软件包括两部分，即 nRF24L01 驱动软件 nRF24L01.c 和头文件 nRF24L01.h。

1. nRF24L01 驱动软件及头文件

驱动软件 nRF24L01.c 主要包括 nRF24L01 初始化程序，发送程序，接收程序，SPI 读写时序程序，nRF24L01 的地址设置、端口配置及延时函数五个部分，本节将详细介绍 nRF24L01.c 文件的主要函数。系统采用 ShockBurst TM 收发模式完成数据的发送和接收，编写 nRF24L01 驱动软件的基本思路如下：

首先，置 CSN 为低，使能 nRF24L01 芯片，配置芯片各个参数。

其次，若系统采用 ShockBurst TX 模式，则填充 TX FIFO。

再次，配置完成后，通过 CE 与 CONFIG 中的 PWR_UP 与 PRIM_RX 参数，确定 nRF24L01 的工作模式。

发送模式 TX Mode：PWR_UP = 1、PRIM_RX = 0、CE = 1 (保持超过 10 μs 即可)。

接收模式 RX Mode：PWR_UP = 1、PRIM_RX = 1、CE = 1。

最后，将 IRQ 接到外部中断输入引脚，通过中断服务程序进行处理。IRQ 在三种情况下变低：TX FIFO 发送完并且收到 ACK(使能 ACK 情况下)；RX FIFO 收到数据；达到最大重发次数。

nRF24L01 自动处理字头和 CRC 校验码。发送数据时，自动加上字头和 CRC 校验码，置 CE 为高，至少 10 μs，将使能发送过程。在接收数据时，自动把字头和 CRC 校验码移去。

发送端要求接收端在接收到数据后有应答信号，以便发送端检测有无数据丢失，一旦丢失则重发数据。重发数据设置在地址为 0x04 的数据重发设置寄存器中，用于设置重发次数及在未收到应答信号后等待重发的时间。

1) nRF24L01 的地址设置、端口配置及延时函数设计

在点对点通信方式下，发送端和接收端使用相同的地址，设置状态标志。具体源程序如下：

```
#include "nRF24L01.h"
uchar    bdata sta;                       // 状态标志
sbit    RX_DR = sta^6;                    // RX_DR 为 sta 的第 6 位
sbit    TX_DS = sta^5;                    // TX_DS 为 sta 的第 5 位
sbit    MAX_RT = sta^4;                   // MAX_RT 为 sta 的第 4 位
uchar const TX_ADDRESS[TX_ADR_WIDTH] = {0x34, 0x43, 0x10, 0x10, 0x01}; // 设置发送地址
uchar const RX_ADDRESS[RX_ADR_WIDTH] = {0x34, 0x43, 0x10, 0x10, 0x01}; // 设置接收地址
```

init_io()函数的功能是对 nRF24L01 的 I/O 端口初始化。具体源程序如下：

```
void init_io(void)
{
    inerDelay_us(100);
    CE=0;                                 // 待机模式
    CSN=1;                                // CSN 拉高，结束数据传输
    SCK=0;                                // SCK 时钟线置低
}
```

inerDelay_us()函数的功能是延时 μs 级。

```
void inerDelay_us(unsigned char n)
{
    uchar n;
    for(; n>0; n--)
        _nop_();
}
```

2) nRF24L01 的初始化程序设计

nRF24L01 初始化主要包括发送与接收地址、应答方式、工作频率、数据长度、发射功率与速率、发射参数、中断响应与 CRC 校验等诸多参数的配置。其中，nRF24L01 的发送模式初始化与发送数据放在同一个函数 nRF24L01_TxPacket()中。nRF24L01 初始化程序流程图如图 12-13 所示。

(1) 发送模式初始化设置如下：

① 写入寄存器 TX_ADDR，设置发送端的地址。

② 写入寄存器 RX_ADDR_P0，设置接收端的地址(主要为使能 Auto Ack)。

③ 写入寄存器 EN_AA，使能 AUTO ACK 自动应答。

④ 写入寄存器 EN_RXADDR，使能 PIPE 0。

⑤ 写入寄存器 SETUP_RETR，设置自动重发间隔时间和自动重发次数。

⑥ 写入寄存器 RF_CH，选择信道工作频率。

⑦ 写入寄存器 RF_SETUP，配置发射参数(低噪放大器增益、发射功率、无线速率)。

⑧ 写入寄存器 Rx_Pw_P0，选择通道 0 有效数据宽度。

⑨ 写入寄存器 CONFIG，配置 nRF24L01 的基本参数及切换工作模式。

(2) 接收模式初始化设置如下：

① 写入寄存器 RX_ADDR_P0，设置接收端的地址。

② 写入寄存器 EN_AA，使能 AUTO ACK。

③ 写入寄存器 EN_RXADDR，使能 PIPE 0。

④ 写入寄存器 RF_CH，选择信道工作频率。

⑤ 写入寄存器 Rx_Pw_P0，选择通道 0 有效数据宽度。

⑥ 写入寄存器 RF_SETUP，配置发射参数(低噪放大器增益、发射功率、无线速率)。

⑦ 写入寄存器 CONFIG，配置 nRF24L01 的基本参数及切换工作模式。

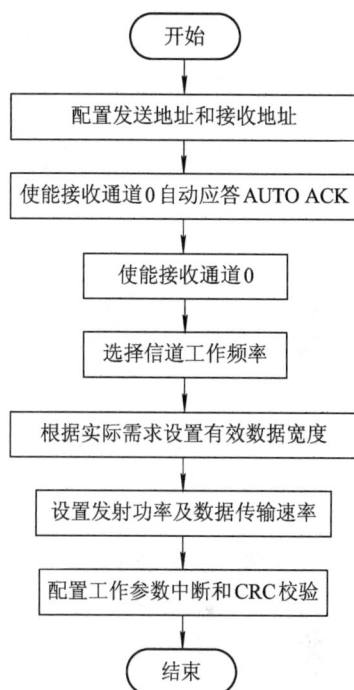

图 12-13　nRF24L01 初始化程序流程图

SetRX_Mode()函数的功能是设置 nRF24L01 为接收模式。其主要工作是初始化 nRF24L01，将 nRF24L01 设置为接收模式，并设置接收端接收通道 0 的地址，使接收端与发送端的地址相同，设置接收通道 0 的有效数据宽度，使能接收通道 0 自动应答，设置信道工作频率、波特率等，配置发射参数，设置 16 位 CRC 校验码且使能，配置基本工作参数等。nRF24L01 在接收模式下的 SetRX_Mode()初始化源程序如下：

```
void    SetRX_Mode(void)
{   CE=0;                                              // 待机模式
    // 接收端接收通道 0 的地址与发送端相同，即发送端和接收端地址相同
    SPI_Write_Buf(WRITE_REG + RX_ADDR_P0, RX_ADDRESS, RX_ADR_WIDTH);
    SPI_RW_Reg(WRITE_REG + EN_AA, 0x01);               // 使能接收通道 0 自动应答 AUTO ACK
    SPI_RW_Reg(WRITE_REG + EN_RXADDR, 0x01);           // 使能接收通道 0
```

```
    SPI_RW_Reg(WRITE_REG + RF_CH, 0);                 // 选择射频通道 0
    // 选择接收通道 0 的有效数据宽度，通常与发送通道的有效数据宽度相同
    SPI_RW_Reg(WRITE_REG + RX_PW_P0, RX_PLOAD_WIDTH);
    // 设置数据传输速率为 1 Mb/s，发射功率为 0 dBm，低噪声放大器增益
    SPI_RW_Reg(WRITE_REG + RF_SETUP,0x07);
    // 配置基本工作参数，CRC 使能，16 位 CRC 校验，接收模式
    SPI_RW_Reg(WRITE_REG + CONFIG, 0x0f);
    CE = 1;                                           // 拉高 CE 启动接收端
    inerDelay_us(130);                                // 延迟 130 μs
}
```

3) nRF24L01 的发送程序设计

nRF24L01 配置为增强型 ShockBurst TM 发送模式，当 MCU 有数据要发送时，nRF24L0l 会启动发送模式 ShockBurst TM，自动生成数据头、标志位和 CRC 校验码并发送数据。数据发送完毕后将转到接收模式，并等待接收端的 ACK 应答信号。若没有收到 ACK 应答信号，则认为数据丢失，nRF24L01 将循环重发数据包，直到收到 ACK 或重发次数超过重发寄存器中设置的值为止。若数据重发次数超过初始设定值，则会产生数据溢出导致 IRQ 中断。当收到 ACK 应答信号时，nRF24L01 认为最后一包数据已发送成功，TX FIFO 寄存器中的数据被清除并产生 IRQ 中断通知 MCU。MCU 根据任务需求控制 nRF24L01 进入发送模式、接收模式或待机模式。nRF24L01 发送数据程序流程图如图 12-14 所示。

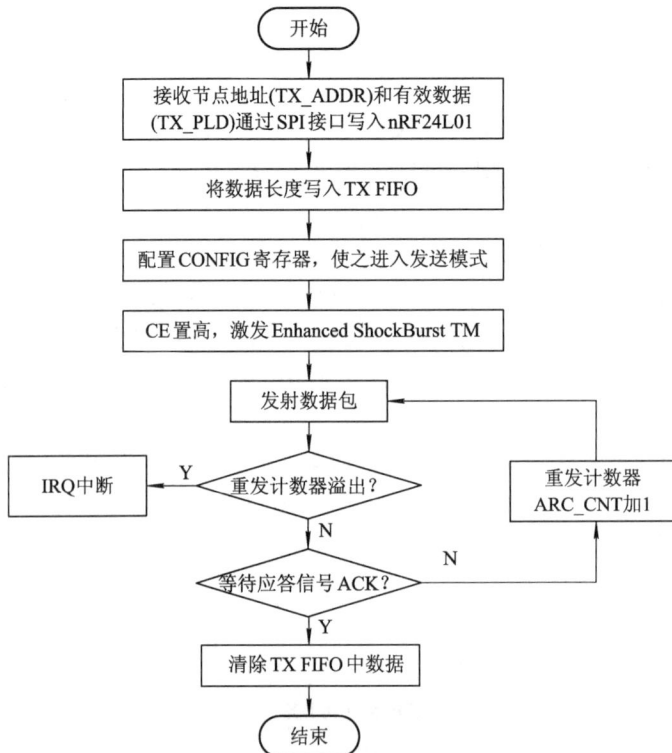

图 12-14   nRF24L01 发送数据程序流程图

nRF24L01_TxPacket()函数的功能是设置 nRF24L01 为发送模式，并将存放在 tx_buf 发送缓冲区的数据发送出去。其主要工作为初始化 nRF24L01 芯片，将 nRF24L01 设置为发送模式，并设置发送端和接收端的地址，设置发送数据的长度，设置自动 ACK 应答的地址，设置信道工作频率、波特率等，配置发射参数，设置 16 位 CRC 校验码且使能。nRF24L01 在发送模式下的初始化源及发送程序具体如下：

```
void nRF24L01_TxPacket(unsigned char * tx_buf)
{
    CE=0;                                              // 待机模式
    SPI_Write_Buf(WRITE_REG+TX_ADDR, TX_ADDRESS, TX_ADR_WIDTH);  // 写发送端地址
    // 写接收端地址，为自动应答接收端，接收端通道 0 地址与发送地址相同
    SPI_Write_Buf(WRITE_REG + RX_ADDR_P0,
                RX_ADDRESS, RX_ADR_WIDTH);
    SPI_Write_Buf(WR_TX_PLOAD,
                tx_buf, TX_PLOAD_WIDTH);              // 设置发送数据长度并写入数据
    SPI_RW_Reg(WRITE_REG + EN_AA,   0x01);            // 使能接收通道 0 自动 ACK 应答
    SPI_RW_Reg(WRITE_REG + EN_RXADDR, 0x01);          // 使能接收通道 0
    // 设置自动重发间隔时间为 500 μs + 86 μs，最大自动重发次数为 10 次
    SPI_RW_Reg(WRITE_REG + SETUP_RETR, 0x1a);
    SPI_RW_Reg(WRITE_REG + RF_CH, 0);                 // 设置射频通道 0
    // 设置数据传输速率为 1 Mb/s，发射功率为 0 dBm，低噪声放大器增益
    SPI_RW_Reg(WRITE_REG + RF_SETUP, 0x07);
    // 配置基本工作参数，CRC 使能，16 位 CRC 校验，主发送
    SPI_RW_Reg(WRITE_REG + CONFIG, 0x0e);
    CE=1;                                              // 置高 CE，10 μs 后启动发送
    inerDelay_us(10);                                  // 延迟 10 μs
    sta=SPI_Read(STATUS);                              // 读取状态寄存器的值
    SPI_RW_Reg(WRITE_REG+STATUS,
                SPI_Read(READ_REG+STATUS));           // 清除中断标志 TX_DS
}
```

4) nRF24L01 的接收程序设计

在增强型 ShockBurst TM 接收模式下，nRF24L01 可接收 6 路地址不同、频率相同的数据，每个数据通道拥有自己的地址，由寄存器 RX_ADDR_PX 配置。nRF24L01 置高 130μs 后便自动检测空中信息，当有通道接收到有效地址和数据时，进行 CRC 校验，记录地址并以此为目标地址发送应答信号 ACK，并自动去除数据头、标志位和校验码，将有效数据写入 RX FIFO 中，通过产生 IRQ 中断通知 MCU 接收完毕，MCU 从 RX FIFO 寄存器读出有效数据。若 CRC 校验错误，则丢弃数据包，并重新检测空中信息。当成功接收数据时，MCU 可根据任务需求控制 nRF24L01 进入发送模式、接收模式或待机模式。nRF24L01 接收数据程序流程图如图 12-15 所示。

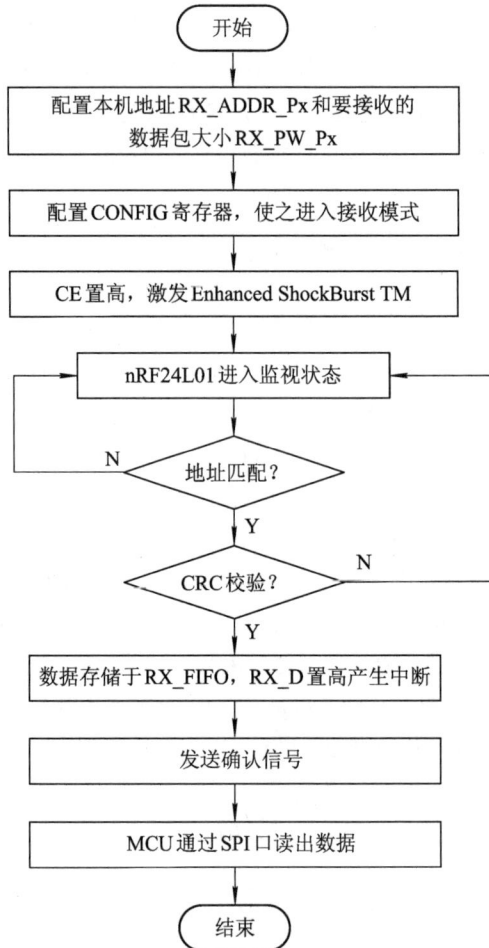

图 12-15　nRF24L01 接收数据程序流程图

　　nRF24L01_RxPacket()函数的功能是判断是否接收到数据，若接收到，则从 RX FIFO 读取数据，读取后放入 rx_buf 接收缓冲区中。具体源程序如下：

```
unsigned char nRF24L01_RxPacket(unsigned char* rx_buf)
{
    unsigned char revale = 0;
    sta = SPI_Read(STATUS);                          // 读取状态寄存器
    if(RX_DR)                                        // 判断是否接收到数据
    {   CE = 0;
        SPI_Read_Buf(RD_RX_PLOAD, rx_buf, TX_PLOAD_WIDTH); // 从 RX FIFO 读取数据
        revale = 1;                                  // 读取数据完成标志
    }
    // 接收到数据后，RX_DR、TX_DS 和 MAX_RT 都置为 1，通过置 1 清除中断标志
    SPI_RW_Reg(WRITE_RE G+ STATUS, sta);
    return    revale;
}
```

5) SPI 读写时序程序设计

nRF24L01 通过 SPI 串行总线与 MCS-51 单片机通信,通过 SPI 总线访问(读/写)内部寄存器实现对 nRF24L01 的控制。SPI 读操作时序图与写操作时序图如图 12-16 和图 12-17 所示。

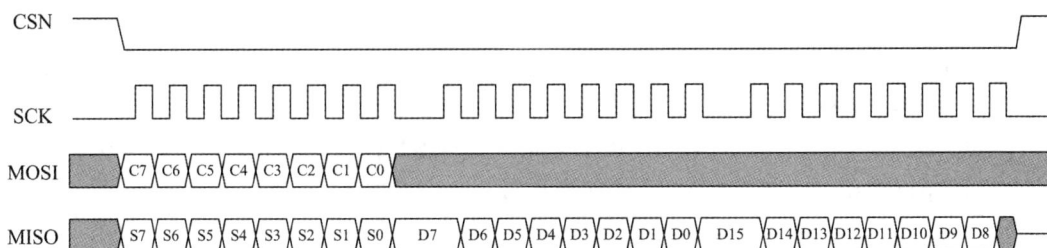

图 12-16　SPI 读操作时序图

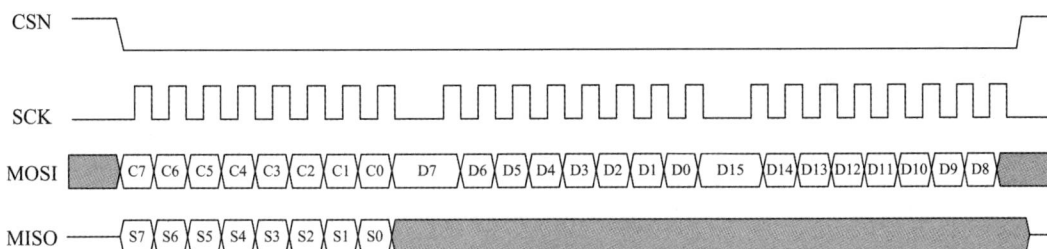

图 12-17　SPI 写操作时序图

SPI_RW()函数的功能是根据 SPI 总线协议及读写操作时序图,实现 MCS-51 MCU I/O端口模拟 SPI 读写操作时序的功能,写 1 字节数据到 nRF24L01,或者从 nRF24L01 读出 1字节数据。通过 SPI 总线,在 MOSI 信号线上将输出字节从最高位 MSB 循环输出,在 MISO信号线上将输入字节从最低位 LSB 循环移入,上升沿输入,下降沿输出。具体源程序如下:

```
uchar SPI_RW(uchar byte)
{
    uchar bit_ctr;
    for(bit_ctr = 0; bit_ctr < 8; bit_ctr++)        // 循环 8 次
    {
        MOSI = (byte & 0x80);    // 从最高位到最低位输出 1 字节到 MOSI
        byte = (byte << 1);      // 从右向左进 1 位,即低位移位到最高位
        SCK = 1;                 // 拉高 SCK,从 MOSI 读入 1 位数据,从 MISO 输出 1 位数据
        byte |= MISO;            // 捕获当前的 MISO 位到字节最低位
        SCK = 0;                 // SCK 置低
    }
    return(byte);                // 返回读取的一个字节
}
```

SPI_RW_Reg()函数的功能是将数据 value 写到指定的寄存器 reg 中,用于设置 nRF24L01 寄存器的值。通过写寄存器命令 WRITE_REG (即 0x20 + 寄存器地址),把要设定的值写入指定寄存器中,并读取返回值。访问 nRF24L01 之前首先要使能芯片(CSN = 0),访问之后再禁止芯片(CSN = 1)。具体源程序如下:

```
uchar SPI_RW_Reg(BYTE reg, BYTE value)
{
    uchar status;
    CSN = 0;                        // CSN 置低，启动 SPI 开始传输数据
    status = SPI_RW(reg);           // 选择寄存器，同时返回状态字
    SPI_RW(value);                  // 写数据到该寄存器
    CSN = 1;                        // CSN 拉高，结束数据传输
    return(status);                 // 返回 nRF24L01 的状态字
}
```

SPI_Read( )函数的功能是从 nRF24L01 指定的寄存器 reg 中读取 1 字节数据。通过读寄存器命令 READ_REG(即 0x00 + 寄存器地址)，把指定寄存器中的数据读出来，即把 reg 寄存器的值读到 reg_val 中去。具体源程序如下：

```
BYTE SPI_Read(BYTE reg)
{
    BYTE reg_val;
    CSN = 0;                        // CSN 置低，启动 SPI 开始传输数据
    SPI_RW(reg);                    // 选择寄存器
    reg_val = SPI_RW(0);            // 从该寄存器读取数据
    CSN = 1;                        // CSN 拉高，结束数据传输
    return(reg_val);                // 返回寄存器的数据
}
```

SPI_Read_Buf( )函数的功能是从指定的寄存器 reg 读取多个字节数据，存放到指定的数据缓冲区*pBuf，通常用来读取接收通道数据或接收/发送地址，在接收时读取 FIFO 缓冲区中的值。通过 READ_REG 命令把数据从接收 FIFO(RD_RX_PLOAD)中读出，并存到定义的数组中。具体源程序如下：

```
uchar SPI_Read_Buf(BYTE reg, BYTE *pBuf, BYTE bytes)
{
    uchar status,byte_ctr;
    CSN = 0;                        // CSN 置低，启动 SPI 开始传输数据
    Status = SPI_RW(reg);           // 选择寄存器，同时返回状态字
    for(byte_ctr = 0; byte_ctr < bytes; byte_ctr++)
        pBuf[byte_ctr] = SPI_RW(0); // 逐个字节从 nRF24L01 读出
    CSN = 1;                        // CSN 拉高，结束数据传输
    return(status);                 // 返回 nRF24L01 状态字
}
```

SPI_Write_Buf()函数的功能是把数据缓存区*pBuf 中的数据，写入 nRF24L01 指定的寄存器 reg 中，用以写入发送通道数据或接收/发送地址。通过 WRITE_REG 命令把数据缓存区*pBuf 中的数据存到发射缓冲区 FIFO(WR_TX_PLOAD)中。具体源程序如下：

```
uchar SPI_Write_Buf(BYTE reg, BYTE *pBuf, BYTE bytes)
```

```
{
    uchar status,byte_ctr;
    CSN = 0;                                // CSN 置低，启动 SPI 开始传输数据
    Status = SPI_RW(reg);                   // 选择寄存器，同时返回状态字
    for(byte_ctr = 0; byte_ctr < bytes; byte_ctr++)
        SPI_RW(*pBuf++);                     // 逐个字节写入 nRF24L01 指定寄存器
    CSN = 1;                                // CSN 拉高，结束数据传输
    return(status);                         // 返回 nRF24L01 状态字
}
```

6) nRF24L01 的头文件 nRF24L01.h 设计

nRF24L01 头文件的作用主要是定义 nRF24L01 的 SPI 操作命令,定义 nRF24L01 的 SPI 寄存器地址,定义发送/接收地址宽度及发送/接收数据宽度。nRF24L01 头文件 nRF24L01.h 具体如下:

```
#ifndef _NRF_24L01_
#define _NRF_24L01_

typedef unsigned char        BYTE;
typedef unsigned char        uchar;
extern uchar const    TX_ADDRESS[TX_ADR_WIDTH];    // TX address
extern uchar const    RX_ADDRESS[RX_ADR_WIDTH];    // RX address

#define TX_ADR_WIDTH      5         // 发送地址宽度设置为 5 字节
#define RX_ADR_WIDTH      5         // 接收地址宽度设置为 5 字节
#define TX_PLOAD_WIDTH    20        // 发送数据宽度设置为 20 字节
#define RX_PLOAD_WIDTH    20        // 接收数据宽度设置为 20 字节
//*****************  nRF24L01 的 SPI 操作命令   *****************//
#define READ_REG          0x00      // 读寄存器命令
#define WRITE_REG         0x20      // 写寄存器命令
#define RD_RX_PLOAD       0x61      // 读取接收数据命令
#define WR_TX_PLOAD       0xA0      // 写待发送数据命令
#define FLUSH_TX          0xE1      // 刷新 TX FIFO 命令
#define FLUSH_RX          0xE2      // 刷新 RX FIFO 命令
#define REUSE_TX_PL       0xE3      // 重新装载发送数据指令
#define NOP               0xFF      // 空操作，也可用于读状态寄存器
//*****************  nRF24L01 的 SPI 寄存器地址   *****************//
#define CONFIG            0x00      // 配置寄存器地址、收发模式、CRC 校验等
#define EN_AA             0x01      // 设置自动应答功能
#define EN_RXADDR         0x02      // 可用信道设置，使能 0~5 个接收通道
```

```
#define SETUP_AW           0x03        // 设置收发地址宽度为 3~5
#define SETUP_RETR         0x04        // 设置自动重发功能
#define RF_CH              0x05        // 设置射频通道
#define RF_SETUP           0x06        // 设置发射速率、功耗功能等
#define STATUS             0x07        // 状态寄存器
#define OBSERVE_TX         0x08        // 发送监测寄存器
#define CD                 0x09        // 载波探测
#define RX_ADDR_P0         0x0A        // 通道 0 接收数据地址
#define RX_ADDR_P1         0x0B        // 通道 1 接收数据地址
#define RX_ADDR_P2         0x0C        // 通道 2 接收数据地址
#define RX_ADDR_P3         0x0D        // 通道 3 接收数据地址
#define RX_ADDR_P4         0x0E        // 通道 4 接收数据地址
#define RX_ADDR_P5         0x0F        // 通道 5 接收数据地址
#define TX_ADDR            0x10        // 发送地址寄存器
#define RX_PW_P0           0x11        // 接收通道 0 接收数据宽度
#define RX_PW_P1           0x12        // 接收通道 1 接收数据宽度
#define RX_PW_P2           0x13        // 接收通道 2 接收数据宽度
#define RX_PW_P3           0x14        // 接收通道 3 接收数据宽度
#define RX_PW_P4           0x15        // 接收通道 4 接收数据宽度
#define RX_PW_P5           0x16        // 接收通道 5 接收数据宽度
#define FIFO_STATUS        0x17        // FIFO 状态寄存器
//******************* nRF24L01 的 SPI 操作函数 *******************//
BYTE SPI_RW(BYTE byte);                      // SPI 读写 1 字节
BYTE SPI_Read(BYTE reg);                      // 从 nRF24L01 的 reg 寄存器读 1 字节
BYTE SPI_RW_Reg(BYTE reg, BYTE byte);     // 将字节数据写到指定的寄存器
//将 pBuf 缓冲区中的数据写入到指定的 reg 寄存器中
BYTE SPI_Write_Buf(BYTE reg, BYTE *pBuf, BYTE bytes);
BYTE SPI_Read_Buf(BYTE reg, BYTE *pBuf, BYTE bytes); //从 reg 寄存器读出 bytes 个字节
//******************* nRF24L01 的功能函数 *******************//
void inerDelay_us(unsigned char n);          // 延时函数
void init_io(void) ;                         // nRF24L01 I/O 端口初始化函数
void SetRX_Mode(void);                       // 设置 nRF24L01 为接收模式
unsigned char nRF24L01_RxPacket(unsigned char* rx_buf);   //接收数据并放到 rx_buf
void nRF24L01_TxPacket(unsigned char * tx_buf);           //设置发送模式，并发送 tx_buf 的数据
```

2. 主控软件 main.c 及变量定义

在系统主控软件中首先定义各模块 I/O 端口引脚、相关变量，开辟发送数据缓冲区和接收数据缓冲区，之后进行系统初始化，调用键盘扫描识别函数，判断是否有按键按下，若有按键按下，则发送标志位 tf=1，配置 nFR24L01 为发送模式，将按键值装入发送数据

缓冲区并发送。发送结束后，发送标志位 tf=0，同时将按键值送往 LED 显示器显示。若没有按键按下，且 tf=0，则配置 nFR24L01 为接收模式，开始接收数据，并装入接收数据缓冲区，同时将接收的数据送往 LED 显示器显示。系统主控软件设计流程图如图 12-18 所示。在此，键盘扫描识别函数的软件设计流程图可参考第 9 章的相关内容，LED 数码管显示软件省略，相关内容可参考第 10 章。

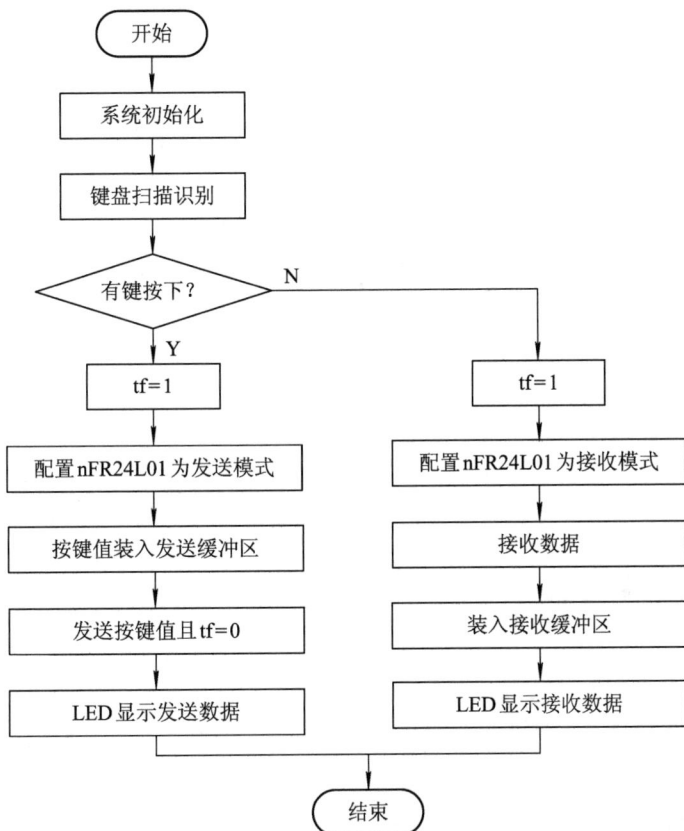

图 12-18　系统主控软件设计流程图

1) 硬件引脚定义

```
#include "reg52.h"
#include "nRF24L01.h"
sbit   MISO = P1^7;        // 主机输入，从机输出
sbit   MOSI = P1^5;        // 主机输出，从机输入
sbit   SCK  = P1^6;        // 芯片控制的时钟线
sbit   CE   = P1^4;        // 芯片的模式控制线
sbit   CSN  = P3^3;        // 芯片的片选线，低电平时使能
sbit   IRQ  = P1^3;        // 中断请求信号
sbit   DU  = P2^6;
sbit   WE  = P2^7;
sbit   D1  = P1^0;
```

2) 主函数 main

主函数的源程序如下：

```c
void main(void)
{
    uchar a,b,c,key=20;
    unsigned char tf = 0, leng = 0;
    unsigned char;
    unsigned char TxBuf[20] = {0};        // 发送缓冲区清零
    unsigned char RxBuf[20] = {0};        // 接收缓冲区清零

    init_io();                            // I/O 端口初始化
    while(1)
    {
        Keyscan3x4();                     // 调用键盘扫描识别函数
        if(key != 20)
        {
            b++;
            a=key;
            TxBuf[a] = 1;
            Tf = 1;                       // 发送标志位置 1
            if(b>=9)
                b = b - 8;
            display(b,a);                 // LED 数码管显示
        }
        if(tf==1)
        {   D1=~D1;
            nRF24L01_TxPacket(TxBuf);     // 发送数据
            TxBuf[a]=0;
            tf=0;                         // 发送标志位清零
            Delay(1000);
        }

        SetRX_Mode();                     // 配置为接收模式
        if(nRF24L01_RxPacket(RxBuf))      // 读接收缓冲区
        {
            if(RxBuf[0] == 1)    {D1 =~D1; a = 0;}
            if(RxBuf[1] == 1)    {D1 =~D1; a = 1;}
            if(RxBuf[2] == 1)    {D1 =~D1; a = 2;}
            if(RxBuf[3] == 1)    {D1 =~D1; a = 3;}
```

```
              if(RxBuf[4] == 1)       {D1=~D1; a = 4;}
              if(RxBuf[5] == 1)       {D1=~D1; a = 5;}
              if(RxBuf[6] == 1)       {D1=~D1; a = 6;}
              if(RxBuf[7] == 1)       {D1=~D1; a = 7;}
              if(RxBuf[8] == 1)       {D1=~D1; a = 8;}
              if(RxBuf[9] == 1)       {D1=~D1; a = 9;}
              if(RxBuf[10] == 1)      {D1=~D1; a = 10;}
              if(RxBuf[11] == 1)      {D1=~D1; a = 11;}
                  c++;
              if(c>=9)
                  c = c - 8;
              display(c,a);                      // LED 数码管显示
          }
          Delay(1000);
          RxBuf[a]=0;
          key=20;
      }
  }
```

3) 键盘扫描识别函数 Keyscan3x4( )

系统的矩阵键盘采用 3×4 的行列结构，可识别 12 个按键。键盘扫描识别采用行扫描方式，具体源程序如下：

```
  uchar temp;
  P3 = 0xfe;                              // 1111 1110 让 P3.0 口输出低电平，第一行扫描
  Temp = P3;
  temp = temp&0xf0;                       // 1111 0000 位与操作，屏蔽后四位
  if(temp != 0xf0)
  {
      delayMS(10);
      temp = P3;
      temp = temp&0xf0;
      if(temp != 0xf0)
      {
          temp = P3;
          switch(temp)
          {
              case 0xee: key = 0; break;          // 1110 1110，S1 被按下
              case 0xde: key = 1; break;          // 1101 1110，S2 被按下
              case 0xbe: key = 2; break;          // 1011 1110，S3 被按下
              case 0x7e: key = 3; break;          // 0111 1110，S4 被按下
```

```
                }
            }
        }
        P3 = 0xfd;                                  // 1111 1101 让 P3.1 口输出低电平，第二行扫描
        temp = P3;
        temp = temp&0xf0;                           // 1111 0000 位与操作，屏蔽后四位
        if(temp != 0xf0)
        {
            delayMS(10);
            temp = P3;
            temp = temp&0xf0;
            if(temp != 0xf0)
            {
                temp = P3;
                switch(tcmp)
                {
                    case 0xed: key = 4; break;      // 1110 1101，S5 被按下
                    case 0xdd: key = 5; break;      // 1101 1101，S6 被按下
                    case 0xbd: key = 6; break;      // 1011 1101，S7 被按下
                    case 0x7d: key = 7; break;      // 0111 1101，S8 被按下
                }
            }
        }
        P3 = 0xfb;                                  // 1111 1011 让 P3.2 口输出低电平，第三行扫描
        temp = P3;
        temp = temp&0xf0;                           // 1111 0000 位与操作，屏蔽后四位
        if(temp != 0xf0)
        {
            delayMS(10);
            temp = P3;
            temp = temp&0xf0;
            if(temp != 0xf0)
            {
                temp = P3;
                switch(temp)
                {
                    case 0xeb: key = 8; break;      // 1110 1011，S9 被按下
                    case 0xdb: key = 9; break;      // 1101 1011，S10 被按下
                    case 0xbb: key = 10; break;     // 1011 1011，S11 被按下
```

```
                case 0x7b: key = 11; break;              // 0111 1011，S12 被按下
            }
        }
    }
}
```

4) 延时函数

延时函数的功能为延迟，具体源程序如下：

```
void delayMS(uchar xms)      // 延时 X ms
{
    uchar i,j;
    for(i = xms; i > 0; i--)
        for(j = 110; j > 0; j--);
}
void Delay(unsigned int s)
{
    unsigned int i;
    for(i = 0; i<s; i++);
    for(i = 0; i<s; i++);
}
```

数据采集实验

实验设备：计算机一台，Keil MDK 软件和 Proteus 软件。

实验报告要求：实验名称、实验目的、实验要求、电路图、实验流程图、源程序、程序调试过程及结果。

实验：数字温度计设计

实验目的：掌握基于 DS18B20 的数字温度计的设计方法。

实验内容：

(1) 设计单片机外接温度传感器、显示器、按键的接口电路；

(2) 用 C 语言设计程序，完成数据采集，可以按键设置温度阈值，当温度超过上限时，LED 闪烁报警。

本 章 小 结

本章主要介绍了两个基于 MCS-51 单片机的应用实例。DS18B20 是常用 1-wire 数字温度传感器，具有体积小、硬件开销低、抗干扰能力强、精度高的特点，分辨率可编程设置为 9～12 位，转换结果存放在 2 字节单元中。单片机执行读写 DS18B20 的操作时，需要遵循规定的操作时序。单片机读结果时先读低 8 位，再读高 8 位。nRF24L01 是由 nordic 生产

的工作在 2.4～2.5 GHz 的 ISM 频段的单片无线收发器芯片,通过 SPI 接口与 MCS-51 单片机连接进行通信,输出功率频道选择和协议的设置可以通过 SPI 接口进行。

习 题 十 二

12-1　当 DS18B20 的温度输出数值为 0550H 时,对应的十进制温度值为 _____。

12-2　当 DS18B20 温度传感器设置 10 位转换精度时,能分辨的最小温度为 _____。

12-3　DS18B20 精度可以达到 _____位。

12-4　若分辨率为 12 位,当温度为 10.25℃时,DS18B20 对应的十六进制数字输出为 _____。

12-5　DS18B20 将温度转换为 _____字节数据。

12-6　数字温度传感器 DS18B20 是(　　)总线的器件。

A. 1-wire　　　　　B. SPI　　　　　C. IIC　　　　　D. USB

12-7　单片机对 DS18B20 操作时,下列(　　)指令码表示开始转换温度。

A. 44H　　　　　B. BEH　　　　　C. 4EH　　　　　D. 48H

12-8　跳过 ROM 的指令码是(　　)。

A. 33H　　　　　B. 55H　　　　　C. F0H　　　　　D. CCH

12-9　单片机操作 DS18B20 读取温度的步骤有哪些?

12-10　nRF24L01 是 _____接口的单片无线收发器芯片。

12-11　简述 nRF24L01 初始化程序设计流程。

第 13 章　单片机系统开发软件介绍

本章教学目标

- 掌握在 Keil μVision 环境下设计与调试程序的步骤
- 掌握利用 Proteus 软件设计电路的方法
- 掌握在 Proteus 环境中实现单片机系统仿真的方法

　　单片机应用系统开发需要的软件主要有专门的集成开发环境(Integrated Development Environment，IDE)、USB 转串口驱动、下载软件等。IDE 集成了代码编写、分析、编译、调试等一体化的开发服务功能。单片机仿真软件支持电路设计和单片机仿真，可以模拟多种单片机的运行状态，具有可视化操作界面，使开发人员可以直观地观察仿真结果，同时它还提供了大量的外设模块，如 LED、LCD、按键、传感器等，使仿真过程更加真实。

　　本章主要介绍 MCS-51 单片机的常用开发软件 Keil μVision 和硬件仿真软件 Proteus 的使用方法。利用 Keil μVision 进行单片机软件开发的主要流程为新建工程→选择CPU→新建源程序文件并保存→将源文件添加到工程中→生成目标文件→调试程序。利用 Proteus 软件实现单片机硬件仿真的主要流程为新建设计工程→挑选元器件→摆放元器件和终端(电源和地)→连线→保存设计→装载目标文件(.HEX)→设置单片机晶振→仿真运行。

13.1　单片机集成开发环境 Keil μVision

　　Keil 软件是众多单片机应用开发的优秀软件之一，集编辑、编译、仿真于一体，提供了 C 编译器、宏汇编、连接器、库管理、功能强大的仿真调试器等在内的完整开发方案，通过一个集成环境 μVision 将这些部分组合在一起，界面友好，易学易用。下面简单介绍在 Keil μVision 环境下，设计和调试 MCS-51 单片机程序的过程。

1. 打开 Keil μVision 5，创建工程

(1) 双击 ，打开 Keil μVision 5 软件，如图 13-1 所示。

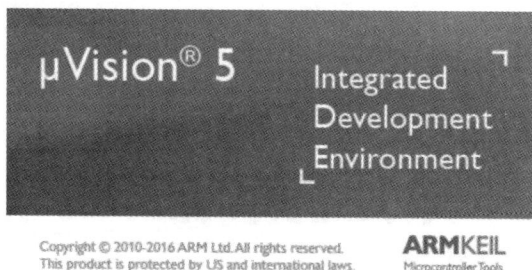

图 13-1　Keil μVision 5 的启动界面

几秒钟后出现如图 13-2 所示的编辑界面。

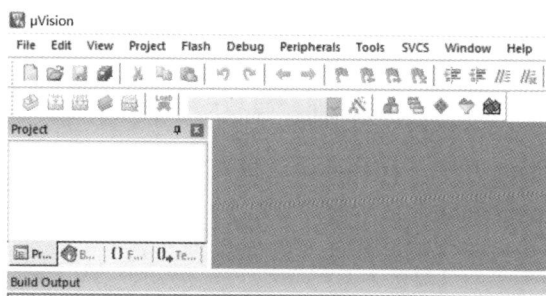

图 13-2　Keil μVision 5 的主界面

(2) 单击"Project→New μVision Project"选项新建工程，如图 13-3 所示。

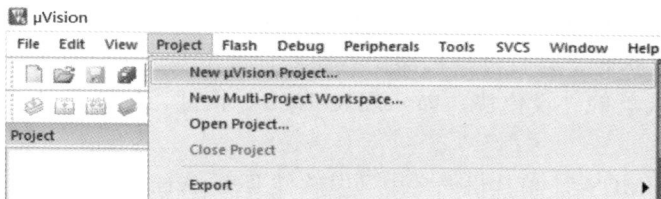

图 13-3　新建工程

　　然后选择保存路径，输入项目名称，如保存到路径"单片机实验→实验一"下，工程
文件名为 PF1，不需要输入扩展名，如图 13-4 所示，单击"保存"。

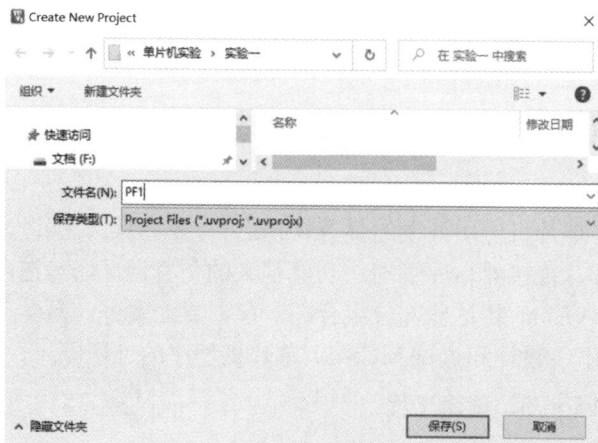

图 13-4　保存项目

(3) 选择 CPU 类型，选择 Atmel 中的 AT89C51 单片机，单击 OK 按钮，如图 13-5 所示。

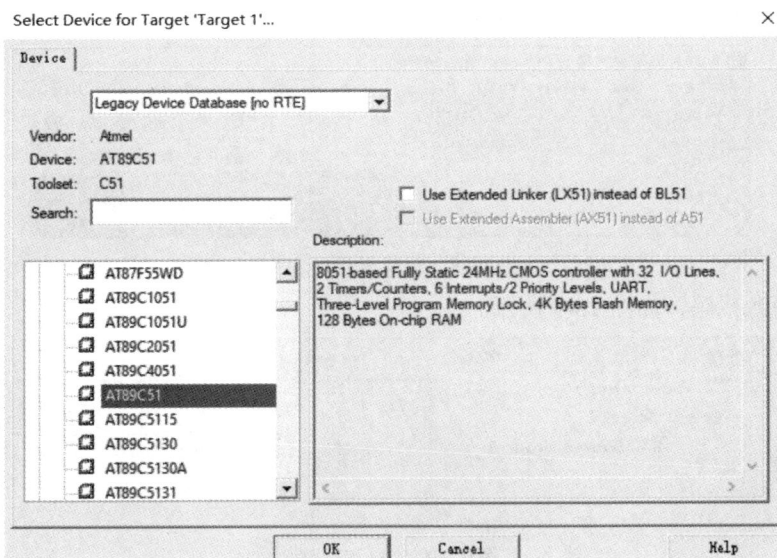

图 13-5　选择 CPU 类型

在弹出的对话框中，当用汇编语言编程时，选"否"；当用 C51 编程时，选"是"。这里以汇编语言程序设计为例，所以选"否"，不添加 8051 的启动代码 STARTUP.A51，如图 13-6 所示。

图 13-6　STARTUP 选择窗口

此时，在工程窗口的文件目录中，出现了"Target 1"，单击"+"号展开，可以看到下一层的"Source Group 1"，如图 13-7 所示。此时的项目是一个空的项目，里面没有文件，我们还没有编写程序，下面开始编写一个汇编语言源程序。

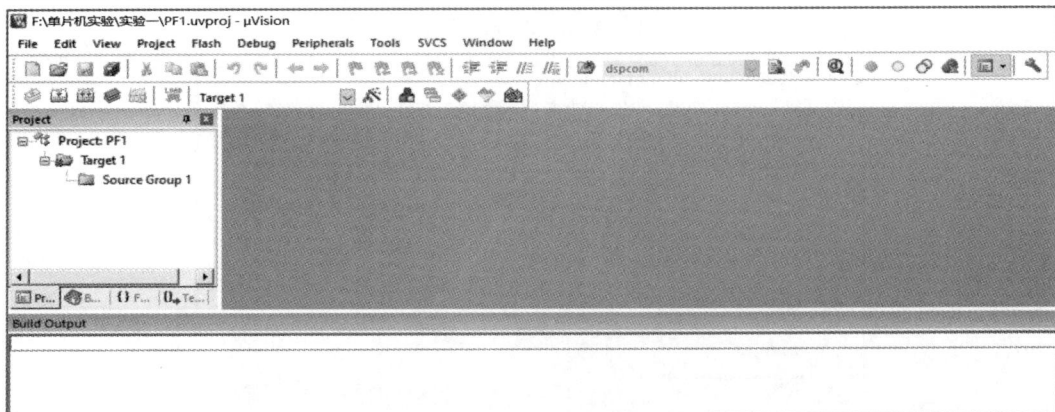

图 13-7　已建好的工程

2. 创建源程序

(1) 新建源程序文件，如图 13-8 所示。

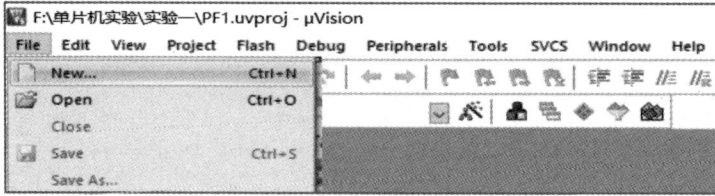

图 13-8　新建源程序文件

(2) 编写源代码，如图 13-9 所示。

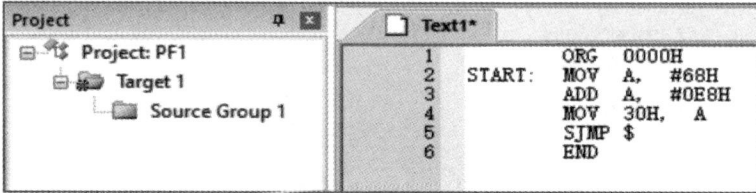

图 13-9　编写源代码

(3) 保存文件，注意汇编语言源程序扩展名为 ".asm"，C 语言源程序扩展名为 ".c"，如图 13-10 和图 13-11 所示。

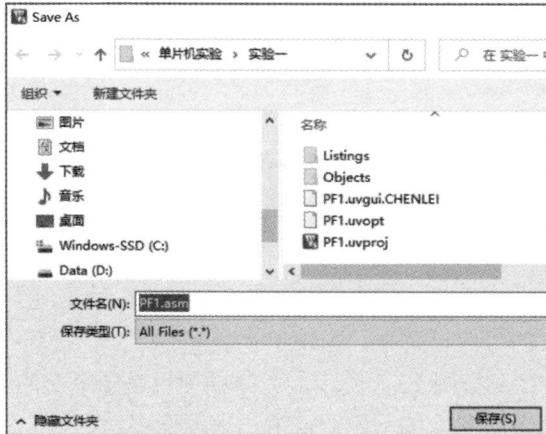

图 13-10　保存源程序

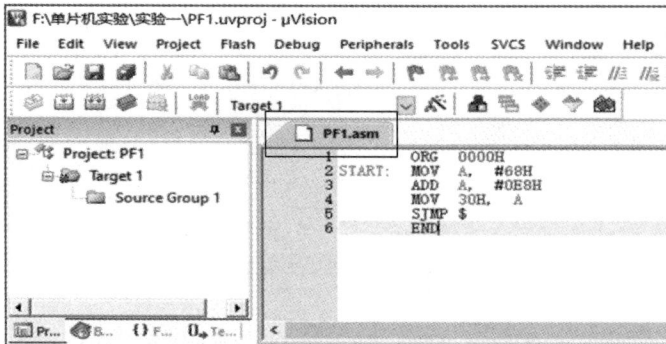

图 13-11　汇编源文件名为×××.asm

(4) 在工程目录中，右击"Source Group1"，选择"Add Existing Files to Group 'Source Group 1'"，将源文件"PF1.asm"添加到 Source Group 1 中，如图 13-12 所示。

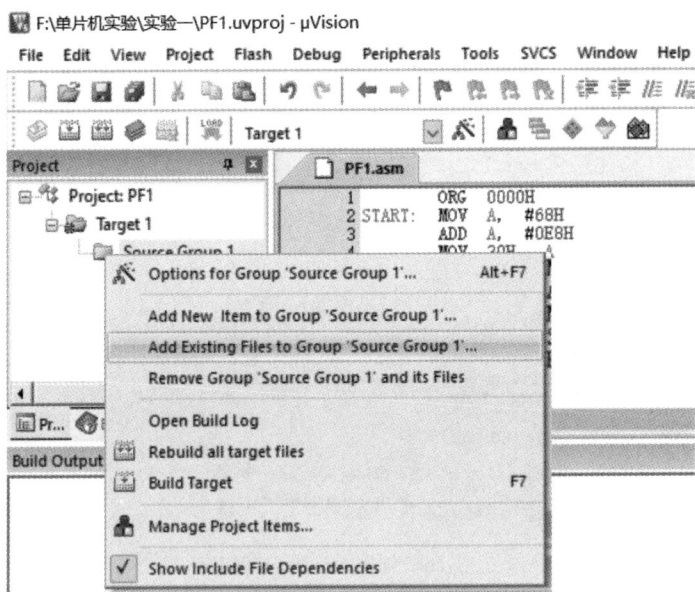

图 13-12　添加已有的源文件

在弹出的如图 13-13 所示的对话框中，单击"Add"，选择要添加的文件，然后单击"Close"，回到主界面。单击"Source Group 1"前面的"+"号，会发现 PF1.asm 文件已在其中，如图 13-14 所示。双击文件名，即可打开源程序。

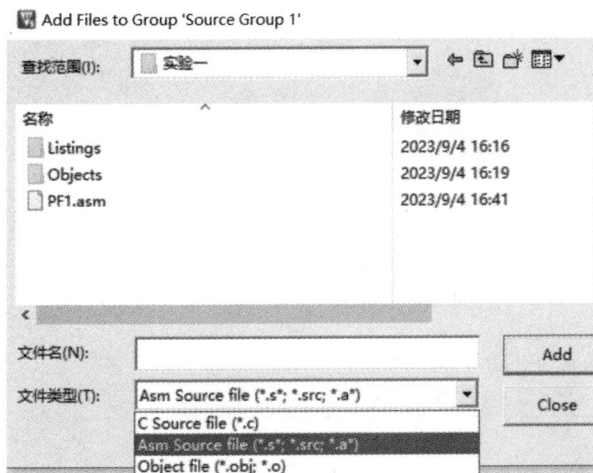

图 13-13　选择要添加的文件

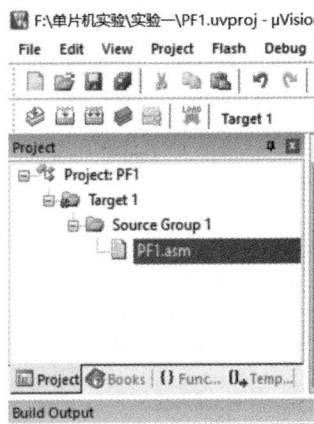

图 13-14　工程目录中已加入源文件 PF1.asm

3. 生成目标文件

(1) 在工程目录中，右击"Target 1"，选择"Options for Target 'Target 1'"选项，或者单击 图标，弹出"Option for Target 'Target 1'"对话框，在 Output 选项卡中，勾选 Create HEX File，如图 13-15 和图 13-16 所示。

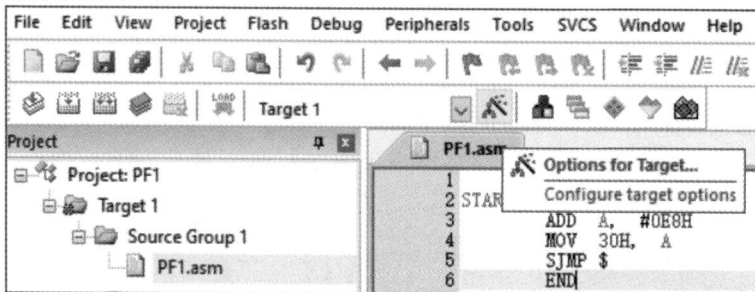

图 13-15　选择"Options for Target"图标

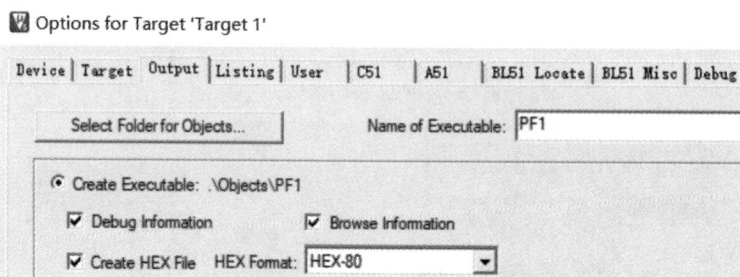

图 13-16　勾选 Create HEX File

（2）在 Keil μVision 的菜单栏中，选择"Project→Build Target"选项，或者直接单击图标 ，编译源程序，生成目标文件(扩展名为 .hex)。注意：如果源程序中有错误，不会生成目标文件，需要修改源程序并保存，重新编译，直到没有错误，才会编译通过，如图 13-17 所示。

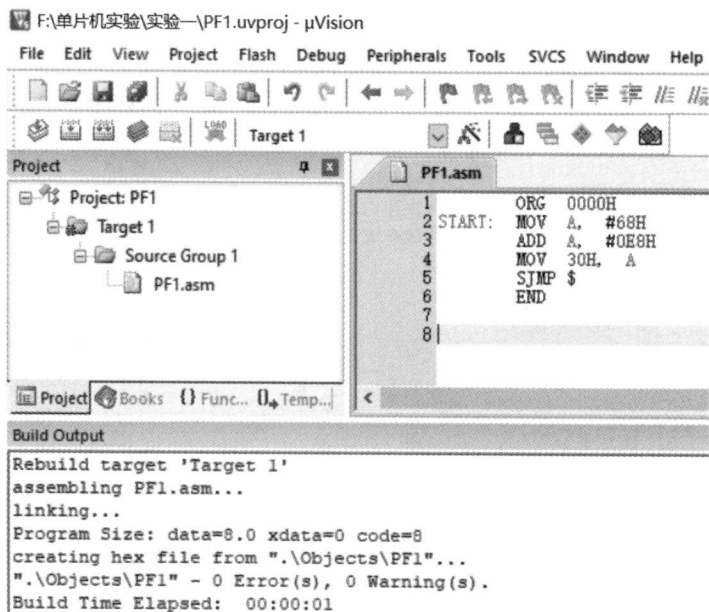

图 13-17　编译通过，显示 0 Error(s)

4. 运行程序并查看结果

（1）在菜单栏中，选择"Debug→Start/Stop Debug Session"选项，或按快捷键"Ctrl + F5"，

或直接单击图标 ⊞，进入程序调试运行环境，如图 13-18 所示。

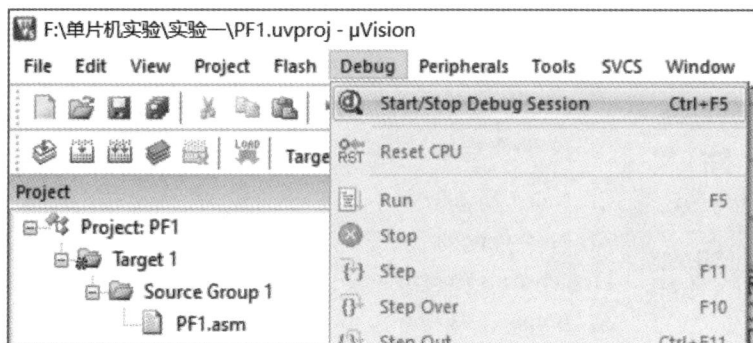

图 13-18　调试程序

(2) 在菜单栏中，选择"Debug→Run"选项(如图 13-19 所示)，或者直接单击图标 ，程序从头到尾执行一遍。若要单步运行程序，则单击图标 。停止运行的图标是 。在左侧 Registers 栏中，可查看寄存器的值，如图 13-20 所示。

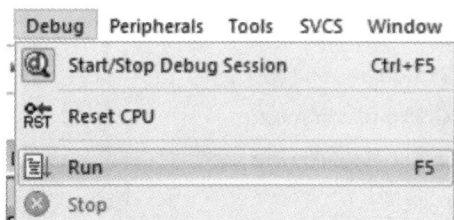

图 13-19　全速运行程序

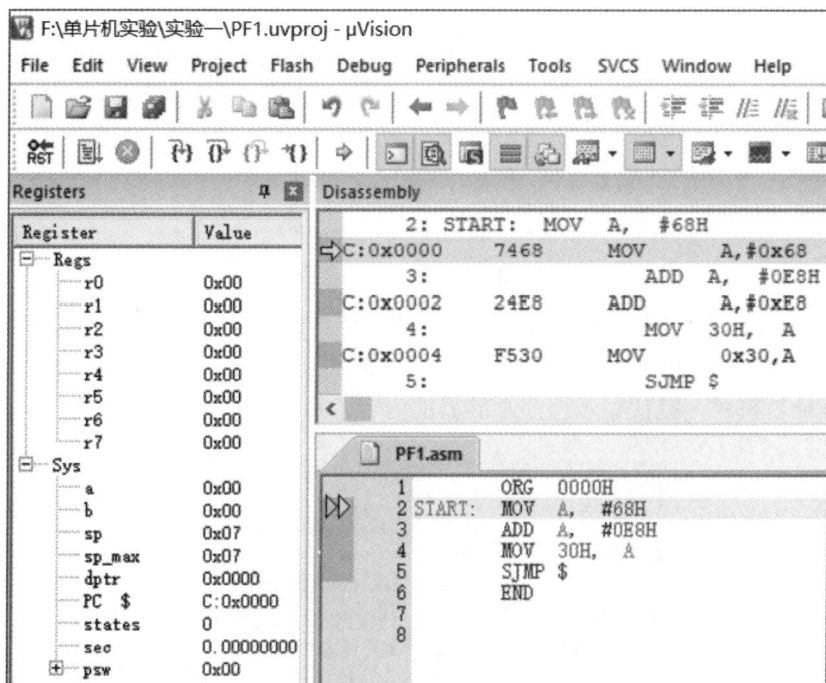

图 13-20　调试程序界面

(3) 在菜单栏中，选择"View→Memory Windows→Memory 2"选项，如图 13-21 所示，打开"Memory 2"对话框。

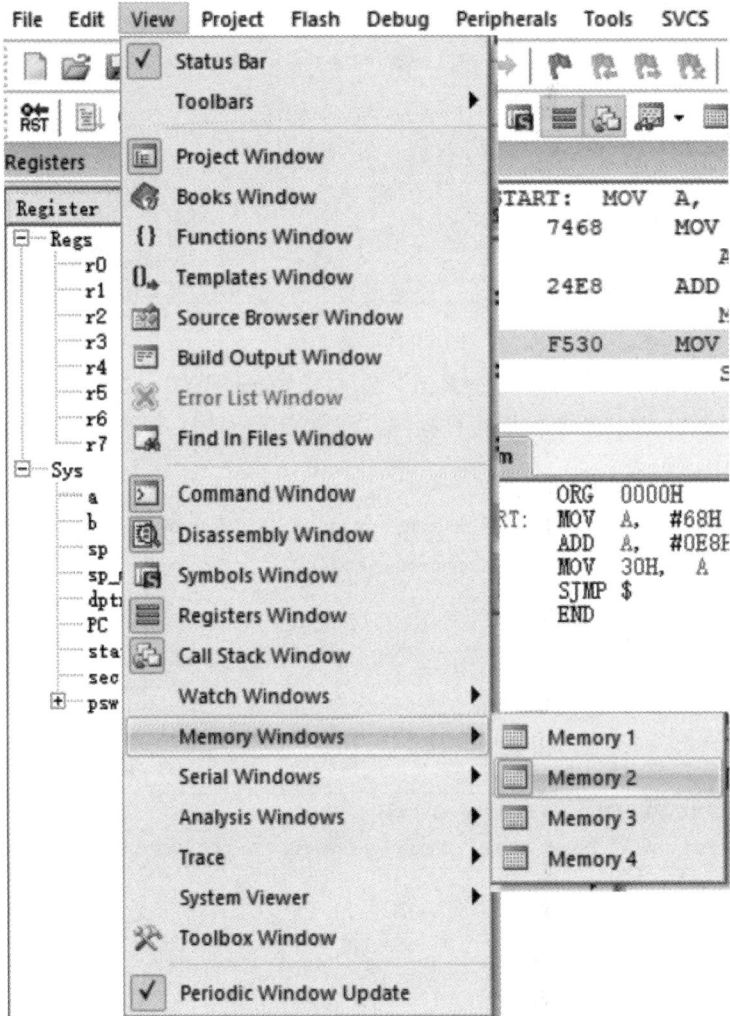

图 13-21　打开存储器对话框

在 Address 栏中输入内部数据存储器符号和地址"D:30H"，可查看内部 RAM 中 30H 单元的内容，如图 13-22 所示。另外，X:表示外部数据存储器，C:表示程序存储器。如果没有输入存储器符号，默认显示程序存储器的内容，也就是指令的机器码。

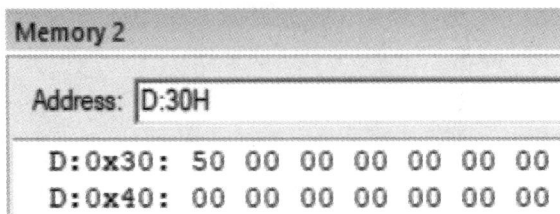

图 13-22　内部 RAM 30H 单元开始的内容

13.2　单片机仿真软件 Proteus

Proteus 软件提供了强大的仿真功能，能够模拟各种电子元器件的工作状态，并实时显示输出结果，可以仿真 MCS-51 系列、AVR、STM32 等常用的 MCU，及其外围电路(如 LCD、RAM、ROM、键盘、电动机、LED、AD/DA、部分 SPI 器件、部分 IIC 器件等)，这对于电路的调试和问题排查非常有帮助，为学习单片机带来了很大的方便。Proteus 可以实现硬件仿真，但还是与实际情况有不少的差别。如果条件允许，可以买一块单片机开发板或做一个单片机应用系统，实实在在的学习和体会一下，许多实际问题是在仿真中碰不到的。当然，采用仿真软件，可以方便初学者学习。下面以一个具体实例介绍如何使用 Proteus 软件进行电路设计。

1. 打开软件新建工程

双击桌面上的 Proteus 8 Professional 图标，出现如图 13-23 所示的界面，随后进入 Proteus 集成环境。新建工程，如图 13-24 所示，然后直接单击"Next→Finish"，进入电路设计界面。

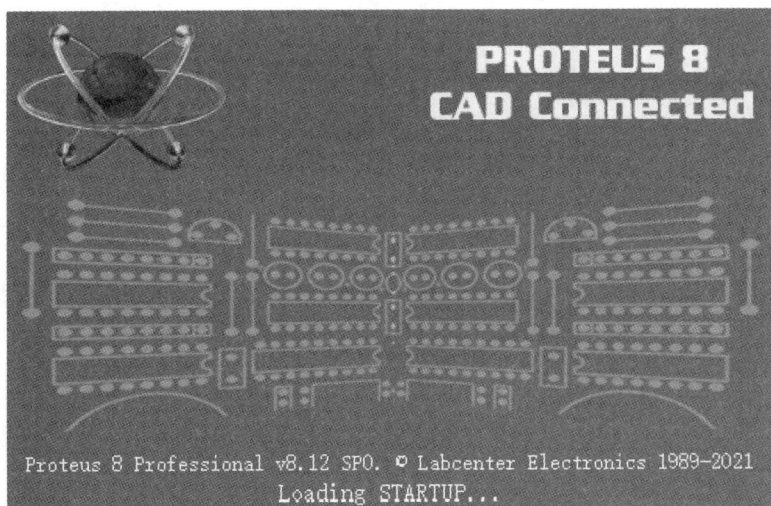

图 13-23　Proteus 8 的启动界面

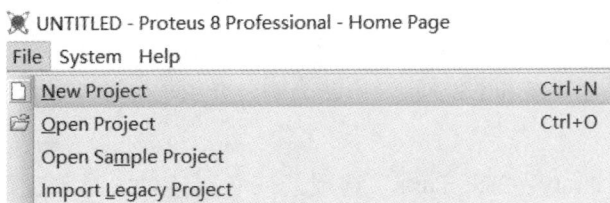

图 13-24　新建 Proteus 工程

2. 电路设计界面

Proteus 的电路设计界面如图 13-25 所示，包括标题栏、主菜单、标准工具栏、绘图工具栏、状态栏、对象选择按钮、预览对象方位控制按钮、仿真进程控制按钮、预览窗口、对象选择器窗口、图形编辑窗口。

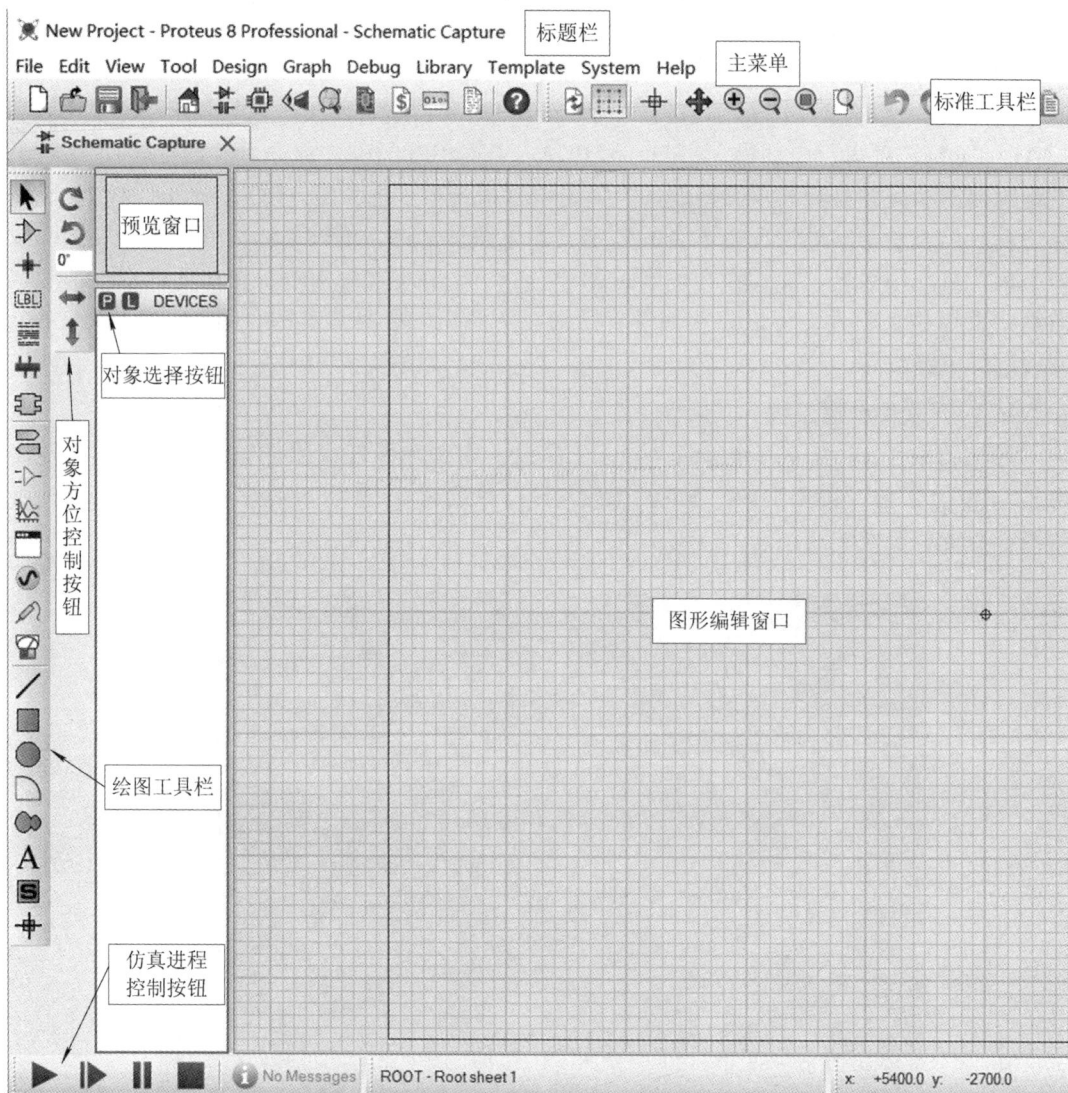

图 13-25　电路设计界面

3. 电路设计实例

下面以单片机最小系统和 LED 接口电路为例，介绍电路设计过程。

1）选择元器件

选择主菜单"Library→Pick Parts"选项，或者直接单击对象选择按钮"P"，弹出"Pick Devices"页面，在 Keywords 文本框中输入 AT89C51，系统在对象库中进行搜索查找，并将搜索结果显示在 Showing local results 中，如图 13-26 所示。单击"确定"，或者双击对象器件名，即可选中该器件。

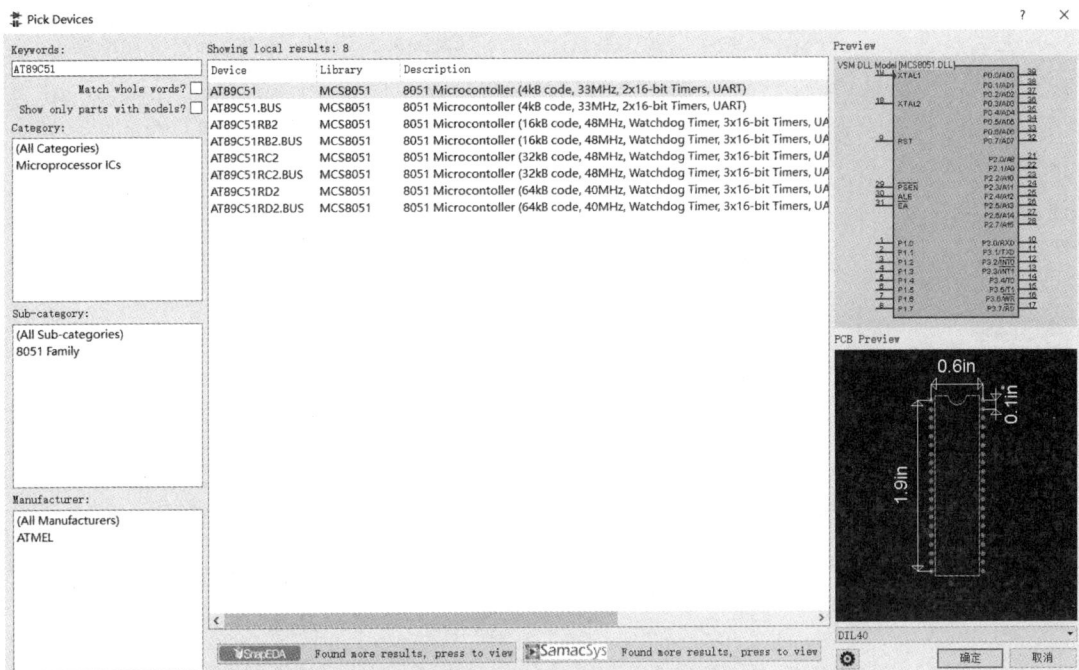

图 13-26　利用关键字选取元件

接着在 Keywords 文本框中重新输入 LED，选择元件类别"Optoelectronics"，双击"LED-YELLOW"，则可将"LED-YELLOW"添加至对象选择器窗口。使用同样的方法，把其他元件添加至对象选择器窗口，如图 13-27 所示。

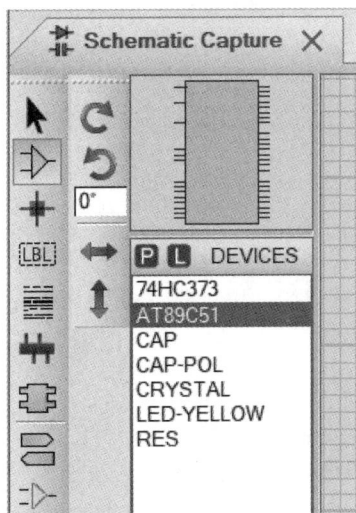

图 13-27　选择的元件

经过以上操作，在对象选择器窗口中，已有了 74HC373、AT89C51、CAP、CAP-POL、CRYSTAL、LED-YELLOW、RES 等 7 个元器件对象，若单击 AT89C51，则在预览窗口中可看到 AT89C51 的实物图，单击其他器件，都能浏览到实物图。

2) 放置元器件至图形编辑窗口

在对象选择器窗口中，选中 AT89C51，将鼠标置于图形编辑窗口该对象的欲放位置并单击则该对象被放置完成。同样可将其他元件放置到图形编辑窗口中，如图 13-28 所示。

若对象位置需要移动，将鼠标移到该对象上并单击，此时该对象的颜色变为红色，表明该对象已被选中，按下鼠标左键，拖动鼠标，将对象移至新位置后，松开鼠标，完成移动操作。

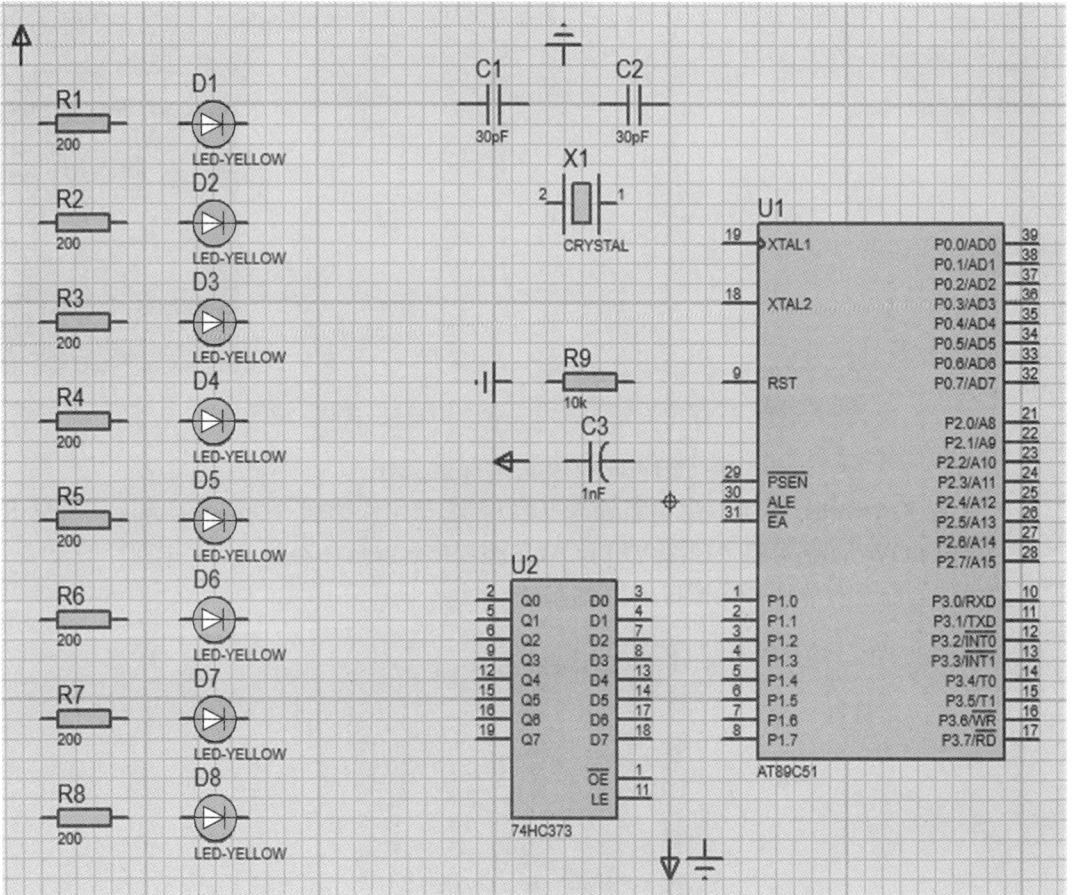

图 13-28　添加元器件和电源终端

默认情况下，元件的摆放方向是固定的，可以使用左侧的旋转按钮，改变元件的方向，也可以用←、→、↑、↓按钮将引脚镜像。

3) 摆放电源

在左侧绘图工具栏中单击图标 ⊟(Terminals mode)，列表栏中显示可用的终端，单击"POWER"摆放电源终端，单击"GROUND"，摆放接地终端，如图 13-28 所示。若要结束摆放电源，回到器件选择界面，则需先单击图标 ⟩-(Component mode)。

4) 连线

Proteus 支持自动布线，分别单击两个引脚(不管这两个引脚在何处)，两个引脚之间会自动添加走线。在特殊的位置需要布线时，只需在中间的落脚点单击。连接走线后电路如

图 13-29 所示。至此，便完成了整个电路图的绘制。

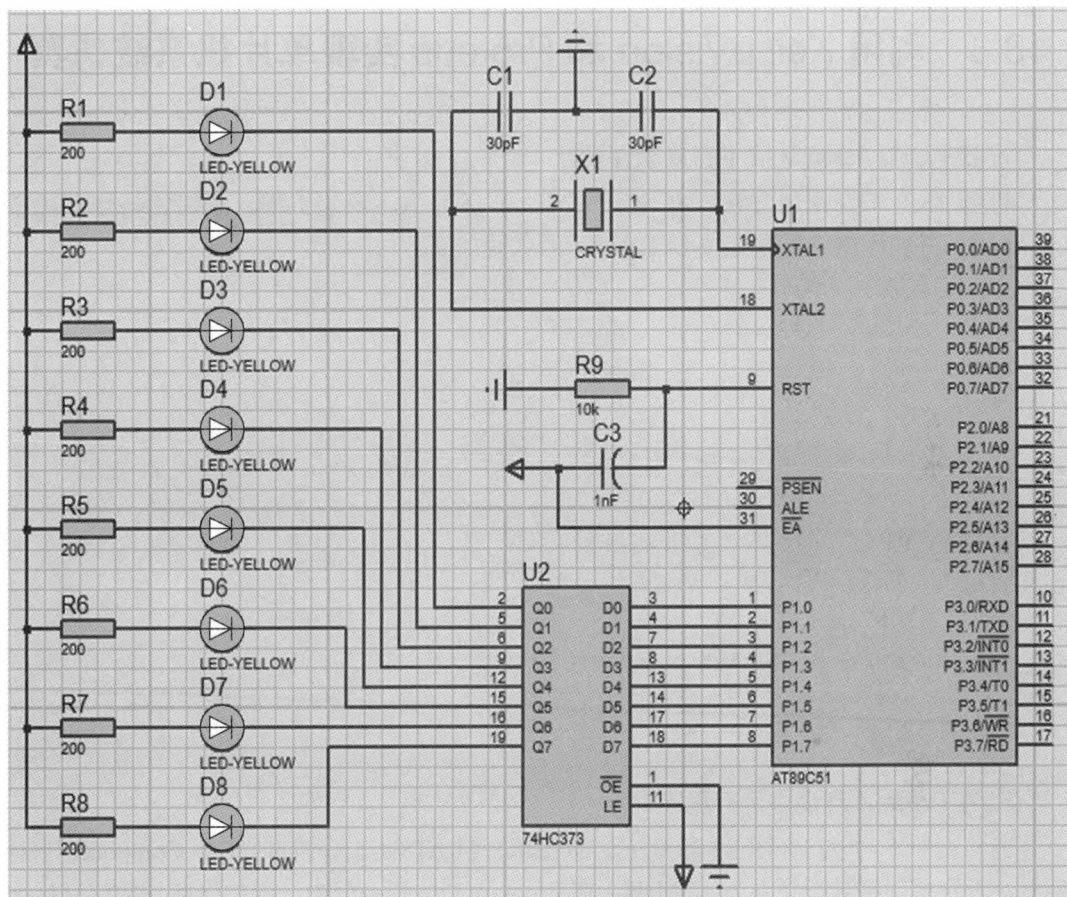

图 13-29　完整的电路图

选择主菜单 "File→Save Project As" 选项，可将该电路工程文件保存在某一指定的路径下，如图 13-30 所示。

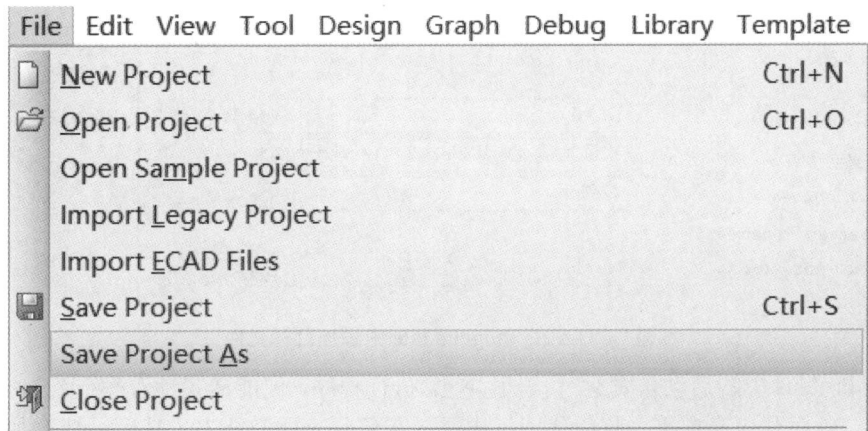

图 13-30　保存 Proteus 工程文件

13.3　利用 Keil µVision 和 Proteus 实现单片机系统仿真

1. 在 Keil µVision 环境中完成软件设计

利用 13.1 节介绍的方法，在 Keil µVision 环境中，新建工程，编写跑马灯源程序 LED.asm，并编译生成目标文件 LED.hex。源代码如下：

```
        ORG    0000H
        MOV    A, #0FEH        ; 赋初值
LOOP:   MOV    P1, A           ; 移位
        RL     A
        ACALL  DELAY
        LJMP   LOOP
DELAY:  MOV    R6, #200        ; 延时子程序
DELAY1: MOV    R7, #100
DELAY2: DJNZ   R7, DELAY2
        DJNZ   R6, DELAY1
        RET
        END
```

2. 在 Proteus 环境中运行程序

已知设计好的电路如图 13-29 所示，双击单片机 AT89C51，打开"Edit Component"对话框，设置单片机晶振频率为 12 MHz，在 Program File 列表框中，添加先前生成的目标文件 LED.hex，如图 13-31 所示。

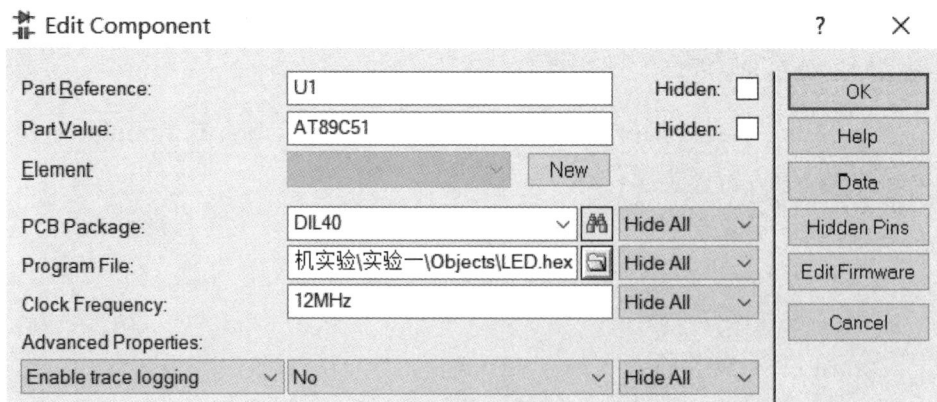

图 13-31　在 Program File 中添加目标文件

单击 Proteus 中的启动仿真运行按钮▶，执行程序，便能清楚地观察到每一个引脚的电平变化，红色代表高电平，蓝色代表低电平，灰色代表浮空状态。其运行情况如图 13-32 所示。

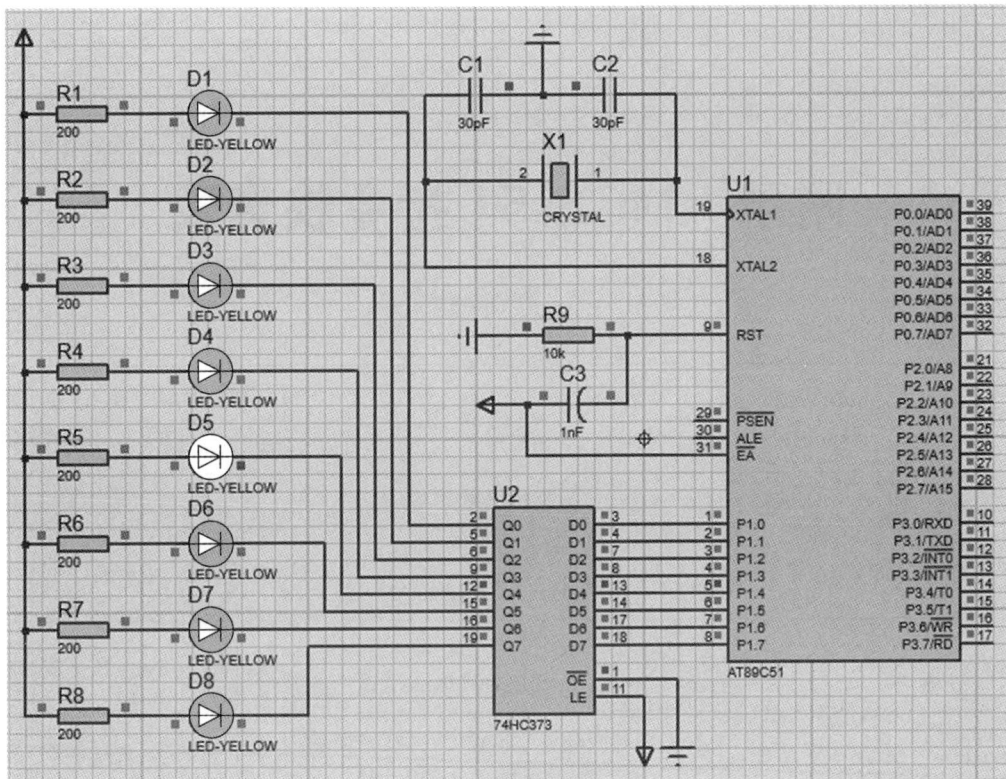

图 13-32　仿真执行结果

Proteus 中 ▶ ▮▶ ▮▮ ▮ 这四个按钮的功能分别是启动仿真、单步运行、暂停、停止仿真。

本 章 小 结

本章详细介绍了单片机开发软件 Keil μVision 5 和仿真软件 Proteus 8 的使用方法,利用这些工具,可以对单片机应用系统进行软硬件协同设计与仿真,会为单片机的学习带来很大的帮助。

习 题 十 三

13-1　简述利用 Keil μVision 开发程序的主要步骤。

13-2　如何产生目标文件?

13-3　在 Keil μVision 环境中,如何查看寄存器和数据存储单元内容?

13-4　简述利用 Proteus 绘制电路图的主要步骤。

13-5　在 Proteus 中仿真运行前,需要对单片机进行哪些设置?

13-6　仿真运行时,红点和蓝点分别代表什么含义?

附录 MCS-51 指令快查表

机器码	指令格式 (助记符)	功 能 简 述	对标志位影响				字 节	周 期
			P	OV	AC	Cy		
数据传送指令								
E8~EF	MOV A, Rn	寄存器送累加器 (Move register to A)	Y	N	N	N	1	1
E5	MOV A, direct	直接寻址单元送累加器 (Move direct byte to A)	Y	N	N	N	2	1
E6, E7	MOV A, @Ri	内部间接寻址 RAM 单元送累加器 (Move indirect RAM to A)	Y	N	N	N	1	1
74	MOV A, #data	立即数送累加器 (Move immediate data to A)	Y	N	N	N	2	1
F8~FF	MOV Rn, A	累加器送寄存器(Move A to register)	N	N	N	N	1	1
A8~AF	MOV Rn, direct	直接寻址单元送寄存器 (Move direct byte to register)	N	N	N	N	2	2
78~7F	MOV Rn, #data	立即数送寄存器 (Move immediate data to register)	N	N	N	N	2	1
F5	MOV direct, A	累加器送直接寻址单元 (Move A to direct byte)	N	N	N	N	2	1
88~8F	MOV direct , Rn	寄存器送直接寻址单元 (Move register to direct byte)	N	N	N	N	2	2
85	MOV direct1, direct2	直接寻址单元 2 送单元 1 (Move direct byte to direct byte)	N	N	N	N	3	2
86, 87	MOV direct, @Ri	内部间接寻址单元送直接寻址单元 (Move indirect RAM to direct byte)	N	N	N	N	2	2
75	MOV direct, #data	立即数送直接寻址单元 (Move immediate data to direct byte)	N	N	N	N	3	2

续表一

机器码	指令格式 (助记符)		功 能 简 述	对标志位影响				字节	周期
				P	OV	AC	Cy		
F6, F7	MOV	@Ri, A	累加器送内部间接寻址单元 (Move A to indirect RAM)	N	N	N	N	1	1
A6, A7	MOV	@Ri, direct	直接寻址单元送内部间接寻址单元 (Move direct byte to indirect RAM)	N	N	N	N	2	2
76, 77	MOV	@Ri, #data	立即数送内部间接寻址单元 (immediate data to indirect RAM)	N	N	N	N	2	1
90	MOV	DPTR, #data16	16 位立即数送数据指针寄存器 DPTR (Load Data Pointer with 16-bit constant)	N	N	N	N	3	2
93	MOVC	A, @A+DPTR	查表数据送累加器(DPTR 为基址) (Move Code byte relative to DPTR to A)	Y	N	N	N	1	2
83	MOVC	A, @A+PC	查表数据送累加器(PC 为基址) (Move Code byte relative to PC to A)	Y	N	N	N	1	2
E2, E3	MOVX	A, @Ri	外部 RAM 单元送累加器(8 位地址) (Move External RAM (8-bit addr) to A)	Y	N	N	N	1	2
E0	MOVX	A, @DPTR	外部 RAM 单元送累加器(16 位地址) (Move External RAM (16-bit addr) to A)	Y	N	N	N	1	2
F2, F3	MOVX	@Ri, A	累加器送外部 RAM 单元(8 位地址) (Move A to External RAM (8-bit addr))	N	N	N	N	1	2
F0	MOVX	@DPTR, A	累加器送外部 RAM 单元(16 位地址) (Move A to External RAM (16-bit addr))	N	N	N	N	1	2
C0	PUSH	direct	直接寻址单元压入栈顶 (Push direct byte onto stack)	N	N	N	N	2	2
D0	POP	direct	栈顶弹出数据，送到直接寻址单元 (Pop direct byte from stack)	N	N	N	N	2	2
C8~CF	XCH	A, Rn	累加器与寄存器交换 (Exchange register with A)	Y	N	N	N	1	1
C5	XCH	A, direct	累加器与直接寻址单元交换 (Exchange direct byte with A)	Y	N	N	N	1	1
C6,C7	XCH	A, @Ri	累加器与内部 RAM 间接寻址单元交换 (Exchange indirect RAM with A)	Y	N	N	N	2	1
D6, D7	XCHD	A, @Ri	累加器与内部间接寻址单元低 4 位交换 (Exchange low-order Digit indirect RAM with A)	Y	N	N	N	1	1

续表二

机器码	指令格式 (助记符)		功 能 简 述	对标志位影响				字 节	周 期
				P	OV	AC	Cy		
算术运算类指令									
28～2F	ADD	A, Rn	累加器加寄存器 (Add register to A)	Y	Y	Y	Y	1	1
25	ADD	A, direct	累加器加直接寻址单元 (Add direct byte to A)	Y	Y	Y	Y	2	1
26, 27	ADD	A, @Ri	累加器加内部间接寻址单元 (Add indirect RAM to A)	Y	Y	Y	Y	1	1
24	ADD	A, #data	累加器加立即数 (Add immediate data to A)	Y	Y	Y	Y	2	1
38～3F	ADDC	A, Rn	累加器加寄存器和进位标志 (Add register to A with Carry)	Y	Y	Y	Y	1	1
35	ADDC	A, direct	累加器加直接寻址单元和进位标志 (Add direct byte to A with Carry)	Y	Y	Y	Y	2	1
36, 37	ADDC	A, @Ri	累加器加内部 RAM 单元和进位标志 (Add indirect RAM to A with Carry)	Y	Y	Y	Y	1	1
34	ADDC	A, #data	累加器加立即数和进位标志 (Add immediate data to A with Carry)	Y	Y	Y	Y	2	1
98～9F	SUBB	A, Rn	累加器减寄存器和进位标志 (Subtract register from A with Borrow)	Y	Y	Y	Y	1	1
95	SUBB	A, direct	累加器减直接寻址单元和进位标志 (Subtract direct byte from A with Borrow)	Y	Y	Y	Y	2	1
96, 97	SUBB	A, @Ri	累加器减内部间接寻址单元和进位标志 (Subtract indirect RAM from A with Borrow)	Y	Y	Y	Y	1	1
94	SUBB	A, #data	累加器减立即数和进位标志 (Subtract immediate data from A with Borrow)	Y	Y	Y	Y	2	1
04	INC	A	累加器加 1 (Increment A)	Y	N	N	N	1	1
08～0F	INC	Rn	寄存器加 1 (Increment register)	N	N	N	N	1	1
05	INC	direct	直接寻址单元加 1 (Increment direct byte)	N	N	N	N	2	1
06, 07	INC	@Ri	内部 RAM 单元加 1 (Increment indirect RAM)	N	N	N	N	1	1
A3	INC	DPTR	数据指针加 1 (Increment Data Pointer)	N	N	N	N	1	2
14	DEC	A	累加器减 1 (Decrement A)	Y	N	N	N	1	1
18～1F	DEC	Rn	寄存器减 1 (Decrement register)	N	N	N	N	1	1

机器码	指令格式 (助记符)		功能简述	对标志位影响				字节	周期
				P	OV	AC	Cy		
15	DEC	direct	直接寻址单元减 1 (Decrement direct byte)	N	N	N	N	2	1
16, 17	DEC	@Ri	内部 RAM 间接寻址单元减 1 (Decrement indirect RAM)	N	N	N	N	1	1
A4	MUL	AB	累加器乘寄存器 B，16 位积的低 8 位在 A 中，高 8 位在 B 中 (Multiply A & B (A×B=> BA))	Y	Y	N	Y	1	4
84	DIV	AB	累加器除以寄存器 B，商在 A 中，余数在 B 中 (Divide A by B (A/B => A+B))	Y	Y	N	Y	1	4
D4	DA	A	十进制调整(Decimal Adjust A)	Y	Y	Y	Y	1	1
逻辑运算类指令									
58～5F	ANL	A, Rn	累加器与寄存器(AND register to A)	Y	N	N	N	1	1
55	ANL	A, direct	累加器与直接寻址单元 (AND direct byte to A)	Y	N	N	N	2	1
56,57	ANL	A, @Ri	累加器与内部间接寻址单元 (AND indirect RAM to A)	Y	N	N	N	1	1
54	ANL	A, #data	累加器与立即数 (AND immediate data to A)	Y	N	N	N	2	1
52	ANL	direct, A	直接寻址单元与累加器 (AND A to direct byte)	N	N	N	N	2	1
53	ANL	direct, #data	直接寻址单元与立即数 (AND immediate data to direct byte)	N	N	N	N	3	2
48～4F	ORL	A, Rn	累加器或寄存器(OR register to A)	Y	N	N	N	1	1
45	ORL	A, direct	累加器或直接寻址单元 (OR direct byte to A)	Y	N	N	N	2	1
46, 47	ORL	A, @Ri	累加器或内部间接寻址单元 (OR indirect RAM to A)	Y	N	N	N	1	1
44	ORL	A, #data	累加器或立即数 (OR immediate data to A)	Y	N	N	N	2	1
42	ORL	direct, A	直接寻址单元或累加器 (OR A to direct byte)	N	N	N	N	2	1
43	ORL	direct, #data	直接寻址单元或立即数 (OR immediate data to direct byte)	N	N	N	N	3	2
68～6F	XRL	A, Rn	累加器异或寄存器 (Exclusive-OR register to A)	Y	N	N	N	1	1
65	XRL	A, direct	累加器异或直接寻址单元 (Exclusive-OR direct byte to A)	Y	N	N	N	2	1

续表四

机器码	指令格式 (助记符)		功能简述	对标志位影响				字节	周期
				P	OV	AC	Cy		
66, 67	XRL	A, @Ri	累加器异或内部间接寻址单元 (Exclusive-OR indirect RAM to A)	Y	N	N	N	1	1
64	XRL	A, #data	累加器异或立即数 (Exclusive-OR immediate data to A)	Y	N	N	N	2	1
62	XRL	direct, A	直接寻址单元异或累加器 (Exclusive-OR A to direct byte)	N	N	N	N	2	1
63	XRL	direct, #data	直接寻址单元异或立即数(Exclusive-OR immediate data to direct byte)	N	N	N	N	3	2
E4	CLR	A	累加器清零(Clear A)	Y	N	N	N	1	1
F4	CPL	A	累加器取反(Complement A)	N	N	N	N	1	1
23	RL	A	累加器左循环移位(Rotate A Left)	N	N	N	N	1	1
33	RLC	A	累加器带进位标志左循环移位 (Rotate A Left through Carry)	Y	N	N	Y	1	1
3	RR	A	累加器右循环移位(Rotate A Right)	N	N	N	N	1	1
13	RRC	A	累加器带进位标志右循环移位 (Rotate A Right through Carry)	Y	N	N	Y	1	1
C4	SWAP	A	累加器高4位与低4位交换 (Swap nibbles within A)	N	N	N	N	1	1
位操作类指令									
C3	CLR	C	C清零(Clear Carry flag)	N	N	N	Y	1	1
C2	CLR	bit	直接寻址位清零(Clear direct bit)	N	N	N		2	1
D3	SETB	C	C置位(Set Carry flag)	N	N	N	Y	1	1
D2	SETB	bit	直接寻址位置位(Set direct bit)	N	N	N		2	1
B3	CPL	C	C取反(Complement Carry flag)	N	N	N	Y	1	1
B2	CPL	bit	直接寻址位取反(Complement direct bit)	N	N	N		2	1
82	ANL	C, bit	C逻辑与直接寻址位 (AND direct bit to Carry flag)	N	N	N	Y	2	2
B0	ANL	C, /bit	C逻辑与直接寻址位的反(AND complement of direct bit to Carry flag)	N	N	N	Y	2	2
72	ORL	C, bit	C逻辑或直接寻址位 (OR direct bit to Carry flag)	N	N	N	Y	2	2
A0	ORL	C, /bit	C逻辑或直接寻址位的反(OR complement of direct bit to Carry flag)	N	N	N	Y	2	2
A2	MOV	C, bit	直接寻址位送C (Move direct bit to Carry flag)	N	N	N	Y	2	1
92	MOV	bit, C	C送直接寻址位 (Move Carry flag to direct bit)	N	N	N	N	2	2

机器码	指令格式 (助记符)	功 能 简 述	对标志位影响				字 节	周 期
			P	OV	AC	Cy		
		控制转移指令						
xxx10001	ACALL addr11	2 KB 范围内绝对调用 (Absolute subroutine call)	N	N	N	N	2	2
12	LCALL addr16	64 KB 范围内长调用 (Long subroutine call)	N	N	N	N	3	2
22	RET	子程序返回(Return from subroutine)	N	N	N	N	1	2
32	RETI	中断返回(Return from interrupt)	N	N	N	N	1	2
xxx00001	AJMP addr11	2 KB 范围内绝对转移(Absolute Jump)	N	N	N	N	2	2
02	LJMP addr16	64 KB 范围内长转移(Long Jump)	N	N	N	N	3	2
80	SJMP rel	相对短转移 (Short Jump (relative addr))	N	N	N	N	2	2
73	JMP @A+DPTR	相对长转移，用于分支散转 (Jump indirect relative to DPTR)	N	N	N	N	1	2
60	JZ rel	累加器为零转移(Jump if A is Zero)	N	N	N	N	2	2
70	JNZ rel	累加器非零转移(Jump if A is Not Zero)	N	N	N	N	2	2
40	JC rel	C 为 1 转移(Jump if Carry flag is set)	N	N	N	N	2	2
50	JNC rel	C 为零转移(Jump if No Carry flag)	N	N	N	N	2	2
20	JB bit, rel	直接寻址位为 1 转移 (Jump if direct Bit is set)	N	N	N	N	3	2
30	JNB bit, rel	直接寻址为 0 转移 (Jump if direct Bit is Not set)	N	N	N	N	3	2
10	JBC bit, rel	直接寻址位为 1 转移并清该位 (Jump if direct Bit is set & Clear bit)	N	OV	AC	Cy	3	2
B5	CJNE A, direct, rel	累加器与直接寻址单元不等转移。A 大于 等于 direct 时清 C, A 小于 direct 时置位 C (Compare direct to A & Jump if Not Equal)	N	N	N	Y	3	2
B4	CJNE A, #data, rel	累加器与立即数不等转移。A 大于等于 #data 时 C = 0, A 小于#data 时置位 C (Compare immediate to A & Jump if Not Equal)	N	N	N	Y	3	2

机器码	指令格式 (助记符)	功 能 简 述	对标志位影响				字 节	周 期
			P	OV	AC	Cy		
B8～BF	CJNE　Rn, #data, rel	寄存器与立即数不等转移。Rn 大于等于#data 时清零 C, Rn 小于#data 时置位 C (Compare immed. to reg. & Jump if Not Equal)	N	N	N	Y	3	2
B6, B7	CJNE　@Ri, #data, rel	RAM 单元与立即数不等转移。@Ri 大于等于#data 时清零 C，@Ri 小于#data 时置位 C (Compare immed. to ind. & Jump if Not Equal)	N	N	N	Y	3	2
D8～DF	DJNZ　Rn, rel	寄存器减 1 不为零转移 (Decrement register & Jump if Not Zero)	N	N	N	N	2	2
D5	DJNZ　direct, rel	直接寻址单元减 1 不为零转移 (Decrement direct byte & Jump if Not Zero)	N	N	N	N	3	2
00	NOP	空操作(No operation)	N	N	N	N	1	1

参 考 文 献

[1] 张毅刚. 单片机原理及接口技术：C51 编程[M]. 3 版. 北京：人民邮电出版社，2020.

[2] 陈海宴. 51 单片机原理及应用：基于 Keil C 与 Proteus[M]. 4 版. 北京：北京航空航天大学出版社，2022.

[3] 金宁治. 单片机原理：C51 编程及 Proteus 仿真[M]. 北京：机械工业出版社，2022.

[4] 陈忠平，刘琼. 51 单片机 C 语言程序设计经典实例[M]. 北京：3 版. 电子工业出版社，2021.

[5] 张毅刚，赵光权，张京超. 单片机原理及应用：C51 编程 + Proteus 仿真[M]. 2 版. 北京：高等教育出版社，2016.

[6] 侯玉宝，陈忠平，邬书跃. 51 单片机 C 语言程序设计经典实例[M]. 2 版. 北京：电子工业出版社，2016.

[7] 王维新. 微机原理及单片机应用技术[M]. 西安：西安电子科技大学出版社，2014.

[8] 郭文川. MCS-51 单片机原理、接口及应用[M]. 2 版. 北京：电子工业出版社，2021.

[9] 孙育才，孙华芳. MCS-51 系列单片机及其应用[M]. 6 版. 南京：东南大学出版社，2019.

[10] 欧青立，曾照福. 微机原理与接口技术[M]. 2 版. 北京：电子工业出版社，2023.

[11] 叶佩，徐圣林，姚远. 微机原理与接口技术[M]. 武汉：华中科技大学出版社，2022.

[12] 方红，徐嘉莉，杨柱中. 微机原理及接口技术[M]. 2 版. 北京：电子工业出版社，2022.